物联网工程专业系列教材

边 缘 计 算

（第 2 版）

施巍松　刘　芳　编著
孙　辉　裴庆祺

科学出版社

北　京

内 容 简 介

随着万物互联趋势的不断深入,数据的增长速度远远超过了网络带宽的增速。同时,智能制造、无人驾驶等众多新型应用的出现,对延迟提出了更高的要求。通过将从数据源到云计算中心数据路径之间的任意计算、存储和网络资源,组成统一的平台为用户提供服务,边缘计算作为一种新的计算模式,使数据在源头附近就能得到及时有效的处理。这种模式不同于云计算要将所有数据传输到数据中心,它绕过了网络带宽与延迟的瓶颈。在产业界和学术界的合力推动下,边缘计算正在成为新兴万物互联应用的主流支撑平台。

本书分别从边缘计算的需求与意义、边缘计算基础、边缘智能、边缘计算典型应用、边缘计算系统平台、边缘计算的挑战、边缘计算资源调度、边缘计算系统实例以及边缘计算安全与隐私保护等方面对边缘计算进行了阐述。

本书既可作为高等院校计算机、通信、物联网、信息安全、电子机械等相关专业的教学参考书,也可作为从事边缘计算开发和科研工作人员的参考资料。

图书在版编目(CIP)数据

边缘计算 / 施巍松等编著. —2 版. —北京:科学出版社,2021.3
(物联网工程专业系列教材)
ISBN 978-7-03-067647-4

Ⅰ.①边… Ⅱ.①施… Ⅲ.①无线电通信-移动通信-计算-教材
Ⅳ.①TN929.5

中国版本图书馆 CIP 数据核字(2020)第 270243 号

责任编辑:赵丽欣 王会明 / 责任校对:马英菊
责任印制:吕春珉 / 封面设计:蒋宏工作室

科 学 出 版 社 出版
北京东黄城根北街 16 号
邮政编码:100717
http://www.sciencep.com

三河市骏杰印刷有限公司印刷
科学出版社发行 各地新华书店经销
*

2018 年 1 月第 一 版 开本:889×1194 1/16
2021 年 3 月第 二 版 印张:18 3/4
2021 年 3 月第五次印刷 字数:430 000

定价:58.00 元
(如有印装质量问题,我社负责调换〈骏杰〉)
销售部电话 010-62136230 编辑部电话 010-62134021

前　言

2015 年是提出边缘计算的"天时"之年。2004 年底，IBM 公司把 PC（personal computer，个人计算机）业务卖给联想公司时，基本上可以认为是云计算时代开始的一个标志性事件。云计算经过近 10 年的发展，已经完全嵌入甚至改变了人们日常生活的方方面面，比如云存储、云办公服务等。在云计算类公司的加持下，便携式终端设备逐渐由普通设备转变成一种处理云服务业务的高速缓存设备。成功的云计算公司开始思考：如何让自己的云服务业务用户体验更好？下一个新的经济增长点是什么？这时，边缘计算的提出非常自然地回答了这些问题，所以从 2015 年起，很多云计算公司开始关注并投入边缘计算。

人工智能、万物互联的大力发展，是边缘计算产生的"地利"因素，人们开始对万物互联充满憧憬。随着万物互联时代的到来，网络边缘设备产生的数据量快速增加，带来了更高的数据传输带宽需求，同时，智能制造、无人驾驶等众多新型应用也对数据处理的实时性提出了更高要求，传统云计算模型已经无法有效应对，因此，边缘作为提供这种计算和数据保护的最佳场所，应运而生。

除了传统的 IT 行业，边缘计算的兴起也给很多其他产业带来了巨大的商机。在电信行业，它可以在基站和边缘服务器上提供增值服务，为企业带来更大的利润。制造业更是把边缘计算当作产业升级的法宝，目前有 400 多家企业加入边缘计算联盟就是一个很好的例证。在汽车行业，以丰田公司为代表，最近也成立了汽车边缘计算联盟，这是因为他们已经看到边缘计算是下一代智能驾驶的核心关键技术。此外，在医疗、公共安全、电力、娱乐、教育等领域也都看到了边缘计算带来的优势。

边缘计算在过去三年发展迅猛，因此本书编写团队在第一版基础上，结合人工智能、车联网、区块链等新型技术及其在边缘计算平台上的应用和发展，集中力量编写了第二版，希望能帮助有兴趣了解和研究边缘计算的读者缩短学习过程，共同推进该领域的更进一步发展。

本书共 9 章。第 1 章介绍边缘计算的概念、起源及发展历史；第 2 章对边缘计算的基本概念、模型、关键技术进行剖析，分析边缘计算与云计算、边缘计算与大数据之间的关联，探讨边缘计算的优势与面临的挑战；第 3 章介绍边缘智能的产生背景和基本定义，梳理边缘智能生态系统的技术栈；第 4 章给出基于边缘计算模型的几种实际应用案例，通过这些案例可以展望边缘计算在万物互联背景下的研究机遇和应用前景；第 5 章从智慧城市、智能汽车、智能家居、个人计算服务、协同平台等方面，介绍边缘计算的系统平台；第 6 章从可编程性、程序自动划分、命名规则、数据抽象、服务管理、数据隐私保护及安全、优化指标、理论基础以及商业模式等方面，进一步探讨边缘计算的挑战性关键问题；第 7 章从边缘计算资源调度的研究方向、主要方式、卸载模型等方面介绍边缘环境下资源调度的关键特征；第 8 章简述目前新兴的多个边缘计算系统实例，并重点介绍 Cloudlet、ParaDrop、Firework 和 HydraOne 四个有代表性的边缘计算系统；第 9 章从安全目标、安全威胁与挑战、主要安全技术等方面探讨边缘计算的安全，并从隐私保护、态势感知、设备更新、安全协议等角度，分析边缘计算为物联网安全带来的新机遇。

希望了解边缘计算的概念、本质和发展趋势的读者，可以重点阅读第 1、2 章；希望学习边缘计算技术原理的读者，可以将重点放在第 2、3、4、6、7 章；希望从事边缘计算研发的同仁，可重点阅读第 5、6、7、8 章；关心边缘计算安全和隐私问题的读者，可重点阅读第 1、9 章。

本书第一版和第二版的顺利完成离不开中美两国团队的协同工作和辛勤付出。团队成员为本书的顺利完成花费了大量的时间和精力，也为本书提供了许多宝贵的原始资料，在此一并表示感谢。第一版团队成员包括：中国团队成员李尤慧子博士（杭州电子科技大学）、任领美博士（山东科技大学）、陈彦明博士（安徽大学）、张庆阳博士研究生（安徽大学）、刘伟硕士研究生（安徽大学）、梁旭硕士研究生（安徽大学）、徐殷硕士研究生（安徽大学）、张星洲博士研究生（中国科学院计算技术研究所）、赵梓铭硕士研究生（国防科技大学）、郭烨婷硕士研究生（国防科技大学）、吴卫硕士研究生（西安电子科技大学）、白磊博士研究生（西安电子科技大学）；美国团队成员曹杰博士研究生（美国韦恩州立大学）、张权博士研究生（美国韦恩州立大学）、许蓝予博士研究生（美国韦恩州立大学）。第二版团队成员包括：中国团队成员宋纯贺研究员（中国科学院沈阳自动化研究所）、彭晓晖副研究员（中国科学院计算技术研究所）、张星洲博士（中国科学院计算技术研究所）、王一帆博士（中国科学院计算技术研究所）、郭烨婷博士研究生（国防科技大学）、梁家越硕士研究生（中山大学）、张庆阳博士研究生（安徽大学）、余莹硕士研究生（安徽大学）、李启元硕士研究生（安徽大学）、张波硕士研究生（安徽大学）、肖慧子博士研究生（西安电子科技大学）、罗渠元博士研究生（西安电子科技大学）、胡世红博士研究生（江南大学）、肖楷乐博士研究生（北京邮电大学）；美国团队成员许蓝予博士研究生（美国韦恩州立大学）、刘良凯博士研究生（美国韦恩州立大学）。

此外，特别感谢科学出版社的赵丽欣女士，感谢她一如既往的支持。本书第二版能与读者见面，赵丽欣女士付出了很多的时间和精力。

由于边缘计算技术非常前沿且发展迅速，加之时间仓促，很多内容无法面面俱到，书中难免存在谬误，恳请读者批评指正。意见和建议请发到 weisong@wayne.edu，欢迎和我们探讨边缘计算相关的任何问题。

施巍松　刘芳　孙辉　裴庆祺
2020 年 8 月

目　　录

第1章　边缘计算的需求与意义

边缘计算是什么？为什么要提出边缘计算？边缘计算与云计算和大数据处理之间是何种关系？本章将通过边缘计算的概念、起源及发展历史揭开边缘计算的神秘面纱，带读者进入万物互联时代下的新型计算模式——边缘计算。

1.1　什么是边缘计算

从 2015 年至今的趋势来看，边缘计算（edge computing）的关注度持续走高，如图 1-1 所示。特别是从 2016 年开始，边缘计算关注度得到迅速提高，这表明边缘计算在当前信息科技发展中的重要性愈加凸显。同时，在谷歌学术上以 "edge computing" 为关键词进行搜索，从 2010 年开始，可以搜索到的学术文章数量如图 1-2 所示。可以看到，2015 年以前，边缘计算处于原始技术积累阶段，2015 年以后，边缘计算开始被业内熟知，到 2019 年，论文数量已经达到 14800 篇，是 2015 年的 10 余倍。

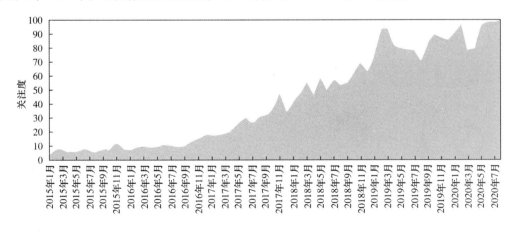

关注度代表相对于图中最高点的搜索热度，例如，热度最高得 100 分

图 1-1
谷歌学术中边缘计算关注度趋势图

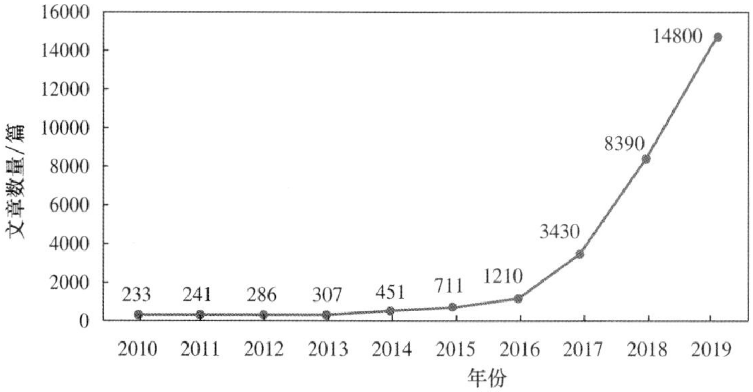

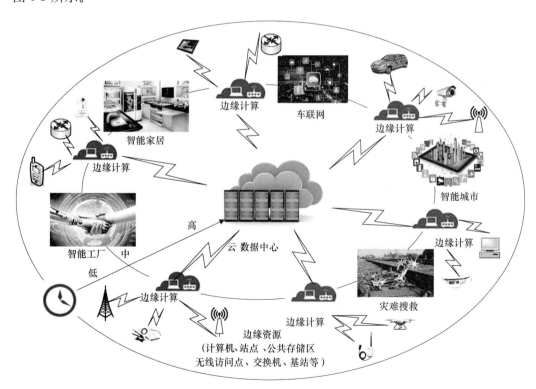

图 1-2
谷歌学术上以
"edge computing"
为关键词搜索到
文章数量

究竟什么是边缘计算，目前还没有一个严格统一的定义，不同研究者会从各自的视角描述和理解边缘计算。本书给出的定义，供读者参考。

边缘计算是指在网络边缘执行计算的一种新型计算模式，具体对数据的计算包括两部分：下行的云服务和上行的万物互联服务。边缘计算中的"边缘"是相对的概念，是指从数据源到云计算中心路径之间的任意计算、存储和网络资源。可以把这条路径上的资源看作一个"连续统"（continuum），从一端（数据源）到另一端（云中心），根据应用的具体需求和实际场景，边缘（edge）可以是这条路径上的一个或多个资源节点，如图 1-3 所示。

图 1-3
边缘计算是一个
"连续统"

边缘计算的核心理念是"计算应该更靠近数据的源头，可以更贴近用户"。边缘计算中的"边缘"与数据中心相对，这里"贴近"一词包含多种含义。首先可以表示网络距离近，由于网络规模缩小，带宽、延迟、抖动等不稳定因素都易于控制与改进。还可以表示为空间距离近，这意味着边缘计算资源与用户处在同一个情景之中（如位置），根据这些情景信息可以为用户提供个性化的服务（如基于位置信息的服务）。空间距离与网络距离有时可能并没有关联，但应用可以根据自己的需要选择合适的计算节点。

网络边缘的资源主要包括手机、PC 等用户终端，WiFi 接入点、蜂窝网络基站与路由器等基础设施，摄像头、机顶盒等嵌入式设备，Cloudlet 等小型计算中心等。这些资源数量众多，相互独立，分散在用户周围，可称为边缘节点。边缘计算就是要将空间距离或网络距离上与用户临近的这些独立分散的资源统一起来，为应用提供计算、存储和网络服务。

如果从仿生的角度理解边缘计算，可以做这样的类比：云计算相当于人的大脑，边缘计算相当于人的神经末端。当针刺到手时，人总是先下意识地收手，然后大脑才会意识到针刺到手，因为将手收回的过程是由神经末端直接处理的非条件反射。这种非条件反射加快人的反应速度，避免受到更大的伤害，同时让大脑专注于处理高级智慧。未来是万物互联的时代，不可能让云计算成为每个设备的"大脑"，而边缘计算则是让设备拥有自己的"大脑"。

1.2　边缘计算的产生背景

近年来，物联网、大数据、云计算、智能技术的快速发展，给互联网产业带来深刻的变革，也对计算模式提出新的要求。

物联网（Internet of things，IoT）技术[1]旨在利用射频识别技术、无线数据通信技术、全球定位系统等，按物联网约定的通信协议将实物与互联网连接起来，进行信息交换，以实现智能化识别、定位、跟踪、监控和管理互联网资源。随着计算机技术和网络通信技术的发展，物联网的概念得到较大的延伸，即定义为几乎所有信息技术与计算机、网络技术的结合，实现实物与实物之间数据信息的实时共享，实现具有智能化的实时数据收集、传递、处理和执行。"无人参与的计算机信息感知"的概念开始逐渐应用到可穿戴设备、智能家居、环境感知、智能运输系统、智能制造等领域中[2,3]。物联网技术主要涉及以下关键技术。

① 传感器技术　从自然信源获取信息，并进行处理（变换）和识别的技术。传感器技术也是计算机应用中的关键技术，通过对被测对象的某一确定的信息进行感受（或响应）与检出，并使之按照一定规律转换成可输出信号。

② 无线射频识别技术（radio frequency identification，RFID）　是将无线射频技术和嵌入式技术融为一体的综合技术，通过射频信号自动识别目标对象并获取相关数据，识别工作无须人工干预，可工作于各种恶劣环境，在自动识别、物流管理等方面有着广阔

的应用前景。

③ 嵌入式系统技术　是综合计算机软硬件、传感器技术、集成电路技术、电子应用技术的复杂技术。经过几十年的演变，以嵌入式系统为特征的智能终端产品随处可见：小到人们身边的 MP3，大到航天航空的卫星系统。嵌入式系统正在改变着人们的生活，推动着工业生产以及国防工业的发展。如果把物联网用人体做一个简单比喻，传感器相当于人的眼睛、鼻子、皮肤等感官，网络就是神经系统用来传递信息，嵌入式系统则是人的大脑，在接收到信息后要进行分类处理。

如今，随着物联网的快速发展和 4G/5G 无线网络的普及，万物互联（Internet of everything，IoE）[4]的时代已经到来。思科（Cisco）公司于 2012 年 12 月提出万物互联的概念，这是未来互联网连接和"物联网"发展的全新网络连接架构，是在物联网基础上的新型互联的构建，增加了网络智能化处理功能和安全功能。万物互联通过分布式结构，融合以应用为中心的网络、计算和存储的新型平台，以 IP 驱动的设备、全球范围内更高的带宽接入和 IPv6，可支持高达数亿台连接到互联网上的边缘终端和设备。相比物联网而言，万物互联除了"物"与"物"的互联，还增加了更高级别的"人"与"物"的互联，其突出特点是任何"物"都将具有语境感知的功能、更强的计算能力和感知能力。

将人和信息融入互联网中，网络将具有数十亿甚至数万亿的连接节点。万物互联以物理网络为基础，增加网络智能，在互联网的"万物"之间实现融合、协同及可视化的功能。

基于万物互联平台的应用服务需要更短的响应时间，同时也会产生大量涉及个人隐私的数据。例如，装载在无人驾驶汽车上的传感器和摄像头实时捕捉路况信息，每秒产生约 1GB 数据[5]。据研究机构 IHS 预测，到 2035 年，全球将有 5400 万辆无人驾驶汽车[6]；波音 787 每秒将产生大约 5GB 的数据，并要求对这些数据进行实时处理[7]；以北京市电动汽车监控平台为例，该平台可以对 1 万辆电动汽车 7×24 小时不间断实时监控，并以每辆车每 10 秒一条的速率，向各企业平台实时转发监控数据[8]；以社会安保为例，美国部署了 3000 余万个监控摄像头，每周生成超过 40 亿小时的海量视频数据；中国用于打击犯罪的"天网"监控网络，已在全国各地安装了超过 2000 万个高清监控摄像头，对行人和车辆实时监控和记录[9]。

自 2005 年概念被提出，到如今的广泛应用，云计算已经改变了人们日常工作和生活的方式，如 SaaS（software as a service，软件即服务）被广泛应用到谷歌、Twitter、Facebook、百度等著名 IT 企业的数据中心。可扩展的基础设施和支持云服务的处理引擎技术已对应用服务程序的运行方式产生巨大影响，如谷歌公司的文件系统（Google file system，GFS）[10]、MapReduce 编程模型[11]、Apache 基金会开发的分布式系统 Hadoop[12]、加州大学伯克利分校 AMP 实验室开发的内存计算框架 Spark[13]等。但是，物联网等应用背景下的数据在地理上分散，并且对响应时间和安全性提出更高的要求。云计算虽然为大数据处理提供高效的计算平台，但是目前网络带宽的增长速度远远赶不上数据的增长速度，网络带宽成本的下降速度比 CPU、内存这些硬件资源成本的下降速度慢得多，同时复杂的网络环境让网络延迟很难有突破性地提升，因此传统云计算模式将难以实时高效地支持基于万物互联的应用服务程序，需要解决带宽和延迟这两大瓶颈[14]。

随着万物互联的飞速发展及广泛应用，边缘设备正在从以数据消费者为主的单一角色转变为兼顾数据生产者和数据消费者的双重角色，同时网络边缘设备逐渐具有利用收集的实时数据进行模式识别、执行预测分析或优化、智能处理等功能。在边缘计算模型中，计算资源更加接近数据源端，网络边缘设备已经具有足够的计算能力实现源数据的本地处理，并将结果发送给云计算中心。边缘计算模型不仅可以降低网络传输中带宽的压力，加快数据分析处理，同时能降低终端敏感数据隐私泄露的风险。目前，大数据处理已经从以云计算为中心的集中式处理时代（本书把 2005～2015 这 10 年称为集中式大数据处理时代），正在跨入以万物互联为核心的边缘计算时代（本书称为边缘式大数据处理时代）。集中式大数据处理时代，更多的是集中存储和处理大数据，其采取的方式是建造云计算中心，并利用云计算中心超强的计算能力集中解决计算和存储问题。相比而言，在边缘式大数据处理时代，网络边缘设备会产生海量实时数据，据思科互联网业务解决方案集团预测，到 2020 年，连接到网络的无线设备数量将达到 500 亿台[15]，如图 1-4 所示。根据思科全球云指数[16]的预估，到 2019 年，物联网产生数据的 45%将在网络边缘存储、处理、分析，而全球数据中心数据流量预计总量将达到 10.4 泽字节（ZB）。并且，这些边缘设备将部署在支持实时数据处理的边缘计算平台，为用户提供大量服务或功能接口，用户可通过调用这些接口获取所需的边缘计算服务。

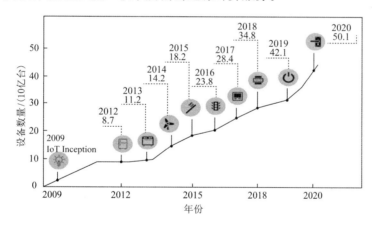

图 1-4
边缘设备类型及数量的发展趋势图[10]

因此，线性增长的集中式云计算能力已无法匹配爆炸式增长的海量边缘数据，基于云计算模型的单一计算资源已不能满足大数据处理的实时性、安全性和低能耗等需求。在现有以云计算模型为核心的集中式大数据处理基础上，急需以边缘计算模型为核心，面向海量边缘数据的边缘式大数据处理技术。二者相辅相成，应用于云中心和边缘端大数据处理，解决万物互联下云计算服务不足的问题（更具体的讨论见 2.4 节）。

相比云计算，边缘计算可以更好地支持移动计算与物联网应用，具有以下明显的优点。

● 极大缓解网络带宽与数据中心压力：思科公司在 2015～2020 年的全球云指数中指出，随着物联网的发展，2020 年全球的设备将会产生 600ZB 的数据，但其中只有少量是关键数据，大部分是临时数据，无须长期存储（设备所产生的数据量比需要存储的数据量高两个数量级）[16]。边缘计算可以充分利用这个特点，在网络边缘处理大量临时数据，从而减轻网络带宽与数据中心的压力。

- 增强服务的响应能力：移动设备在计算、存储和电量等资源上的匮乏是其固有的缺陷，云计算可以为移动设备提供服务弥补这些缺陷，但是，网络传输速度受限于通信技术的发展，复杂网络环境中更存在链接和路由不稳定等问题，这些因素造成的延迟过高、抖动过强、数据传输速度过慢等问题严重影响云服务的响应能力[17]。边缘计算在用户附近提供服务，近距离服务保证较低的网络延迟，简单的路由也减少了网络的抖动。同时，5G 时代已经到来，多样化的应用场景和差异化的服务需求，对 5G 网络在吞吐量、延迟、连接数目和可靠性等方面提出挑战。边缘计算技术和 5G 技术相辅相成，边缘计算技术正以其本地化、近距离、低时延等特点，助力 5G 架构变革，而 5G 技术将是边缘计算系统降低数据传输延时、增强服务等响应性能的必要解决方案。

- 保护隐私数据，提升数据安全性：物联网应用中，数据的安全性一直是关键问题，调查显示约有 78% 的用户担心他们的物联网数据在未授权的情况下被第三方使用[18]。云计算模式下所有的数据与应用都在数据中心，用户很难对数据的访问与使用进行细粒度控制。边缘计算则为关键性隐私数据的存储与使用提供基础设施，将隐私数据的操作限制在防火墙内，提升了数据的安全性（更具体的说明见第 7 章）。

1.3　边缘计算的发展历史

边缘计算的发展与面向数据的计算模型的发展是分不开的。随着数据规模的增大，人们对数据处理的性能、能耗等方面的需求不断提高。为了解决面向数据传输、计算和存储过程中的计算负载和数据传输带宽的问题，在边缘计算产生之前，研究者也探索如何在靠近数据的边缘增加数据处理的功能，即计算任务从计算中心迁移到网络边缘的研究，主要典型模型包括：分布式数据库模型、对等网络（peer to peer，P2P）模型、内容分发网络（content delivery network，CDN）模型、移动边缘计算模型、雾计算（fog computing）模型及海云计算模型。本书按每种技术的产生顺序阐述不同模型，同时介绍边缘计算产生的历史。

1.3.1　分布式数据库模型

分布式数据库模型是数据库技术和网络技术相结合的结果。大数据时代，数据种类和数量的增长使分布式数据库成为数据存储和处理的核心技术。分布式数据库部署在自组织网络服务器或分散在互联网、企业网或外部网，以及其他自组织网络的独立计算机上。数据存储在多台计算机上，分布式数据库操作不局限于单台机器，而允许在多台机器上执行事务交易，以此来提高数据库访问的性能[19]。

分布式数据库已成为大数据处理的核心技术。按照数据库的结构，分布式数据库包括同构系统和异构系统。前者数据库实例的运行环境具有相同的软件和硬件，并具有单一的访问接口；后者的运行环境中，硬件、操作系统和数据库管理系统以及数据模型等均有所不同。按照处理数据类型，分布式数据库主要包括关系型[如结构化查询语言(structured query language, SQL)]、非关系型(如 NoSQL)、基于可扩展标记语言(extensible markup language，XML)及 NewSQL 分布式数据库。其中，NoSQL 和 NewSQL 分布式数据库使用最为广泛。NoSQL 分布式数据库[20]主要为满足大数据环境下，海量数据对数据库高并发、高效存储访问、高可靠性和高扩展性的需求，将其分为键值存储类数据库、列存储数据库、文档型数据库、图形数据库等。NewSQL 分布式数据库是一种具有实时性、复杂分析、快速查询等特征的，面向大数据环境下海量数据存储的关系型分布式数据库，主要包括 Google Spanner、Clustrix、VoltDB 等。SQL 分布式数据库是针对表式结构的关系型分布式数据库，典型代表有微软分布式数据库和 Oracle 分布式数据库。基于 XML 的分布式数据库主要存储以 XML 为格式的数据，本质上是一种面向文档的类似 NoSQL 的分布式数据库[21]。

相比边缘计算模型，分布式数据库提供大数据环境下的数据存储，较少关注其所在设备端的异构计算和存储能力，主要用于实现数据的分布式存储和共享。分布式数据库技术所需的空间较大且数据的隐私性较低，对基于多数据库的分布式事务处理而言，数据的一致性技术是分布式数据库要面临的重要挑战[22]。边缘计算模型中数据位于边缘设备端，具有较高的隐私性、可靠性和可用性。万物互联时代，"终端架构具有异构性，并需支持多种应用服务"将成为边缘计算模型应对大数据处理的基本思路。

1.3.2　对等网络模型

P2P 计算[23]不仅与边缘计算紧密相关，而且还是较早将计算迁移到网络边缘的一种文件传输技术。P2P 的术语于 2000 年首次被提出，并用于实现文件共享系统。此后，逐渐发展成为分布式系统的重要子领域，其中分散化、最大化可扩展性、容忍较高层节点流失以及恶意行为防止已经成为 P2P 主要的研究主题，该领域的主要成就包括：①分布式 Hash 表，后来演变为云计算模型中 key-value 分布式存储一般范式；②广义 Gossip 协议，已被广泛地用于非简单信息扩散的复杂任务处理类应用中，如数据融合和拓扑管理；③多媒体流技术，表现形式有视频点播、实时视频、个人通信等。但是，P2P 多数被用于非法文件共享和相关诉讼的广泛媒体报道，基于 P2P 模式的一些商业技术尚未得到实际认可。

边缘计算模式与 P2P 技术具有很大程度的相似性，但前者对后者在新技术和新手段上进行拓展，将 P2P 的概念扩展到网络边缘设备，涵盖 P2P 计算和云计算的融合。

1.3.3 内容分发网络模型

内容分发网络[24]是 1998 年阿卡迈（Akamai）公司提出的一种基于互联网的缓存网络，通过在网络边缘部署缓存服务器降低远程站点的数据下载延时，加速内容交付，得到学术界和工业界的高度关注而快速发展。亚马逊[25]、阿卡迈等公司拥有比较成熟的 CDN 技术，阿卡迈公司[26]利用 CDN 技术研发的中国 CDN[27]，为我国用户交付获得期望的性能和体验，同时也降低提供商的组织运营压力。近年来，研究人员实现一种新的体系结构模型——主动内容分发网络（active content distribution networks，ACDN）[28]，作为对传统 CDN 的一种改进，帮助内容提供商免于预测预先配置的资源和决定资源的位置。ACDN 允许应用部署在任意一台服务器上，通过设计一些新算法，根据需要进行应用在服务器间的复制和迁移。我国学术界研究 CDN 优化技术，如清华大学团队设计和实现的边缘视频 CDN[29]，其提出利用数据驱动的方法组织边缘内容热点；基于请求预测的服务器峰值转移的复制策略，实现把内容从服务器复制到边缘热点上为用户提供服务。产业界也涌现出许多 CDN 服务公司，如蓝汛（China Cache）[30]、网宿[31]等。

边缘计算的概念最早可以追溯到 2000 年左右 CDN 的大规模部署，当时一些大型公司，如阿卡迈，宣布通过 CDN 边缘服务器分发基于 Web 的内容，这种方法的主要目标是从 CDN 边缘服务器的短距离和可用资源中获益，以实现大规模的可扩展性。早期的边缘计算中，"边缘"仅限于分布在世界各地的 CDN 缓存服务器，但是，今天边缘计算的发展远超出 CDN 的范畴，边缘计算模型的"边缘"不局限于边缘节点，包括从数据源到云计算中心路径之间的任意计算、存储和网络资源。另外，边缘计算更加强调计算功能，而不只是早期 CDN 中的静态内容分发。

1.3.4 移动边缘计算

万物互联的发展实现网络中多类型设备（如智能手机、平板电脑、无线传感器及可穿戴设备等）的互联，而大多数网络边缘设备的能量和计算资源有限，这使万物互联的设计变得尤为困难。移动边缘计算（mobile edge computing，MEC）[32]是在接近移动用户的无线接入网范围内，提供信息技术服务和云计算能力的一种新的网络结构，已成为一种标准化、规范化技术。2014 年，欧洲电信标准协会（European Telecommunications Standards Institute，ETSI）提出移动边缘计算术语的标准化[33]，并指出移动边缘计算提供一种新的生态系统和价值链。利用移动边缘计算，可将密集型移动计算任务迁移到附近的网络边缘服务器[34, 35]。由于移动边缘计算位于无线接入网内，并接近移动用户，因此可以实现较低延时、较高带宽提高服务质量和用户体验。移动边缘计算同时也是发展 5G 的一项关键技术[36]，有助于从延时、可编程性、扩展性等方面满足 5G 的高标准要求。移动边缘计算通过在网络边缘部署服务和缓存，中心网络不仅可以减少拥塞，还能高效地响应用户请求。

任务迁移是移动计算技术的难点之一，已有的优化算法主要包括 LODCO 算法[37]、分布式计算迁移[38]、EPCO 和 LPCO 算法[39]及 Actor 模型[40]等。移动边缘计算已被应用到车联网、物联网网关、辅助计算、智能视频加速、移动大数据分析等多种场景[41, 42]。

移动边缘计算模型强调在云计算中心与边缘设备之间建立边缘服务器，在边缘服务器上完成终端数据的计算任务，但移动边缘终端设备基本被认为不具有计算能力。相比而言，边缘计算模型中的终端设备具有较强的计算能力，因此，移动边缘计算类似一种边缘计算服务器的架构和层次，作为边缘计算模型的一部分。

1.3.5 雾计算

思科公司于 2012 年提出雾计算[43]，并将雾计算定义为迁移云计算中心任务到网络边缘设备执行的一种高度虚拟化计算平台。雾计算在终端设备和传统云计算中心之间提供计算、存储和网络服务，是对云计算的补充。Vaquero 和 Rodero-Merino[44]对雾计算进行较全面的定义，雾计算[45]通过在云与移动设备之间引入中间层，扩展基于云的网络结构，而中间层实质是由部署在网络边缘的雾服务器组成的"雾层"[46]。雾计算避免云计算中心和移动用户之间多次通信。通过雾计算服务器，可以显著减少主干链路的带宽负载和能耗，在移动用户量巨大时，可以访问雾计算服务器中缓存的内容、请求一些特定的服务[47]。此外，雾计算服务器可以与云计算中心互联，并使用云计算中心强大的计算能力和丰富的应用与服务。

边缘计算和雾计算[48]概念具有很大的相似性，在很多场合表示同一个意思。如果要区分二者，本书认为边缘计算除了关注基础设施，也关注边缘设备，更强调边缘智能的设计和实现；而雾计算更关注后端分布式共享资源的管理。如图 1-5 所示，从 2017 年开始，边缘计算受到关注的程度逐渐超过雾计算，而且关注度持续走高。

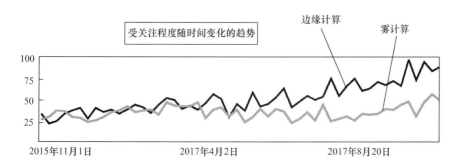

图 1-5
边缘计算和雾计算在谷歌中的搜索趋势

1.3.6 海云计算

万物互联背景下，待处理数据量将达到 ZB 级，信息系统的感知、传输、存储和处理能力需相应提高。针对这一挑战，中国科学院于 2012 年启动了 10 年战略优先研究倡议，称为下一代信息与通信技术倡议（next generation information and communication technology initiative，NICT）。倡议的主旨是开展"海云计算系统项目"的研究[49]，其核心是通过"云计算"系统与"海计算"系统的协同和集成，增强传统云计算能力，其中，"海"端指由人类本身、物理世界的设备和子系统组成的终端（客户端）。"海云计算系统项目"目标是实现面向 ZB 级数据处理的能效比现有技术提高 1000 倍，研究内容主要包括从整体系统结构层、数据中心级服务器及存储系统层、处理器芯片级等角度提出系统级解决方案（更具体的描述见 6.1.10 节）。

与边缘计算相比，海云计算关注"海"的终端设备，而边缘计算关注从"海"到"云"数据路径之间的任意计算、存储和网络资源，海云计算是边缘计算的一个非常好的子集实例。

1.3.7 物端计算

计算机事业经过 70 年的发展，已进入"具象"时代[50]，它被赋予各种具体的物理形态，使其密切融入物理世界，如可穿戴设备、智能家电、智能微尘、机器人等。针对这一趋势，中国科学院计算技术研究所提出了物端计算模式，这些具象化设备也被称为物端计算机。物端计算是以物端设备为主的分布式系统和物理环境，是物联网的一种边缘计算模式[51]。与物联网的云计算模式不同，物端计算强调在满足应用的服务质量（quality of service，QoS）需求的前提下，数据尽可能地在物端计算机上处理，这可有效降低来自物理世界的海量感知数据沿边缘网络链路向数据中心移动带来的带宽消耗、时延与不确定性和安全隐私风险。

物端计算机位于物理世界与数字世界的出入口，是控域的核心计算单元[52,53]，在网络边缘计算架构上具有重要的战略地位。然而，在物端处理计算负载面临昆虫纲悖论的挑战，本质上是系统在各个层面表现出来的多样性和无序性，也被产业界称为碎片化问题[54]。这个挑战给物端生态带来了计算效能低下、创新自由受阻、安全隐私风险高、合规治理困难等诸多问题，需要风格一致的分布式系统体系结构和统一开放的核心技术栈来应对这些问题。中国科学院计算技术研究所提出了 T-REST 分布式系统架构风格[55]，其指导物端计算系统软硬件的协同设计，并研制集编程语言[56]、计算引擎[57]、操作系统与芯片一体的 Φ-Stack[58]物端开放技术栈应对昆虫纲悖论带来的一系列问题。

1.3.8 边缘计算的发展现状

随着万物互联的飞速发展及广泛应用，数据规模和数据处理的计算需求不断扩大，边缘计算正在成为新兴万物互联应用的支撑平台。图 1-6 列举了边缘计算发展过程中的典型事件。本书将边缘计算的发展分为三个阶段：技术储备期、快速增长期和稳定发展期。其中，技术储备期的相关工作，包括分布式数据库模型、P2P 模型、CDN 模型、移动边缘计算模型、雾计算模型和海云计算模型等。2013 年，美国太平洋西北国家实验室的 Ryan LaMothe 在一个内部报告中提出"edge computing"一词，这是现代"edge computing"的首次提出[59]。

2015 年至今，边缘计算处于快速增长期，在这段时间内，由于边缘计算满足万物互联的需求，引起了国内外学术界和产业界的密切关注。在政府层面上，2016 年 5 月，美国自然科学基金委（National Science Foundation，NSF）在计算机系统研究中将边缘计算替换云计算，列为突出领域（highlight area），8 月，NSF 和英特尔公司专门讨论针对无线边缘网络上的信息中心网络（NSF/Intel partnership on ICN in wireless edge networks，ICN-WEN）[60]，10 月，NSF 举办边缘计算重大挑战研讨会（NSF workshop on grand challenges in edge computing）[61]，会议针对三个议题展开研究：边缘计算未来 5～10 年的发展目标，达成目标所带来的挑战，学术界、工业界和政府应该如何协同合作应对挑战。这标志着边缘计算的发展已经在美国政府层面上引起了重视。

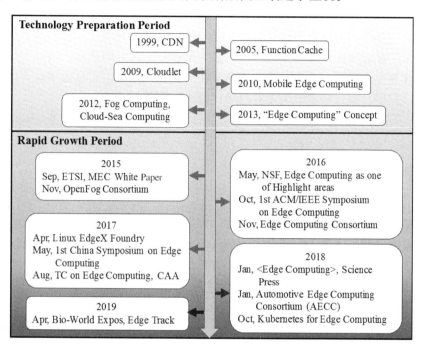

图 1-6
边缘计算的发展历程及典型事件[70, 71]

在学术界，2016 年 5 月，美国韦恩州立大学施巍松等[62]给出了边缘计算的一个正式定义：边缘计算是指在网络边缘执行计算的一种新型计算模型，边缘计算操作的对象包括来自云服务的下行数据和来自万物互联服务的上行数据，而边缘计算的边缘是指从数据源到云计算中心路径之间的任意计算和网络资源，是一个连续统。施巍松团队发表的"Edge Computing: Vision and Challenges"[63]一文，第一次指出了边缘计算所面临的挑战，该文在 4 年内被引用 2300 余次。同年 10 月，ACM 和 IEEE 开始联合举办边缘计算顶级会议（ACM/IEEE Symposium on Edge Computing，SEC）[64]，这是全球首个以边缘计算为主题的学术研讨会。自此之后，ICDCS、INFOCOM、MiddleWare、WWW 等重要国际会议也开始增加边缘计算的分会或者专题研讨会。

工业界也在努力推动边缘计算的发展，2015 年 9 月，ETSI 发表关于移动边缘计算的白皮书，并在 2017 年 3 月将移动边缘计算行业规范工作组正式更名为多接入边缘计算（multi-access edge computing，MEC）[65]，致力于更好地满足边缘计算的应用需求和相关标准制定。2015 年 11 月，思科、ARM、戴尔、英特尔、微软等公司和普林斯顿大学联合成立了 OpenFog 联盟[66]，主要致力于 Fog Reference Architecture 的编写。2018 年 10 月，CNCF 基金会和 Eclipse 基金会展开合作，将在超大规模云计算环境中已被普遍使用的 Kubernetes 带入物联网边缘计算场景中。新成立的 Kubernetes 物联网边缘工作组将采用运行容器的理念并扩展到边缘，促进 Kubernetes 在边缘环境中的适用[67]。

国内边缘计算的发展速度几乎与世界同步，特别是从智能制造的角度。2016 年 11 月，华为公司、中国科学院沈阳自动化研究所、中国信息通信研究院、英特尔公司、ARM 公司等在北京成立了边缘计算产业联盟（edge computing consortium）[68]，致力于推动"政产学研用"各方产业资源合作，引领边缘计算产业的健康可持续发展。2017 年 5 月，首届中国边缘计算技术研讨会在合肥召开；同年 8 月，中国自动化学会边缘计算专业委员会成立，标志着边缘计算的发展已经得到了专业学会的认可和推动。2018 年 1 月，全球首部边缘计算专业书籍《边缘计算》由科学出版社出版[69,70]，它从边缘计算的需求与意义、系统、应用、平台等多个角度对边缘计算进行了阐述。

本章小结

本章给出边缘计算的定义和核心理念，强调边缘计算是一个连续统，边缘计算的边缘是指从数据源到云计算中心路径之间的任意计算、存储和网络资源。讨论大数据处理和万物互联的发展和挑战，有助于理解边缘计算这一新型计算模式的产生背景。本书回顾了分布式数据库、P2P、CDN、移动边缘计算、雾计算、海云计算等面向数据的计算模型的发展历史，介绍了边缘计算的发展现状。

参 考 文 献

[1] ASHTON K. That "Internet of things" thing[J]. RFID Journal, 2009, 22(7): 97-114.

[2] SUNDMAEKER H, GUILLEMIN P, FRIESS P, et al. Vision and challenges for realising the Internet of things[M]. Brussels: Cluster of European Research Projects on the Internet of Things, European Commision, 2010.

[3] GUBBI J, BUYYA R, MARUSIC S, et al. Internet of Things (IoT): A vision, architectural elements, and future directions [J]. Future Generation Computer Systems, 2013, 29(7): 1645-1660.

[4] CULLER D E. The once and future Internet of everything[EB/OL]. http://sites.nationalacademies.org/cs/groups/cstbsite/ documents/webpage/ cstb_160416.pdf, 2016-12-03.

[5] DATAFLOQ. Self-Driving cars will create 2 petabytes of data, what are the big data opportunities for the car industry? [EB/OL]. https://datafloq.com/read/self-driving-carscreate-2-petabytes-data,-annually/172, 2016-12-03.

[6] LECLAIRE J. IHS predicts 54 million self-driving cars by 2035[EB/OL]. http://www.newsfactor.com/story.ahtml? story_id=01300CTNJ8D, 2016-12-03.

[7] FINNEGAN M. Boeing 787s to create half a terabytes of data per flight, says virgin atlantic[EB/OL]. http://www.computer-worlduk.com/data/boeing-787s-create-half-terabytes-of-data-per-flight-says-virgin-atlantic-3433595/, 2016-12-03.

[8] 北京电动车辆协同创新中心 [EB/OL]. http://me.bit.edu.cn/sytj/syszxjs/bjddjlxtcxzx/ 86238.htm, 2017-11-13.

[9] 装 2000 万监控摄像头中国构建全球最大"天网"[EB/OL]. http://tech.ifeng.com/a/ 20171004/44706732_0.shtml, 2017-11-13.

[10] GHEMAWAT S, GOBIOFF H, LEUNG S T. The Google file system[C]// ACM SIGOPS Operating Systems Review. New York: ACM, 2003, 37(5): 29-43.

[11] DEAN J, GHEMAWAT S. MapReduce: Simplified data processing on large clusters[J]. Communications of the ACM, 2008,

51(1): 107-113.

[12] SHVACHKO K, KUANG H, RADIA S, et al. The hadoop distributed file system[C]// IEEE 26th Symposium on Mass Storage Systems and Technologies (MSST). Piscataway, Nj: IEEE, 2010: 1-10.

[13] ZAHARIA M, CHOWDHURY M, FRANKLIN M J, et al. Spark: Cluster computing with working sets[J]. HotCloud, 2010, 10: 10.

[14] ARMBRUST M, FOX A, GRIFFITH R, et al. Above the clouds: A berkeley view of cloud computing[J]. EECS Department University of California Berkeley, 2009, 53(4): 50-58.

[15] VALA AFSHAR. Cisco: Enterprises are leading the Internet of Things innovation[EB/OL]. https://www.huffingtonpost. com/entry/cisco-enterprises- are-leading-the-internet-of-things_us_59a41fcee4b0a62d0987b0c6, 2017-08-28.

[16] CISCO VISUAL NETWORKING. Cisco global cloud index: forecast and methodology 2015-2020 [EB/OL]. https://www.cisco. com/c/dam/en/us/solutions/collateral/service-provider/global-cloud-index-gci/white-paper-c11-738085.pdf, 2017-8-15.

[17] HA K, PILLAI P, LEWIS G, et al. The impact of mobile multimedia applications on data center consolidation[C]// IEEE IC2E'12. Piscataway, NJ: IEEE, 2012: 166-176.

[18] GROOPMAN J, ETLINGER S. Consumer perceptions of privacy in the Internet of things: What brands can learn from a concerned citizenry[R]. Altimeter Group, 2015.

[19] The Institute for Telecommunication Sciences (ITS). Distributed database [EB/OL]. http://www.its.bldrdoc.gov/ fs-1037/ dir-012/_1750.htm, 2016-12-07.

[20] GROLINGER K, HIGASHINO W A, TIWARI A, et al. Data management in cloud environments: NoSQL and NewSQL data stores[J]. Journal of Cloud Computing, 2013, 2(1): 1-24.

[21] JAGADISH H V, AL-KHALIFA S, CHAPMAN A, et al. TIMBER: A native XML database[J]. The VLDB Journal, 2002, 11(4): 274-291.

[22] FERNANDEZ I. No! to SQL and No! to NoSQL[EB/OL]. https://iggyfernandez.wordpress.com/2013/07/28/no-to-sql-and-no-to-nosql/, 2016-12-07.

[23] MILOJICIC D S, KALOGERAKI V, LUKOSE R, et al. Peer-to-peer computing[J]. Language, 2003, 46(2): 1-51.

[24] PENG G. CDN: Content distribution network[R]. Technical Report TR-125 of Experimental Computer Systems Lab in Stony Brook University, SUNY Stony Brook, 2003.

[25] AMAZON AWS. Content Delivery Networks (CDN) [EB/OL]. https://www.amazonaws.cn/en/content-delivery/? nc1=h_ls, 2016-12-03.

[26] AKAMAI TECHNOLOGIES. CDN Learning Center[EB/OL]. https://www.akamai.com/us/en/cdn/, 2016-12-03.

[27] AKAMAI TECHNOLOGIES. China CDN [EB/OL]. https://www.akamai.com/us/en/solutions/intelligent-platform/ china-content-delivery-network.jsp, 2016-12-03.

[28] RABINOVICH M, XIAO ZH, AGGARWAL A. Computing on the edge: A platform for replicating internet applications [M]. Berlin: Springer Netherlands, 2004.

[29] HU W, WANG Z, MA M, et al. Edge video CDN: A WiFi content hotspot solution[J]. Journal of Computer Science and Technology, 2016, 31(6): 1072-1086.

[30] CHINACACHE. Webluker CDN [EB/OL]. http://www.chinacache.com/, 2016-12-03.

[31] CHINACENTER. CDN Acceleration Technologies [EB/OL]. http://chinanetcenter.com/, 2016-12-03.

[32] European Telecommunication Standards Institute (ETSI). Executive briefing-mobile edge computing (MEC) initiative [EB/OL]. https://portal.etsi.org/Portals/0/TBpages/MEC/Docs/MEC%20Executive%20Brief%20v1%2028-09-14.pdf, 2016-12-03.

[33] European Telecommunication Standards Institute (ETSI). Mobile edge computing [EB/OL]. http://www.etsi.org/ technologies-clusters/ technologies/mobile edge-computing, 2016-12-03.

[34] ZHAO T, ZHOU S, GUO X, et al. A cooperative scheduling scheme of local cloud and internet cloud for delay-aware mobile cloud computing[C]// IEEE GLOBECOM Workshops. IEEE, 2015: 1-6.

[35] SARUKKAI R R, MENDHEKAR A. Method and apparatus for accessing targeted, personalized voice/audio web content

through wireless devices: US Patent 6,728,731[P]. 2004: 4-27.

[36] HU Y C, PATEL M, SABELLA D, et al. Mobile edge computing: A key technology towards 5G[EB/OL]. http://www.etsi.org/images/files/ETSIWhitePapers/etsi_wp11_mec_a_key_technology_towards_5g.pdf, 2016-12-06.

[37] MAO Y, ZHANG J, LETAIEF K B. Dynamic computation offloading for mobile-edge computing with energy harvesting devices[J]. IEEE Journal on Selected Areas in Communications, 2016, 34(12): 3590-3605.

[38] CHEN X, JIAO L, LI W, et al. Efficient multi-user computation offloading for mobile-edge cloud computing[J]. IEEE/ACM Transactions on Networking, 2016, 24(5): 2795-2808.

[39] WANG Y, SHENG M, WANG X, et al. Mobile-edge computing: Partial computation offloading using dynamic voltage scaling[J]. IEEE Transactions on Communications, 2016, 64(10): 4268-4282.

[40] HAUBENWALLER A M, VANDIKAS K. Computations on the edge in the Internet of things[J]. Procedia Computer Science, 2015, 52: 29-34.

[41] AHMED A, AHMED E. A survey on mobile edge computing[C]// IEEE International Conference on Intelligent Systems and Control. Piscataway, Nj: IEEE, 2016: 1-8.

[42] European Telecommunication Standards Institute (ETSI). Mobile-Edge Computing (MEC): Service Scenarios[EB/OL]. http://www.etsi.org/ deliver/etsi_gs/MEC-IEG/001_099/004/01.01.01_60/gs_MEC-IEG004v010101p.pdf, 2016-12-03.

[43] BONOMI F, MILITO R, ZHU J, et al. Fog computing and its role in the Internet of things[C]// Proceedings of the 1st Edition of the MCC Workshop on Mobile Cloud Computing. New York: ACM, 2012: 13-16.

[44] VAQUERO L M, RODERO-MERINO L. Finding your way in the fog: Towards a comprehensive definition of fog computing[J]. ACM SIGCOMM Computer Communication Review, 2014, 44(5): 27-32.

[45] LUAN T H, GAO L X, LI ZH, et al. Fog computing: Focusing on mobile users at the edge[J]. arXiv Preprint arXiv: 1502.01815, 2015.

[46] KLAS G I. Fog computing and mobile edge cloud gain momentum open fog consortium, ETSI MEC and Cloudlets [EB/OL]. http://yucianga.info/wp-content/uploads/2015/11/15_11_22-_Fog_computing_and_mobile_edge_cloud_gain_momentum_Open_Fog_Consortium-ETSI_MEC-Cloudlets_v1_1.pdf, 2015-11-22/2016-12-03.

[47] REKATIONS G M. Greyhound Launches "BLUE™", An Exclusive WiFi Enabled Onboard Entertainment System[EB/OL]. [2016-12-03] http://www.prnewswire.com/news-releases/greyhound-launches-blue-an-exclusive-wi-fi-enabled-onboard-entertainment-system-214583791.html.

[48] OpenFog Consortium Architecture Working Group. OpenFog Architecture Overview [EB/OL]. http://www.openfogconsortium. org/wp-content/uploads/OpenFog-Architecture-Overview-WP-2-2016.pdf, 2016-12-03.

[49] JIANG M H. Urbanization meets informatization: A great opportunity for China's development[J]. Informatization Construction, 2010, (6): 8-9.

[50] CHAO L U, PENG X H, XU ZH W, et al. Ecosystem for things: Hardware, software and architecture[J]. Proceedings of the IEEE, 2019, 107(8): 1563-1583.

[51] 彭晓晖, 张星洲, 王一帆, 等. Web 使能的物端计算系统[J]. 计算机研究与发展, 2018, 55(3): 572-584.

[52] PENG X H, SHI W S. Zone of control: The basic computing unit for web of everything[C]// Proceeding of the 4th ACM/IEEE Symp on Edge Computing. New York: ACM, 2019: 431-436.

[53] 徐志伟, 曾琛, 朝鲁, 等. 面向控域的体系结构: 一种智能万物互联的体系结构风格[J]. 计算机研究与发展, 2019, 56(1): 90-102.

[54] 徐志伟, 李国杰. 普惠计算之十二要点[R/OL]//北京: 李国杰文选, 2013. http://www.ict.cas.cn/ liguojiewenxuan/ wzlj/lgjxsbg/ 201302/P020130223675291752975.pdf.

[55] XU ZH W, CHAO L, PENG X H. T-REST: An open-enabled architectural style for the Internet of Things[J]. IEEE Internet of Things Journal, 2019, 6(3): 4019-4034.

[56] LI ZH Y, PENG X H, CHAO L, et al. EveryLite: A lightweight scripting language for micro tasks in IoT systems[C]// 3rd ACM/IEEE Symp on Edge Computing, Piscataway, NJ: IEEE, 2018: 381-386.

[57] 朝鲁, 彭晓晖, 徐志伟. 变熵画像: 一种数量级压缩物端数据的多粒度信息模型[J]. 计算机研究与发展, 2018,

55(8)：1653-1666.

[58] XU ZH W, PENG X H, ZHANG L, et al. The Φ-stack for smart web of things[C]// Proceeding of the Workshop on Smart Internet of Things. New York: ACM, 2017: 1-6.

[59] LAMOTHE R. Edge Computing [R]. Pacific Northwest National Laboratory, 2013.

[60] NSF, NSF/Intel partnership on ICN in Wireless Edge Networks, ICN-WEN[EB/OL]. [2018-11-05]. https://www.nsf.gov/funding/pgm_summ.jsp?pims_id=505310.

[61] NSF, NSF workshop report on grand challenges in edge computing [R]. Washington DC: NFs, 2016.

[62] 施巍松, 孙辉, 曹杰, 等. 边缘计算: 万物互联时代新型计算模型[J]. 计算机研究与发展, 2017, 54(5): 907-924.

[63] SHI W S, CAO J, ZHANG Q, et al. Edge computing: Vision and challenges[J]. IEEE Internet of Things Journal, 2016, 3(5): 637-646.

[64] IEEE, ACM. The first IEEE/ACM symposium on edge computing[EB/OL]. [2018-11-05]. http://acm-ieee-sec.org/2016/.

[65] ETSI. Multi-access edge computing (MEC) [EB/OL]. [2018-11-05]. https://www.etsi.org/technologies-clusters/technologies/multi-access-edge-computing.

[66] OpenFog Consortium. OpenFog [EB/OL]. [2018-11-04]. https://www.openfogconsortium.org/.

[67] CNCF, eclipse foundation push Kubernetes to the edge[EB/OL]. [2018-11-05]. https://www.sdxcentral.com/articles/news/cncf-eclipse-foundation-push-kubernetes-to-the-edge/2018/09/.

[68] ECC, edge computing consortium. [EB/OL]. [2018-11-03]. http://www.ecconsortium.org/.

[69] SHI W S, LIU F, SUN H, et al. Edge computing[M]// Beijing: Science Press, 2018.

[70] 施巍松, 刘芳, 孙辉, 等. 边缘计算[M]. 北京: 科学出版社, 2018.

第 2 章　边缘计算基础

新型信息技术产业化发展背景下，任何一种信息技术都不是凭空产生的，每一项新技术的产生，都是新型应用日益增加的高性能、高实时、低能耗、低延迟的需求，与当前信息系统及其结构在计算、存储、传输等方面不足之间矛盾的产物。在万物互联和大数据时代，网络边缘设备所产生的数据量急速增加，而现有基于云计算的大数据处理技术，在一定程度上已经无法满足用户对数据处理实时性和低能耗的需求。在这种应用背景下，边缘计算应运而生，弥补当前大数据处理技术中的不足，并在近两年迅速得到产业界和学术界极大关注。

本章首先介绍分布式计算技术；其次对边缘计算的基本概念、模型、关键技术进行剖析，分析边缘计算与云计算、边缘计算与大数据之间的关联；最后探讨边缘计算的优势与面临的挑战。

2.1　分布式计算

分布式计算[1, 2]是通过互联网将许多计算机节点互联，将单台计算机无法完成的计算任务，分解成多个任务分配到网络中的多台计算机中执行，将各个节点的执行结果整合成最终结果并返回，即在分布式系统上执行的计算。分布式计算是基于高速网络互联下的多个分布式计算单元执行的高性能计算，具有满足用户需求和资源可用性的特点，实现不同节点间的资源共享，挑战主要来自异构性、可扩展性、容错性及并发性等方面。

分布式计算技术主要包括中间件技术[3]、网格计算技术[4]、移动 Agent 技术[5]、P2P 技术[6]及 Web Service 技术[7]等。

① 中间件技术　中间件处于操作系统和分布式应用软件的中间,用于屏蔽分布环境中操作系统与网络协议的异构性。IBM 公司在 20 世纪 60 年代实现了具有中间件功能的客户信息控制系统（customer information control system，CICS），而早期的中间件软件功能较简单,仅具有消息通信和事务处理的功能。随着对中间件应用需求的多样化，中间

件技术主要分为：基于远程过程调用的中间件、面向消息的中间件、数据库中间件和面向对象的中间件。其中，面向对象的中间件成为中间件平台的主流技术。

② 网格计算技术　网格计算是通过高速网络整合地理上分散的软硬件资源，完成大规模复杂计算和数据处理的任务。一般指分布式计算中两类使用比较广泛的子类型：一类是在分布式计算资源支持下作为服务被提供的在线计算或存储；另一类是由松散连接的计算机网络构成的一个用来执行大规模计算任务的虚拟超级计算机。从网格体系结构划分，网格计算目前主要分为两类：一类是以 Globus 项目为代表的五层沙漏结构；另一类是与 Web 服务融合的开放网格服务结构（open grid services architecture，OGSA）。两种结构之间最主要的区别是：前者以协议为中心，后者以服务为中心。

③ 移动 Agent 技术　移动 Agent 可以在异构网络和分布式计算环境中自主、自动地迁移，并与其他 Agent 相互通信。在不同网络结构中，移动 Agent 遵循一定的原则，寻找匹配的资源信息，取代客户完成任务，根据需要自主生成子 Agent。移动 Agent 系统中，每个 Agent 独立工作，在需要的时候可以协作完成任务。

④ P2P 技术　通过将网络中的终端设备串联，整合网络中的空闲资源，最大限度地实现资源共享、分布计算。在 P2P 网络中的每个节点贡献空闲资源，并利用资源定位机制发现其他节点的可用资源，进行彼此的资源共享。P2P 技术能够最大化地利用网络资源，但由于其具有开放性、自组织性、自治性和分布性等特点，网络用户可以匿名地动态加入或退出系统，因此，P2P 技术在实际应用中，可能存在如侵犯版权、缺乏管理机制、网络污染及恶意攻击等问题。

⑤ Web Service 技术　是对象/组件技术在互联网中的延伸，是部署在 Web 上的对象/组件的一种分布式计算技术。Web Service 技术的主要目标是在现有的众多异构平台基础上，构建一个与平台、语言无关的通用技术层，不同平台上的应用程序可以依靠该技术顺利运行。该技术解决互操作性有限的问题，从而改善并扩展分布式计算的功能。

大数据环境下面临的诸多问题，推动分布式计算技术的应用及分布式计算系统的发展。目前，使用较为广泛的是 Hadoop[8]、Spark 平台[9] 及 Storm 平台[10]。

Hadoop 是 Apache 开源组织的一个分布式计算框架，Hadoop 的核心是分布式文件系统（hadoop distributed file system，HDFS）[11]、编程模型 MapReduce 和分布式结构化数据表 HBase，它们分别是 Google 云计算最核心技术 GFS、MapReduce 和 Bigtable 的开源实现。MapReduce 把运行在大规模分布式系统上的并行计算过程抽象为两个函数：Map（映射）和 Reduce（化简）。当任务提交给 Hadoop 平台时，任务被划分成多个块，并由 JobTracker 选择当前空闲的 TaskTracker 对数据块执行并行 Map 操作，RecordReader 对拆分后的数据块生成<K,V>键值对，以便在不同节点并行执行。Map 任务产生的中间记录会被再次划分成多个块，仍然由 JobTracker 选择空闲的 TaskTracker 对多个块并行执行 Reduce 操作，将最终得到的结果写入由 HDFS 所管理的输出文件。由于 MapReduce 在进行分布式计算时，需要将中间结果存储在磁盘，尤其在数据挖掘中进行迭代计算时，需要频繁访问和使用上一步的计算结果，极大降低系统性能。

针对 Hadoop MapReduce 频繁读写文件系统而降低性能的问题，美国加州大学伯克利分校 AMP 实验室研发出基于内存计算的 Spark 平台，其主要技术是通过建立弹性分布式数据集（resilient distributed dataset，RDD）结构，以支持数据内存驻留，实现 In-Memory MapReduce 架构。通过引入 RDD、MapReduce 过程，可以避免将计算结果写回 HDFS 文件系统，显著提高计算效率。尤其在迭代计算时，计算速度相比于 Hadoop 提高了 100 倍以上。Spark 虽然解决了频繁的读写磁盘问题，但十分消耗内存资源。

Apache Storm[12]是 Twitter 开源的分布式实时计算系统，使用 Storm 可以高效地处理海量流式数据。Storm 支持多种编程语言开发，并提供一组实时计算的原语，极大地缩短大规模实时计算的编程开发周期。Storm 有非常广泛的应用案例，如在线机器学习、实时分析、分布式 RPC、连续计算和 ETL 等。需要 Storm 平台计算的实时应用首先会被打包成任务拓扑（topology）并提交。但是，任务拓扑除非显式地终止，否则在提交之后将会一直保持运行状态。任务拓扑有一系列的 Spout 和 Bolt 构成有向无环图，其中，Spout 负责从外部读入数据，Bolt 负责对来自 Spout 或 Blot 的数据进行处理。通过对 Spout 与 Bolt 进行级联操作，最终完成相应的计算任务。

总之，分布式计算从基于 Hadoop 平台实现的 MapReduce 架构发展到支持流计算为标志的 Storm 分布式系统，是为了满足大数据处理不断提高的实时性需求。

2.2 边缘计算的基本概念

在万物互联的时代，万物互联不仅包括物联网环境下的"物"与"物"之间互联，还包括具有语境感知的功能、更强的计算能力和感知能力的"人"与"物"的互联。在这种互联模式下，人和信息融入互联网中，网络将具有数十亿甚至数万亿的连接节点。万物互联以物理网络为基础，融合网络智能、万物之间的协同能力以及可视化的功能。

传感器、智能手机、可穿戴设备及智能家电等设备将成为万物互联的一部分，并产生海量数据[13]，而现有云计算模式的网络带宽和计算资源还不能高效处理这些数据[14, 15]。图 2-1 所示为传统云计算模型。其中，源数据由生产者发送至云端，终端用户、智能手机、PC 等数据消费者向云中心发送使用请求。图 2-1 中，实线表示数据生产者发送源数据到云中心，虚线表示数据消费者向云中心发送使用请求，点画线表示云中心将结果反馈给数据消费者。

图 2-1
传统云计算模型

云计算利用大量云端计算资源处理数据，但万物互联环境下，传统云计算模型不能有效满足万物互联应用的需求，其主要原因有：①直接将边缘设备端海量数据发送到云端，造成网络带宽负载和计算资源浪费；②传统云计算模型的隐私保护问题将成为万物互联架构中云计算模型所面临的重要挑战；③万物互联架构中大多数边缘设备节点的能源是有限的，而 GSM、WiFi 等无线传输模块的能耗较大。

针对于此，利用边缘设备已具有的计算能力，将应用服务程序的全部或部分计算任务从云中心迁移到边缘设备端执行，这将有利于降低能源消耗[16]。

当前，边缘终端设备作为数据消费者（如用智能手机观看在线视频），同时也可生产数据（如人们通过 Facebook、Twitter、微信等分享照片及视频），从数据消费者到生产者角色的转变要求边缘设备具有更强的计算能力。YouTube 用户每分钟上传视频内容时长达到 72 小时；Twitter 用户每分钟近 30 万次的访问量；Instagram 用户每分钟上传近 22 万张新照片[17]；微信朋友圈和腾讯 QQ 空间每天上传的图片高达 10 亿张；腾讯视频每天播放量达 20 亿次。这些图片和视频数据量较大，上传至云计算中心过程会占用大量带宽资源。为此，在源数据上传至云中心之前，可在边缘设备执行预处理，以减少传输的数据量，降低传输带宽的负载。在边缘设备处理个人身体健康数据等隐私数据，用户隐私会得到更好的保护[18, 19]。

边缘计算是指在网络边缘执行计算的一种新型计算模型[20]，具体对数据的计算包括两部分：下行的云服务和上行的万物互联服务。边缘计算中的"边缘"是指从数据源到云计算中心路径之间的任意计算、存储和网络资源。图 2-2 表示基于双向计算流的边缘计算模型。云计算中心不仅从数据库收集数据，也从传感器和智能手机等边缘设备收集数据。这些设备兼顾数据生产者和消费者。因此，终端设备和云中心之间的请求传输是双向的。网络边缘设备不仅从云中心请求内容及服务，而且还可以执行部分计算任务，包括数据存储、处理、缓存、设备管理、隐私保护等。需要更好地设计边缘设备硬件平台及其软件关键技术，以满足边缘计算模型中可靠性、数据安全性等需求。

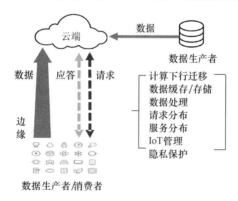

图 2-2
边缘计算模型

从功能角度讲，边缘计算模型是一种分布式计算系统，并且具有弹性管理、协同执行、环境异构及实时处理等特点。边缘计算与流式计算模型具有一定相似性，此外，边缘计算模型自身还包括以下关键内容（图 2-3）。

● 应用程序/服务功能可分割。可以应用到边缘计算模型的应用程序或服务需要满足可分割性，即对于一个任务可以分成若干个子任务并且任务功能可以迁移到边缘端去执行。需要说明的是，任务可分割可以包括仅能分割其自身或将一个任务分割成子任务，而更重要的是，任务的执行需满足可迁移性，任务的可迁移是实现在边缘端进行数据处理的必要条件，只有对数据处理的任务具有可迁移性，才能在边缘端实现数据的边缘处理。

- 数据可分布。数据可分布性既是边缘计算的特征也是边缘计算模型对待处理数据集合的要求，如果待处理数据不具有可分布性，那么边缘计算模型就变成一种集中式云计算模型。边缘数据的可分布性是针对不同数据源而言的，不同数据源来自产生大量数据的数据生产者。
- 资源可分布。边缘计算模型中的数据具有一定的分布性，因此，执行边缘数据所需要的计算、存储和通信资源也需具有可分布性。只有当边缘系统具备数据处理和计算所需的资源，才能实现在边缘端对数据进行处理和计算功能，这样的系统才符合真正的边缘计算模型。

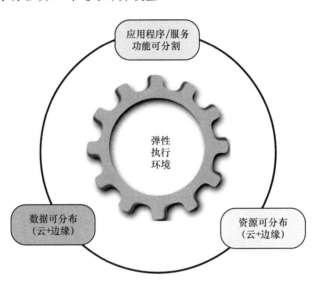

图 2-3
边缘计算模型特征

2.3 边缘计算的关键技术

2.3.1 计算迁移

云计算模型中，计算迁移的策略是将计算密集型任务迁移到资源充足的云计算中心的设备中执行。但是在万物互联背景下，海量边缘设备产生巨大的数据量将无法通过现有的带宽资源传输到云中心之后再进行计算。即使云中心的计算延时相比于边缘设备的计算延时会低几个数量级，但是海量数据的传输开销却限制了系统整体性能。因此，边缘计算模型计算迁移策略应该是以减少网络传输数据量为目的迁移策略，而不是将计算密集型任务迁移到边缘设备处执行。

　　边缘计算中的计算迁移策略是在网络边缘处，将海量边缘设备采集或产生的数据进行部分或全部计算的预处理操作，过滤无用数据，降低传输带宽。另外，应当根据边缘设备的当前计算力进行动态的任务划分，防止计算任务迁移到一个系统任务过载情况下的设备，影响系统性能。计算迁移中最重要的问题是：任务是否可以迁移、按照哪种决策迁移、迁移哪些任务、执行部分迁移还是全部迁移等。计算迁移规则和方式应当取决于应用模型，如该应用是否可以迁移，是否能够准确知道应用程序处理所需的数据量以及能否高效地协同处理迁移任务。计算迁移技术应当在能耗、边缘设备计算延时和传输数据量等指标之间寻找最优平衡。

2.3.2　5G 通信技术

　　5G 数据通信技术是下一代移动通信发展新时代的核心技术。为了满足各种延时敏感应用的需求，世界各国正在加快部署 5G 网络的步伐。与全世界范围内已经普及的 4G 相比，5G 将作为一种全新的网络架构，提供 10Gb/s 以上的峰值速率、更佳的移动性能、毫秒级时延和超高密度连接。5G 技术可以更加高效快捷地应对网络边缘海量连接设备及爆炸式增长的移动数据流量，为万物互联的时代提供优化的网络通信技术支持。

　　5G 网络将不仅用于人与人之间的通信，还会用于人与物、物与物之间的通信。我国 IMT-2020（05G）推进组[21, 22]提出 5G 业务的三个技术场景：增强移动宽带（enhanced mobile broadband，eMBB）、海量机器类通信（massive machine type of communication，mMTC）和超可靠低时延通信（ultra-reliable and low latency communication，uRLLC）。其中，eMBB 场景面向虚拟现实/增强现实等极高带宽需求的业务；mMTC 主要面向智慧城市、智能交通等高连接密度需求的业务；而 uRLLC 主要面向无人驾驶、无人机等时延敏感的业务。面对不同应用场景和业务需求，5G 网络将需要一个通用、可伸缩且易扩展的网络架构，同时也需要如软件定义网络（software defined network，SDN）和网络功能虚拟化（network functions virtualization，NFV）等新技术的引入。

　　5G 技术将作为边缘计算模型中一个极其重要的关键技术。边缘设备通过处理部分或全部计算任务，过滤无用信息数据和敏感信息数据后，仍需将中间数据或最终数据上传到云中心，因此 5G 技术将是移动边缘终端设备降低数据传输延时的必要解决方案。

2.3.3　新型存储系统

　　随着计算机处理器的高速发展，存储系统与处理器之间的速度差异，已经成为制约整个系统性能的严重瓶颈。边缘计算在数据存储和处理方面具有较强的实时性需求，相比现有嵌入式存储系统而言，边缘计算存储系统更具有低延迟、大容量、高可靠性等特点。边缘计算的数据特征具有更高的时效性、多样性和关联性，需要保证边缘数据连续存储和预处理，因此如何高效存储和访问连续不间断的实时数据，是边缘计算中存储系统设计需要重点关注的问题。

　　现有的存储系统中，非易失存储介质（non-volatile memory，NVM）在嵌入式系统、大规模数据处理等领域得到广泛的应用,基于非易失存储介质(如 NAND Flash,PCRAM,RRAM 等)的读写性能远超传统机械硬盘[23],因此采用基于非易失存储介质的存储设备能够较好地改善现有存储系统 I/O 受限的问题。但是,传统的存储系统软件栈大多是针对机械硬盘设计开发[24],并没有真正挖掘和充分利用非易失存储介质的最大性能。

随着边缘计算的迅速发展,高密度、低能耗、低延时和高读写速度的非易失存储介质将会大规模地部署在边缘设备,非易失存储介质在边缘系统中面临如下挑战。

- 高速非易失存储介质技术的发展较快,但存储系统出现软件短板现象,面向高速存储介质的软件栈支撑技术发展不同步。
- 边缘计算对新型存储架构的应用需求多样化,如何最大化发挥非易失存储系统中存储介质的性能、能耗和容量等优势,是软硬件技术研究的重要问题之一。例如,如何利用非易失内存支持高时效的边缘数据处理、如何简化复杂环境下边缘计算存储系统管理等。
- 边缘计算环境的数据具有较高的读写需求,数据的可靠性相对也要求较高,在外在环境复杂和资源受限的边缘设备上如何保证非易失存储介质的数据可靠性,是硬件架构和软件支撑技术需要着重研究的问题之一,影响数据可靠性的因素较多,如非易失内存的数据一致性问题、针对 NVM 的恶意磨损攻击、非易失介质的寿命和故障等。

2.3.4 轻量级函数库和内核

与大型服务器不同,边缘设备由于硬件资源的限制,难以支持大型软件的运行。即使 ARM 处理器的处理速度不断提高,功耗不断降低,但是就目前来看,仍不足以支持复杂的数据处理应用。例如,Apache Spark 若要获得较好的运行性能,至少需要 8 核 CPU 和 8GB 内存。而轻量级库 Apache Quarks 只可以在终端执行基本的数据处理,无法执行高级分析任务[25]。

另外,网络边缘中存在由不同厂家设计生产的海量边缘设备,这些设备具有较强的异构性且性能参数差别较大,因此在边缘设备上部署应用是一件非常困难的事情。虚拟化技术是这一难题的首选解决方案。但基于 VM 的虚拟化技术是一种重量级的库,部署延时较大,不适用于边缘计算模型。边缘计算模型应该采用轻量级库的虚拟化技术。

资源受限的边缘设备更加需要轻量级库和内核的支持,消耗更少的资源及时间,达到最好的性能。因此,消耗更少的计算和存储资源的轻量级库和算法是边缘计算中不可缺少的关键技术。

2.3.5 边缘计算编程模型

云计算模型中,用户编写应用程序并将其部署到云端。云服务提供商维护云计算服务器,用户对程序的运行完全不知或知之较少,这是云计算模型下应用程序开发的一个优点,即基础设施对用户透明。用户程序通常在目标平台上编写和编译,在云服务器上运行。边缘计算模型中,部分或全部的计算任务从云端迁移到边缘节点,而边缘节点大多是异构平台，每个节点上的运行时环境可能均不相同，所以在边缘计算模型下部署用户应用程序时，程序员将遇到较大的困难。现有传统编程模型均不适合，需开展对基于边缘计算的新型编程模型的研究。

为了实现边缘计算的可编程性，本书提出一种计算流的概念。计算流是指沿着数据传输路径，在数据上执行的一系列计算/功能。计算/功能可以是某个应用程序的全部或部分函数，其发生在允许应用执行计算的数据传输路径上。该计算流属于软件定义计算流的范畴，主要应用于源数据的设备端、边缘节点以及云计算环境中，以实现高效分布式数据处理。

编程模型的改变需要新的运行时库的支持。运行时库是指编译器用来实现编程语言内置函数，为程序运行时提供支持的一种计算机程序库；它是编程模型的基础，是一些经过封装的程序模块，对外提供接口，可进行程序初始化处理、加载程序的入口函数、捕捉程序的异常执行；边缘计算中编程模型的改变，需要新型运行时库的支持，提供一些特定的应用程序接口（application program interface，API），方便程序员进行应用开发。本书提出一种在边缘计算下的编程模型——烟花模型（firework）[26]，主要包括烟花模型管理器和烟花模型节点两部分。烟花模型管理器将组合数据视图的服务请求分解成若干子任务，并发送给每个参与者，每个子任务将在其本地设备上执行相应计算任务。烟花模型节点为终端用户提供一组预定义的功能接口以便用户访问。在烟花模型中，所有烟花模型节点都需要注册各自的数据集及相应功能，以便抽象成一种数据视图。已注册的数据视图对同一个烟花模型中所有参与者均是可见的，任何参与者可以将多个数据视图进行组合，以实现特定情境下的数据分析。

2.4　边缘计算与云计算

2.4.1　云计算的概念

云计算模型[27-29]是一种服务提供模型，通过网络访问数据中心的计算资源、网络资源和存储资源等，为应用提供可伸缩的分布式计算能力。该模型利用现有资源，使用虚拟化技术[30, 31]构建由大量计算机组成的共享资源池，不仅具有功能强大的计算和监管能力，而且可以动态地分割和分配计算资源，以满足用户的不同需求，提供高效的交付服务。

云计算是并行计算（parallel computing）、分布式计算（distributed computing）和网格计算（grid computing）的发展，或者说是这些计算科学概念的商业实现。云计算按照服务类型大致可以分为 3 类：基础设施即服务（infrastructure as a service，IaaS）、平台即服务（platform as a service，PaaS）和 SaaS。随着云计算的深入发展，不同云计算解决方案之间相互渗透融合。

2.4.2 云计算特点

从研究现状看，云计算具有以下特点。

- 云中心服务器规模庞大。目前，谷歌、微软等著名 IT 公司的云计算平台通常拥有数十万台服务器，一般 IT 企业的私有云项目中也会拥有几百台或上千台服务器。云计算中心的服务器规模庞大，能够为用户提供强大计算能力和海量存储空间。

- 高可靠性。云计算平台是基于分布式服务器集群设计的，出现单点错误等问题不可避免。为此，云计算中心引入副本策略、计算节点同构互换等容错机制确保云计算的高可靠性。

- 可扩展性。云计算可以根据特定用户的需求，动态地分配或释放资源。如用户增加需求时，云计算能快速地增加相匹配的资源，高速弹性地提供资源；当用户不再需要使用资源时，也能够随时释放这些资源。这些均得益于云计算资源的可扩展性。

- 虚拟化。云计算通过虚拟化技术将分布在不同地理位置的资源整合成逻辑统一的共享资源池，用户可以随时随地通过接入互联网请求云计算中心所提供的服务。虚拟化技术屏蔽底层设备资源的异构特性，实现统一调度和部署所有资源。对于使用资源的用户来说，云计算中心的基础设施对用户透明，用户也不必关心这些基础设施的具体位置。因此，虚拟化技术不仅是云计算的基础，也是云计算技术的特征。

2.4.3 边缘计算与云计算对比

万物互联背景下，应用服务需要低延时、高可靠性以及数据安全，而传统云计算模式在实时性、隐私保护和能耗等问题上无法满足需求。边缘计算模型充分挖掘网络中边缘终端的计算能力，在边缘终端处执行部分计算或全部计算、处理隐私数据，降低云计算中心的计算、传输带宽负载及能源消耗。下面用一个例子说明边缘计算带来的好处。

Yi 等[32]对网络中用户节点与边缘节点或云端节点二者之间数据传输延迟和带宽进行测试，如图 2-4 和图 2-5 所示。亚马逊 EC2 东部云和西部云分别表示两种位于美国地理位置的云端节点；有线边缘节点、WiFi 5GHz 边缘节点和 WiFi 2.4GHz 边缘节点分别表示三种边缘节点与用户所连接路由器的连接方式；三种结果图分别表示用户节点与路由器的有线、WiFi 2.4GHz 和 WiFi 5GHz 等三种连接方式。这里，边缘节点和用户节点总是处于同一个路由器下，测试时延的地点为美国华盛顿特区 (临近实验中的亚马逊 EC2 东部云)。

各种连接方式组合的结果显示：当边缘节点为有线方式接入用户网络时，边缘节点的往返时间明显好于云节点；而当边缘节点以无线方式接入用户网络时，往返时间介于两种位置下云节点的往返时间之间，但其稳定性较差，主要原因在于无线信道的速度和稳定性远不及有线信道。从带宽的基准测试可见，当边缘节点以 wired client 和 WiFi 5GHz 方式接入时，带宽明显高于其余三种，而 WiFi 2.4GHz 接入方式的边缘节点，性能介于两种位置的云节点性能之间，其主要原因在于 WiFi 2.4GHz 的带宽成为瓶颈，从用户节点以 WiFi 2.4GHz 接入时的表现也可以看出。综上所述，当边缘节点的接入方式具有较好质量时，其服务质量比云节点更好。相比云端节点，边缘节点具有更低的延迟和更高的带宽，而云端节点可作为备份计算节点，以防止边缘节点计算饱和以及较长的请求响应时间。

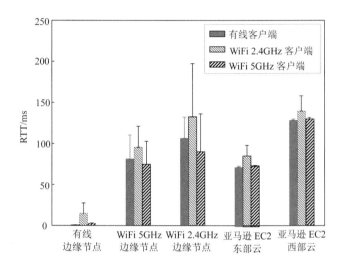

图 2-4
用户端与边缘／云之间的往返时间

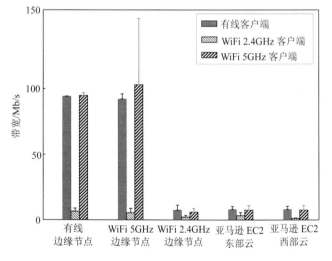

图 2-5
用户端与边缘／云之间的带宽

    边缘计算是在网络边缘执行计算的一种新型计算模型，从数据源到云计算中心路径之间的任意计算和网络资源均可以定义为边缘。边缘计算定义云计算中心不仅从数据库收集数据，也从传感器和智能手机等边缘设备收集数据。这些设备兼顾数据的生产者和消费者。网络边缘设备不仅从云中心请求内容及服务，而且还可以执行部分计算任务，包括数据存储、处理、缓存、设备管理、隐私保护等。

    边缘计算与云计算对比如表 2-1 所示。

表 2-1 边缘计算与云计算比较

比较内容	边缘计算	云计算
目标应用	物联网或移动应用	一般互联网应用
服务器节点的位置	边缘网络（网关、WiFi 接入点和蜂窝基站等）	数据中心
客户端与服务器的通信网络	无线局域网，4G/5G 等	广域网
可服务的设备（用户）数量	数十亿计	数百万计
提供的服务类型	基于本地信息的服务	基于全局信息的服务

由此可见，边缘计算与云计算相比，边缘计算并不是为了取代云计算，而是对云计算的补充和延伸，为移动计算、物联网等提供更好的计算平台。边缘计算模型需要云计算中心的强大计算能力和海量存储的支持，而云计算也同样需要边缘计算中边缘设备对于海量数据及隐私数据的处理，从而满足实时性、隐私保护和降低能耗等需求。边缘计算的架构是"端设备—边缘—云"三层模型，三层都可以为应用提供资源与服务，应用可以选择最优的配置方案。

2.5 边缘计算与大数据

万物互联时代下，移动终端及互联网等新技术的大规模应用及广泛发展，数据信息化的规模已经进入大数据时代。2011 年 5 月，麦肯锡公司在发布的研究报告《大数据：创新、竞争和生产力的下一个新领域》[33]中首次提到"大数据"之后，大数据的潜在价值受到越来越多国家战略研究部门的重视，并将其置于国家战略高度。美国发布"大数据研究与发展计划"，韩国积极推进"大数据中心战略"，中国制定"大数据产业'十三五'发展规划"。大数据将涵盖经济社会发展各个领域，并成为国家经济新的重要驱动力。

近年来，大数据迅速发展成为科技界和企业界甚至世界各国政府关注的热点。*Nature* 和 *Science* 等发表了大数据挑战相关的论点。大数据已成为视频图像处理、生物医学等领域的重要特征。大数据被认为是信息时代的新"石油"，一个国家拥有数据的规模和运用数据的能力将成为综合国力的重要组成部分。大数据处理技术包括海量多源数据采集、存储、清洗、分析发掘、可视化、隐私保护等领域的关键技术。边缘计算与云计算关键技术的融合是解决大数据的存储、传输和处理等重要问题的主要方法之一。利用边缘计算和云计算的优势以达到大数据处理任务分配均衡、大数据传输带宽需求和存储空间需求优化的目的，本章节以视频大数据[34]和医疗大数据[35]为例阐述边缘计算与大数据处理之间的关系。

万物互联时代下，公共安全领域的视频大数据和智能健康领域内的医疗大数据对存储、传输和计算的实时性需求较大。当前，视频大数据所产生的视频格式采用高清视频数据，在当前的传输和处理过程中延迟较高，尤其在实时性检测需求场景下（如目标检测和定位）。

医疗大数据是智能健康的基础，对于医疗大数据而言，一方面来自医院、制药厂家、药店、患者等多端数据的共享和协同，医院拥有大量患者病例信息、药品需求信息、病情分布信息等重要的医疗大数据，制药厂家和药店拥有药物信息和患者购买信息等数据，患者本人自身的医疗数据也具有较高价值。这类数据统称为医疗大数据，如何利用医疗大数据的价值为智能医疗服务，是边缘计算模型中需要解决的关键技术，即多边缘端协同数据处理。因为这些数据都具有一定的隐私性，因此，在医疗大数据的处理中需要解决的问题是，如何利用边缘计算技术在处理边缘敏感隐私数据的同时，实现共享医疗大数据，从而实现其根本价值。

现有视频大数据处理中，通常将视频数据传输到视频监控中心的大数据中心进行视频数据的集中处理，大数据中心以其较强的计算能力集中解决视频数据的智能计算和存储问题。但是，随着高清视频（分辨率 1080P）或超高清视频（4KP）的普及，视频监控设备终端的增多，监控视频的数据规模较大，而视频数据分析在数据中心，因为视频大数据的传输将会对网络带宽和大数据中心的数据处理造成较大的资源开销，而且视频数据处理的性能由于其较大的数据规模而较低，因此，视频大数据处理的实时性较低，这直接影响公共安全领域对突发事件的判定和决策。因此，边缘计算技术在视频大数据处理的应用将具有极其重要的意义。利用边缘计算的关键技术，将部分或全部视频处理任务在视频监控数据终端完成，降低视频大数据传输的数据量和数据处理的开销。

由此可见，边缘式大数据处理时代下，云计算模型结合边缘计算模型将有效解决原有大数据协同、数据处理负载、数据传输带宽、数据隐私保护等问题。万物互联背景下，边缘计算必将会成为互联网的下一个主流应用场景。这是由计算、通信、存储技术的飞速发展，以及在科技发展背景下不断涌现的应用需求决定的。此外，除了上述视频大数据和医疗大数据之外，还有面向智能电网的大数据、面向智能制造的大数据等，也逐渐呈现出对边缘计算的需求。因此开展边缘式大数据处理时代的关键技术研究具有重要的理论价值和实践意义，有利于降低云计算中心数据计算和传输的负载，同时降低用户请求反馈的延迟。

2.6　边缘计算的优势与挑战

边缘计算模型将原有云计算中心的部分或全部计算任务迁移到数据源的附近执行。根据大数据的 3V 特点，即数据量（volume）、时效性（velocity）、多样性（variety），通过对比云计算模型为代表的集中式大数据处理（图 2-6）和以边缘计算模型为代表的边缘式大数据处理（图 2-7）时代的不同数据特征，阐述边缘计算模型的优势。

集中式大数据处理时代，数据的类型主要以文本、音/视频、图片及结构化数据库等为主，数据量维持在 PB 级别，云计算模型下的数据处理对实时性要求不高。万物互联背景下的边缘式大数据处理时代，数据类型变得更加复杂多样，其中万物互联设备的感

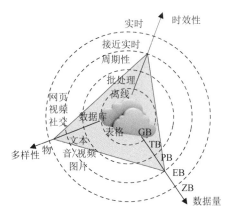

图 2-6
集中式大数据处理

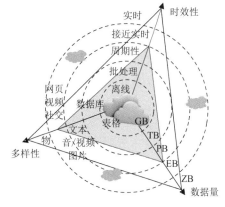

图 2-7
边缘式大数据处理

知数据急剧增加，原有作为数据消费者的用户终端已变成具有可产生数据的生产者，并且在边缘式大数据处理时代，数据处理的实时性要求较高。此外，该时期的数据量已超过 ZB 级。针对此，由于数据量的增加以及对实时性的需求，边缘式大数据处理时代需将原有云中心的计算任务部分迁移到网络边缘设备上，以提高数据传输性能，保证处理的实时性，同时降低云计算中心的计算负载。

边缘式大数据处理时代的数据特征催生边缘计算模型。然而，边缘计算模型与云计算模型并不是非此即彼的关系，而是相辅相成的关系，边缘式大数据处理时代是边缘计算模型与云计算模型的相互结合的时代，二者的有机结合将更大提升边缘计算在边缘式大数据处理过程中的优势，并为万物互联时代的信息处理提供较为完美的软硬件支撑平台。

但是，边缘计算模式在万物互联时代下的数据处理过程中，还面临着来自多个领域的挑战。在 NSF 的资助下，边缘计算重大挑战研讨会于 2016 年 10 月 26 日举办[36]，旨在携手学术界、政府、产业界专家明确边缘计算的发展愿景、最新趋势、最先进的研究成果、未来挑战、政产学合作机制，促进边缘计算技术的发展。2017 年 2 月，美国计算机社区联盟（CCC）发布《边缘计算重大挑战研讨会报告》[37,38]，阐述边缘计算在应用、架构、能力与服务、边缘计算理论等方面的主要挑战。

① 应用挑战　边缘计算的应用挑战主要包括实时处理和通信、安全和隐私、激励和盈利、自适应应用开发，以及开发和测试应用程序工具等。边缘计算在视频图像分析、虚拟现实/增加现实（VR/AR）、深度学习、智能互联及通信等应用场景中，具有重要前景。

② 架构挑战　笼级安全 (cage-level security)：确保海量数据中心的安全水平不受运营商控制程度的影响，通过硬件和软件实现物理笼级别的安全保障；包围逼近 (embracing approximation)：以概率方式描述边缘端的数据处理可能在数据本身所存在的不确定性；权衡理论：权衡移动性、延迟性、能力和隐私四个因素；数据出处：对大规模数据的来源、使用过程、涉及的用户等因素进行跟踪，并保持数据本身的完整性；网络边缘的 QoS：确保计算资源在使用过程中的端到端服务质量，并通过新机制激励供应商之间的协作，明确责任分摊、利润分配以及资源的有效利用；测试床：给边缘计算提供具有适当标准和安全 API 的跨域应用程序开发环境。

③ 能力与服务挑战　主要包括资源的命名、标识与发现、标准化的 API、智能边缘

服务、安全与信任，以及边缘服务生态系统。如何能高效地使用边缘计算的资源，很大程度上取决于是否有一个很好的编程模型或编程接口，便于程序开发者设计和实现面向边缘计算模型的应用，这是推动边缘计算发展的最重要的对应用需求的支持。运行时系统对上提供编程模型的支持，对下提供对本地边缘计算资源的有效管理，可以动态实现对上层任务的任务分割和子任务的部署，保证边缘节点上每个子任务的顺利执行，并返回正确结果。边缘计算模型中，虽然源数据的存储和计算发生在终端，但是，数据的安全和隐私需要采用有效的隐私保护技术，既能保证边缘计算终端上的应用不能访问其他应用的数据，同时还需保证外部应用不能在没有授权的情况下访问本地数据。边缘计算的商业模式，电信运营商、设备提供商抑或边缘设备数据生产者等将是边缘计算商业模式中的主要组成部分。边缘计算行业商业价值涉及边缘计算服务提供商、数据提供者、基础设施构建者等。数据提供者在商业模式中能够充分发挥本地的数据价值，这样会促进更多的边缘终端加入边缘计算模型中。

④ 边缘计算理论　边缘计算在技术层面弥补现有云计算技术的不足，但是，完善边缘计算的理论基础和框架，这将为万物互联下数据处理提供更好的边缘计算支撑技术，推动边缘计算技术在各个关键领域的应用。

本章小结

本章首先介绍分布式计算技术，然后给出基于双向计算流的边缘计算模型，阐述构建一个边缘计算系统涉及的关键技术，包括计算迁移、5G 通信技术、新型存储系统、轻量级函数库和内核、边缘计算编程模型等。同时，讨论边缘计算与云计算的关系，边缘计算并不是为了取代云计算，而是对云计算的补充和延伸，两者是相辅相成的关系。边缘计算与云计算相结合，将更加有效地解决大数据处理所面临的问题。最后探讨边缘计算自身的优势，以及在应用、架构、能力与服务、边缘计算理论等方面面临的主要挑战。

参 考 文 献

[1] SKALA K, DAVIDOVI C D, AFGAN E, et al. Scalable distributed computing hierarchy: Cloud, fog and dew computing [J]. Open Journal of Cloud Computing, 2015, 2(1): 16-24.

[2] LI C L, LU ZH D, LI L Y. Design and implementation of a distributed computing environment model for object-oriented networks programming[J]. Computer Communications, 2002, 25(5): 516-521.

[3] BERNSTEIN P A. Middleware: A model for distributed system services[J]. Communications of the ACM, 1996, 39(2): 86-98.

[4] BERMAN F, FOX G, HEY T. Grid computing: Making the global infrastructure a reality[M]. Hoboken: John Wiley & Sons, 2003.

[5] WU Q, RAO N S V, BARHEN J, et al. On computing mobile agent routes for data fusion in distributed sensor networks[J]. IEEE Transactions on Knowledge and Data Engineering, 2004, 16(6): 740-753.

[6] HOMAYOUNFAR H, WANG F, AREIBI S. Advanced P2P architecture using autonomous agents[C]// International Journal of Computers, Systems and Signals, 2002, 4(2): 115-118.

[7] VOGELS W. Web services are not distributed objects[J]. IEEE Internet computing, 2003, 7(6): 59-66.

[8] WHITE T, CUTTING D. Hadoop: The definitive guide[J]. O'reilly Media Inc Gravenstein Highway North, 2009, 215(11): 1-4.

[9] ZAHARIA M, CHOWDHURY M, FRANKLIN M J, et al. Spark: cluster computing with working sets[C]// Usenix Conference on Hot Topics in Cloud Computing. USENIX Association, 2010: 10-15.

[10] MORAIS T S. Survey on frameworks for distributed computing: Hadoop, spark and storm[C]// DSIE'15 Doctoral Symposium in Informatics Engineering. 2015: 95-105.

[11] SHVACHKO K, KUANG H, RADIA S, et al. The hadoop distributed file system[C]// IEEE, Symposium on MASS Storage Systems and Technologies. IEEE Computer Society, 2010: 1-10.

[12] Apache Storm [EB/OL]. http://storm.apache.org/ 2017, 2017-10-02.

[13] TURNER V, GANTZ J F, REINSEL D, et al. The digital universe of opportunities: Rich data and the increasing value of the Internet of Things[J]. IDC Analyze the Future, 2014: 1-5.

[14] GREENBERG A, HAMILTON J, MALTZ D A, et al. The cost of a cloud: Research problems in data center networks[J]. Acm Sigcomm Computer Communication Review, 2009, 39(1): 68-73.

[15] AI Y, PENG M, ZHANG K. Edge cloud computing technologies for Internet of Things: A primer[J]. Digital Communications and Networks, 2017: 1-12.

[16] VARGHESE B, WANG N, BARBHUIYA S, et al. Challenges and opportunities in edge computing[J]. arXiv Preprint arXiv: 1609.01967, 2016: 20-26.

[17] Data Never Sleeps 2.0 [EB/OL].https://www.domo.com/blog/data-never-sleeps-2-0/, 2017-10-09.

[18] GARCIA LOPEZ P, MONTRESOR A, EPEMA D, et al. Edge-centric computing: Vision and challenges[J]. Acm Sigcomm Computer Communication Review, 2015, 45(5): 37-42.

[19] CORTÉS R, BONNAIRE X, MARIN O, et al. Stream processing of healthcare sensor data: Studying user traces to identify challenges from a big data perspective[J]. Procedia Computer Science, 2015, 52(1): 1004-1009.

[20] SHI W, DUSTDAR S. The promise of edge computing[J]. Computer, 2016, 49(5): 78-81.

[21] IMT-2020(5G)PG, White paper on 5G concept[EB/OL]. http://www.imt-2020.org.cn/zh/documents/1, 2017-10-02.

[22] IMT-2020(5G)PG, 5G 网络安全需求与架构白皮书[EB/OL]. http://www.imt-2020.org.cn/zh/documents/1, 2017-10-03.

[23] MICHELONI R. Solid-state drive (SSD): A nonvolatile storage system[J]. Proceedings of the IEEE, 2017, 105(4): 583-588.

[24] SON Y, SONG N Y, YEOM H Y, et al. A low-latency storage stack for fast storage devices[J]. Cluster Computing, 2017: 1-14.

[25] TU Y F, DONG ZH J, YANG H ZH. Key technologies and application of edge computing[J]. ZTE Communications, 2017, 15(2): 26-34.

[26] ZHANG Q, ZHANG X H, ZHANG Q Y, et al. Firework: Big data sharing and processing in collaborative edge environment[C]// Hot Topics in Web Systems and Technologies. IEEE, 2016: 20-25.

[27] BUYYA R, YEO C S, VENUGOPAL S, et al. Cloud computing and emerging IT platforms: Vision, hype, and reality for delivering computing as the 5th utility[J]. Future Generation Computer Systems, 2009, 25(6): 599-616.

[28] GONG C, LIU J, ZHANG Q, et al. The characteristics of cloud computing[C]// International Conference on Parallel Processing Workshops. IEEE Computer Society, 2010: 275-279.

[29] DIKAIAKOS M D, KATSAROS D, MEHRA P, et al. Cloud computing: Distributed Internet computing for IT and scientific research[J]. IEEE Internet Computing, 2009, 13(5): 10-13.

[30] LUO Y. Network I/O virtualization for cloud computing[J]. IT professional, 2010, 12(5): 36-41.

[31] RAMALHO F, NETO A. Virtualization at the network edge: A performance comparison[C]// World of Wireless, Mobile and

Multimedia Networks (WoWMoM), 2016 IEEE 17th International Symposium on A. IEEE, 2016: 1-6.

[32] YI S, HAO Z, ZHANG Q, et al. LAVEA: Latency-aware video analytics on edge computing platform[C]// 2nd ACM/IEEE Symposium on Edge Computing. ACM, 2017, 15: 1-13.

[33] MANYIKA J, CHUI M, BROWN B, et al. Big data: The next frontier for innovation, competition, and productivity[J]. Analytics, 2011: 35-44.

[34] ANANTHANARAYANAN G, BAHL P, BODIK P, et al. Real-time video analytics: the killer app for edge computing[J].IEEE Computer Society, 2017: 58-67.

[35] JEE K, KIM G H. Potentiality of big data in the medical sector: Focus on how to reshape the healthcare system[J]. Healthcare Informatics Research, 2013, 19(2): 79-85.

[36] NSF workshop on grand challenges in edge computing[EB/OL]. https://www.nsf.gov/awardsearch/showAward? AWD_ID = 1624177, 2016-10-28.

[37] NSF workshop report on grand challenges in edge computing[EB/OL]. http://www.Cccblog.org/2017/02/21/nsf-workshop-report-on-grand-challenges-in-edge-computing, 2017-02-21/2017-10-02.

[38] NSF workshop report on grand challenges in edge computing[EB/OL]. http://iot.eng.wayne.edu/edge/NSF%20Edge% 20Workshop% 20Report.pdf, 2017-10-02.

第3章 边缘智能

边缘计算的发展与具体的应用场景息息相关,随着人工智能的快速发展,边缘计算技术与人工智能场景有机结合,催生出边缘智能。本章首先介绍边缘智能的产生背景和基本定义,梳理边缘智能生态系统的技术栈,然后分类介绍边缘智能中的协同计算技术,最后给出几个支撑边缘智能发展的计算框架。

3.1 边缘智能的定义

3.1.1 背景

以深度神经网络为代表的深度学习算法在诸多人工智能相关的应用中取得了很好的效果,例如图片识别、语音识别等,传统的人工智能应用采取云计算模式,即将数据传输至云端,然后云端运行算法并返回结果。随着边缘计算的发展,人工智能应用越来越多地迁移到边缘进行。云计算和边缘计算在处理人工智能任务时的分工有较大的不同,如图 3-1 所示,在云计算模式下,边缘主要承担数据采集任务,其将数据发送至云端,云承担了分类模型的训练和预测任务,并返回模型处理的结果;在边缘智能计算模式下,边缘除了数据采集之外,还将执行模型的预测任务,输出模型处理的结果,此时,云更多地是进行智能模型的训练,并将训练后的模型参数更新到边缘[1]。

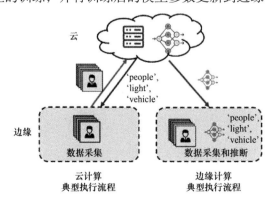

图 3-1
云计算和边缘计算模式下智能应用执行流程对比

边缘计算与人工智能的结合促进了边缘智能的发展，边缘智能来自边缘计算的推动和智能应用的牵引的双重作用。在边缘计算方面，物联网数据、边缘设备、存储、无线通信和安全隐私技术的成熟共同推动了边缘智能的发展，同时，互联健康、智能网联车、智慧社区、智能家庭和公共安全等人工智能应用场景的发展也促使边缘智能进一步发展。边缘智能的发展对边缘计算和人工智能计算的具有双向共赢优势：一方面，边缘数据可以借助智能算法释放潜力，提供更高的可用性；另一方面，边缘计算能提供给智能算法更多的数据和应用场景。

3.1.2　定义

边缘智能目前有不同的定义和应用[2-5]，例如国际电工委员会（International Electrotechnical Commission，IEC）将边缘智能定义为数据在边缘上以机器学习算法被获取、存储和处理的过程，认为利用多种信息科技推进数据向边缘移动，能够解决实时网络、安全、个性化等问题[6]。

本章采用 Zhang 等对边缘智能的定义，其认为边缘智能是使能边缘设备执行智能算法的能力[7]。边缘智能的能力包含 4 个元素（ALEM）。准确率（accuracy）：即人工智能算法在边缘设备上运行时准确率，衡量了边缘智能的可用性。延迟（latency）：即人工智能算法在边缘设备上运行时间，衡量了边缘应用的实时性。功耗（energy）：即执行智能算法过程中边缘设备消耗的能量，衡量了边缘智能系统的整体可持续性。内存（memory footprint）：即智能算法在边缘设备运行时的内存峰值，衡量了边缘智能算法的内存资源占用量。图 3-2 介绍了边缘智能的生态系统，从支撑边缘智能的技术角度，包括硬件体系结构、软件计算框架、智能算法应用等；从多边缘协同的角度，包括边边、边云之间的协同模式和调度策略；从支撑的应用角度，包括智能驾驶、智慧社区、智慧家庭等。

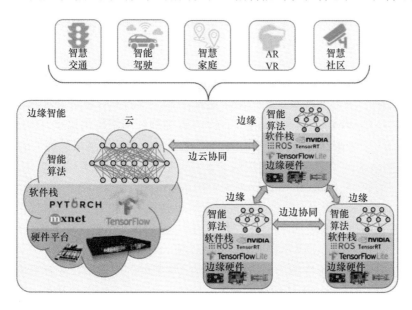

图 3-2
边缘智能生态系统

3.2　边缘智能的技术栈

　　为了提升边缘设备处理人工智能任务的能力，需要构建一整套生态系统，并且依赖上下文技术栈。如图 3-3 所示，本节将边缘智能技术栈分成六个部分，分别是边缘智能算法、边缘智能编程库、边缘智能数据处理平台、边缘智能操作系统、边缘智能芯片和边缘智能设备。

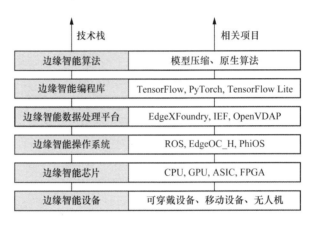

图 3-3
边缘智能技术栈
及相关项目

3.2.1　边缘智能算法

　　面向边缘计算设备的深度学习算法考虑到资源的受限性，因此相关研究工作主要从减少算法所需的计算量角度出发，该类工作可以分成两类：一类是深度模型压缩方法，其将目前在云端表现良好的算法通过压缩技术减少计算量，从而能够在边缘端运行；另一类是原生边缘智能算法，即直接针对受限的边缘计算设备进行算法设计。

　　深度模型压缩方法可分为三种：

　　参数量化、共享与剪枝（parameter quantization, sharing and pruning）方法，低秩逼近方法和知识迁移方法[8, 9]。

　　① 参数量化、共享与剪枝　通过减少对性能不敏感的参数数量或者参数位数控制计算和存储成本。Courbariaux 等[10]提出了一个二进制神经网络量化权重。它将神经网络参数设置为-1 或 1 来限制网络计算量，并且简化了专用于深度学习的硬件的设计。Gong 等[11]使用 k-means 聚类算法对全连接层的参数进行量化，可以实现高达 24 倍的网络压缩，而卷积神经网络（convolutional neural network，CNN）的分类精度在 ImageNet 挑战中仅损失 1%。Chen 等[12]提出了一种基于 HashedNets 权重共享的方法，通过使用低成本 Hash 函数将连接权重随机分组到 Hash 桶中，其中每个 Hash 桶的所有连接都具有相同的值，在训练期间，使用标准反向传播方法[13]调整参数的值，其证明了 HashedNets 可以缩小存储需求，同时主要保留通用性能。网络修剪的想法是删除冗余参数，以提高网络的泛化能力，Han 等[14]在 2015 年提出了剪枝的研究工作，其使用三步方法修剪冗余连接：首先判断连接的重要性，然后修剪不重要的连接，最后对网络进行重新训练，以微调其余连接

的权重，最终该工作使神经网络的存储需求减少为原来的 1/49～1/35，而没有牺牲准确性。为了支持神经网络[15]在移动设备的运行，Facebook 公司开发了 QNNPACK（量化神经网络包），其针对移动设备进行优化，包括量化等技术。

② 低秩逼近（low-rank factorization）　是指重构低秩的密集矩阵取代高秩矩阵，以此减少深度学习模型的计算量。Denton 等[16]使用奇异值分解重建所有连接层的权重，将CPU 和 GPU 上的卷积层的速度提高了三倍，并且精度损失控制在 1%以内。Denil 等[17]采用低秩逼近法压缩不同层的权重并减少动态参数的数量。Sainath[18]在 DNN 的最终权重层上使用低秩矩阵分解进行声学建模。

③ 知识迁移（knowledge transfer）　也称为师生训练（teacher-student training）。知识转移的想法是采用师生策略，使用预先训练的网络来为同一任务[19]训练紧凑型网络。它最初是由 Buciluǎ 等[20]于 2006 年提出的，使用经过训练的网络模型来标记一些未标记的仿真数据，并复制原始较大网络的输出。2015 年 Balan 等[21]训练了一个参数化的学生模型，以估计蒙特卡洛教师模型。Luo 等[22]使用隐藏层中的神经元生成更紧凑的模型，并保留尽可能多的标签信息。基于功能保留转换的思想，Chen[23]中的工作可立即将知识从教师网络转移到每个新的更深或更广的网络。

表 3-1 总结了以上三种典型的压缩技术，并描述了每种技术的优缺点。其中参数量化、共享与剪枝能够支持在训练中压缩，也可以压缩已经完成预训练的网络，而低秩逼近和知识迁移大多适用于对重新开始训练新的网络模型，经过剪枝后的神经网络模型的泛化性会受到较大的影响。低秩逼近通过使用低秩矩阵替代高秩矩阵的方法减少模型的计算量，可以最小化模型的精度损失。通过知识迁移的方法训练轻量级网络模型，能够最大化利用先验知识，但是训练的开销较大。

表 3-1　深度模型压缩技术的优缺点

压缩技术	描述	优点	缺点
参数量化、共享与剪枝	删除冗余连接和神经元	支持训练中压缩	有损泛化性
低秩逼近	重构低秩矩阵减少模型计算量	最小化性能变化	重构计算量较大
知识迁移	预训练网络构建紧凑型网络	最大化先验知识	需重新训练

原生边缘智能算法设计直接基于边缘设备资源受限的特点进行轻量级的算法设计。比较有代表性的工作是 Iandola 等[24]开发的小型 CNN 架构 SqueezeNet，在 ImageNet 数据集上的参数是 AlexNet 的 1/50，而准确率与 AlexNetx 相当[25]。谷歌公司于 2017 年[26]展示了用于移动视觉的高效 CNN 应用程序，称为 MobileNets，其引入两个超参数以允许模型构建者为特定应用选择合适大小的模型。MobileNet 主要由深度可分离卷积生成，在 Inception 模型[27, 28]中引入使用。扁平化网络（flattened networks）[29]专为快速预测而设计执行。它们由一个连续的一维滤波器序列组成，这些滤波器跨越三维空间的每一个方向，以实现与传统卷积网络相当的性能。Xception[30]是一类小型网络，它是由 Chollet 等受 InceptionV3 启发而设计，其在 ImageNet 数据集上的性能略优于 InceptionV3。2017 年，微软印度研究院提出了 Bonsa[31]和 ProtoNN[32]算法，在 2018 年开发了 EMI-RNN[33]

和 FastGRNN[34]。Bonsai 是指一种基于树的算法，用于在 IoT 设备上进行预测。它用于监督学习任务，例如回归，排名和多类别分类等。ProtoNN 受 KNN 的启发，可以部署在存储空间有限的边缘（例如具有 2KB RAM 的 ArduinoUNO）上实现较好的预测性能。EMI-RNN 所需的计算量仅为标准长期短期记忆（long short term memory，LSTM）网络的 1/72，并且将精度提高了 1%。

3.2.2　边缘智能编程库

边缘深度学习编程库是开发时使用的主流系统软件，其向上提供编程接口方便用户开发，向下调用深度学习加速库，兼容多种硬件产品。计算框架分为两种：一种可以执行训练和预测任务，例如 TensorFlow[35]、Caffe2[36]、PyTorch[37]、MXNet[38]、PaddlePaddle[39] 等，表 3-2 对它们的特性进行了概况；另一种只执行预测任务，其获取已经训练好的模型，进行预测优化，例如 TensorFlow Lite[40]、CoreML[41]和 TensorRT[42]等，表 3-3 概述了它们的相关特性。

表 3-2　边缘深度学习编程库特性对比（一）

编程库	TensorFlow	Caffe 2	PyTorch	MXNet
开发者	Google	Facebook	Facebook	DMLC, Amazon
开源状态	Apache-2.0	Apache-2.0	BSD	Apache-2.0
主要任务	Training, Inference	Training, Inference	Training, Inference	Training, Inference
目标设备	CPU, GPU, FPGA	CPU, GPU	CPU, GPU	CPU, GPU
特性	Latency, Community support	Lightweight, Modular, and Scalable	Research	Large-Scale

表 3-3　边缘深度学习编程库特性对比（二）

编程库	Features	TensorFlow Lite	CoreML	TensorRT
开发者	Developer	Google	Apple	NVIDIA
开源状态	Open Source License	Apache-2.0	Not open source	Not open source
主要任务	Task	Inference	Inference	Inference
目标设备	Target Device	Mobile and Embedded device	Apple devices	NVIDIA GPU
特性	Character	Latency	Memory footprint, Power consumption	Latency, Throughout

TensorFlow 由谷歌公司于 2016 年发布，目前已经成为云数据中心使用最广泛的深度学习框架之一。TensorFlow Lite[31]是 TensorFlow 的轻量级解决方案，专为移动和边缘设备而设计。为了能够在边缘设备进行低延迟推理，TensorFlow Lite 利用了许多优化技术，包括优化内核、预融合激活和量化、支持整型模型执行等。

Caffe 2 是一个旨在轻量级、模块化、可扩展的深度学习框架，由 Facebook 公司在

2017 年发布。它最初提出了 Model Zoo 收集和发布新模型，从而对社区做出贡献。Caffe 2 是 Caffe 的新版本，最初由加州大学伯克利分校 AI 研究（BAIR）和社区贡献者开发。与 Caffe 框架相比，Caffe 2 融合了许多新的计算模式，包括分布式计算、移动计算、精度权衡等。Caffe 2 支持多个平台，使开发人员能够使用云计算中心和移动设备上的 GPU 加速功能。

PyTorch 由 Facebook 公司发布，它提供了具有强 GPU 加速的向量计算功能和基于 tape 的自动梯度更新功能。尽管同时由 Facebook 公司维护，PyTorch 和 Caffe 2 有不同的角度。PyTorch 着重于研究和实验环节，而 Caffe 2 支持更高工业强度的应用，也更关注移动端的表现。2018 年，Caffe 2 和 PyTorch 项目合并，将 PyTorch 前端的用户体验与 Caffe 2 后端的扩展、部署和嵌入功能相结合。

MXNet 最初由华盛顿大学和卡内基梅隆大学开发，以支持 CNN 和 LSTM。2017 年，亚马逊宣布 MXNet 成为 AWS 首选的深度学习框架。MXNet 聚焦于大型深神经网络的开发与部署，它支持多个不同的平台，除了基于 Windows、Linux 和 OS X 操作系统的设备外，它还支持基于 Ubuntu Arch64 和 Raspbian ARM 的操作系统。

PaddlePaddle（飞桨）是百度于 2016 年正式开源的产业级深度学习平台。其包含深度学习核心框架、基础模型库、端到端开发套件、工具组件和服务平台等多个组件，并且应用于工业、农业和服务业等多个行业。飞桨深度学习框架采用基于编程逻辑的组网范式，支持声明式和命令式编程，提升开发的灵活性和高性能，并且支持多端多平台部署，开源 200 多个预训练模型，提升了实用性。Piddle Lite 是 PaddlePaddle 面向移动端和边缘推出的轻量级版本，其支持深度学习预测任务，可以支持 PaddlePaddle 和其他框架训练的模型。目前 Paddle Lite 已经支持了 ARM CPU、Mali GPU、Adreno GPU、华为 NPU，以及 FPGA 等多种异构体系结构。

CoreML 是苹果公司发布专用于苹果设备的深度学习框架，其针对设备性能进行了优化，可最大限度地减少内存占用量和功耗。用户可以将经过训练的机器学习模型集成到 Apple 产品中，如 Siri、相机和 QuickType 等。CoreML 不仅支持深度学习模型，还支持更广泛的机器学习模型，如决策树、支持向量机（support vector machine，SVM）模型和通用线性模型等。CoreML 与底层技术充分融合，利用 CPU 和 GPU 的优势来确保性能和效率。

TensorRT 是一个专用 GPU 的高性能深度学习推理的平台，可以运行由 TensorFlow、Caffe 和其他框架训练的深度学习模型。由 NVIDIA 公司开发，旨在减少在 NVIDIA GPU 上执行推理任务时的延迟并提高吞吐量。为了实现加速效应，TensorRT 利用多种技术，包括权重和激活精度校准、层间融合、内核自动调谐、动态向量存储、多流并行等技术。

3.2.3　边缘智能数据处理平台

边缘智能场景下，边缘设备时刻产生海量数据，数据的来源和类型具有多样化特征，这些数据包括环境传感器采集的时间序列数据、摄像头采集的图片视频数据、车载 LiDAR 的点云数据等，数据大多具有时空属性，因此构建一个针对边缘数据进行管理、分析和共享的平台十分重要。

EdgeXFoundry[43]是一个开源的边缘数据处理软件平台，它由 Linux 基金会主持，是一个中立于供应商的开源项目，为物联网边缘计算构建通用的开放框架。该项目的核心思想是互操作性，其托管在完全与硬件和操作系统无关的参考软件平台中，以实现即插即用的组件生态系统，从而实现边缘计算市场的统一，同时加速整体解决方案部署的效率。EdgeX 支持多种智能应用，既有场景简洁的单机设备，例如 VR 眼镜等，又支持覆盖面较广的应用场景，例如智能楼宇、智慧社区等。

华为云发布的智能边缘平台（intelligent edge fabric）[44]满足对边缘计算资源的远程管控、数据处理、分析决策、智能化的诉求，为用户提供完整的边缘和云协同的一体化服务。它将华为云的智能处理能力和大数据分析能力拓展到边缘，支持视频、文字、图像、大数据流处理等各类数据类型的处理应用，就近提供实时智能边缘服务。该平台支持容器和函数两种运行方式，支持 X86、ARM、NPU、GPU 等异构硬件接入，并且提供安全服务。

针对特定边缘智能场景的数据处理平台也被发布，以智能网联车场景为例，越来越多的车载应用被开发出来，汽车需要处理各类数据，包括图片、语音等，因此汽车逐渐演变成一个移动的边缘智能计算平台。由 Zhang 等[45]提出的 OpenVDAP 是一个开放的车载数据分析平台，OpenVDAP 分成四部分，分别是异构计算平台、操作系统、驾驶数据收集器和应用程序库，汽车可安装部署该平台，实现车内计算的需求，包括智能任务处理、自动驾驶、安全防护车载娱乐等，并且其能够实现车与云、车与车、车与路边计算单元的协同通信，从而保证了车载应用服务质量和用户体验。

3.2.4 边缘智能操作系统

为了在边缘侧运行深度学习任务，操作系统需要做专门定制化设计以满足轻量级需求。边缘计算操作系统向下需要管理异构的计算资源，向上需要处理大量的异构数据以及多种应用负载，其需要负责将复杂的计算任务在边缘计算节点上部署、调度及迁移，从而保证计算任务的可靠性以及资源的最大化利用。与传统的物联网设备上的实时操作系统 Contiki[46]和 FreeRTOS[47]不同，边缘操作系统是更倾向对数据、计算任务和计算资源进行管理的框架。机器人操作系统（robot operating system，ROS）[48]最开始被设计用于异构机器人机群的消息通信管理，现逐渐发展成广泛应用于边缘的操作系统和管理工具，其提供硬件抽象、通信标准和软件包管理等工具，其场景包括工业机器人、自动驾驶汽车（connected and autonomous vehicles, CAV）及无人机（unmanned aerial vehicles, UAL）等边缘计算场景。ROS 2.0 提出了数据分发服务，以提升 ROS 的性能，解决 ROS 对主节点性能依赖问题，同时 DDS 提供共享内存机制，以提高节点间的通信效率。

EdgeOS_H 是针对智能家居设计的边缘操作系统[49]，其部署于家庭的边缘网关中，通过三层的功能抽象连接上层应用和下层智能家居硬件，其提出面向多样的边缘计算任务，服务管理层应具有差异性、可扩展性、隔离性和可靠性的需求。Phi-Stack 中提出了面向智能家居设备的边缘操作系统 PhiOS[50]，其引入轻量级的 REST 引擎和 Lua 解释器，帮助用户在家庭边缘设备上部署计算任务。

针对不同的边缘计算场景研究针对性的操作系统逐渐成为趋势，ROS 以及基于 ROS 实现的操作系统有可能会成为车载场景下的典型操作系统，但其仍然需要经过在各种真实计算场景下部署的评测和检验。

3.2.5　边缘智能芯片

面向边缘智能计算特性而设计的硬件设备为智能任务提供支撑。为了适用于边缘计算场景中低功耗、低延时的应用需求，通用处理器和异构计算硬件并存的方式被认为是一种有效的方式[51]，通用处理器（CPU）执行包括控制、调度在内的计算任务，异构硬件牺牲部分通用计算能力，专注于加速特定任务，能够提升性能功耗比[52, 53]。本节采用 Zhang 等对边缘智能硬件的分类，其分成四类：轻量级 CPU、图像处理器（GPU）、神经网络专用处理器（ASIC）和现场可编程逻辑门阵列（FPGA）。

① 基于轻量级 CPU 的硬件　2019 年 ARM 推出了 Armv8.1-M 架构，采用新的矢量扩展 Helium，为基于 Cortex-M 系列处理器的边缘设备提供信号处理和机器学习功能，以增强其在边缘智能场景下的计算能力，基于该架构，还提供了统一的编程库和预训练模型，以简化应用开发流程。英特尔推出了神经网络计算棒（neural compute stick），其内含视觉处理单元，能够让开发者高效地开发和部署边缘智能应用。神经网络计算棒支持 TensorFlow、Caffe 和 OpenVINO 等计算框架以实现边缘设备的推理任务。

② 基于 GPU 的硬件　在云端 GPU 承担主要的神经网络训练任务，而在边缘计算场景下，轻量级的 GPU 能够低功耗、低延迟地执行边缘人工智能任务。例如，NVIDIA 在 2019 年发布 Jetson AGX Xavier[54]，其包含 ARM CPU 和 VoltaGPU，以加速机器人系统和自动驾驶应用的运行速度。目前 GPU 的生态系统较为完整，基本上所有的深度学习编程库都提供 GPU 版本，包括 TensorFlow、Caffe、PyTorch 和 MXNet 等。此外，为了提升智能任务在 GPU 上的预测性能，NVIDIA 还发布了 TensorRT 等框架专用于加速计算。

③ 基于 ASIC 的硬件　该类硬件是为深度学习应用而专门设计的处理器。2015 年，ShiDianNao[55]将人工智能处理器放置在靠近图像传感器的位置，处理器直接从传感器读取数据，避免图像数据在 DRAM 中的存取带来的能耗开销，其计算能效提升了 60 倍，可以被应用于移动端设备。ShiDianNao 通过统一编程接口支持现有的深度学习编程库，包括 TensorFlow、Caffe 等。EIE[56]于 2016 年被提出，它是一个用于稀疏神经网络的高效推理引擎，通过稀疏矩阵的并行化和权值共享的方法加速稀疏神经网络在移动设备的执行效率。In-situAI 是一个用于边缘计算场景中深度学习应用的自动增量计算框架，其通过数据诊断选择最小数据移动的计算模式，将深度学习任务部署到物联网计算节点。此外，工业界也发布了多种神经网络处理器。例如，IBM 公司发布的真北处理器[57]和英特尔公司发布的 Loihi[58]处理器都可以加速神经网络在边缘计算场景下的运行。

④ 基于 FPGA 的硬件　FPGA 能够针对不同的计算场景做结构定制，具有应用在边缘智能场景的优势。2018 年，Biookaghazadeh 等通过对比 FPGA 和 GPU 在运行特定负载时的吞吐量、结构适应性和计算能效等，表明 FPGA 更加适合边缘智能计算场景[59]。

ESE[60]通过 FPGA 提高了稀疏长短时记忆网络在移动设备上的执行能效，用于加速语音识别应用。其通过负载平衡感知的方法对 LSTM 进行剪枝压缩，减少了计算量，同时保证了 FPGA 的高利用率。与 CPU 和 GPU 相比，其分别实现了 40 倍和 11.5 倍的能效提升。

3.2.6 边缘智能设备

边缘智能设备包括以智能摄像头为代表的监控设备，以智能手机、手环为代表的可穿戴设备和以无人机为代表的移动设备，它们在日常生活的方方面面发挥作用，如消防、出行、健康、娱乐等，影响着广大民众的生活。

智能摄像头主要应用在安全监控、车辆识别等领域，随着智慧城市和平安城市的建设，摄像头的使用更加广泛。传统摄像头只具备数据采集功能，其将所有数据上传到云端会带来极大的带宽负荷，同时加大了云端处理的压力。基于边缘智能的摄像头将提升摄像头的计算能力，进行数据的过滤和前端预处理，预处理后的数据再传输至云端，可以减少数据上传总量，减轻通信负担，同时保护了原始数据的隐私性。例如，武汉的"雪亮工程"建设，到 2019 年 6 月底，全市公共安全视频监控总量已达到 150 万个。得益于"雪亮工程"的建设，全市刑事有效警情同比下降 27.2%，并为群众查找走失老人小孩、追回遗失贵重物品等服务 1 万余次[61]。

智能手机已经得到了广泛使用，传统模式下的智能手机将几乎所有数据传输至云服务器进行统一处理，在边缘智能模式下，越来越多的应用将在手机端进行数据的实时监测和处理，同时，智能手机与更多的传感器进行配合使用，能够完成更加复杂的功能。例如，针对共享车辆服务近年发生的危害公共安全的事件，Liu 等[62]提出了一种基于边缘智能的共享出行服务的实时攻击检测框架 SafeShareRide，可以检测危险事件的发生，而且检测效率实现了近乎实时性的效果。SafeShareRide 主要由三个阶段组成：语音识别检测、驾驶行为检测和视频采集与分析。第一阶段使用智能手机进行语音识别判断车内是否存在关键词，如"救命"等；第二阶段是驾驶行为的判断，从车载定位传感器、智能手机、智能手环等设备联合收集驾驶数据，根据车速的行驶速度、加速度和角速度等结果判断异常驾驶行为；当前两阶段已经判断出现异常后，进入第三阶段的数据上传阶段，此时云端进行是否异常的再次判断并且处理。

无人机具备自主灵活、低开销、高精准度的特点，在灾难救援、航拍、态势感知、以及疫情防控等多个关键民生领域发挥作用。近年来，随着人工智能的发展，无人机的计算模型不再局限于地面控制—远程执行，而是逐渐增加了计算单元，开始具备计算的能力，并且与地面控制系统融合设计，成为具备协同、自主能力的边缘智能计算系统。无人机的大规模使用和推广首先来自军事工业领域，侧重于无人机群间的协同和自主决策方面，在 2005 年 8 月，美国国防部发布《无人机系统路线图 2005—2030》，将无人机自主飞行控制等级分为 10 个等级，并预计 2025 年后无人机将具备全自主集群能力。我国国务院在 2017 年 7 月发布的《新一代人工智能发展规划》中，多次提及发展无人机技术，并把"人机协同共融"作为建立新一代人工智能关键共性技术体系的重点任务之一。在学术界，无人机的研究工作主要关注无人机平台的鲁棒性和感知算法，而随着边缘智能计算模式的发展，无人机研究工作已开始聚焦至边缘计算使能的无人机系统和应用。新加坡 SwarmX 公司开发了 HiveMind 无人机操作系统[63]，该系统基于目标的集群管理和机器学习算法，集群的指挥者可以指挥无人机监视某些区域，软件推算出如何有效地部署集群中无人机。卡内基梅隆大学的 Satyanarayanan 团队通过使用边缘异构计算平台提升无人机的视频数据实时分析能力，提高无人机在侦查及搜救等真实场景中的性能和功能[64]。USAR UAV 使用无人机系统进行城市搜寻和营救，使用 Intel Atom 作为无人边缘计算平台，搭载视觉传感器和通信系统，同时提供一套无人机智能算法应用软件[65]。

3.3　边缘智能中的协同计算

在边缘智能，边缘与物端设备和云端设备的协同交互十分重要，协同模式包括边云协同、边边协同、边物协同和云边物协同[66]。本节将从以下几个角度归纳分布式协同的相关工作：边缘智能场景下的协同模式，不同协同模式下计算设备的分工方式，以及实现这些协同模式的相关技术和计算框架。表 3-4 展示了协同模式及相关的工作。

表 3-4　协同模式及相关工作

协同模式	分工方式	相关技术及计算框架
边云协同	训练-预测边云协同	迁移学习
	云端导向边云协同	神经网络拆分
	边缘导向边云协同	神经网络压缩
边边协同	边边预测协同	模型拆分、模型早退
	边边分布式训练协同	分布式训练
	边边联邦训练协同	联邦学习
边物协同	边物协同	轻量级算法、模型选择
云边物协同	功能性协同	海云计算
	性能性协同	性能性协同

3.3.1　边云协同

边缘与云的协同是目前边缘智能领域中应用较多、技术阶段相对成熟的一种协同模式。工业界已经基于边云协同概念发布了多款产品，学术界也基于其做了许多研究工作并且提出系统原型。例如，2017 年，中国工业互联网产业联盟便提出了工业互联网平台功能架构[67]，并且在当年发布的《工业互联网平台白皮书》中呈现了边云协同的思想；2018 年，华为 Connect 2018 大会发布智能边缘平台 IEF（intelligent edge fabric），以满足边缘计算资源管理、设备接入、智能化等需求，IEF 中的一个核心概念就是实现边云协同一体化。2018 年，KubeEdge 作为云端常用的 Kubernetes 的边缘版本被提出并推广，其被认为是云边协同的开源智能边缘平台，以支持云原生边缘计算[68]。边云协同的思想不仅在边缘社区得到应用，在云社区同样得到关注，2019 年 7 月，云计算开源产业联盟发布了《云计算与边缘计算协同九大应用场景》白皮书[69]，其认为，边缘计算和云计算是相依而生、协同运作的。在具体协同的分工中，边缘端负责本地数据计算和存储，云端负责大数据的分析和算法更新。在边云协同中，云和边缘有三种不同的分工方式。

① 训练-预测边云协同　该种方式下，云负责设计、训练模型，并且不定期升级模型，数据来自边缘设备采集上传或者云端数据库，边缘负责采集实时数据完成预测，同时根据云模型进行定时更新。该分工方式已经应用于无人驾驶、智慧城市、社区安防等多个领域。谷歌公司推出的 TensorFlow Lite 框架安装在智能手机上，手机作为边缘设备，执行云计算中心通过 TensorFlow 训练得到的模型，该方式即为训练-预测的边云协同，为了支撑该方式的运行效率，TensorFlow Lite 还运行多种优化技术以完成并加速预测任务。

② 云端导向边云协同　该种方式下，云端承担模型的训练工作和一部分的预测工作，此时的模型规模一般较大，边缘难以完成全部的预测任务，或者模型具有细腰性，即云端的执行能够极大地减少通信带宽和边缘的压力。具体而言，神经网络模型将会被分割成两部分，一部分在云端执行，云承担模型前端的计算任务，然后将中间结果传输给边缘；一部分在边缘端执行。因此需要找到合适的拆分点，以尽量将计算复杂的工作留在云端，实现计算量和通信量之间的权衡。2017 年提出的 Neurosurgeon[70]便是其中的代表性工作，它用一个基于回归的方法来估计 DNN 模型中每一层的延迟，然后返回最优的分割点达到延迟目标或能耗目标。

③ 边缘导向边云协同　该种方式下，云端训练初始智能模型，然后将下载到边缘上，边缘完成实时预测，同时，边缘基于本身采集到的数据再次训练，以更好地利用数据的局部性，满足应用的个性化的需求。迁移学习[71]是边缘导向的边云协同的代表性工作。迁移学习的初衷是节省人工标注样本的时间，让模型可以通过已有的标记数据向未标记数据迁移，从而学习出适用于目标领域的模型。在边缘智能场景下，往往需要将模型适用于不同的场景。以人脸识别应用为例，不同公司的人脸识别门禁一般使用相同的模型，然而训练模型原始的数据集与不同公司的目标数据集之间存在较大的差异，因此可以利用迁移学习技术，在具备基本的识别功能后加上新的训练集进行学习更新，从而得到专用于某一区域或场景的个性化模型。

3.3.2　边边协同

边缘与边缘之间互相协同是目前的研究热点[72, 73]，其具有两个优势。一是提升系统整体的能力，解决单个边缘的计算能力有限的问题。例如，单个边缘的计算能力不能满足神经网络的训练算力需求，也容易由于数据量的限制使模型过拟合，因此需要多个边缘共同贡献算力和数据，以完成协同训练。二是解决数据孤岛的问题。边缘的数据来源具有较强的局部性，需要与其他边缘协同完成更大范围、更多功能的任务。例如，在交通路况监测中，由于地理环境的限制，一个边缘只能获取有限地区的路况信息，多个边缘间的相互协作扩大数据的采集范围，构成更大地理空间的路况地图。边缘与边缘有 3

种协同方式。

①　边边预测协同　在这种方式下，边缘承担全部的预测工作，整体任务的分配标准与边缘设备的算力相匹配，以减少每个边缘的计算压力同时充分利用边缘计算资源。这种边缘协同方式一般适用于手机、手环、智能物联网设备等计算能力十分受限的边缘之间。2017 年提出的 MoDNN[74]是一个本地分布式移动计算框架，它将一个已经训练好的模型拆分到多个移动设备上执行，移动设备（边缘）间通过无线连接以建成小规模计算集群，其可以实现加速 DNN 执行时间 2.17～4.28 倍。边缘之间模型的分割点的确定需要针对不同的边缘资源及其动态性确定，分割的次数和切割点的位置更加多样化。2018 年 NestDNN[75]考虑了运行时资源的动态变化，从而生成资源感知的深度学习移动视觉系统。NestDNN 在实验环境下的准确率提高了 4.2%，处理速度提高了 1 倍，能耗降低了 40%。

②　边边分布式训练协同　在这种协同方式下，每个边缘都承担智能模型的训练任务，边缘上拥有整个模型或者部分模型，训练集来自边缘自身产生的数据。模型训练到一个阶段后，会将训练得到的模型参数更新到中心节点（参数服务器）中，以得到完整模型。分布式训练的思想在云计算中心的应用比较广泛[76]，边缘智能场景与云不同的是，云计算中心节点间通信质量稳定，带宽高，且集群内同构性强，而边缘节点由于地理空间的限制，通信速度和带宽相对较差，同时边缘节点的异构性极强，因此在设计边边分布式训练策略时需要考量通信质量、异构节点的计算能力等影响。如何设计高效的参数更新算法，达到带宽和模型准确率的权衡是研究的重点问题[77]。

③　边边联邦训练协同　2017 年谷歌公司利用联邦学习进行移动设备在本地更新模型，以保护用户数据的安全隐私[78]，之后联邦学习被推广至医院、金融等领域[79]。这种方式下，某个边缘节点保存最优模型，每个边缘作为计算节点参与模型的训练，其他节点在不违反隐私法规的情况下向该节点更新参数，最终把全部的数据聚合在一起形成最优模型。与分布式系统在设计目标上不同，联邦训练协同中模型的更新更加侧重于数据的隐私，而分布式训练协同更加侧重于充分利用边缘节点的闲置资源。为了支持联邦学习，谷歌公司在 2019 年推出了支持联邦学习的计算框架。

3.3.3　边物协同

边物协同中的"物"指代以物联网设备为代表的数字化物理世界，主要包括传感器设备、智能可穿戴设备、摄像头、工厂机械设备等。物联网设备是物理世界数据的生产者，但数据处理能力较弱，更多的承担数据采集和上传的功能，边缘作为计算能力相对较强的设备，初步处理物联网设备产生的数据，减少了数据上传云的成本，降低了云计算中心的压力。

边物协同能够增强边缘节点的能力，该协同在物联网尤其是智能家居和工业物联网中的应用非常广泛。边物协同下，物端负责采集数据并发送至边缘，同时接收边缘的指令进行具体的操作执行；边缘负责多路传感器数据的集中分析、处理和控制，同时对外提供服务。由于物联网设备与用户结合得更加紧密，因此边物协同被认为是人工智能应用落地的关键一环[80-83]。如何进行模型选择是边物协同中研究的重要问题，深度学习模型的性能与规模呈现正相关性，而边缘智能计算场景中，物端设备无法承担大规模的模型，同时不同也有不同的准确率要求，可以牺牲准确率以换取实时性。模型选择技术根据模型的资源耗费量和准确率之间寻求较好的权衡，得到最符合场景需求的模型。2018年提出的 AdaDeep[84]是一个模型选择计算框架，其探讨了性能与资源约束之间的关系，从而根据实际场景需求找到最佳的模型匹配。实验结果表明，AdaDeep 能够在精度损失忽略不计的情况下实现 9.8%的延迟降低。

3.3.4 云边物协同

云边物协同为利用整个链路上的计算资源，包括云、边缘和物联网设备等，以发挥不同设备的计算、存储优势并最小化通信开销。云边物的协同分为以下两种分工方式。

① 功能性协同　这种协同是基于不同设备处于的地理空间、角色等不同而承担不同的功能，例如物端负责采集、边缘负责预处理、云端负责多路数据的处理和服务提供等，T-REST[85]将传统互联网的 TEST 体系架构拓展至物端，将物端设备设计为服务端，拓宽了物端应用的场景。

② 性能性协同　这是由于算力限制，不同的层级的计算设备承担不同算力需求的任务，包括任务的纵向切割和分配等。云边物协同所利用的技术涵盖了上面章节介绍的各类技术，包括轻量级模型的设计、模型的分割和选择、分布式训练、联邦学习和迁移学习等，在不同的场景下有不同的应用。除此之外，在系统级别上，云边物协同技术还包含任务的迁移、资源隔离、任务调度等技术[86-88]，在硬件级别上，该系统还包括专用芯片、硬件产品的设计与制造等[89]。

3.4　支撑边缘智能的计算框架

3.4.1　OpenEI：面向边缘智能的开放数据处理框架

在支撑边缘智能的应用开发时存在以下几个挑战。

① 算力限制　智能算法的资源需求通常较大，与边缘设备受限的资源能力之间存在失配问题。

② 数据共享与协作能力限制　云端数据可以比较容易地做批量处理和管理，然而，边缘数据的多样性和边缘设备的异构性给数据共享带来障碍，进而影响了功能共享。

③ 算法、软件、硬件的组合爆炸问题　云端设备的计算能力相对一致，而边缘设备的计算能力千差万别，与此同时，不同智能算法的计算需求也不相同。例如，针对图像识别的智能算法有 ResNet、VGG 和 MobileNet 等数十个，它们的计算操作数从几兆到几万兆，而边缘的计算资源也分布在从树莓派等物联网设备到移动手机再到边缘服务器等不同平台上，因此需要研究如何在不同算力需求的算法和硬件平台间找到最佳匹配，在

实现延迟等计算需求的同时达到准确率需求。

为了解决以上问题，一个面向边缘智能场景的数据处理框架（OpenEI）被提出[7]，如图 3-4 所示。

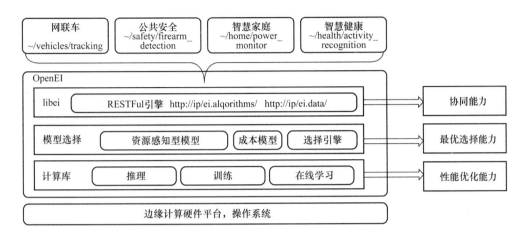

图 3-4
OpenEI 结构示意图

OpenEI 包括 3 部分，分别是包管理器（ML packages）、模型选择器（model selector）和开放库（libei）。包管理器为算法具体的执行环境，被安装在边缘平台的操作系统上，提供智能算法的运行环境，其支持类似 TensorFlow 的推理任务，也支持本地训练模型。该库设计模型专用的数据摆放格式，减少 CPU 与加速器（GPU）之间的通信开销，协同优化模型和计算框架，从而减少加速模型执行速度。模型选择器包括多个优化后的模型和一个选择算法，模型为经过压缩、剪枝等操作后的模型，将在包管理器上运行，该模型同时针对包管理器做针对性优化，这两者经过联合优化后实现算法运行时的性能加速，解决算力限制的问题。选择算法将首先评估边缘平台的资源承载能力，然后选择最合适的模型，满足准确率和资源占用率的需求，以解决算法与计算平台的不匹配的问题。边缘设备中的所有资源，包括数据、计算资源和模型都被 URL 代表，libei 提供一套完整的标准化的 Restful API。libei 使得 OpenEI 及其所在的硬件设备可以被其他边缘设备访问到，提供数据共享和功能协作服务，以实现深度学习计算引擎在异构边缘设备上的共享（EIaaS）。

具体应用时，用户提交 Restful 计算请求，OpenEI 计算执行该算法的资源需求状况，然后根据该结果进行建模，选择可以在该设备执行的智能模型，最后调用包管理器进行具体执行并返回结果。OpenEI 对外暴露 URL，它由 4 部分组成：第一部分是边缘设备的 IP 地址及端口；第二部分是资源类型，比如算法的后缀是 ei_algorithms，数据的后缀是 ei_data；第三部分是 RestEI 支持的应用场景，包括连接的交通工具、公共安全、智能家居和连接健康；第四部分是应用场景可能需要的特定的算法，例如，访问 http://ip:port/ei_algorithms/health/activity_recognition 可让树莓派在健康应用场景下执行 activity_recognition 算法。

3.4.2　NestDNN：动态分配多任务资源的移动端深度学习框架

为了在资源受限的边缘设备上运行智能算法，压缩深度学习模型以降低其资源需求是常用的技术之一，但准确率会有所损失。该方法在实际部署时存在问题：由于开发者独立开发自己的应用，压缩模型的资源-准确率权衡在应用开发就被预先确定了，在应用部署后仍然保持不变。然而，边缘计算系统的可用运行时资源是动态变化的。因此，如果可用运行时资源无法满足压缩模型的资源需求，这些同时运行的应用就会互相争夺资源，导致流视频的处理帧率较低。另外，在有额外的运行时资源时，压缩模型也无法利用这些额外资源修复准确率损失。为了解决以上问题，一种基于动态分配多任务资源的移动端深度学习框架 NestDNN 被提出[75]，它将运行时资源的动态变化纳入考量，生成一种资源感知的多重租赁设备端深度学习移动视觉系统。NestDNN 用灵活的资源-准确率权衡代替了固定的资源-准确率权衡。在运行时方面，该框架为每个深度学习模型动态地选择最优资源-准确率权衡，以满足模型对系统运行时资源的需求。采用这种方法，NestDNN 可以高效利用移动视觉系统中的有限资源，最大化所有并行应用程序的性能，与不考虑资源的现有方法相比，NestDNN 的推断准确率提高了 4.2%，视频帧处理速率提高了 1 倍，能耗降低了 40%。

3.4.3　AdaDeep：应用驱动的模型选择框架

2018 年提出的 AdaDeep[84]从模型选择的角度探讨了性能与资源约束之间的关系，根据用户指定的需求进行理想的权衡。具体来说，该工作设计了一个用户需求驱动的选择框架，可以自动选择不同的 DNN 压缩技术组合，从而在用户指定的性能目标和资源约束之间实现最佳平衡。用户（如 DNN 应用开发人员）向 AdaDeep 提交其系统性能要求和目标平台的资源约束。然后，AdaDeep 自动生成一个 DNN 模型，以平衡这些要求和约束。实验结果表明，通过对 5 个公共数据集和 12 个移动设备进行广泛评估 AdaDeep，可实现高达 9.8% 的延迟降低、4.3% 能效提高和 38% 存储降低 DNN，其精度损失可忽略不计。

3.4.4　DeepCham：自适应移动目标识别框架

美国理海大学的 Li[90]提出一种基于深度学习的自适应移动目标识别框架 deep chameleon（简称 DeepCham），是一种边缘主机服务器与移动边缘终端协同框架，主要应用于移动环境中。边缘主服务器与所参与的边缘终端协同地执行一种区域感知的适应训练模型，与区域受限深度模型相结合，可提高目标识别的精度。DeepCham 从实时移动照片中生成用于自适应的高质量区域感知训练实例，具体而言，主要包括两个过程：① 采用一种分布式算法在参与的移动边缘中找到一张质量最高的图像，并用于实例训练；② 用户标记例程根据一种通用深度模型所产生的参考信息，从高质量图像中再识别出目标。使用一天内在不同地点、时间、设备上收集智能手机上的新图像，DeepCham 可将移动目标识别的准确性提高 1 倍以上。

3.4.5　DDNN：分布式神经网络框架

为了更有效地将深度神经网络应用到边缘端设备，同时利用云端的计算能力，实现边缘智能，美国哈佛大学的 Surat Teerapittayanon 团队提出一种基于云端、边缘端及用户端的分布式神经网络框架（distributed deep neural networks，DDNN）[91]，实现三者之间的协同处理。该框架不仅可以实现在云端进行深度神经网络推理，还可以在边缘和用户端完成深度神经网络的部分推理。DDNN 支持可伸缩的分布式计算架构，其神经网络的规模可以按照跨区域进行划分。由于其本身的分布式特点，DDNN 架构可以提高传感融合系统内应用执行的容错性和隐私数据保护。DDNN 处理过程将传统的 DNN 任务进行切片划分，并将分片任务分布到云端、边缘以及用户终端执行。通过三者之间协同的方式执行深度神经网络的训练，尽量减少三者之间不必要的数据传输，同时提高神经网络训练的准确性，提高整个系统中资源的最大使用效率。该研究团队将 DDNN 应用到视频数据处理中。与传统基于视频数据的目标跟踪方法相比，DDNN 可以在局部性终端，如边缘端和用户终端，进行数据处理，降低视频数据传输成本的同时，大大提高整个系统运行的准确性。

本章小结

边缘智能的产生来自边缘计算和人工智能的快速发展，现在已经成为边缘计算的研究和应用中必不可缺的一环。边缘智能的发展离不开生态系统上下文的支持，包括边缘深度学习算法、边缘数据处理平台、边缘深度学习计算框架、边缘操作系统和边缘深度学习体系结构等，为承担智能任务，不同层级的边缘之间采用各种协同模式，包括边云协同、边边协同、边物协同和云边物协同等。边缘智能可以应用在多个实际场景，包括智能设备、智能网联车、无人机、智慧家庭和智慧城市等。

参 考 文 献

[1] 张星洲. 面向边缘智能的数据处理框架研究[D]. 北京：中国科学院大学，2020.

[2] PLASTIRAS G, TERZI M, KYRKOU C, et al. Edge intelligence: Challenges and opportunities of near-sensor machine learning applications[C]// 2018 IEEE 29th International Conference on Application-specific Systems, Architectures and Processors (ASAP). IEEE. 2018: 1-7.

[3] ZHANG S, LI W, WU Y, et al. Enabling edge intelligence for activity recognition in smart homes[C]// 15th International Conference on Mobile Ad Hoc and Sensor Systems (MASS). IEEE, 2018: 228-236.

[4] ZHOU Z, CHEN X, LI E, et al. Edge intelligence: Paving the last mile of artificial intelligence with edge computing[J]. Proceedings of the IEEE, 2019, 107(8): 1738-1762.

[5] CHEN J, RAN X. Deep learning with edge computing: A review[J]. Proceedings of the IEEE, 2019, 107(8): 1655-1674.

[6] IEC. Edge intelligence (white paper)[EB/OL]. (2018). https://basecamp.iec. ch/download/iec-white-paper-edge-intelligence-en/.

[7] ZHANG X, WANG Y, LU S, et al. OpenEI: An open framework for edge intelligence[C]// 39th International Conference on Distributed Computing Systems (ICDCS). IEEE, 2019.

[8] CHENG Y, WANG D, ZHOU P, et al. A survey of model compression and acceleration for deep neural networks[J]. arXiv Preprint arXiv: 1710.09282, 2017.

[9] HAN S, MAO H, DALLY W J. Deep compression: Compressing deep neural networks with pruning, trained quantization and huffman coding[J]. arXiv Preprint arXiv: 1510.00149, 2015.

[10] COURBARIAUX M, BENGIO Y, DAVID J P B. Training deep neural networks with binary weights during propagations[J]. arXiv preprint arXiv: 1511.00363, 2015.

[11] GONG Y, LIU L, YANG M, et al. Compressing deep convolutional networks using vector quantization[J]. arXiv preprint arXiv: 1412.6115, 2014.

[12] CHEN W, WILSON J, TYREE S, et al. Compressing neural networks with the hashing trick[C]// International Conference on Machine Learning, 2015: 2285-2294.

[13] WERBOS P J. Backpropagation through time: what it does and how to do it[J]. Proceedings of the IEEE, 1990, 78(10): 1550-1560.

[14] HAN S, POOL J, TRAN J, et al. Learning both weights and connections for efficient neural network[C]// Advances in Neural Information Processing Systems, 2015: 1135-1143.

[15] MARAT D, YIMING W, HAO L. QNNPACK: Open source library for optimized mobile deep learning[EB/OL]. (2018). https://code.fb.com/ml-applications/qnnpack/.

[16] DENTON E L, ZAREMBA W, BRUNA J, et al. Exploiting linear structure within convolutional networks for efficient evaluation[C]// Advances in Neural Information Processing Systems, 2014: 1269-1277.

[17] DENIL M, SHAKIBI B, DINH L, et al. Predicting parameters in deep learning[C]// Advances in Neural Information Processing Systems, 2013: 2148-2156.

[18] SAINATH T N, KINGSBURY B, SINDHWANI V, et al. Low-rank matrix factorization for deep neural network training with high-dimensional output targets[C]// Acoustics, Speech and Signal Processing (ICASSP), 2013 IEEE International Conference on. IEEE. 2013: 6655-6659.

[19] SAU B B, BALASUBRAMANIAN V N. Deep model compression: distilling knowledge from noisy teachers[J]. arXiv preprint arXiv: 1610.09650, 2016.

[20] BUCILUǍ C, CARUANA R, NICULESCU-MIZIL A. Model compression[C]// 12th ACM SIGKDD International Conference on Knowledge Discovery and Data Mining. ACM, 2006: 535-541.

[21] BALAN A K, RATHOD V, MURPHY K P, et al. Bayesian dark knowledge[C]// Advances in Neural Information Processing Systems, 2015: 3438-3446.

[22] LUO P, ZHU Z, LIU Z, et al. Face model compression by distilling knowledge from neurons[C]// AAAI. 2016: 3560-3566.

[23] CHEN T, GOODFELLOW I, SHLENS J. Net2net: Accelerating learning via knowledge transfer[J]. arXiv Preprint arXiv: 1511.05641, 2015.

[24] IANDOLA F N, HAN S, MOSKEWICZ M W, et al. SqueezeNet: Alexnet-level accuracy with 50x fewer parameters and < 0.5 mb model size[J]. arXiv Preprint arXiv: 1602.07360, 2016.

[25] KRIZHEVSKY A, SUTSKEVER I, HINTON G E. ImageNet classification with deep convolutional neural networks[C]// Advances in Neural Information Processing Systems, 2012: 1097-1105.

[26] HOWARD A G, ZHU M, CHEN B, et al. MobileNets: Efficient convolutional neural networks for mobile vision applications[J]. arXiv Preprint arXiv: 1704.04861, 2017.

[27] IOFFE S, SZEGEDY C. Batch normalization: Accelerating deep network training by reducing internal covariate shift[J]. ArXiv Preprint arXiv: 1502.03167, 2015.

[28] SIFRE L, MALLAT S. Rigid-motion scattering for image classification[D]. CiteSeer, 2014.

[29] JIN J, DUNDAR A, CULURCIELLO E. Flattened convolutional neural networks for feedforward acceleration[J]. arXiv Preprint arXiv: 1412.5474, 2014.

[30] CHOLLET F. Xception: Deep learning with depthwise separable convolutions[J]. arXiv Preprint, 2017: 1610-02357.

[31] KUMAR A, GOYAL S, VARMA M. Resource-efficient machine learning in 2KB RAM for the Internet of Things[C]// International Conference on Machine Learning. 2017: 1935-1944.

[32] GUPTA C, SUGGALA A S, GOYAL A, et al. ProtoNN: Compressed and accurate k-NN for resource-scarce devices[C]// International Conference on Machine Learning. 2017: 1331-1340.

[33] DENNIS D, PABBARAJU C, SIMHADRI H V, et al. Multiple instance learning for efficient sequential data classification on resource-constrained devices[C]// Advances in Neural Information Processing Systems. 2018: 10976-10987.

[34] KUSUPATI A, SINGH M, BHATIA K, et al. FastGRNN: A fast, accurate, stable and tiny kilobyte sized gated recurrent neural network[C]// Advances in Neural Information Processing Systems. 2018: 9031-9042.

[35] ABADI M, BARHAM P, CHEN J, et al. TensorFlow: A system for large-scale machine learning[C]// OSDI. 2016, 16: 265-283.

[36] Caffe2: A new lightweight, modular, and scalable deep learning framework[EB/OL]. (2018). https://caffe2.ai/.

[37] COLLOBERT R, KAVUKCUOGLU K, FARABET C. Torch7: A matlab-like environment for machine learning[C]// BigLearn, NIPS workshop. EPFL-CONF-192376. 2011.

[38] CHEN T, LI M, LI Y, et al. Mxnet: A flexible and efficient machine learning library for heterogeneous distributed systems[C]// LearningSys at NIPS. ACM. 2015.

[39] Paddlepaddle[OL]. http://paddlepaddle.org.

[40] Introduction to TensorFlow Lite[EB/OL]. (2018). https://www.tensorflow.org/mobile/ tflite/.

[41] Core ML: Integrate machine learning models into your app[EB/OL]. (2018). https://developer.apple.com/documentation/ coreml.

[42] NVIDIA TensorRT: Programmable inference accelerator[EB/OL]. (2018). https://developer.nvidia.com/tensorrt.

[43] About EdgeX Foundry[EB/OL]. (2017). https://www.edgexfoundry.org/.

[44] HUAWEI Intelligent EdgeFabric[EB/OL]. (2020). https://www.huaweicloud.com/product/ief.html.

[45] ZHANG Q, WANG Y, ZHANG X, et al. OpenVDAP: An open vehicular data analytics platform for CAVs[C]// Distributed Computing Systems (ICDCS), 2018 IEEE 38th International Conference on. IEEE, 2018.

[46] Contiki: The open source operating system for the IoT[EB/OL]. (2020). http://www. contiki-os.org/.

[47] FreeRTOS: Real-time operating system for microcontrollers[EB/OL]. (2018). https:// www.freertos.org/.

[48] QUIGLEY M, CONLEY K, GERKEY B, et al. ROS: An open-source robot operating system[C]// ICRA workshop on open source software. Kobe, Japan, 2009: 5.

[49] CAO J, XU L, ABDALLAH R, et al. EdgeOS_H: A home operating system for Internet of everything[C]// 37th International Conference on Distributed Computing Systems (ICDCS). IEEE, 2017: 1756-1764.

[50] XU Z, PENG X, ZHANG L, et al. The Φ-stack for smart web of things[C/OL]// Proceedings of the Workshop on Smart Internet of Things. SmartIoT'17. San Jose, California: Association for Computing Machinery, 2017. https://doi.org/10. 1145/3132479.3132489. DOI: 10.1145/3132479.3132489.

[51] CHUNG E S, MILDER P A, HOE J C, et al. Single-chip heterogeneous computing: Does the future include custom logic, FPGAs, and GPGPUs?[C]// 43rd Annual IEEE/ACM International Symposium on Microarchitecture. IEEE, 2010: 225-236.

[52] NURVITADHI E, SIM J, SHEFFIELD D, et al. Accelerating recurrent neural networks in analytics servers: Comparison of FPGA, CPU, GPU, and ASIC[C]// Field Programmable Logic and Applications (FPL), 2016 26th International Conference on. IEEE, 2016: 1-4.

[53] NURVITADHI E, SHEFFIELD D, SIM J, et al. Accelerating binarized neural networks: comparison of FPGA, CPU, GPU, and ASIC[C]// Field-Programmable Technology (FPT), 2016 International Conference on. IEEE, 2016: 77-84.

[54] NVIDIA. Jetson AGX Xavier[EB/OL]. (2019). https://developer.nvidia.com/embedded/ buy/jetson-agx-xavie.

[55] DU Z, FASTHUBER R, CHEN T, et al. ShiDianNao: Shifting vision processing closer to the sensor[C]// ACM SIGARCH Computer Architecture News. ACM. 2015,43(3): 92-104.

[56] HAN S, LIU X, MAO H, et al. EIE: Efficient inference engine on compressed deep neural network[C]// Computer Architecture (ISCA), 2016 ACM/IEEE 43rd Annual International Symposium on. IEEE, 2016: 243-254.

[57] MODHA D S. Introducing a brain-inspired computer[J]. http://www. research.ibm.com/articles/brain-chip.shtml, 2017.

[58] DAVIES M, SRINIVASA N, LIN T H, et al. Loihi: A neuromorphic manycore processor with on-chip learning[J]. IEEE Micro, 2018, 38(1): 82-99.

[59] BIOOKAGHAZADEH S, ZHAO M, REN F. Are fpgas suitable for edge computing?[C]// USENIX Workshop on Hot Topics in Edge Computing (HotEdge 18). 2018.

[60] HAN S, KANG J, MAO H, et al. Ese: Efficient speech recognition engine with sparse lstm on fpga[C]// Proceedings of the 2017 ACM/SIGDA International Symposium on Field- Programmable Gate Arrays. ACM. 2017: 75-84.

[61] 新华社．武汉推进"雪亮工程"视频监控探头将增至 150 万个[EB/OL]．[2018-10-15]．http://m.xinhuanet.com/hb/2018-07/18/c_1123143898.htm.

[62] LIU L, ZHANG X, QIAO M, et al. SafeShareRide: Edge-based attack detection in ridesharing services[C]// 3rd ACM/IEEE Symposium on Edge Computing (SEC). IEEE, 2018.

[63] HU H. HiveMind: A scalable and serverless coordination control platform for UAV swarms[J]. arXiv Preprint arXiv: 2002.01419 (2020).

[64] WANG J J. Bandwidth-efficient live video analytics for drones via edge computing[C]// 2018 IEEE/ACM Symposium on Edge Computing (SEC). IEEE, 2018.

[65] PÓŁKA M. The use of unmanned aerial vehicles by urban search and rescue groups[M]. Drones: Applications, 2018.

[66] 张星洲，鲁思迪，施巍松．边缘智能中的协同计算技术研究[J]．人工智能，2019(5)：7.

[67] 工业互联网平台白皮书[EB/OL]. (2019). http://www.aii-alliance.org/index.php?m=content&c=index&a=show&catid= 23&id=673.

[68] XIONG Y, SUN Y, XING L, et al. Extend cloud to edge with kubeedge[C]// 2018 IEEE/ACM Symposium on Edge Computing (SEC). IEEE, 2018: 373-377.

[69] 云计算与边缘计算协同九大应用场景[EB/OL]. (2019). http://www.caict.ac.cn/kxyj/qwfb/bps/201907/P0201907045400959 40639.pdf.

[70] KANG Y, HAUSWALD J, GAO C, et al. Neurosurgeon: Collaborative intelligence between the cloud and mobile edge[C]// ACM SIGARCH Computer Architecture News. ACM. 2017, 45(1): 615-629.

[71] PAN S J, YANG Q. A survey on transfer learning[J]. IEEE Transactions on Knowledge and Data Engineering, 2010, 22(10): 1345-1359.

[72] MU S, ZHONG Z, ZHAO D, et al. Joint job partitioning and collaborative computation offloading for Internet of Things[J]. IEEE Internet of Things Journal, 2019, 6(1): 1046-1059.

[73] ELBAMBY M S, BENNIS M, SAAD W. Proactive edge computing in latency-constrained fog networks[C]// 2017 European Conference on Networks and Communications (EuCNC). 2017: 1-6.

[74] MAO J, CHEN X, NIXON K W, et al. Modnn: Local distributed mobile computing system for deep neural network[C]// Design, Automation & Test in Europe Conference & Exhibition (DATE), 2017. IEEE, 2017: 1396-1401.

[75] FANG B, ZENG X, ZHANG M. NestDNN: Resource-aware multi-tenant on-device deep learning for continuous mobile vision[C]// Proceedings of the 24th Annual International Conference on Mobile Computing and Networking. ACM, 2018: 115-127.

[76] DEAN J, CORRADO G, MONGA R, et al. Large scale distributed deep networks[C]// Advances in Neural Information Processing Systems. 2012: 1223-1231.

[77] WANG S, TUOR T, SALONIDIS T, et al. When edge meets learning: Adaptive control for resource-constrained distributed machine learning[C]// IEEE INFOCOM 2018-IEEE Conference on Computer Communications. IEEE, 2018: 63-71.

[78] KONEČNÝ J, MCMAHAN H B, YU F X, et al. Federated learning: Strategies for improving communication efficiency[J]. arXiv Preprint arXiv: 1610.05492, 2016.

[79] BONAWITZ K, EICHNER H, GRIESKAMP W, et al. Towards federated learning at scale: System design[J]. arXiv Preprint arXiv: 1902.01046, 2019.

[80] CHEN Y, ZHANG N, ZHANG Y, et al. Dynamic computation offloading in edge computing for Internet of Things[J]. IEEE Internet of Things Journal, 2019, 6(3): 4242-4251.

[81] REN J, WANG H, HOU T, et al. Federated learning-based computation offloading optimization in edge computing-supported Internet of Things[J]. IEEE Access, 2019, 7: 69194-69201.

[82] ZHANG Y, FENG B, QUAN W, et al. Theoretical analysis on edge computation offloading policies for IoT devices[J]. IEEE Internet of Things Journal, 2019, 6(3): 4228-4241.

[83] LIU J, ZHANG Q. Code-partitioning offloading schemes in mobile edge computing for augmented reality[J]. IEEE Access, 2019, 7: 11222-11236.

[84] LIU S, LIN Y, ZHOU Z, et al. On-demand deep model compression for mobile devices: A usage-driven model selection framework[C]// The 16th Annual International Conference. 2018.

[85] XU Z, CHAO L, PENG X. T-REST: An open-enabled architectural style for the Internet of things[J]. IEEE Internet of Things Journal, 2019, 6(3): 4019-4034.

[86] SHAH-MANSOURI H, WONG V W S. Hierarchical fog-cloud computing for IoT systems: A computation offloading game[J]. IEEE Internet of Things Journal, 2018, 5(4): 3246-3257.

[87] LIN L, LI P, LIAO X, et al. Echo: An edge-centric code offloading system with quality of service guarantee[J]. IEEE Access, 2019, 7: 5905-5917.

[88] CHENG N, LYU F, QUAN W, et al. Space/Aerial-assisted computing offloading for IoT applications: A learning-based approach[J]. IEEE Journal on Selected Areas in Communications, 2019, 37(5): 1117-1129.

[89] SZE V, CHEN Y, YANG T, et al. Efficient processing of deep neural networks: A tutorial and survey[J]. Proceedings of the IEEE, 2017, 105(12): 2295-2329.

[90] LI D, SALONIDIS T, DESAI N V, et al. DeepCham: Collaborative edge-mediated adaptive deep learning for mobile object recognition[C]// Edge Computing. IEEE, 2016: 64-76.

[91] TEERAPITTAYANON S, MCDANEL B, KUNG H T. Distributed deep neural networks over the cloud, the edge and end devices[C]// IEEE, International Conference on Distributed Computing Systems. IEEE, 2017: 328-339.

第 4 章　边缘计算典型应用

新技术的应用是检验其是否有价值的最直接、最有效的方式。同样，也适用于边缘计算，边缘计算是否有价值取决于基于边缘计算的关键应用，只有通过边缘计算的应用实例化，才能发现边缘计算在发展中所遇到的各种挑战和机遇。下面给出基于边缘计算模型的几种实际应用案例。通过这些案例可以展望边缘计算在万物互联背景下的研究机遇和应用前景。

4.1　智慧城市

智慧城市通过使用物联网、通信与信息管理等技术更加高效智能地利用资源，提高城市在社会和经济方面的服务质量[1,2]，并与其所有的利益相关者（个人、公司和公共行政部门）建立更加紧密的联系，增加政府和个体之间的信息交流与互动。近年来，RFID、传感器、智能手机、可穿戴设备和云计算等技术的发展，加快了智慧城市发展的步伐。2016 年，阿里云提出了"城市大脑"的概念，实质是利用城市的数据资源更好地管理城市[3]，2017 年 10 月，Alphabet 旗下城市创新部门 Sidewalk Labs 建造名为 Quayside 的高科技新区，并希望该智慧城市项目能够成为全球可持续和互联城市的典范[4]。

未来智慧城市的基础设施建设将进一步呈现物联网化[5]，无数传感器设备将安装在城市中的每个角落，涉及城市安全、智能交通、智能能源、智慧农业、智能环保、智能物流、智能健康等多个领域。传感器设备采集数据涉及大数据的 3V 特点，即数据量、时效性、多样性。智慧城市环境下的信息源不仅有静态的数据，还包括城市车辆和人员的流动、能源消耗、医疗保健和物联网等实时数据。智慧城市的建设必须利用不同领域的大数据，进行分析计算、预测、检测异常情况，以便于政府采取更早或更好的决策，为公民提供更好的交通出行体验、更好的城市生活环境等服务。然而，基于分布式和信息基础设施建设的智慧城市包含数千万个信息源，并且在 2020 年超过了 500 亿台联网设备。这些设备产生大量数据并传输到云计算中心进一步处理。云计算中心大规模计算和存储可以满足服务质量的需求，但是，云计算模型下无法解决终端数据传输延时较大及设备隐私泄露的问题。Christin 等[6]对于参与式感知的移动互联网应用的隐私问题做了调查，发现大多应用都有隐私泄露问题。de Cristofaro 和 Soriente[7]认为参与式应用可以为数据生产者和数据消费者提供隐私保护。另外在处理智慧城市方面的数据安全问题时，云计算中特有的远程数据中心的存储和物理访问等安全问题仍然存在。因此，需要一个全面的解决方案来处理智慧城市数据安全和用户的隐私保护问题。除了隐私保护方面的问题，云计算模型也存在传输带宽和存储方面的问题。然而，边缘计算模型[8]中的边缘设备计算能力、存储资源、能量有限，无法胜任计算密集型任务。在智慧城市的背景下，单一的计算模式无法解决城市智慧化进程中所遇到的问题。因此，需要多种计算模式的融合。

根据边缘计算模型中将计算最大程度迁移到数据源附近的原则，用户需求在计算模型上层产生并且在边缘处理。边缘计算可作为智慧城市中一种较理想的平台[9,10]，主要取决于以下三个方面：

① 大数据量　据思科全球云指数预测[11]，一个百万人口的城市每天将产生 180PB 的数据，主要来自公共安全、健康数据、公共设施和交通运输等领域。云计算模型无法满足对这些海量数据的处理，因为云计算模型会引起较重传输带宽负载和较长传输延时。在网络边缘设备进行数据处理的边缘计算模型将是一种高效的解决方案。

② 低延时　万物互联环境下，大多数应用具有低延时的需求（比如健康急救和公共安全），边缘计算模型可以降低数据传输时间，简化网络结构。此外，与云计算模型相比，边缘计算模型对决策和诊断信息的收集将更加高效。

③ 位置识别　如运输和设施管理等基于地理位置的应用，对于位置识别技术，边缘计算模型优于云计算模型。在边缘计算模型中，基于地理位置的数据可进行实时处理和收集，而不必传送到云计算中心。

边缘智能在智慧城市的建设中有丰富的应用场景。在城市路面检测中，在道路两侧路灯上安装传感器收集城市路面信息，检测空气质量、光照强度、噪声水平等环境数据，当路灯发生故障时能够即时反馈至维护人员。在智能交通中，边缘服务器上通过运行智能交通控制系统来实时获取和分析数据，根据实时路况来控制交通信息灯，以减轻路面车辆拥堵等。在无人驾驶中，如果将传感器数据上传到云计算中心将会增加实时处理难度，并且受到网络制约，因此无人驾驶主要依赖车内计算单元识别交通信号和障碍物，并且规划路径。

综上所述，智慧城市的建设依靠单一的集中处理方式的云计算模型无法应对所有问题，边缘计算模型可作为云计算中心在网络边缘的延伸，能够高效地处理城市中任意时刻产生的海量数据，更安全地处理用户和相关机构的隐私数据，才能帮助政府更快更及时地作出决策，提高城市公民的生活质量。

4.2　智能制造

智能制造（intelligent manufacturing，IM）[12] 是一种由智能机器和人类专家共同组成的人机一体化智能系统，它在制造过程中能进行智能活动，诸如分析、推理、判断、构思和决策等。通过人与智能机器的合作共事，去扩大、延伸和部分取代人类专家在制造过程中的脑力劳动。它把制造自动化的概念更新，并扩展到柔性化、智能化和高度集成化[13, 14]。智能制造系统的本质特征是个体制造单元的"自主性"与系统整体的"自组织能力"，其基本格局是分布式多自主体智能系统。

智能制造技术是工业 4.0 时代最重要的特征之一，而智能制造是世界制造业未来发展的重要方向，依靠技术创新，实现由"制造大国"到"制造强国"的历史性跨越[15]。为了实现制造强国的战略目标，加快制造业转型升级，全面提高发展质量和核心竞争力，要瞄准新一代信息技术、高端装备、新材料、生物医药等战略重点，引导社会各类资源集聚，推动优势和战略产业快速发展。智能制造产业已成为各国占领制造技术制高点的重点研发与产业化领域。美国、日本等发达国家将智能制造列为支撑未来可持续发展的重要智能技术。2012 年 3 月 27 日科技部组织编制了《智能制造科技发展"十二五"专项规划》[16]。

工业 4.0 是基于现代信息技术和互联网技术兴起的产业，其核心就是通过信息物理系统（cyber physical system，CPS）[17, 18]实现人、设备与产品的实时连通、相互感知和信息交互，从而构建一种高度灵活的智能化和数字化的智能制造模式。可见，智能制造的实质就是 CPS。CPS 通过人机交互接口实现人和物理进程的交互，使物理系统具有计算、通信、精确控制、远程协作和自治功能。

要推动智能制造的发展，首先要构建完善的信息物理系统，这是智能制造的基础支撑技术。根据边缘计算的定义，工业领域 CPS 也属于边缘计算的范畴，物理系统通常位于工业特定系统的边缘，而在边缘同时具有计算、通信以及本地感知数据的存储能力正是边缘计算的基本特征[19]。

CPS 实质上是通过对物理系统的智能感知、数据分析、策略优化和多方面协同等手段，使计算、存储、通信和控制实现有机融合和深度协同，实现物理系统、网络系统、类人感知等层面的相互作用。现有物理信息系统主要应用在自动驾驶系统、智能医疗领域、智能电网、智能建筑等领域。在智能制造领域，CPS 是实现智能制造的重要一环，但其应用仍处于初级阶段，目前研究集中在抽象建模、概念特征及使用规划等方面。例如，Dworchak 和 Zaiser[18]从自动化、机械工具及制造工艺的角度概括了 CPS 的使用规划；Monostori[20]阐述了信息物理生产系统（cyber physical production system，CPPS）的研究前沿与挑战；Verl 等[21]介绍了如何进一步发展 CPS，以满足多功能网络化自适应生产的要求。Lee 等[22]定义了基于 CPS 的制造系统五层级结构，包括智能连接层、数据信息转换层、信息层、认知层和配置层。张曙[23]阐述了工业 4.0 模式下的智能工厂与传统自动化工厂的区别。

此外，CPS 模式/框架与云计算、物联网、大数据等融合也是未来智能制造的研究方向。如 Niggemann 等[24]提出基于物联网实时数据采集、大数据分析的 CPS 参考架构；Lee 等[25]提出基于大数据的 CPS 模型；Colombo 等[26]提出基于云计算的工业 CPS 体系架构。综合相关文献，工业 4.0 理念下的智能制造是面向产品全生命周期的、泛在感知条件下的制造，通过信息系统和物理系统的深度融合，将传感器、感应器等嵌入制造物理环境中，通过状态感知、实时分析、人机交互/自主决策、精准执行和反馈，实现产品设计、生产和企业管理及服务的智能化。

基于信息物理系统的智能制造产业[27]应该包括智能物理的机器、实时的数据存储系统和具有感知能力的制造设施，有效实现智能制造系统内各个部分的信息交互和协同能力，从制造原材料进入制造流程、完成制造、设备销售以及后续的维护等多个环节实现数字化和端到端的信息实时交互、集成和协同，实现智能过程中数据实时现场处理，处理结果上传到云端，云端进行补偿运算，再下载到控制器上运行，降低通信开销，提高加工效率和良品率。

4.3　智能交通

智能交通是一种将先进通信技术与交通技术相结合的物联网重要应用。智能交通用于解决城市居民面临的出行问题，如恶劣的交通现状、拥塞的路面条件、贫乏的停车场地、窘迫的公共交通能力等。智能交通系统实时分析由监控摄像头和传感器收集的数据，并自动做出决策。这些传感器模块用于判断目标物体的距离和速度等。随着交通数据量的增加，用户对交通信息的实时性需求也在提高，若传输这些数据到云计算中心，将造成带宽浪费和延时，也无法优化基于位置识别的服务。基于边缘计算智能交通技术为上述诸多问题提供一种较好的解决方案。

① 边缘计算能够提高智能交通的安全性　安全性是智能交通行业最重要的问题，尤其在当前热门的无人驾驶系统或自动驾驶系统中，安全性是首要解决的问题。边缘计算的应用可以在自动驾驶汽车上，对车载传感器所采集的数据进行本地化处理而不需要上传到云端。虽然云端具有较强的计算能力，但是如果将实时采集的数据发送到云端处理，将结果反馈到车载控制系统实时监测车辆的状态，那么在突然事故中，将存在致命的延迟，这也是自动驾驶汽车还未被广泛采用的原因。然而，边缘计算可以保证采集的数据利用本地车载端的计算能力进行数据处理，同时利用云端的计算能力，建立车载端数据模型，提高事件分析的准确性，有效利用现有智能交通的云端资源，同时提高智能交通系统的安全性。

② 边缘计算扩展了智能交通的适用性　在边缘服务器上运行智能交通系统实时分析数据，根据路面的实况，利用智能交通信号灯减轻路面车辆拥堵状况或改变行车路线。同样，基于边缘计算的智能停车系统可收集用户周围环境的信息，在网络边缘分析用户

附近的可用资源,并给出指示。此外,现有城市轨道交通系统中屏蔽门的关闭是由列车司机人眼识别,整列车所有车门都要等待最后一个上车的人上车后才能关闭,现有的整个屏蔽门系统只受列车中央控制系统管理。如果在每个屏蔽门上配置边缘计算单元,则可以使其独立、安全地控制屏蔽门开合。美国威斯康星-麦迪逊大学的研究团队提出一种构建在公共交通车辆上的边缘计算系统[28],边缘设备采用被动方式采集用户信息,结合车辆位置信息识别车内乘客和车外行人,获取乘客运动信息以及车外行人流量信息,并依次判断出外部变化因素(如温度、天气等)对人口移动的影响,从而为公共交通车辆运营商以及城市规划政府官员提供一种有用的可参考信息。美国罗格斯大学研究团队利用车载前端摄像头所采集的数据,利用实时深度神经网络技术,建立从车辆检测、车辆跟踪到路况车辆估计一整套基于边缘计算的车载视频数据处理机制[29],这种服务利用从大量车辆收集的信息创建一种实时的地图,以表征某路段上车辆的实时位置。传统的路面道路监控摄像机不能覆盖所有道路,相比而言,该系统可以对道路的交通状态给予更准确的评估,可以加强交通流状况的优化,实现城市路线新规划。

③ 边缘计算能够提高智能交通的用户体验[30]   华为公司为巴士在线提供了整体智慧公交车联网解决方案,在每一台公交车上部署车载智能移动网关,能够缓存一些数据信息,使得汽车在网络信号环境不好的地方也能保持平稳的运营。此外该系统搭载统一运营平台,对分布在不同地点的多媒体终端进行统一调度,实现立体化、差异化的精准营销,为乘客提供更好的乘车体验。同样,地铁也可以搭载类似设备,在网络环境较好的车站缓存信息,在网络信号不太稳定的两站之间的行驶区域就能使乘客有更好的用户体验。

基于边缘计算的智能交通平台也受到学术界和产业界的广泛关注。Gosain 等[31]研制了一种基于边缘计算的车联网平台。该平台采取基于计算、存储、蜂窝移动网和高速校园网互联的 GENI 边缘云计算网络架构。在美国韦恩州立大学的校园里警察巡逻车利用该平台运行车辆,对车辆进行检测和控制应用。该平台可以使终端用户和研究人员收集丰富的数据以用于公共安全监控、车辆内部状态检测和建模,仿真下一代车辆互联技术。该种基于边缘计算的车联网架构表明,本地边缘云计算基础设备的建设将有利于提高车联网应用的带宽和降低延迟。

④ 汽车边缘计算   无人驾驶汽车是智能交通的一种表现形式,其主要依靠车载计算系统和车载传感系统感知路面环境,融合感知信息,自动规划行车路线并控制车辆到达预定目标来实现无人驾驶。它能针对实时交通情况做出合理决策,并辅助甚至替代驾驶员驾驶车辆,从而减小驾驶员的劳动强度,使车辆行驶过程变得更安全,并且能够提高汽车的能效。为了保证无人驾驶的安全,车载计算系统必须能够实时处理传感器产生的数据并且得到准确的控制,而根据计算,一辆无人驾驶汽车其传感器每秒钟能够产生的数据达到上百 MB,而在移动场景下,目前缺乏有效的通信机制将数据传输到云端,因此基于云计算中心的方案会增加实时处理的难度,车载边缘计算成为实现自动驾驶的关键。

在无人驾驶车辆终端,边缘计算通过加速在数据源的数据处理,增强了车辆环境感知和路面环境决策的实时性。

无人驾驶车辆或无人机本身的电源有限，如果无人驾驶设备将源端设备上的数据传输到云中心，会消耗较大的电能，同时实时性也较弱，例如，在空中或地面监测的应用中，无人机对森林火灾、倒塌的建筑物以及田地等监测所产生的大量数据以高清视频的形式存在，很难实现无线网络的实时传输以及接收中心的命令。在灾难环境混乱的情况下，这些问题就会更加凸显，边缘计算能够较好地解决这些问题，在边缘端处理无人机感知的数据，降低数据传输的电能损耗，保证实时性。此外，对于多飞行器之间的协调控制，边缘计算模型除了能够实现飞行器本身所采集数据的实时处理，同时与其他飞行器实时共享这些信息，这样可以降低原有云计算模型下经数据中心中转的时间，并且减少因数据传输所消耗的电能。

4.4 智能家居

家居生活随着万物互联应用的普及变得越来越智能和便利。起初的智能家居以电器的远程控制为主，随着物联网的发展，智能家居设备涉及的范围不断扩大，对设备联动场景的要求更高。根据中国智能化装饰专业委员会发布的《智能家居系统产品分类指导手册》[32]，智能家居系统产品可分为 20 类，包括智能照明控制系统、视频监控、厨卫电视系统等。据《2016—2022 年中国智能家居市场研究及发展趋势研究报告》，中国智能家居市场呈现快速增长趋势，2017 年突破 1000 亿元，2021 年市场规模将达到 4369 亿元[33]。

为了让智能家居达到自动化且节能，满足和改善居住者生活方式的目标，智能家居应当具有如下特征：实用、可靠、易维护、易扩展和可移植。目前，新的想法和技术正广泛应用到家居环境中。Kientz 等[34]开发 Aware Home，以期减少智能家居的能源消耗，实现完全自动化，将用户从繁重的家务劳动中解放出来。MIT 的一个研究团队利用环境感知传感技术开发一种生活实验室，致力于打造一个更健康的智能家居[35]。目前，亚马逊的 Echo、三星的 SmartThings 和谷歌的 Google Home，均可作为智能家居的控制中心。微软和苹果分别提出了 HomeOS 和 HomeKit，其作为智能家居的框架，可以方便用户对设备进行控制。尽管目前已经广泛开展对智能家居及其产品的研究，各式各样的设备层出不穷，但要实现一个真正的智能家居仍有一定差距。

在智能家居环境中，价格低廉、构造小巧、功能强大的智能家居传感器和控制器应部署到房间、管道、地板和墙壁等地方，使家庭的方方面面都能够以一种联网的方式被感知和控制。无线网络的成熟也给智能家居创造无限可能。尽管无线网络的协议并没有完全统一，但是无论是 WiFi、蓝牙、ZigBee、Z-Wave，或是 NFC 技术都足够支持家用的数据传输。但是对于智能家居设备，仅通过将其连接到云计算中心的做法，远不能满足智能家居的需求。出于数据传输负载和数据隐私的考虑，这些敏感数据的处理应在家庭范围内完成。

相比云计算，边缘计算作为智能家居的系统平台优势主要包括以下三方面。

① 低延时　智能家居设备对用户命令的及时反馈很大程度上影响着用户对智能家居的满意度。例如开关灯、查看监控摄像头等操作，都具有低延时的需求。边缘计算避免有限的网络带宽对数据传输的影响，降低数据传输时间，使系统能够更高效地收集、分析数据并做出相应的反馈。

② 隐私保护　智能家居设备获取的数据与用户的隐私息息相关。如果这些涉及用户隐私的数据被不法分子利用，会对用户造成财产或心理上的损失，甚至可能会有生命危险。将数据的传输和使用控制在家庭范围内，将敏感信息从源数据中剥离，是对用户隐私的一种保护措施。

③ 大数据量　一个完备的智能家居每天产生的数据量是惊人的。仅仅是一个监控摄像头一天就可以产生几十 GB 的数据。如果所有的家庭数据都上传到云端，无疑会对网络带宽和云端存储空间造成巨大的负担。利用边缘计算平台，视频等各种数据在本地就可得到有用信息的筛选和处理，智能家居能够进行高效运作。

考虑到以上问题，传统的云计算模型已不能完全适用于智能家居类应用，而边缘计算模型是组建智能家居系统的最优平台。针对智能家居的边缘计算系统（edge operating system for smart home，EdgeOS$_H$，图 4-1）在家庭内部的边缘网关上运行，智能家居设备可以集成在该操作系统中，便于连接和管理。利用该操作系统，设备产生的数据可以在本地得到处理和脱敏，从而降低数据传输带宽的负载和延迟，并保护用户的隐私。同时由于编程接口的统一化，基于 EdgeOS$_H$ 的应用服务程序可向用户提供更好的资源管理和分配。

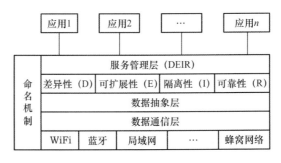

图 4-1
智能家居的边缘
操作系统结构

图 4-1 表示 EdgeOS$_H$ 在智能家居中的一种变体。设备通过自身的编程接口集成到 EdgeOS$_H$ 中，多种设备利用不同的通信协议进行通信，如 WiFi、蓝牙、局域网、蜂窝网络等。从不同来源收集到的数据在数据抽象层进行融合和处理，一是分离出用户的隐私信息，二是规范设备数据以便上层服务调用。数据抽象层之上是服务管理层，该层需满足服务差异性、可扩展性、隔离性及可靠性等需求，以实现系统的自动化。此外，命名规则在每层内因功能不同而有所差异。EdgeOS$_H$ 作为家庭设备和服务的中心，使用户对智能家居的管理更高效简便。

目前，针对智能家居的开源系统在 DIY 爱好者中越来越受欢迎。表 4-1 从编程语言、代码行数、数据存储、数据抽象、自动化、文档支持等多个方面比较六种开源系统。大部分系统都提供前端、API、数据存储、自动化等功能，并支持多种平台。与 EdgeOS$_H$ 相比，这些系统均没有提供数据抽象，仅仅存储从设备收集的原始数据。美国韦恩州立大学施巍松教授团队提出通过 DIY 的方式构建一种基于云视频监控系统的智能家居框架，其主要依靠安装在房子周围的视频监控系统来对房子周围的突发事件进行判断，以此降低处理突发事件的响应时间，提高智能家居的安全性。此外仅有 Home Assistant 和 openHAB 有设备抽象的功能，可以通过抽离设备的角色将设备与服务隔离开，从而使服务无须知道设备的物理地址即可调用设备。类似的开源智能家居系统可作为 EdgeOS$_H$ 的蓝本。

表 4-1 六种开源系统比较

开源系统	编程语言	代码行数	数据存储	数据抽象	自动化	文档支持	前端	API	操作系统平台	设备抽象
Home Assistant[36]	Python3	213901	SQLite	否	触发条件动作规则，脚本	完善	HTML, iOS	有	Linux, Windows, Mac OS X	是
openHAB[37]	Java	904316	数据持久化服务	否	触发条件动作规则，脚本	完善	HTML,Android, iOS,Win	有	Any device with JVM	是
Domoticz[38]	C++	645682	SQLite	否	脚本	不完善	HTML	有	Linux, Windows, Mac OS X	否
Freedomotic[39]	Java	159976	数据持久化服务	否	触发条件动作规则，脚本	完善	HTML	有	Any device with JVM	否
HomeGenie[40]	C#	282724	SQLite	否	脚本	一般	HTML,Android	有	Linux, Windows, Mac OS X	否
MisterHouse[41]	Perl	690887	无	否	Perl 代码	不完善	无	无	Linux, Windows, Mac OS X	否

基于智能家居的边缘计算系统 EdgeOS$_H$ 作为连接设备、服务和用户的桥梁，负责三者之间的信息交互。通过对设备的注册、维护、更新，实现对服务的冲突调解、对用户的个性化定制，EdgeOS$_H$ 使智能家居具有计算、通信、自动化的能力。同时，由于家庭数据的隐私性特征，EdgeOS$_H$ 相比较云计算平台能在一定程度上减少恶意攻击的途径，为智能家居的安全隐私提供可靠的防护措施。

4.5 智能医疗

智能医疗通过将医疗诊断与人工智能相结合，辅助医护人员进行更高效的诊断和治疗，提高病患的就诊效率。由于医疗信息的隐私性和保密性，边缘计算为智能医疗提供了一个较好的解决方案，将病人的健康数据和就诊信息等医疗数据的处理控制在医院系统内进行，旨在保护病人的隐私。智能医疗同时与人工智能技术紧密结合，是边缘智能的重要应用领域。图 4-2 为边缘计算应用于医疗的典型场景。

① 院前紧急医疗服务 救护车上的紧急医疗服务 (emergency medical service, EMS) 是病患救治过程中的第一环，往往也是最易被忽略的一环。在病患送往医院的途中，或

在医院之间进行转移时，EMS 提供基础的生命体征监测和急救手段。根据配备急救设施的不同，EMS 分为基础生命支持 （basic life support，BLS）和高阶生命支持（advanced life support，ALS）。ALS 尽管配备更高阶的救生系统，但数量极少，主要的 EMS 是由 BLS 提供。就目前现状而言，EMS 更侧重于响应和运输时间，而在实际的急救环节中存在两个不足。一是缺乏专业有效的紧急干预手段，二是与入院治疗的数据沟通不畅。通过在医院和 EMS 上建立一个双向的特定频段实时沟通频道，边缘计算可帮助 EMS 提供更专业的急救服务，更流畅地与入院治疗进行衔接。边缘计算帮助 EMS 利用本地的计算能力对病患状态信息进行实时处理，例如利用自然语言理解辅助初步问诊，以及利用计算机视觉技术检测病患生命体征数据，并发送给医院从而进行更有效的紧急干预。医院的医生可对 EMS 的急救情况提供远程辅助服务。EMS 上的病患信息也能及时传送到医院，保证病患信息不丢失或遗漏。与云计算相比，边缘端的处理减小了数据处理对网络带宽的依赖，并不受移动环境和恶劣天气的影响，对于 EMS 这样一个移动的计算平台是最恰当的选择。

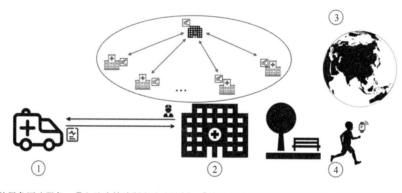

图 4-2
边缘计算应用于
医疗

①院前紧急医疗服务；②入院病情诊断和治疗计划；③大流行病的疫情预判和预警；④日常健康体征监测。

②　入院病情诊断和治疗计划　　根据病患情况不同，病患的医疗信息呈多样化分布，包括生命体征、病历、医疗影像等。同时，神经网络、计算机视觉和自然语言理解技术的发展促进了人工智能对于诊断治疗的研究。以放射肿瘤科为例，对病人的治疗包括放射影像/病理切片的分析、放射治疗计划等。借助于人工智能技术，可实现对病人病历的关键信息抓取、放射影像和病理切片中癌细胞、靶器官、敏感器官的分割，并针对癌变部位设计针对性的放射治疗计划。考虑到医疗数据的隐私性，将数据上传到云计算中心进行处理是不可行的，模型的训练和使用都需要在医疗系统内部完成。基于边缘计算，可在医疗系统内部建立一套从放射影像/病理切片的病灶分析到放射治疗计划的分布式智能处理系统，以有效地整合医疗系统内部同一类别下的数据，并采取隐私保护机制（如多方计算、差分隐私）进一步确保病人数据的安全。根据已有的医生诊断作为训练标签，以多个节点合作计算的方式进行深度学习模型的训练和使用。英伟达和伦敦国王学院利用联邦学习和 ε-差分隐私框架，在医院内部建立了一个基于边缘的具有隐私保护功能的脑肿瘤分割平台[42]。虽然目前对于边缘智能医疗的研究仍处于起步阶段，但随着神经网络的轻量化设计、边缘节点的硬件配置提升，边缘将成为智能医疗的处理中心。通过参

与病情咨询、诊断和治疗阶段，实现对病患电子病历（electronic medical record，EMR）信息的整合和有效利用，提高医护人员的工作效率和病患的就诊质量。

③ 大流行病的疫情预判和预警　协同边缘由参与其中的边缘节点提供分布式地理信息数据，在边缘之间进行数据的共享和合作，这一特性可利用与大规模流行病的疫情追踪和风险预判。例如 2020 年肆虐全球的新型冠状病毒，由于其传播途径广、潜伏期长等特点，给人们日常生活和社交带来不确定的感染风险，严重影响人们的正常生活和社会经济发展。为了跟踪疫情信息，美国约翰霍普金斯大学研究团队开发了 COVID-19 案例追踪网站[43]，在全球范围内更新疫情信息。类似的网站从不同的维度提供了疫情相关信息，例如每个地区的社交距离[44]、社区疫情风险[45]等。这些信息从区域性的角度为人们提供了疫情的信息追踪。边缘计算则能够将疫情追踪落实到个体，通过将移动设备的地理位置信息、区域性的疫情信息以及对传染病的传播模型相结合，实现对个人的疫情风险评估。除此之外，有效的疫情追踪应该包括对于群体聚集事件的感染风险预判和预警。利用边缘计算，可实现对某一活动的风险追踪，并在风险信息更新时对参与过同一活动的个体发出警告。美国韦恩州立大学研究团队提出的疫情感染风险等级预测和更新系统 CORPUS，利用边缘智能，实现对事件、公共区域以及个人的感染风险评估[46]。

④ 日常健康体征监测　近年来随着可穿戴设备的发展和人们对健康意识的逐步提高，移动设备上的健康状况监测变得越来越普遍。受限于可穿戴设备的计算资源能力，目前从可穿戴设备上采集的健康数据需要上传到云计算中心实现数据存储和处理。云计算中心的计算模式固然提供了较好的数据分析处理，却会带来数据归属权的争议。如果利用移动设备的计算资源部署轻量级的智能算法，将可穿戴设备和移动设备相结合，作为健康数据的收集者和分析者，则可有效避免数据归属权的争议，同时保护了用户数据隐私，将数据共享的决定权交给用户本身。山东科技大学主导的研究团队提出了基于边缘的个性化服务系统架构，并以跌倒检测为例体现了个性化边缘计算框架与云计算相比的优点[47]。

4.6　面向公共安全的边缘视频系统

随着城市规模的扩大，面向城市公共安全领域的视频终端也越来越多，视频分析已成为公共安全的重要组成部分。现有视频分析利用高级计算机视觉和人工智能解决 4W 的问题，即确定谁（who）在哪个时间（when），在特定位置（where），做了什么（what）。根据对延迟需求的不同，视频分析可用于"事后分析"和"事中分析"。事后分析包括档案管理、搜索、法医调查等。事中（实时）分析实现实时状态感知、预警和目标对象（犯罪嫌疑人/丢失车辆）的实时监测。实时性高的视频分析应用对硬件资源要求也较高，而基于云计算虽然具有较高的计算能力，但是，在视频数据分辨率较高时，较难以满足视频分析的实时性。为此，在边缘端执行视频分析的方案逐渐成为视频分析的重要方法之一。然而，边缘端的硬件资源有限，以 AI 为主的视频分析需要高带宽、大量 CPU/GPU

资源。本节主要分析面向公共安全的边缘视频分析在警务系统、交通系统和紧急医疗领域的应用。

1. 警务系统

视频分析技术在警务系统占据重要的地位，其对社会治安环境的实时监控、异常行为的防控、特定目标的追踪等具有一定的保障作用。警务系统的视频分析平台越来越多地采用基于边缘计算的解决方案。

① 基于混合边缘云计算的人脸识别平台　Hu 等[48]提出了一种具有云-边协同功能的人脸识别系统，如图 4-3 所示，边缘计算节点（雾节点）执行人脸检测，人脸识别在云节点完成，从而避免大量视频数据的传输。该系统由五部分组成：边缘计算节点（雾节点）、管理服务器（MS）、信息服务器（IS）、解析服务器（RS）和数据中心。视频分析任务被分配到边缘计算节点，即在边缘计算节点上执行视频解码、预处理、人脸检测和人脸特征提取，同时人脸特征向量被作为人脸识别器的输入。管理服务器与边缘计算节点连接，执行资源调度和计算任务分配。解析服务器中的人脸识别器对边缘计算节点上传的人脸特征向量执行详细的人脸特征向量匹配，确定待检测人脸的身份信息，并返回个人信息。信息服务器负责管理个人信息。信息服务器和解析服务器共享数据中心中的数据库，该数据中心具有强大的数据存储功能。该系统优化了网络延迟和响应时间，实现对目标对象的实时识别和追踪。

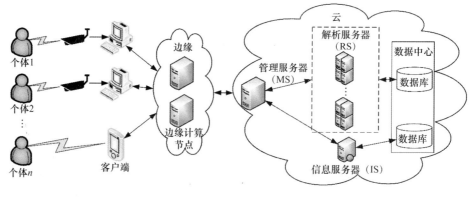

图 4-3
云-边协同人脸识别系统架构

② 基于边缘计算的目标车辆实时跟踪平台　Ren 等[49]提出了利用周边设备分布式协同执行目标车辆实时跟踪系统框架——Firework，如图 4-4 所示。该系统包括 3 层架构：执行者管理层、任务管理层和服务管理层。执行者管理层为执行者的视频分析任务分配资源池中的计算资源。例如，在图 4-4 中，执行者管理层会将计算资源分配给运动检测任务和车牌识别任务。任务管理层用于管理执行者任务，主要包括任务分发、任务监视和任务调度，其中任务监视模块用于系统中的视频分析任务的监视，任务调度模块分配视频分析任务到某个执行者执行，任务分发模块在执行者计算资源不足时，将其任务或子任务卸载到执行者管理层中的其他协同节点上完成。以在城市范围的摄像机中跟踪目标车辆为例，该视频分析任务包括视频解码、运动检测和车牌识别。其中，运动检测用于减少不同边缘计算节点之间的数据传输以及由车牌识别引起的计算延迟。对于一

个摄像头，通过任务调度模块将视频任务发送到某个协同的边缘节点上进行实时视频分析，并在阈值时间后未找到目标时，利用任务分发模块将跟踪任务分发到周围其他的边缘计算节点。服务管理层用于搜索周围的协作边缘节点，并为任务提供服务注册、服务部署、访问控制等接口，同时为整个平台提供安全机制。基于该平台，边缘节点可以实时协作来跟踪目标车辆。

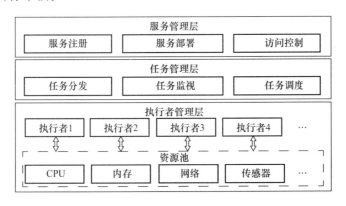

图 4-4
扩展的 Firework

③ 边缘计算监控终端系统　原有的视频监控系统在记录视频数据之后，采用直接或简单视频处理后传输到云计算中心。随着视频数据呈现海量的特征，公共安全领域的应用要求视频监控系统能够提供实时、高效的视频数据处理。针对此，需要利用边缘计算模型，将具有计算能力的硬件单元集成到原有的视频监控系统硬件平台上，配以相应的软件支撑技术，实现具有边缘计算能力的新型视频监控系统。图 4-5 表示基于边缘计算的视频监控系统框图，其中具有边缘计算功能的模块作为协处理单元（简称边缘计算硬件单元）与原有视频监控系统的摄像头终端系统进行系统融合。

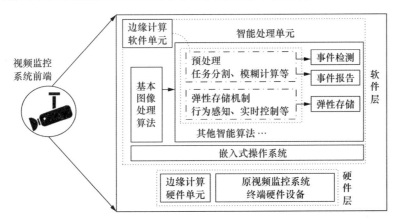

图 4-5
基于边缘计算的视频监控系统框图

在边缘计算模型中，计算通常发生在数据源附近，即在视频数据采集的边缘端进行视频数据的处理。为此，一方面需要基于智能算法的预处理功能模块，在保证数据可靠性的前提下，利用模糊计算模型，对实时采集的视频数据执行部分或全部计算任务，这不仅能为实时性要求较高的应用请求提供及时的应答服务，而且还能降低云计算中心计算和带宽的负载。另一方面，Sun 等[50]提出基于边缘计算的视频监控系统内容可用性研究，内容的可用性包括静态故障及动态内容两个方面，边缘计算能够较好地实现这些有用性检测并降低网络和云中心负载。另一方面，还需要设计具有可伸缩的弹性存储功能模块，利用智能算法感知监控场景内行为的变化，选择性存储视频数据，实现最小空间存储最大价值的数据（如犯罪行为证据等）。最后，在兼容现有智能处理的功能基础上，增加"事中"事件监测和"事中"事件报告功能，及时有效地向用户发送响应信息。

基于边缘摄像头的多目标识别是公共安全领域内视频数据边缘处理的一种典型应用。近年来，随着摄像机成本的降低，监控摄像机数量快速增加，采集的监控数据规模以指数级别增长。同时，数以亿计的智能手机中的摄像头也采集庞大的数据。如何对由照片、监控录像以及闭路电视组成的多源海量数据进行分析，快速从海量信息中提取关键信息，是一个亟须解决的问题。

近年来，边缘计算模型的提出为该类问题的解决提供了新的思路[51]。为了使边缘计算模型可以实现，往往需要对这些传统的视频采集硬件进行改造，如图 4-5 中的硬件单元。该硬件单元对采集到的视频信息先进行复制操作，再对复制后的数据进行处理。因而，该系统可以在不改变传统视频采集系统的前提下完成对视频的采样和分析。在完成视频采样和分析后，摄像机将有用的信息传输给其邻居节点，同时接收邻居节点发送过来的信息。摄像机网络中的其他节点均采用类似策略进行通信。当有节点收到其他边缘节点发送过来的信息时，该节点将对接收到的信息和自身测得信息进行信息融合，从而提取有用信息，完成提取后，再将融合后的信息发送给邻居节点。在相邻时刻内完成多次类似的信息传输，可以使整个网络信息达到一致[52]。摄像机网络作为无线传感器网络的一个分支，近来受到越来越多人的关注和研究。由于传感器网络的大规模性，导致一般的集中式处理算法并不实用。集中式处理不仅会过快地消耗中心点附近的节点的能量，而且对中心节点的网络带宽和处理能力带来更大的考验。因此分布式算法在传感器网络中的优势越来越明显。摄像机网络中的目标跟踪算法的具体流程如图 4-6 所示。当从摄像机获得视频时，需要从视频中提取目标，本算法首先使用目前已有算法进行此项工作，如可变部件模型（deformable part models，DPM）[53]，然后使用状态估计算法以及分布式信息融合算法组成鲁棒性的目标跟踪系统。在摄像机网络这个应用中，由于摄像机观测区域受限，通过利用多个摄像机分布式信息融合，可以弥补单摄像机跟踪的不足，从而发挥分布式跟踪算法的优势。

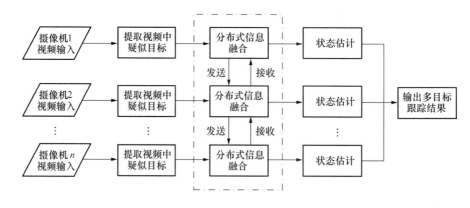

图 4-6
摄像机网络中的目标跟踪算法实现框图

分布式估计作为一种分布式算法，由于具有可扩展性和容错性，已经被用于摄像机网络中的目标跟踪问题。在基于分布式估计的目标跟踪中，每个摄像机节点利用自身的信息与接收到周围邻居节点的信息进行信息融合，然后预测和估计目标的状态信息（位置、速度等）。在分布式估计中，系统必须采用一定的策略来协同各个局部节点的信息，使得局部节点获得全局信息。近年来，很多学者提出用一致性算法优化每个节点的信息，使每个节点的信息达到一致。一致性算法由 Olfati-Saber 最先应用到分布式传感器网络中用于数据融合[54,55]，其中最经典的是卡尔曼一致性滤波器（Kalman consensus filter, KCF）。卡尔曼一致性滤波器不仅适用于传统的传感器网络，也适用于摄像机网络[56,57]。但经典 KCF 算法并没有考虑视觉传感器本身的限制。例如，摄像机是一种观测区域（field of view, FoV）受限的单向传感器。因此，在实际摄像机网络中，目标通常仅会出现在部分摄像机的视觉区域。图 4-7 表示的是一个由四个摄像机组成的摄像机网络，摄像机间通过无线连接。虽然整个区域内有五个目标，但摄像机 C_1 仅可以监控到两个目标（T^2 和 T^3）。网络中各摄像机的工作流程如下：首先假设某个摄像机 C_s 观测到一个新目标的量测信息 T^t，其邻居摄像机也可能会观测到该目标（如 T^2 同时被 C_1 和 C_2 观测到），C_s 与其邻居摄像机通过通信得到目标 T^t 的所有量测信息，然后对这些信息进行数据融合，融合后的信息用于 C_x 节点目标 T^t 的状态和协方差更新。与此同时，所有节点也共享它们之前的状态估计信息，并使用一致性算法来补偿各节点中关于目标 T^t 状态信息的差异。但是，网络中的有些摄像机并不能直接或间接地（通过其邻居摄像机）观测到目标 T^t，本书称这样的摄像机为朴素节点[58]。假如，在一个观测区域内，目标仅可以被节点 C_s 观测到，节点 C_s 以及其直接邻居节点 $C_i \in \Omega_s$ 可以通过直接地信息交换而得到观测目标，然而其他节点 C_m，$C_m \notin \{C_s \cup \Omega_s\}$ 并不能直接得到观测目标，需要经过多跳网络传输才能观测到目标，这些其他节点 C_m 就称为朴素节点。在存在朴素节点的摄像机网络中，对于朴素节点，一致性算法仅能调整其状态估计信息，而不能调整对应的误差协方差信息，这样会使得各摄像机的误差协方差矩阵各自偏离。尽管各摄像机的状态估计信息能达到一致值，但是不同的误差协方差矩阵导致整个系统的发散。该问题在稀疏网络中表现得更为突出。

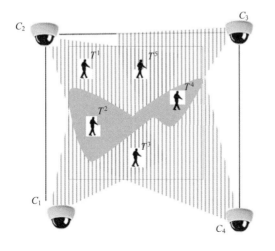

图 4-7
摄像机网络中目标监控示意图

针对这个问题，Kamal 等[59]提出一种加权形式的信息一致滤波器（information weighted consensus filters，IWCF），该滤波器利用对状态信息和信息矩阵进行加权，从而避免朴素节点的影响。Katragadda 等针对 Kamal 等提出的算法只是用于线性系统的事实，利用类似于扩展卡尔曼滤波器的推导方法对非线性方程进行一阶泰勒展开，使其能适用于非线性系统中[60]。由于只采用一阶泰勒展开，往往算法的精度达不到系统要求。汤文俊等[61]基于无迹卡尔曼滤波器提出一种适用于稀疏无线传感器网络的改进分布式 UIF 算法，该算法主要思想与 Kamal 等论文中的广义卡尔曼一致性滤波器（generalized Kalman consensus filter，GKCF）算法类似，但 Kamal 等提出的方法只针对线性系统，并不能很好地适用于摄像机网络中。虽然汤文俊等的方法可以应用于非线性估计的环境中，但无迹卡尔曼滤波器需要针对具体应用选择参数，并且由于处理器字长问题可能会导致算法失效。这种情况对于采用处理能力较弱的微处理器的传感器网络来说更为严重。

针对这些问题，陈彦明等提出一种基于平方根容积卡尔曼滤波器的一致性滤波算法。该算法基于 Arasaratnam 等[62]提出的平方根容积卡尔曼滤波器，其类似于无迹卡尔曼滤波器[63]，但比无迹卡尔曼滤波器更具有鲁棒性和应对高维非线性问题的能力。同时，由于信息滤波器特殊的信息形式，有利于简化多源信息融合。在信息滤波器中，多源信息融合可以表达成简单的累加操作[64]。

此外，针对非重叠区域内的多目标跟踪应用，也有一些研究成果[65, 66]。对于重叠区域，利用多摄像机观测数据的冗余性，从而实现鲁棒的目标跟踪。但是对非重叠区域来说，这种冗余就显得比较松散。目前针对这种环境的多目标跟踪大多还是用集中式的处理方式且跟踪精度较低[67]。如何用分布式算法实现非重叠区域的目标跟踪，目前研究较少，这部分课题还值得深入研究。

2．智能交通系统

在智能交通系统（intelligent traffic system，ITS），视频分析技术用于检测和跟踪通过目标区的车况和路况，如拥堵、超速、违法驾驶行为等。自动车牌识别是城市车辆分析与跟踪系统的重要组成部分之一。车牌识别用于对目标车辆车牌数据进行收集，缩短目标车辆（如被盗车辆、通缉车辆）的搜索时间。车牌识别还可用于禁区安全管控、高速公路电子收费、停车管理等。车牌识别分为车牌定位、字符分割和字符识别阶段。车牌定位利用边缘检测的方法选出可疑的 LP 区域[68]。字符分割通过对车牌图像的预处理、几何校正等把字符从车牌图像中分割出来。字符识别用来辨别疑似 LP 区域内是否有车牌，采用多种字符识别模型相结合的方法识别车牌。Meng 等[69]提出了一种名为 LocateNet 的 CNN 模型，该模型有 10 层，用于预测四个顶点的检测坐标。Selmi 等[70]集成了 CNN 模型所代表的 DL 体系结构，对 LPs 和非 LPs 进行滤波和区分，进行 LP 检测。

在交通领域中基于边缘的典型平台有如下几种。

① Rocket 平台　Ananthanarayanan 等[71]提出了一种资源成本低、精度较高的实时视频分析系统来实现交通场景中的视频分析。每个智能相机或边缘节点均能处理视频流，检测目标，如图 4-8 所示。视频管道优化器（VPO）将视频查询转换为视频分析管道，

包括视频解码器、对象检测器和对象跟踪器。VPO 还可以通过计算每个旋钮和模块配置来计算资源成本和精度（使用众包的标记数据计算精度），从而估计查询的资源精度情况。VPO 将尽可能多的计算任务放置在边缘，以优化视频分析，以优化网络延时及带宽负载。集中式全局资源管理器（RM）根据 VPO 计算的配置文件，响应所有查询管道对资源的访问。RM 还定期确定每个查询的最佳配置，并在可用的计算节点（如边缘、集群、公有云）配置组件。在每台机器上运行的 DNN 服务可有效处理 GPU 上的请求，从而利用边缘视频分析降低私有集群和公有云的压力。

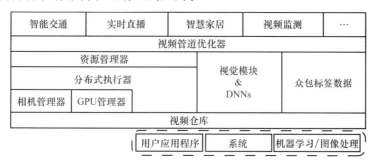

图 4-8
视频分析软件堆栈 Rocket

② SafeShareRide 平台　Liu 等[72]提出了 SafeShareRide，一种保护司乘人员的安全平台。SafeShareRide 平台的架构如图 4-9 所示，由边缘端、云端两部分组成。在 SafeShareRide 平台，视频采集和分析采用边-云协同模型。视频被压缩并发送到云端。云端视频分析采用动作检测和目标识别。动作检测用于检测驾驶员和乘客的过度运动行为，目标识别利用基于 CNN 的模型来识别视频中的物体，如枪和刀。系统还具有视频警告功能，如有异常动作或危险物品，通过安全链接与执法机关共享。

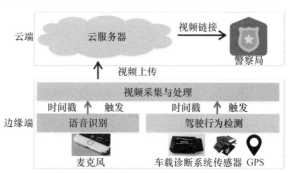

图 4-9
SafeShareRide 平台的架构

3. 紧急医疗系统

院前紧急医疗服务作为一种公共服务，可以为患者提供快速医疗处理、医疗运输和紧急医疗护理等服务。基于边缘视频的紧急医疗服务系统（EMS）在很大程度上依赖于一个实时高效的平台。

① Teleconsultant 平台　Elgamal 等[73]提出了一种远程医疗系统 Teleconsultant，它为护理人员和医生提供了近实时的交流和治疗信息。如图 4-10 所示，在事故区域部署的远程会诊由救护车和医院组成。假设医护人员佩戴的摄像头可以通过 ad-hoc、WiFi、P2P 网

络与救护车上的笔记本电脑进行通信，P2P 网络充当视频流服务器，通过 Nginx Web 服务器将视频传送给医院，该服务器具有 RTMP 和 HTTP 直播两种模块。救护车安装了一个无线基站，允许笔记本电脑无线连接到互联网。

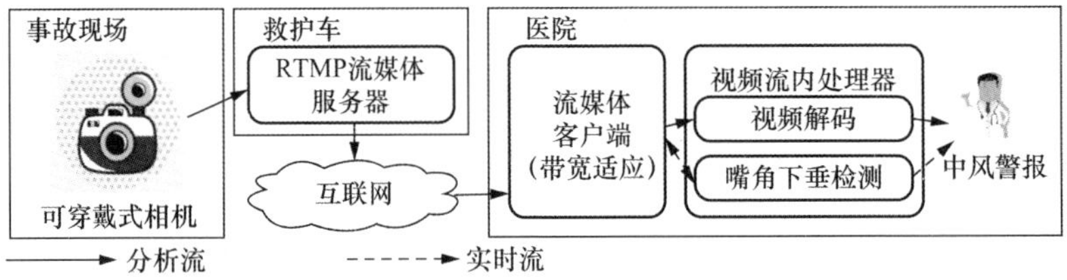

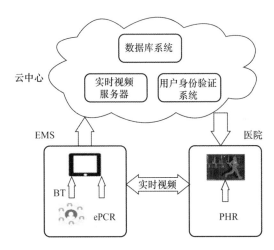

图 4-10
Teleconsultant 平台
架构

在医院里，医生可以在配备流媒体客户端和流处理器的桌面上查看事故现场的视频。流媒体客户端与流媒体服务器通信基于客户端带宽获得最合适的比特率视频流。流内处理器用于解码视频并在解码帧上执行任意图像处理功能，例如嘴角下垂检测。同样，Schaer 等[74]还提出了一个医疗平台，在紧急医疗情况下利用智能眼镜作为可穿戴摄像头。通过这个平台，医护人员可以获取医疗知识和通过基于智能眼镜的视频会议获得事故现场医院专家的帮助。

② Strems 平台　Wu 等[75]提出了一种高效、智能的院前 EMS 系统，探索利用可穿戴设备、智能移动设备和视频技术提高 EMS 的 QoS。

如图 4-11 所示，它由 EMS、云中心和医院组成，其中，EMS 和医院属于边缘节点。EMS 元素实际上包含可穿戴设备和救护车上的移动应用程序，该应用程序收集患者心电图和生命体征数据，捕捉关于患者的图像或短视频片段，并将数据传输到云中心。同时 EMS 元素还可以通过蓝牙和宽带蜂窝网络，支持双向实时视频点对点通信，方便快速通知家庭成员和医院。云中心由实时视频服务器、数据库系统和用户身份验证系统三部分组成。实时视频服务器来管理点对点的视频通信。数据库系统存储所有报告的救护车紧急情况数据，包括与发生的紧急情况有关的健康数据，静止图像或短视频剪辑以及救护车位置和 EAT。用户身份验证系统用于对用户进行身份验证以引导不同的用户界面。医院拥有云中心的院前可视数据，同时可以与现场 EMS 建立双向视频通信。这有助于远程咨询并指导治疗和运输决策，也可以防止不适合的 EMS 运输。此外，医院急救中心的医护人员可以使用实时视频通信进行额外的体检，或早期医疗干预。

图 4-11
Strems 平台架构

4.7　基于边缘计算的灾难救援

尽管科技飞速发展，人类依然无法对地震等自然灾害进行准确预报。灾难过后如何及时、有效地获取灾难现场信息，成为人们研究救灾的焦点。在灾难现场的危险环境中，基于无人机、图像传感器、众包等方式获取信息已势在必行。灾难现场传回的图片和视频信息，有助于快速感知受灾后的灾区环境、人群、道路等，在灾难响应、恢复救援以及疫情防控等工作中发挥着越来越重要的作用。下面分别介绍边缘计算在地震搜救和智能消防中的应用。

在 Haiti 地震期间，谷歌公司第一次推出 Person Finder 服务；芦山地震时百度等互联网公司也上线类似"寻人平台"的产品；九寨沟地震时高德地图开通地震寻人平台可发布寻人信息及自报平安，当天该平台已有超过万名用户发布相关信息。但该类平台只是人工将寻人信息发布在网页上，无法实时、高效、自动地搜索目标。危急时刻"时间就是生命"，在争分夺秒的救灾面前，如果将无人机、搜救机器人、现场人群拍摄的灾难现场照片，通过人脸提取，与"寻人平台"云数据中心的失踪人脸信息进行实时匹配和识别，可以显著提升在线寻人的时效，使互联网救援的效率大为提高。

社群感知和响应系统 Caltech[76]，通过收集和共享来源于互联网设备的图片，对地震危险进行实时感知。图片分享系统 BEES[77]提供实时的灾难环境状态感知，通过使用基于内容的冗余缩减技术，提高带宽和能源使用效率。这些众包系统收集图片用于一般性/通用的图像分享，对于图片内容没有特定区分。计算机视觉系统 SAPPHIRE[78]支持客户端设备可以持续分析视频流，并且提取出包含相关内容的帧。无线视频监测系统 Vigil[79]只向云端上载相关内容的视频帧。这些系统对图片内容进行感知，但并非面向灾难场景设计。

在危机发生时，固定网络往往中断，移动网络拥塞甚至中断，网络传输环境复杂，网络传输质量差、不稳定。例如，2011 年 3 月日本大地震发生后，尽管运营商派出大量的应急通信车、发电机和备用电池，在震中，Tohuku 区域还是连续几天 90%通信阻塞。2017 年 8 月九寨沟发生地震时，灾区有 250 余个通信基站受损退出服务，部分光缆中断。2017 年 10 月在遭到飓风"玛利亚"袭击两周多时间后，数百万波多黎各人依旧无法获取急需的通信服务，当地的通信基站迟迟无法修复，最终通过谷歌公司部署在空中的热气球飘浮基站（loon）提供紧急通信连接。如果将灾难现场拍摄的照片，不加处理地全部上传至云数据中心，网络性能将成为信息收集的瓶颈，并且影响其他实时救灾任务的进行。对图片预处理的计算机视觉算法通常是计算密集型任务，需要消耗较多的电能。无人机、搜救机器人、智能移动终端上的电池电量非常有限，在其上完成信息预处理并不现实。因此，如何基于灾难场景中复杂受限的网络传输环境，将有效的灾难现场信息高效传输至云数据中心，是实时、高效搜救的关键之一。

作为一种快速发展的新型计算模式，边缘计算极大缓解网络带宽拥塞、更好地支持延迟敏感型应用、减少数据中心压力，有助于克服灾难环境时传输网络被破坏、带宽不稳定等带来的问题。Liu 等[72]提出一种基于边缘计算的灾难场景高时效图像搜索框架

（图 4-12），可应用于失踪人群等特定目标的搜索。

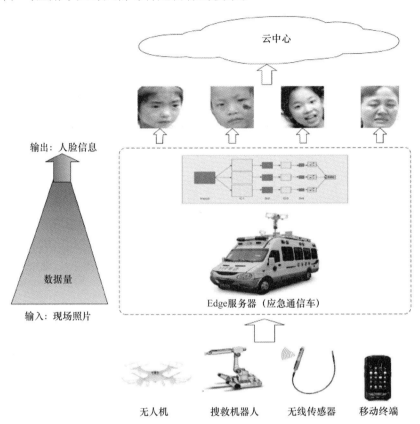

图 4-12
基于边缘计算的
灾难场景高时效
图像搜索框架

该框架利用边缘节点（如灾难现场的应急通信车）的计算、存储和通信能力，在收集到从无人机、传感器等发送过来的图像数据后，进行内容感知和预处理，自适应灾难环境中不稳定的网络性能，支持特定内容图像数据实时高效地上传至云数据中心，由后台服务器完成进一步的匹配识别工作，高效实时地确定被搜救目标的任务。为了有效利用通信带宽，设计网络带宽自适应的实时数据传输机制，既大幅度减小实时搜寻任务所需传输的数据量，又能保证检测数据的查全率和准确率。同时，对人脸检测、提取和识别的自动化处理，无须人工参与，避免灾区人群的影像等信息使用明文方式直接发布在寻人平台上，以免沦为社会工程学攻击以及诈骗犯的第一手信息来源，在一定程度上保护了灾区人群的个人隐私。

智能消防的关键在于利用物联网集成数据，主要由三部分组成：从多个数据源获取数据、对数据进行处理分析和预测、将结果有效传输给消防救援者或其他利益相关人员。将获取的大量信息转换为对指挥员有价值的信息，涉及大规模的计算和能源消耗，同时要保证实时性。这里列举三项智能消防应用。

① 场景感知　对消防队员的定位和追踪通常采用无线电测距技术，但是在极端的环境下精度下降，需要大量的多传感器融合校准，提高精度。

② **智能安全决策**　利用一系列的机器学习和人工智能方法,将大规模数据转换为可应用于实际操作的知识,实时辅助指挥员作出决策。

③ **3D 火场建模**　通过无人机获取的空中图片和城市建筑的开放数据入口,获取多个参数并进行数值计算,构建建筑内部结构平面图。

从上述应用中,不难发现它们对计算能力和及时响应的要求很高。本地设备资源受限,无法实现如此复杂的操作。研究学者将目光转向能够提供丰富的计算和存储资源的云计算模型,如 TRX 系统中的 NEON personnel tracker、precision location 和 mapping system。虽然计算结果得到保证,但是设备与云之间的传输延迟、动态变化的网络带宽和波动的云工作量严重损害实时性,传统的云计算模型并不适用于对实时性要求极高的消防行动。

Wu 等[80]提出一种基于边缘计算的智能消防框架,通过结合火灾现场边缘设备和云端各自的优势,能够实时精准地为智能消防提供服务。其主要由火场边缘设备、边缘节点和云服务器组成,如图 4-13 所示。火场边缘设备包含消防员穿戴的传感器、近期安装在火场的设施、消防车上的基站和移动宽带路由器等。边缘节点包含路由器、基站、交换机和它们所对应的存储和计算节点,它们除了具备传统的路由功能,还可为实时性要求高的应用进行复杂数据处理分析。云中心服务器存储用于历史性分析的火场数据和计算对实时性要求不高的应用。

图 4-13
基于边缘计算的
智能消防框架结
构组成

由于火灾现场可能缺乏基础设施搭建,火场边缘设备以特定方式形成网络,实现无预先存在基础设施条件下的相互通信,然后将数据从边缘设备传输到基站。基站可通过 4G/LTE 或 WiFi 等基础设施通信网络,将数据传输至云端。在这两次传输过程中,数据都会就近使用边缘计算和存储资源,实现对数据的部分处理分析,从而减少数据传输量,节省带宽和响应时间。

边缘计算模型应用于智能消防也面临诸多挑战。首先,火灾中无线电波干扰、建筑材料和地理位置等相关因素导致带宽波动且不可预测,火灾甚至可能会破坏 WiFi 基础设施,严重影响边缘服务器与云之间的数据传输。其次,火灾边缘设备基本是电池驱动,若被选为边缘服务器,则需接受额外的计算任务,加快能源消耗。再次,边缘设备和节点在不影响自身功能的前提下,只能提供有限的资源和时间执行其他设备的计算任务。

最后，单个边缘设备难以满足复杂计算的需求，需将满足作为边缘服务器的边缘设备形成本地分布式系统，合作完成指定任务，如何从能源角度高效分发任务，将子任务卸载到资源合适的边缘服务器上也值得思考。

4.8 工业互联网边缘计算

工业 4.0 时代，智能机器通信数据量的增加，通信协议的多样化，为工业大数据处理提出了挑战，为了能更好发掘工业大数据的真实价值，工业互联网边缘计算逐渐成为工业互联网领域的基础关键支撑技术。其中主要包括边缘计算在智慧油田系统、电网输变配用一体化、石化智能化生产监控与优化、面向个性化定制的自适应可重构生产系统等领域。本节从以下四个方面来阐述。

4.8.1 基于工业互联网边缘计算的智慧油田系统解决方案

为了实现油田的可持续发展，必须解决油田生产信息的实时获取与各工艺流程系统的实时集成分析和动态优化问题。基于无线组网与低功耗数据采集技术，首先通过油田地面注入、举升和集输系统的实时数据采集、分析和优化控制，实现地面生产系统各环节上的闭环。然后基于地面生产各环节的实时数据和油田既有静态数据，通过多环节软件的自动化集成，进一步实现基于动态油藏模型的数字油田工艺控制一体化仿真，大幅缩短油藏分析周期、降低分析难度。使地面生产系统的参数设定，如注入量分配和采收量分配等与地下油藏动态演进相匹配，并能够动态适应性调整，以最优方式生产，从而实现包含地下油藏分析与地面生产系统的数字油田生产的大闭环，如图 4-14 所示。

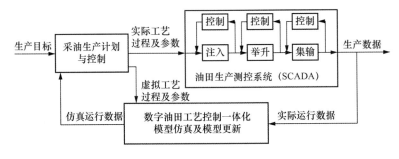

图 4-14
闭环动态优化的
油田生产边缘计
算新模式

基于实时油藏分析的油田注采联合优化生产新模式可以大幅度地提升油田总体生产效率和各环节设备运行能耗，延长设备维护周期，降低维护成本。

基于 SIA-SCADA 技术体系，基于实时油藏分析的油田注采联合优化边缘计算体系架构如图 4-15 所示。

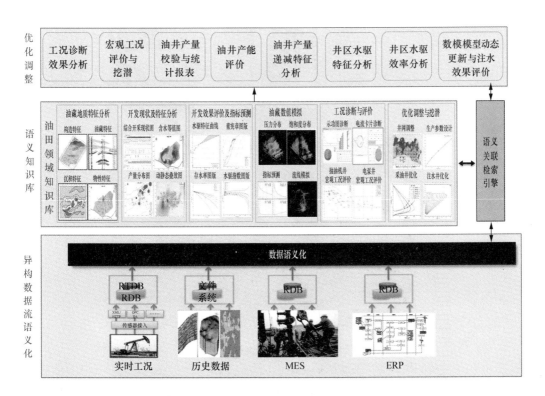

图 4-15
基于实时油藏分析的油田注采联合优化边缘计算体系架构

　　首先通过对油田注采设备以及计量站部署作业井温度、油压、套压、地面示功图、抽油机电参等系列无线仪表，实现实时工况的获取，得到协同数据处理完备数据集。然后实现对实时工况数据、历史数据、MES 系统和 ERP 系统数据等的语义转化与处理，在油田领域知识库的支持下，实现对油藏的实时分析、油井的实时优化方案生成、注采协同关系实时分析等优化手段的仿真模拟与实施方案推进，进而实现油田注采全流程优化创新模式。

　　系统主要有以下功能。

　　① 油田设备实时运行数据采集　如图 4-16 所示，在油井井口，通过无线温度变送器、无线压力变送器、无线示功仪、无线 RTU 等无线设备采集油井运行参数，包括油管压力、套管压力、油温、光杆载荷、光杆位移、电机电流、功率等。无线设备间可构建自组织无线网络，因油井检修作业而拆装的无线仪表重新就位后无须人工配置，就可以自动加入网络，非常适合油田运行需求。通过多口油井间进一步构建无线网络及基于远距离 WIFI 网桥传输，可以构建油田级的运行数据采集系统。

　　进一步，对油田注入设备实施无线实时数据采集，包括注入压力、注入量等，通过无线适配器采集油田已经安装的配注系统数据，如图 4-17 所示。

图 4-16
油井实时运行数
据采集系统架构

图 4-17
注水井参数无线
采集系统

② 单井工况诊断　　通过对单井运行参数的分析，可以发现油井运行异常及对油井进行诊断，得到一般性的处理建议。通过对油井示功图的自动化分析，发现油井存在供液不足问题，并提出一般性的加强注水、降低冲程及冲次的工艺措施建议。目前，单井工况诊断可自动处理多种常见的油井运行工况，包括正常工作、连喷带抽、供液不足、气体影响、蜡影响、砂影响、油稠影响、振动影响、泵漏失、游动凡尔漏、固定凡尔漏、抽油杆断脱及卡阻等，如图 4-18 所示。

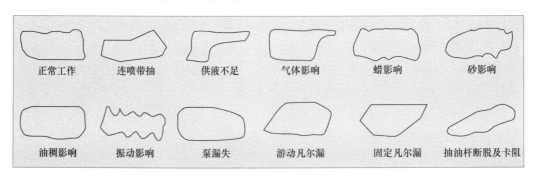

图 4-18
单井工况诊断可
自动处理的部分
工况类型

③ 结合油藏的单井工况深度分析　结合抽油井工况一般性分析结果，依托油田领域知识库的工况成因，可以实现结合油藏的单井工况深度分析，如图 4-19 所示。通过结合油井实时工况信息（如作业动液面、泵效及示功图等互联设备数据流）分析，实现单井作业参数调整，包括冲程、冲次等作业参数或者进一步形成压裂等。通过油井多学科数据的语义一致化及相关软件接口的数据规范化，解决了跨部门、跨领域的数据语义一致性及软件接口语义一致性问题。

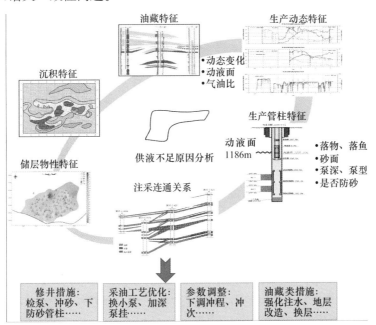

图 4-19
基于油田领域知识库的单井工况深度分析

④ 多井协同注采优化　在单井深度分析和跨部门、跨领域的数据语义一致性处理的基础上，通过集成同一地下区块注采井群的实时工况数据、测井录井资料数据、沉积相带数据以及动态分析数据信息，基于多学科软件间的语义一致性接口，实现对区块注采井群的高效实时油藏数值模拟，实现该井群的注采协调性评价，并基于领域知识库形成该井群的协同优化措施，通过后续跟踪优化效果，拟合模拟及实际运行参数，扩充领域知识库形成闭环反馈功能，实现面向小区块的采油井、注水井联合注滚动采优化，提高注采效率。

4.8.2　基于工业互联网边缘计算电网输变配用一体化解决方案

智能电网属于复杂生产系统，应用环节多、分布地域广、难以实现细粒度监控。由于智能电网各环节应用各有特点，它所使用的监控网络必须能够满足应用的多样性需求。中国科学院沈阳自动化研究所通过改进传统协议算法、结合具体电力应用特点等方法解决了大规模组网、低功耗、冲突避免等问题。之后，开发了诸如无线通信型变压器铁芯接地电流监测装置、无线通信型避雷器泄漏电流监测装置、无线通信型智能电表等，这些装置在覆盖输变配用环节形成了状态监测与故障诊断子系统，全面解决电网运行状态信息缺失和信息孤岛问题，建立统一的智能电网信息系统，如图 4-20 所示。

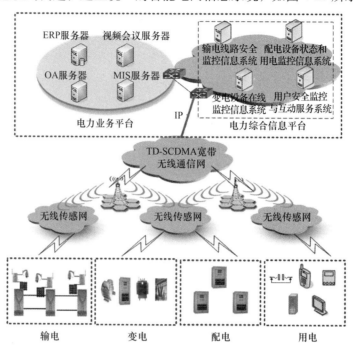

图 4-20
统一的智能电网信息边缘计算系统

本项目开发的系统主要完成了从输电线路，到变电站、配电线路，直至电力用户的完整监控系统，形成了电力综合信息平台。在电力综合信息平台下层，针对输变配用各环节应用需求，构建了适用于线路监测的链式传感网、适用于强电磁环境的网状传感网和适用于大规模用电信息采集应用的网状传感网。电力综合信息平台完成了输电线路、变电站、配电线路、电力用户用电信息等实时获取和故障诊断。

① 输电线路状态监测子系统　输电线路监测子系统包括导线温度监测装置，拉力倾角监测装置和视频监测装置。系统采集的温度数据可以用来核算导线弧垂是否满足安全要求，拉力倾角数据用来输入覆冰诊断模型评价导线覆冰程度。导线温度监测装置与拉力倾角监测装置根据监测特征需要安装在待测点，通过短距离无线通信方式与集成在控制箱内的数据集中网关通信。数据集中网关集成在控制箱内，与视频监测装置通过以太网连接到控制箱内的交换机，控制箱上的交换机通过 WiFi 装置构建区域内的 WiFi 无线网络，将 WiFi 可达范围内的杆塔信息集中于一点，通过 TD-SCDMA/OPGW 与远端服务器后台互连。塔上监测装置分布如图 4-21 所示。

② 变电站在线监测子系统　变电站设备在线监测子系统主要包括变压器铁芯接地监测装置、避雷器监测装置、SF6 气体监测装置、母线连接点温度监测装置和主站软件。系统可实时获取变压器的铁芯接地电流、避雷器泄漏电流、SF6 绝缘气体密度、关键接点温度等指标，为运维人员的状态维护工作提供支持。

母线连接点测温装置（图 4-22）采用无线通信方式把 MEMS 测温模块和无线模块集成到一起，实现一体化，体积小的温升监测节点，简化了装置本身也降低了安装维护难度，解决了由于监测点电压高、电流强、安装空间狭小等导致的传统的热电阻或热电偶变送器难以完成直接温度测量的问题。

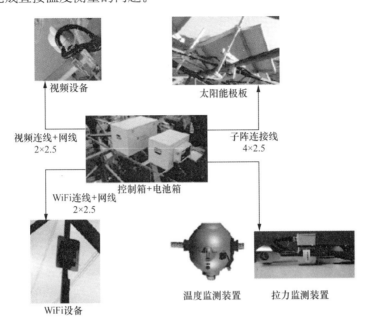

图 4-21
塔上监测装置分布图

图 4-22
母线测温节点安装图

③ 配电线路接地短路故障指示子系统　配电网故障指示系统能够接收配电线路上部署的故障指示器发送的监测报文并对报文进行解析，对线路的负荷电流进行实时监测，判断线路是否发生故障，如发生故障会向相应的维修人员发送故障提醒短信，此外，系统还支持 Web 端访问，谷歌地图显示，向用户提供一个直观、友好的可视平台，大大地提高了故障维修效率、缩短了故障持续时间。由于配电网特殊的工作环境，导致全部实现配电自动化工程量非常大，需要极高的投入。目前国内 10kV 配网还未实现光纤覆盖，即使在具备光纤通信设备的区域，其灵活性和可扩展性也不能完全适应电网改造所带来的配电网节点变化的情况；在实际工程中，受投资和地形等条件的限制，宽带无线专网也会存在一些阴影区、盲区和封闭区域，无法实现 100% 覆盖。

基于无线传感网技术的配电网故障指示系统将采集的故障信息统一由无线传感器网络网关接收，再由网关通过光纤或者电力无线专用网络上传给主站。能够以较高的通信性能和较低的成本投入解决大区域数据集中远传的难题。故障指示器安装在配电网线路上，能够实时监测线路的负荷电流、接地和短路故障，支持本地故障翻牌警示功能，通过无线通信模块将数据信息发送给附近的数据采集器。故障指示器以组为单位，一组分A、B、C三相，分别挂在线路的三相上，主干线上每隔200m安装一组故障指示器，所有的分支线分支处安装一组故障指示器。

4.8.3 基于工业互联网边缘计算的石化智能化生产监控与优化解决方案

石化信息化应用平台运用智能工厂理念，基于现有信息系统，通过系统集成和建模，实现各类生产相关信息的集中管理、实时监控、综合分析，形成一个立体、直观、集中、迅捷的调度指挥信息平台。区别于现有工厂通过将PCS、MES、ERP等系统以分层的方式对装置进行数据监测、维护管理、计划决策的过程，该平台通过大型生产装备的预测性维护与智能服务系统将ERP、MES、PCS等系统进行集成，也就是将经营管理层、生产营运层、过程控制层进行纵向集成，再将全面感知装备数据进行大数据分析，确实预测到一些情况，准确判定出大机组故障原因，对关键部位做出提前预警，从而合理安排备品备件采购、预防性维护、智能服务，可以有效降低运维成本、避免非计划停工损失，实现生产装备管控一体化，以及自上而下的一体化、智能化。对企业内部各生产环节的信息进行及时、全面、直观、综合的掌控，及时发现问题并调整，提高事故预防、调度指挥和应急联动能力，确保安全和环保。系统主要包括能源管理、装备监测与诊断分析、移动信息化平台等。系统对企业各类生产相关信息进行集中管理、实时监控、智能分析，成为企业生产运营、综合调度、应急指挥的协同工作平台，并为企业日常调度例会提供信息化支撑。

基于SIA-SCADA技术体系，基于工业互联网边缘计算的生产过程参数在线监测与全流程优化管控系统体系结构如图4-23所示。

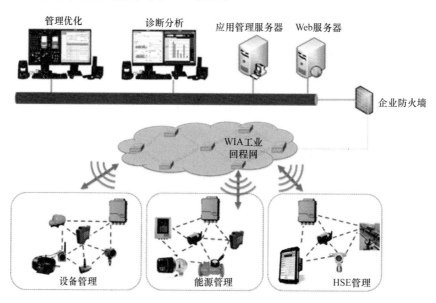

图 4-23
系统体系结构

系统通过部署符合 WIA-PA 协议的无线振动、温度、压力等仪表实现工厂过程装备的状态信息采集，实现实时工况数据的获取，并通过故障模型实现分析诊断，得到完备的装备管理书。部署无线适配仪表实现化石能源(石油、煤炭等产品)和非化石能源(水、电、气、蒸汽、风等)的计量数据的实时采集，运用能源管理优化模型，实现对能流的监视分析、排放的预警定位等处理。同时结合 SCADA 系统、信息系统和移动终端实现现场作业、人员、环境协同的闭环监控体系，进而实现了石化生产、调度、指挥、监控协同的信息化平台新模式。

系统主要功能如下。

第一，设备管理与诊断分析。

① 设备工况监测　如图 4-24 所示，在工厂的关键设备上，通过部署无线温度变送器、无线振动变送器等无线设备采集旋转设备的工况参数，包括振幅、温度、加速度原始波形等。无线设备间可构建自组织无线网络，因检修作业而拆装的无线仪表重新就位后无须人工配置，就可以自动加入网络。全厂可通过 WIA-PA 无线网关进一步构建基于远距离 WiFi 网桥或 4G 等的无线传输网络，实现全厂旋转设备工况采集与监测系统。

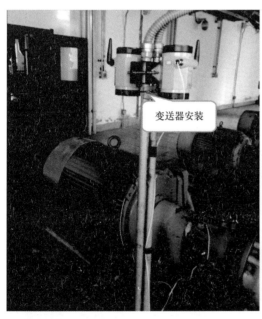
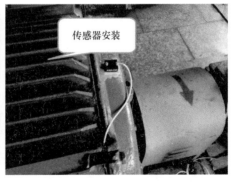

图 4-24
无线设备安装

② 设备故障分析与诊断　结合后台故障诊断模型和专家库，通过分析设备的工况数据，可以预警设备运行异常及对设备故障进行定位，得到一般性的处理建议。如图 4-25 所示，通过对设备振动的幅度、频谱的自动化分析，发现设备存在联轴器不对中的问题，并输出报告，预警维修。

目前，故障诊断可处理转子不平衡、不对中，联轴器不对中，轴承松动，油膜涡动与油膜振荡，轴承磨损或损坏，轴瓦间隙过大，阀门开度过小，轴承过热等故障的分析。

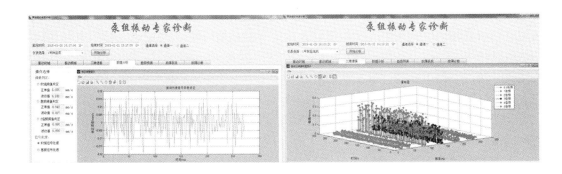

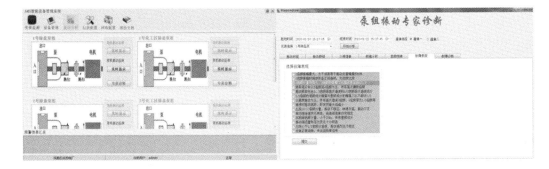

图 4-25
设备故障分析与
诊断系统

第二，能源管理与优化分析系统。

如图 4-26 所示，在能源计量点的智能仪表上，通过部署无线 IO、无线 HART、无线水表等适配设备采集计量值，实现计量数据的全覆盖采集，结合现有的物料计量仪表，采集物料以及水、电、气、蒸汽、风等计量数据，实时监控和展示工艺过程的能源情况，并进行预警。同时可以对智能计量仪表进行状态信息的采集与监测，实现全厂无线的能源计量系统，对比操作实践，进行装置过程、工艺设备的操作优化，以提高产量，降低能耗。

图 4-26
数据采集设备部署

针对石化企业多层次物料平衡需求，基于石化企业装置层、调度层、统计层的多层次物流管理模型，提出了一种多层次数据校正方法和分层物料平衡策略，提高了物料平衡结果精度，找到装置工艺过程优化突破点，提高装置效率和物料利用率。通过获取的实时能源计量信息，结合能源基准模型，平台显示能源消耗与平衡拆解，如图 4-27 所示。

以能源生产为例，以成本优先的原则，通过固化的动力装置模型，实现实时在线优化。

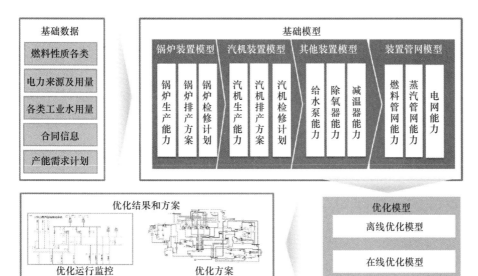

图 4-27
实时在线优化架构图

采用"先预警，后联动"的设计思想，通过对比计划、对比历史波动两种方式，预先提出报警，并与影响指标波动的关键影响因素一起联动分析，实现问题快速定位、跟踪。如图 4-28 所示为数据分析图例。

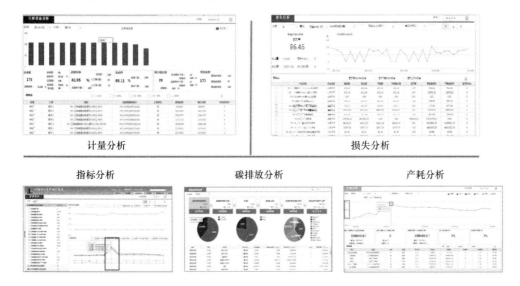

图 4-28
数据分析图例

4.8.4　面向个性化定制的自适应可重构生产系统

近年来，个性化定制产品的需求量飞速上升。在美国预测的"改变未来的十大技术"中，"个性化定制"被排在首位，其市场地位越来越被人们认可。当前的大批量、刚性制造模式却难以满足这种需求。其挑战是：批量化、刚性生产系统是针对已知的、既有产品的工艺流程专门设计的，且不具有灵活性，停产更新周期长。电梯、航空航天等装备以及电子产品的制造都面临上述挑战。以个性化定制属性鲜明的电梯零部件装配为例，电梯上坎门头部件共有 20 多个装配工序，一旦产品设计变更，管理软件的装配工序模型需要增删、修改，导致产线布局变化，工业网络组态需要重新配置，20 多个控制器的程序和机器人的工步、程序也需要调整，整个系统需要 1 周以上的离线调整时间，很显然无法满足个性化定制产品小批量甚至单件化定制。因此，电梯行业的零部件装配环节只能依靠大量工人来保证生产线的适应性和灵活性，导致整个行业的个性化定制电梯普遍交付周期都在 15 天以上，产能难以提高。

针对上述问题，中国科学院沈阳自动化研究所工业互联网边缘计算团队研发了自适应可重构技术体系。该体系的核心系统是"物源"平台，该平台主要由管理控制一体化软件和边缘控制器构成。管理控制一体化软件支持开发者以无代码编程的方式快速构建、删减工序工步，并自动将工序工步解耦成最小单元工序和工步，从而构建出不同行业的典型工艺库，通过数字化的行业知识和经验以及人工智能推理模块，当产品的设计变更时，管理控制一体化软件可以针对产品设计的变化，利用原有工艺库自适应重构出新的生产工序和工步，大幅减少工艺人员的工作量，缩短工艺调整时间。

边缘控制器主要由物联网网关、机器人控制器、视觉控制器、机器人代码转换引擎和 PLC 代码转换引擎组成。通过物联网网关实现 90%以上 PLC、90%机器人以及 60%以上机床控制器通信协议的互联互通；内置的机器人控制器与视觉控制器为机器人与视觉的融合提供了优良的平台基础；机器人代码转换引擎可以直接将 MATLAB 仿真软件中建立的模型和仿真系统直接转换为机器人控制器可执行的程序代码，大幅降低了机器人工程师的工作量；PLC 代码转换引擎可以结合行业模板程序，根据管理控制一体化软件中自适应生成的工序工步，自动生成 PLC 程序代码，大幅减少了控制工程师的工作量。

基于"物源"平台的管理控制一体化软件和边缘控制器，当产品设计变更时，可以自动更改数字化车间管理软件的模型、配置，并自适应生成传统数字化车间管理软件没有涉及的机器人等设备动作级工序工步，从而驱动机器人、PLC 程序的代码自动生成与转换，从而将传统生产系统在产品设计变更时，机器人、控制工程师的离线调整时间从以周为单位，缩短为以天为单位。

基于上述自适应可重构技术体系和"物源"平台，团队在大批量个性化定制属性非常鲜明的电梯制造行业实现了应用推广。从 2018 年开始，经过近 2 年的反复探索、试验、测试，终于在 2020 年为世界销量第四、国内销量第一的中国电梯行业自主品牌龙头企业：杭州西奥电梯有限公司研发出国内首条上坎门头柔性装配线（图 4-29）。该系统支持 20 种以上产品的生产，产能比原来提高了 1 倍，达到年产 4 万套，生产节拍小于 30 秒，减少人员 90%以上（仅保留 10%的工人用于巡检、维护生产系统）。尤其是当产品设计更新时，传统的产线 PLC、机器人程序调整时间需要 1 周以上的时间，但团队自主研发的柔性装配系统利用"物源"平台，将产线调整时间缩短为 1～2 天，从而有力地支撑企业个性化定制电梯的交付周期从原来的 15 天缩短为 7 天，大幅提高了企业的核心竞争力。

图 4-29
面向个性化定制
的自适应可重构
生产系统

本章小结

　　边缘计算的发展离不开具体的应用场景。本章首先介绍边缘计算的几种典型应用：智慧城市、智能制造、智能交通、智能家居、智能医疗。然后针对公共安全和突发灾难两个领域，阐述了边缘计算在视频监控系统方面和灾难救援方面的突出作用和特色。边缘计算的应用不止本章所提到的，还需要更多领域的专家和学者将边缘计算推广至更多的相关领域。

参 考 文 献

[1]　AGUILERA U, PEÑA O, BELMONTE O, et al. Citizen-centric data services for smarter cities[J]. Future Generation Computer Systems, 2016, 76: 234-247.

[2]　BADII C, BELLINI P, CENNI D, et al. Analysis and assessment of a knowledge based smart city architecture providing service APIs[J]. Future Generation Computer Systems, 2017, 75: 14-29.

[3]　ALIBABA. ET city brain[EB/OL]. [2018-11-03]. https://et.aliyun.com/brain/city.

[4]　Alphabet's Sidewalk Labs. Welcome to Sidewalk Toronto [OL]. [2018-11-04]. https://sidewalktoronto.ca/.

[5]　KIM T, RAMOS C, MOHAMMED S. Smart city and IoT[J]. IEEE, 2017,76:159-162.

[6]　CHRISTIN D, REINHARDT A, KANHERE S S, et al. A survey on privacy in mobile participatory sensing applications[J]. Journal of Systems and Software, 2011, 84(11): 1928-1946.

[7]　DE CRISTOFARO E, SORIENTE C. Participatory privacy: Enabling privacy in participatory sensing[J]. IEEE Network, 2013, 27(1): 32-36.

[8]　PERERA C, QIN Y, ESTRELLA J C, et al. Fog computing for sustainable smart cities: A survey[J]. ACM Computing Surveys. 2017, 50(3): 32.

[9]　TALEB T, DUTTA S, KSENTINI A, et al. Mobile edge computing potential in making cities smarter[J]. IEEE Communications Magazine, 2017, 55(3): 38-43.

[10] SAPIENZA M, GUARDO E, CAVALLO M, et al. Solving critical events through mobile edge computing: An approach for smart cities[C]// Smart Computing (SMARTCOMP), 2016 IEEE International Conference on. IEEE, 2016:1-5.

[11] CULLER D E. The once and future Internet of everything[EB/OL]. [2016-12-03]. http://sites.nationalacademies.org/cs/groups/ cstbsite/documents/webpage/cstb_160416.pdf.

[12] YOSHIKAWA H. Manufacturing and the 21st century intelligent manufacturing systems and the renaissance of the manufacturing industry[J]. Technological Forecasting and Social Changes, 1995, 49(2): 195-213.

[13] Wikipedia. Industry 4.0[EB/OL]. [2015-12-30]. https://en.wikipedia.org/wiki/Industry_4.0.

[14] SAILER J. M2M–Internet of Things–web of things–industry 4.0[J]. E & I Elektrotechnik Und Informationstechnik, 2014, 131(1): 3-4.

[15] 周济. 制造业数字化智能化[J]. 中国机械工程，2012，23(20)：2395-2400.

[16] 熊有伦. 智能制造[J]. 科技导报，2013 (10)：3.

[17] BAHETI R, GILL H. Cyber-physical systems[J]. The impact of control technology, 2011, 12: 161-166.

[18] DWORSCHAK B, ZAISER H. Competences for cyber-physical systems in manufacturing-first findings and scenarios[J]. Procedia CIRP, 2014, 25: 345-350.

[19] 边缘计算产业联盟. 边缘计算典型应用场景[J]. 自动化博览，2017(6)：52-53.

[20] MONOSTORI L. Cyber-physical production systems: Root, expectations and R&D challenges[J]. Procedia CIRP, 2014, 17: 9-13.

[21] VERL A, LECHLER A, SCHLECHTENDAHL J. Glocalized cyber physical production systems[J]. Production Enginering, 2012, 6(6): 643-649.

[22] LEE J, BAGHERI B, KAO H A. Recent advances and trends of cyber-physical systems and big data analytics in industrial informatics[C]// Procedings of International Conference on Industrial Informatics. Washington, DC: IEEE, 2014, 134(4): 303-308.

[23] 张曙. 工业 4.0 和智能制造[J]. 机械设计与制造工程，2014，43(8)：1-5.

[24] NIGGEMANN O, BISWAS G, KINNEBREW J S, et al. Data-driven monitoring of cyber-physical systems leveraging on big data and the Internet-of-Things for diagnosis and control[EB/OL]. [2015-05-06]. http://ceur-ws.org/Vol-1507/dx15paper24.pdf.

[25] LEE J, BAGHERI B, HUNG-AN K. A cyber-physical systems architecture for industry 4.0-based manufacturing systems[J]. Manufacturing Letters, 2015, 3: 18-23.

[26] COLOMBO A W, KARNOUSKOS S, BANGEMANN T. Towards the next generation of industrial cyber-physical systems[M]// Industrial Cloud-Based Cyber-Physical Systems. Beilin: Springer-Verlag, 2014: 1-22.

[27] 周佳军，姚锡凡，刘敏，等. 几种新兴智能制造模式研究评述[J]. 计算机集成制造系统，2017，23(3)：624-639.

[28] QI B, KANG L, BANERJEE S. A vehicle-based edge computing platform for transit and human mobility analytics[J]. IEEE, 2017, 1: 1-14.

[29] KAR G, JAIN S, GRUTESER M, et al. Real-time triac estimation at vehicular edge nodes[J]. ACM/IEEE Symposium. ACM, 2017: 1-13.

[30] 网易新闻. 边缘计算：智能交通的末梢神经[EB/OL]. [2016-11-28]. http://news.163.com/16/ 1128/16/C6VLQ02U000189DG.html.

[31] GOSAIN A, BERMAN M, BRINN M, et al. Enabling campus edge computing using genie racks and mobile resources[C]// Edge Computing. IEEE, 2016: 41-50.

[32] 关于发布《智能家居系统产品分类指导手册》的通知[EB/OL]. [2017-09-24]. http://www.cidaic.org/smarthome-product-list.htm.

[33] 智研咨询集团. 2016～2022 年中国智能家居市场研究及发展趋势研究报告[R]. 2016.

[34] KIENTZ J A, PATEL S N, JONES B, et al. The georgia tech aware home[C]// Extended Abstracts Proceedings of the 2008 Conference on Human Factors in Computing Systems, CHI 2008. Florence: DBLP, 2008: 3675-3680.

[35] INTILLE S S. Designing a home of the future[J]. Pervasive Computing IEEE, 2002, 1(2): 76-82.

[36] Home assistant[EB/OL]. [2017-09-24]. https://home-assistant.io/.

[37] OpenHAB[EB/OL]. [2017-09-24]. http://www.openhab.org/.

[38] Domoticz[EB/OL]. [2017-11-09]. http://www.domoticz.com/.

[39] Freedomotic[EB/OL]. [2017-11-09]. http://www.freedomotic.com/.

[40] HomeGenie[EB/OL]. [2017-11-09]. http://www.homegenie.it/.

[41] MisterHouse[EB/OL]. [2017-11-09]. http://misterhouse.sourceforge.net/.

[42] LUO C, NIGHTINGALE J, ASEMOTA E, et al. A UAV-cloud system for disaster sensing applications[C]// 2015 IEEE 81st Vehicular Technology Conference (VTC Spring). IEEE, 2015: 1-5.

[43] NVIDIA, Join international conference on MICCAI 2019 at China[EB/OL]. [2020-07-12]. https://www.nvidia.com/en-us/events/miccai/.

[44] Johns Hopkins Coronavirus Resource Center, Home[EB/OL]. [2020-07-12]. https://coronavirus.jhu.edu/.

[45] University of Maryland COVID-19 Impact Analysis Platform[EB/OL]. [2020-07-12]. https://data.covid.umd.edu/.

[46] Covid Act Now, America's COVID warning system[EB/OL]. [2020-07-12]. https://covidactnow.org.

[47] CORPUS[EB/OL]. [2020-02-12]. http://covidtrace.us/.

[48] HU P, NING H, QIU T, et al. Fog computing based face identification and resolution scheme in internet of things[J]. IEEE transactions on industrial informatics, 2016, 13(4): 1910-1920.

[49] REN L M, ZHANG Q Y, SHI W S, et al. Edge-based personal computing services: Fall detection as a pilot study[J]. Computing, 2019, 101(8): 1199-1223.

[50] SUN H, LIANG X, SHI W S. Video usefulness and its application in large-scale video surveillance systems: An early experience[C]// 1st Smart IoT Workshop, in Conjunction with SEC 2017. ACM, 2017: 1-6.

[51] 施巍松, 孙辉, 曹杰, 等. 边缘计算: 万物互联时代新型计算模型[J]. 计算机研究与发展, 2017, 54(5): 907-924.

[52] 陈彦明, 赵清杰, 刘若宇. 一种适用于分布式摄像机网络的 SCIWCF 算法[J]. 电子学报, 2016, 44 (10): 2335-2343.

[53] FELZENSZWALB P F, GIRSHICK R B, MCALLESTER D, et al. Object detection with discriminatively trained part-based models[J]. IEEE Transactions on Pattern Analysis and Machine Intelligence, 2010, 32(9):1627.

[54] OLFATI-SABER R. Kalman-Consensus Filter: Optimality, stability, and performance[C]// Decision and Control, 2009 Held Jointly with the 2009, Chinese Control Conference. Cdc/ccc 2009. Proceedings of the, IEEE Conference on. IEEE, 2010: 7036-7042.

[55] OLFATI-SABER R. Distributed Kalman filtering for sensor networks[C]// Decision and Control 2007 IEEE Conference on. IEEE, 2008: 5492-5498.

[56] SONG B, DING C, KAMAL A T, et al. Distributed camera networks[J]. Signal Processing Magazine IEEE, 2011, 28(3): 20-31.

[57] SONG B, KAMAL A T, SOTO C, et al. Tracking and activity recognition through consensus in distributed camera networks[J]. IEEE Transactions on Image Processing, 2010, 19(10): 2564-2579.

[58] KAMAL A T, DING C, SONG B, et al. A generalized Kalman consensus filter for wide-area video networks[C]// Decision and Control and European Control Conference. IEEE, 2012: 7863-7869.

[59] KAMAL A T, FARRELL J A, ROY-CHOWDHURY A K. Information weighted consensus filters and their application in distributed camera networks[J]. IEEE Transactions on Automatic Control, 2013, 58(12): 3112-3125.

[60] KATRAGADDA S, SANMIGUEL J C, CAVALLARO A. Consensus protocols for distributed tracking in wireless camera networks[C]// International Conference on Information Fusion. IEEE, 2014: 1-8.

[61] 汤文俊, 张国良, 曾静, 等. 一种适用于稀疏无线传感器网络的改进分布式 UIF 算法[J]. 自动化学报, 2014, 40(11): 2490-2498.

[62] ARASARATNAM I, HAYKIN S. Cubature Kalman filters[J]. IEEE Transactions on Automatic Control, 2009, 54(6): 1254-1269.

[63] JULIER S J, UHLMANN J K. Unscented filtering and nonlinear estimation[J]. Proceedings of the IEEE, 2004, 92(3): 401-422.

[64] MUTAMBARA A G O. Decentralized estimation and control for multisensor systems[M]. Boca Raton: CRC Press, Inc. 1998.

[65] WANG Y, VELIPASALAR S, GURSOY M C. Distributed wide-area multi-object tracking with non-overlapping camera views[J]. Multimedia Tools and Applications, 2014, 73(1): 7-39.

[66] CHEN W, CAO L, CHEN X, et al. An equalized global graph model-based approach for multi-camera object tracking[J]. IEEE Transactions on Circuits and Systems for Video Technology, 2015 (99): 1.

[67] WAN J, LIU L. Distributed data association in smart camera networks using belief propagation[J]. Acm Transactions on Sensor Networks, 2014, 10(2): 1-24.

[68] SHARMA G. Performance analysis of vehicle number plate recognition system using template matching techniques[J]. Journal

of Information Technology and Software Engineering, 2018, 8(2): 10.4172.

[69] MENG A, YANG W, XU Z, et al. A robust and efficient method for license plate recognition[C]// 24th International Conference on Pattern Recognition (ICPR). IEEE, 2018: 1713-1718.

[70] SELMI Z, HALIMA M B, ALIMI A M. Deep learning system for automatic license plate detection and recognition[C]// 14th IAPR International Conference on Document Analysis and Recognition (ICDAR). IEEE, 2017, 1: 1132-1138.

[71] ANANTHANARAYANAN G, BAHL P, BODÍK P, et al. Real-time video analytics: The killer app for edge computing[J]. Computer, 2017, 50(10): 58-67.

[72] LIU L, ZHANG X, QIAO M, et al. SafeShareRide: Edge-based attack detection in ridesharing services[C]// IEEE/ACM Symposium on Edge Computing (SEC). IEEE, 2018: 17-29.

[73] ELGAMAL T, CHEN B, NAHRSTEDT K. Teleconsultant: Communication and analysis of wearable videos in emergency medical environments[C]// Proceedings of the 25th ACM International Conference on Multimedia. 2017: 1241-1242.

[74] SCHAER R, MELLY T, MULLER H, et al. Using smart glasses in medical emergency situations, a qualitative pilot study[C]// IEEE Wireless Health (WH). IEEE, 2016: 1-5.

[75] WU X, DUNNE R, YU Z, et al. STREMS: A smart real-time solution toward enhancing EMS prehospital quality[C]// IEEE/ACM International Conference on Connected Health: Applications, Systems and Engineering Technologies (CHASE). IEEE, 2017: 365-372.

[76] FAULKNER M, CLAYTON R, HEATON T, et al. Community sense and response systems: Your phone as quake detector[J]. Communications of the Acm, 2014, 57(7): 66-75.

[77] ZUO P, HUA Y, LIU X, et al. BEES: Bandwidth and energy efficient image sharing for real time situation awareness[C]// IEEE International Conference on Distributed Computing Systems. IEEE, 2017: 1510-1520.

[78] VENKATARAMANI S, BAHL V, HUA X S, et al. SAPPHIRE: An always on context aware computer vision system for portable devices[C]// Design, Automation and Test in Europe Conference and Exhibition. IEEE, 2015: 1491-1496.

[79] ZHANG T, CHOWDHERY A, BAHL P, et al. The design and implementation of a wireless video surveillance system[J]. 2015: 426-438.

[80] WU X, DUNNE R, ZHANG Q, et al. Edge computing enabled smart firefighting: Opportunities and challenges[C]// ACM/IEEE Workshop. ACM, 2017:1-6.

第5章 边缘计算系统平台

    边缘计算系统平台的基本目的是提供一种降低延迟、提高数据处理实时性等针对特定边缘计算应用的架构和软件栈。边缘计算应用的推广很大程度上取决于边缘计算平台的可行性和可靠性。在边缘计算环境下，数据具有异构性且数据量较大，数据处理的应用程序具有多样性，不同应用程序所关联的计算任务又不尽相同，对于计算任务的管理具有较大的复杂性，而简单的中间件软件结构无法有效保证计算任务的可行性、应用程序的可靠性以及资源利用的最大化。因此，需要在边缘计算系统平台上引入满足资源动态管理及计算任务按需调度等机制的面向智慧城市的边缘计算系统（edge operating system for smart city，EdgeOS$_C$）。面向不同应用或场景的边缘计算系统所要实现的功能有所差异，因此，本章给出基于边缘计算模型的针对不同领域的几种典型边缘计算系统平台，主要包括面向智慧城市、面向智能汽车、面向智能家居、面向个人计算以及面向协同处理的边缘计算系统。

5.1 面向智慧城市的边缘计算系统

    智慧城市[1]将利用现代信息和通信技术，整合人力资本、社会资本，通过技术手段获取、感知、分析、融合保障城市运行核心系统的各项关键信息，从而对包括民生、环保、公共安全、城市服务、工商业活动在内的各种需求做出智能响应。智慧城市的实质是利用先进的信息技术，实现城市智慧式管理和运行，进而为城市中的人（个体）创造更好的生活方式。

    阿里云在 2016 年提出"城市大脑"的概念，其实质是利用城市的数据资源更好地管理和治理城市，把城市大脑变成每一个城市的基础设施。在城市大脑计算平台上运行阿里云超大规模计算系统"飞天"，将百万级的服务器连成一台超级计算机，提供源源不断的计算能力，以保证智慧城市环境下，大规模大数据的实时计算和精准决策。但是，随着城市化规模的增加，城市数据产生的来源多样化和数据异构给基于城市大脑等技术为基础的智慧城市运转提出较大挑战，而边缘计算的兴起和发展为智慧城市的建设（如智能交通系统、公共安全等）提出了较好的解决方向。

5.1.1 面向智慧城市的边缘计算系统框架

智慧城市资源及其所产生的数据归因于物联网技术在智慧城市中的应用[2]。物联网技术在智慧城市中的应用可以使城市中的个人获得关于环境的信息，并有助于通过移动设备来获得新的城市关联数据[3]。城市关联数据作为数据源，通过共同的访问机制（如JSON）进行查询，可与异构数据提供商建立数据访问通路。近年来，无线传感器网络技术[4,5]受到学界和产业界的广泛关注，连接到网络的终端设备不间断地提供传感器所感知的信息。以人为中心的无线传感器网络是一种特殊的传感器网络架构，包括三种类型：普通传感器节点、信息持有者（传感器提供实时信息）和基于个体的传感器。

在物联网领域，一些研究工作将REST[6,7]作为通用的架构，将传感器整合到网络上。智慧城市利用服务访问和数据序列化技术实现对不同异构源数据的访问，其数据源类型如图5-1所示[8]。

图 5-1
面向智慧城市的
边缘计算系统中
的数据源类型

　　由于众包和众包数据[9]的引入，通过融合贡献的多源数据构建协同平台将成为一种倾向，而这些多源数据主要包括百科式大数据（如维基百科[10]）、图类数据（如OpenStreetMap）[11]、交通数据（如 Waze）[12]等源数据。该类源数据除了对其特定的使用场景有重要作用外，还对其他个体具有应用作用，如教育、城市规划、救灾等场景。

　　在智慧城市的构建中，一些基于群智和多源协作的项目给市民提供参与智慧城市构建的机会[13]。这样，城市中的每个个体就被看作是移动的"传感器"，用于监测城市的各种变量，这些个体所提供的数据作为一种众包数据。城市中每个个体所能提高的数据主要包括大气数据（如温度、气压、空气湿度及土壤等）、环境数据（如气体排放物、污染物等）、噪声数据等。这些数据由具有特定功能的物理传感器测量得到，而这些传感器主要来自个体的智能手机和其他连接到手机上的传感装置。此外，安装在终端上的应用程序允许个体修改该类数据，包括有关设备的信息、街道信息、道路状况信息等[14]。

　　根据以上智慧城市中的数据来源及其管理方式，本节拟提出一种基于边缘计算的面向智慧城市的系统级操作系统 $EdgeOS_C$，具体参考构架如图 5-2 所示。

　　由图 5-2 可知，面向智慧城市的边缘计算系统的参考系统架构框图主要包括三个部分：底层的数据感知层、中间连接顶层引用的网络互联层，以及顶层数据应用管理层。

　　① 数据感知层　　主要涉及智能电表、智能能源、智能建筑、智能家居、智能搜索、智能交通等具有感知城市自然环境本身特征数据获取能力的边缘设备或边缘系统。针对这些边缘设备所获取的数据，需要有比较完备的面向边缘设备数据的边缘计算数据过滤和管理功能模块的支撑，利用边缘设备的处理能力，对边缘设备中的数据进行过滤和处理，一方面减少数据在网络连接层的传输，另一方面可有效保护敏感数据不被上传到网络中，保证其数据安全及隐私。

　　② 网络互联层　　主要涉及移动通信、宽带互联网、物联网、多源共享数据库、智能电网、安全城市监控、车联网、智能公共传输等具有传输和处理来自边缘设备的源数据能力，并通过安全的传输机制发送给应用管理层。针对数据传输和网络互联，需要设计基于边缘计算架构的边缘服务器功能模块，边缘服务器具有一定的数据处理能力和网络通信能力，可有效管理从数据感知层传输来的数据，对个别类型的数据做进一步处理，增加数据在网络传输中的安全性。

　　③ 应用管理层　　主要涉及政策规划决策者、企业管理者、智能决策支持者、可视化分析、资源管理、地图服务、旅游服务、公共事业等具有智慧城市效果可视化、资源可管理、数据可利用的功能，同时可以为智慧城市的管理层提供决策的可参考数据。针对于此，根据应用管理层不同的数据使用者和资源拥有者，需要设计一种基于边缘计算的多应用协同的智慧城市资源共享功能模块，在保证应用管理有效性和安全性的同时，提高数据共享的范围和深度，实现智慧城市中数据价值的最大化。

　　智慧城市的架构可能还会增加一些有针对性的特定应用，如语音识别、地图处理、信息地址定位等物联网系统下的智能处理功能[15]，而这些功能的实现需要借助智慧城市处理平台来完成。

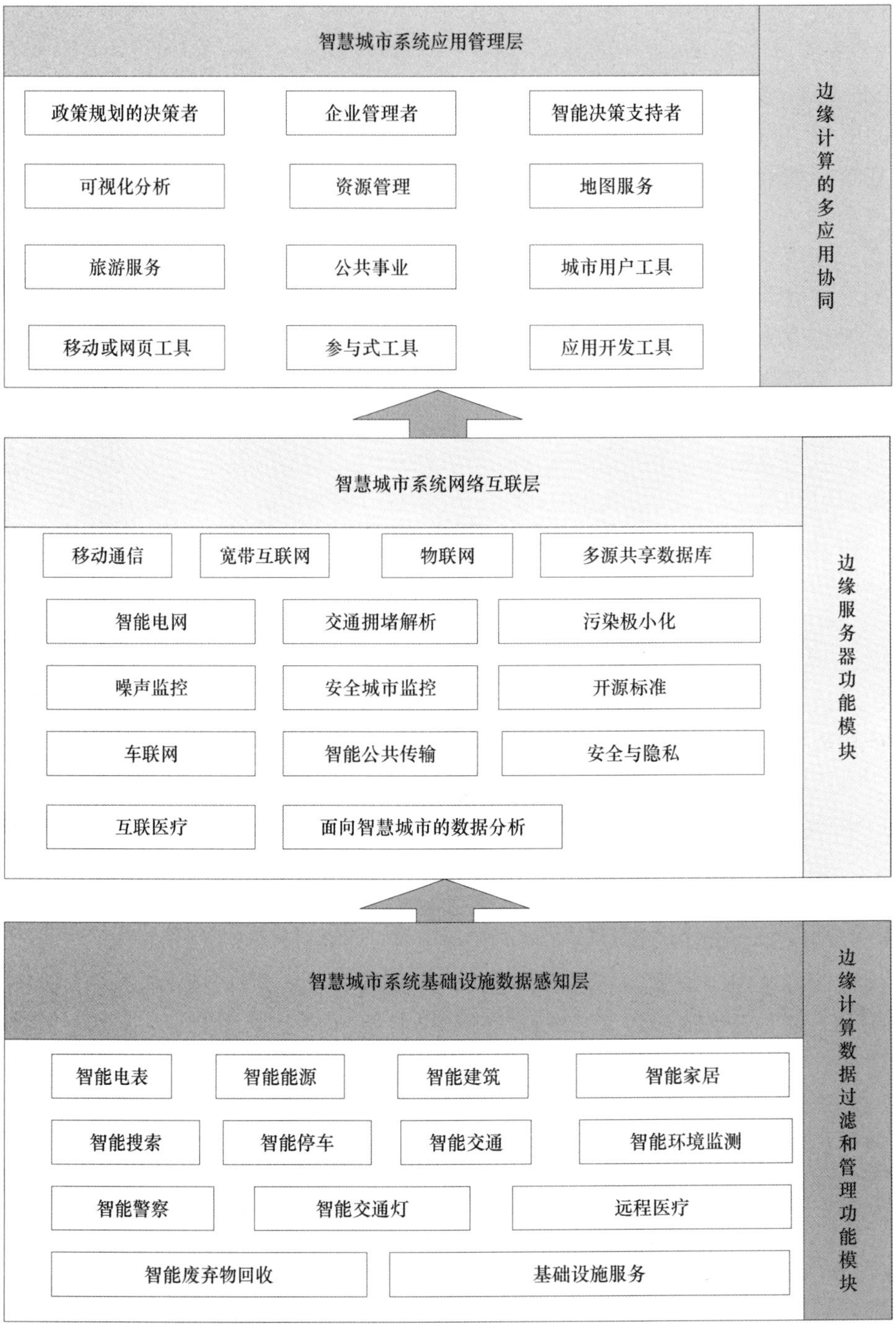

图 5-2
面向智慧城市的
边缘计算系统参
考框架图

5.1.2　智慧城市中边缘计算任务迁移及调度

从智慧城市系统所处理的多源数据类型及其系统架构来看，智慧城市是基于城市物理空间内多种应用程序及异构资源组成的信息复合体，而采用何种数据处理和管理方式是智慧城市信息的关键所在,这也是对智慧城市数据中心及其管理技术提出的重要挑战。基于现有的云计算技术,大数据的数据中心处理可以在较强计算能力的系统内完成数据的智能化处理,而边缘计算模型可以在数据的边缘进行数据的预处理,降低数据从源端到数据中心的传输代价,降低延迟,提高处理的性能。在这一过程中如何实现云数据中心与边缘计算系统之间的计算任务迁移和调度,对智慧城市系统提出更高要求。面向智慧城市的边缘计算系统,要求能计算资源实现按需动态迁移和调度,保证智慧城市系统内数据处理的高性能与低延迟。

边缘计算系统下的任务迁移是为了将计算任务更靠近数据源端,减小传输的数据量,降低传输延迟。例如,Gosain 等[16]提出一种基于边缘计算的车联网平台,该平台可以使终端用户和研究人员收集丰富的数据集,将数据集的计算处理从云中心通过互联的二层网络迁移到本地,实现公共安全监控、车辆内部状态遥感和建模,以此来仿真下一代车辆互联技术。这种基于边缘计算的车联网架构表明:将计算任务迁移到本地边缘云计算基础设备,对于提高车联网应用的带宽和降低延迟是非常有必要的。

在边缘计算框架下,采用虚拟机或轻量级系统级容器迁移,实现边缘节点上的计算任务迁移。计算任务的迁移通常会造成一定的开销,迁移算法的优劣关系到边缘计算下的系统性能。此外,边缘计算下的动态调度根据应用程序的需求,动态地分配和释放计算资源,将计算任务迁移到合理区域内的物理机上,以实现系统的负载均衡。同样,动态调度算法的好坏也在很大程度上影响系统的性能以及能耗,这也是未来智慧城市实现过程中,边缘计算系统尤为需要考虑的问题。

1. 计算任务迁移

在智慧城市中,边缘计算通过将资源丰富的节点放置在靠近物联网设备的位置,提供可用的服务。与传统的云架构相比,边缘计算架构具有更高的可伸缩性和可用性,利用附近的计算资源,计算任务的迁移技术发挥了重要作用。计算任务的迁移主要包括两种方式:虚拟机 VM 迁移[17]和 Docker 容器迁移[18]。

美国卡内基梅隆大学的 Satyanarayanan 教授团队提出一种 VM 切换技术[17],实现虚拟机 VM 的计算任务迁移,支持快速和透明的资源放置,保证将 VM 虚拟机封装在安全性和可管理性要求较高的应用中。这种多功能原语提供经典动态迁移的功能,同时也对边缘进行优化。

虚拟机 VM 封装技术具有内存占用空间小、启动速度快、I/O 传输开销低等特点而被广泛应用于任务迁移。然而,在实际应用过程中,安全性和可管理性等属性,包括应用平台一致性、多租户隔离、软件兼容性以及软件配置的易用性等问题同样重要。当这些问题占据主导地位时,传统虚拟机 VM 封装将具有较强的优势。为此,Satyanarayanan 的团队提出一种基于虚拟机切换的机制以支持基于 Cloudlet(该架构的详细介绍请参考 8.1.1 节)应用的灵活性。所谓的灵活性主要是指当操作环境发生变化时,系统能够快速反应,提供 Cloudlet 系统中较优的功能。在诸多边缘计算应用环境下,灵活性具有较大的意义。例如,突发的一组动态 Flash 页面可能造成 Cloudlet 的过载,需要将当前计算任务部分迁移到另一个 Cloudlet 上或是其他的云上。又如，当发生水灾、火灾或是战争时，提前获知 Cloudlet 即将失效，那么在不中断当前正在运行的应用程序的前提下，实现运行程序完整迁移到另一个 Cloudlet 上。相比云中心，边缘节点更容易受到攻击而产生故障。再如，移动用户迁移一种延迟敏感的应用（如穿戴认知援助[19]），用户物理位置的移动可能将增加端到端之间的延迟，将任务迁移到最近的 Cloudlet 上可以作为一种解决方案。

虚拟机 VM 切换与数据中心的实时迁移具有相似之处[20, 21]。然而，相比动态迁移的良性和稳定环境而言，虚拟机 VM 切换能够很好地适应不确定操作环境的挑战性，虚拟机 VM 切换技术遵循的三个基本原则是：①尽量避免数据传输，采用重复数据删除、数据压缩和 Delta 编码最大化消除数据传输；②当网络处于繁忙状态时，网络带宽是一种宝贵的资源，应该尽可能提高其利用率；③自动调节细时间粒度，使其能够适应网络带宽和计算资源的变化。

Cloudlet 之间的网络连接受到来自广域网带宽、延迟、抖动等影响。在性能指标方面，虚拟机 VM 切换也不同于动态迁移。实时迁移中使用的主要性能参数是停机时间，其指的是从虚拟机没有响应到结束时的时间区间。相反，在虚拟机 VM 切换技术中，它使用全部完成时间而非停机时间，这对于虚拟机 VM 切换至关重要。在大多数情况下，较多的全部完成时间会违背原有执行的想法。研究已经表明：狭隘地专注于停机时间会导致全部完成时间过长[22]。

因此，虚拟机 VM 切换设计的本质是利用 Cloudlet 的计算能力换取较短的数据传输时间。虚拟机 VM 切换在 Cloudlet 计算及网络传输瓶颈之间平衡二者的关系，采用并行计算管道技术，利用多种降低传输数据量的算法，实现数据传输最大吞吐量。该团队开发针对并行计算管道技术的分析模型并推导出一种自适应启发式算法，其对传输带宽和 Cloudlet 负载较敏感。相比动态迁移，虚拟机 VM 切换技术能大大降低完成时间。

此外，Chaufournier 等[23]提出采用一种多路 TCP 策略来提高虚拟机 VM 迁移时间和改善应用程序的网络透明性。该团队也提到虚拟机动态迁移是一个关键机制，它使应用程序能够灵活响应不断变化的用户位置和工作负载。然而，在边缘云中虚拟机动态迁移带来许多问题。例如，通过慢速广域网连接，在不同地理位置之间迁移虚拟机 VM 会导致较大的迁移时间，造成应用程序不可用。这主要是因为，动态迁移策略是针对局域网内数据中心的任务迁移开发的，现有研究工作表明其在广域网的应用中会存在两个主要限制[24, 25]。首先，在整个广域网的云节点中，虚拟机 VM 网络 IP 地址将会改变，它不再是对终端设备（如手机、平板电脑和物联网设备）透明的了，而是可以被这些终端设备主动访问；其次，边缘云站点之间的带宽可能比局域网带宽更受限制，从而增加迁移成本。

Chaufournier 等[23]的研究工作利用目前广泛应用于服务器和移动操作系统平台的多路径 TCP（MPTCP）技术。多路径 TCP 基于客户端和服务器上多个网络接口，以便在多个网络路径上并行地发送和接收 TCP 数据。该工作假定虚拟机和主机都至少有两个网卡，其中物理网卡的主机作为 NIC1 和 NIC2，虚拟机 VM 的逻辑网卡作为 VNIC1 和

VNIC2。边缘云迁移主要包括以下六个阶段。

第一阶段，隧道创建和路由预备。在源主机和目标主机之间创建一个隧道（第四阶段使用），为目的虚拟机 VM 的入站和出站传输初始化路由表，在 VM 从源位置切换到目的位置过程中，有利于减少用户感知的停机时间，维护网络透明性。启用代理 ARP，创建与虚拟机交互的路由条目并为隧道和路由设置安装 ebtable 规则。

第二阶段，虚拟机 VM 磁盘状态的迁移（即虚拟磁盘）。只有在两个边缘云站点之间没有共享存储时，此阶段才被执行。如果两者之间存在共享磁盘存储（或分布式文件系统），则可以简单地与新机器共享磁盘状态，而不需要迁移。首先，MPTCP 实现多个网络路径并行传输，增加可用带宽；其次，按照写频率大小，对磁盘块排序并按照递增的顺序发送磁盘数据块；最后，利用重复数据删除技术降低数据传输的开销。

第三阶段，虚拟机 VM 的内存状态迁移。当大多数磁盘状态迁移结束时，开始虚拟机 VM 的内存状态迁移。采用迭代预拷贝方法，通过跳过经常被访问的页面减少迭代的持续时间，从而适应基于广域网的边缘云环境。

第四阶段，虚拟机 VM 切换。客户机将网络请求发送到与源主机相关联的虚拟机 VM 的旧 IP 地址，并将此信息交互通过隧道传输到目的虚拟机 VM。尽管由于隧道导致较大的往返延迟，但所有的网络连接都处于在线状态。

第五阶段，基于 MPTCP 的网络切换。在目的边缘云端，虚拟机 VM 上未使用的网络接口（VNIC2）被激活并配置新子网 IP 地址。配置路由表可以同时被两个接口使用。第二个虚拟网络接口（VNIC2）的传输不经过隧道，MPTCP 广播新 IP 地址，并创建新的子流。一旦被创建，其他原始网络接口（如 VNIC1）将做失活处理并注销隧道。所有用户发送 MPTCP 请求将直接发送到具有新 IP 地址的 VNIC2 上，优化从终端客户机到虚拟机 VM 所在新边缘云的延迟。

第六阶段，正常运行。虚拟机 VM 恢复正常状态（类似迁移之前的状态），只是它处于新的边缘云和不同的子网中。如果虚拟机需要再次迁移，则执行上述过程，同时改变两个逻辑网卡的 VNIC1 和 VNIC2 的网络角色。

该工作使用 MPTCP 加速虚拟机的迁移，同时屏蔽因广域网虚拟机迁移造成的 IP 地址变化的影响。此外，该工作解决在现有边缘云场景中虚拟机 VM 迁移工作的实际问题。MPTCP 技术的一个关键特性是，MPTCP 技术只依赖终端主机，不依赖底层网络的支持，而以往在虚拟机 VM 迁移过程中保持网络透明性的研究工作大多采用隧道技术和软件定义网络[24, 25]。MPTCP 能够降低广域网连接中的带宽、往返时延和通道拥塞等影响，并提高其鲁棒性。

威廉玛丽学院的 Li 的研究团队提出通过 Docker 容器迁移实现高效服务切换到边缘服务器[18]。针对现有的一些迁移算法，他们提出虚拟机 VM 切换利用将边缘服务器迁移的方法加快服务迁移，其基于虚拟机 VM 综合技术[26]将 VM 镜像划分为两个叠加层，这样的好处是：可以将虚拟机 VM 的上层应用程序转移到目的服务器，而不用迁移整个虚拟机 VM 镜像。由于传输数据大小通常在几十或数百兆字节，对延迟敏感的移动应用程序而言，总切换时间仍然比较长。此外，虚拟机 VM 叠层结构的映像很难维护，并且由于实际应用中有限的技术支持和配置条件而不能被广泛使用。

相比而言，Docker 平台的广泛开发和应用，为高速服务的切换提供一种技术可行性。作为一个容器引擎，Docker 技术[27]在工业云平台得到越来越多的应用和部署。Docker 作为 Linux 容器的引擎，实现应用程序在基于 OS 级虚拟化的隔离环境中运行。Docker 的存储驱动程序采用容器内分层镜像的结构，使得应用程序可以作为一个容器快速的打包和发布。现有的容器平台中，如 Docker[27]、OpenVZ[28]和 LXC[29]等结构，它们是完全或部分支持容器迁移的，但并没有一个是完全适合于边缘计算环境的。OpenVZ[28]采用分布式存储消除文件系统传输开销。然而，由于边缘节点地理上的分布性以及网络边缘设备的异构性，很难实现广域网上的分布式存储以满足边缘应用的延时要求。LXC 和 Docker 架构，在迁移过程中需要传输整个容器文件系统，这造成传输效率较低和网络开销较大。

Li 的研究团队的主要工作在于建立基于 Docker 容器迁移的有效服务切换系统，利用 Docker 容器的分层文件系统支持，提出一种适合边缘计算的高效容器迁移策略，以减小包括文件系统、二进制内存映像、检查点等在内的数据传输的开销。Docker 的分层存储支持写时复制技术，可以将应用程序的写数据整合到基础镜像层之上的软件部分，利用 Docker 的分层镜像结构加速容器的迁移。因此，在迁移过程中，只需要将顶层应用层部分进行传输即可。此外，Docker 的基础设施利用已在广泛使用的公共云存储空间来分配容器的镜像。因此，在每个迁移之前，可以从公共云存储源下载基于基础容器镜像的应用程序容器。他们的工作利用分层存储的 Docker 容器结构实现一个服务的无缝切换策略，减少边缘计算系统中任务迁移所传递的数据量。

2. 计算任务的调度

面向智慧城市的边缘计算系统，除了需要有高可靠性和高可用性的计算任务迁移机制外，还需要能够实现对于计算任务的动态按需调度的机制，实现合理地利用边缘以及边缘与云中心之间的计算资源，以实现边缘计算系统的负载均衡。

在边缘计算系统中资源调度也是一种挑战，其主要为应用程序调度边缘服务器上的计算资源，以实现数据传输开销最小化及应用程序执行性能最大化。Bahreini 和 Grosu[30]提出一种针对多元应用程序放置问题的启发式在线算法，该研究工作根据用户移动位置和网络状态的变化特性，提出一种多元应用程序放置问题的混合整数线性规划模式解决方案。

Bahreini 等将多元应用程序放置问题定义为一种在线的混合整数线性规划（mixed integer linear program，MILP）问题，通过求解在线版本得到的解作为在线算法的下界。与现有对问题的求解工作不同，该团队基于一般的配置设计出一种启发式算法，解决在线版本的多元应用程序放置问题。该项工作的目标是获得一种基于简单算法技术（如匹配和本地搜索算法等），避免使用诸如基于马尔可夫决策过程的复杂方法。团队工作的主要思想是在不考虑多元应用程序间通信需求的情况下，确定应用程序组件与边缘/核心服务器之间的最佳匹配，然后考虑组件之间的通信需求，并使用局部搜索过程来改进解决方案。该算法在应用程序执行过程中增加较小的开销，但是具有较低的复杂度和较高的性能。

此外，针对边缘计算中延迟敏感的一些应用，Yi 等[31]提出一种边缘计算系统架构 LAVEA（latency-aware video edge analytics），该系统建立在顶部边缘的计算平台，而此平台可以在用户及边缘节点之间执行计算任务的放置，同时与附近的边缘节点执行协同操作，让延迟要求较高的视频数据分析更靠近源数据。当前端边缘节点任务计算饱和时，计算任务的放置算法可以实现边缘端计算节点的协同处理，以优化请求响应时间。

该团队提出三种用于边缘协作的任务放置方案，包括最短的传输时间优先（shortest transmission time first，STTF）、最短的队列长度优先（shortest queue length first，SQLF）、最短调度延迟优先（shortest scheduling latency first，SSLF）。

① STTF 调度策略　倾向将任务放置到与前向边缘节点具有最短延迟时间的边缘节点。边缘前向节点维护一张数据传输延迟表，该表用于记录前向边缘节点到每个可用边缘节点之间数据传输的延迟。该过程中，需要进行定期重新校准，因为前向边缘节点和边缘节点之间的网络条件可能随时间而动态变化。

② SQLF 调度策略　用于从边缘前向节点向具有最小任务数的查询队列的边缘节点传输任务。当边缘节点接受的请求达到饱和时，首先会查询所有可用边缘节点当前任务队列的长度，然后将任务转移到具有最短队列的边缘节点。

③ SSLF 调度策略　用于从边缘前向节点传输任务到具有可能最短响应时间的边缘节点。这里的响应时间定义为从前向边缘节点向可用边缘节点提交任务到前向边缘节点接收边缘节点传输反馈结果的这段时间。与 SQLF 调度策略不同，该策略中，前向边缘节点保持查询边缘节点内的队列长度，这可能会因节点规模及较大查询量而造成性能问题。该团队提出一种用于边缘前向节点测量调度延迟时间的新方法。在测量阶段，前向边缘节点向每个可用的边缘节点发送一个请求消息，并添加一个特殊的任务到队列尾部。当执行特殊任务时，边缘节点只向前向边缘节点发送响应消息。当前向边缘节点接收到响应消息时，记录响应时间。前向边缘节点周期性地为每个可用的边缘节点维护一组响应时间列表。当前向边缘节点达到饱和时，它将任务重新分配到具有最短响应时间的边缘节点上。与 STTF 和 SQLF 的调度策略不同，SSLF 调度策略没有选择基于当前或最近测量的边缘节点，而是对记录到当前的时间序列进行回归分析，为每个边缘节点预测当前响应时间。之所以采用这种方式，主要是因为边缘节点也从客户端节点接收任务请求，当前的工作负载可能会随时间变化，所以最近响应时间不能作为一个边缘节点响应时间的预测。实际应用中，每个边缘节点的局部负荷通常遵循一定的模式或趋势，因此将回归分析应用于记录响应时间，对估计当前响应时间是一种比较合适的方法。为此，记录每一个边缘节点的响应时间，将任务放置到具有最短响应时间的边缘节点上。一旦前向边缘节点开始将任务放置到某些边缘节点上时，使用重定向任务更新预测数值，从而降低测量响应时间所引起的开销。

上述三种调度策略各有优点，同时也存在一些问题，采用哪种任务调度方案来实现良好的系统性能，需要适当考虑应用负载和网络状态。

5.2　面向智能汽车的边缘计算系统

随着物联网以及自动驾驶技术的发展，汽车将不再是一个简单的出行工具，而会慢慢地演化成一个集娱乐为一身的移动计算设备。车辆将被安装越来越多的传感器设备，而这些设备一天将收集到巨量的数据。如此巨量的数据上传到云端进行处理会带来较大的时延，对于 CAV 这种需要低时延的场景，毫无疑问需要车辆自身去处理部分数据。随着电动车的普及，电动无人车由于能量不可能快速得到补充，所以车辆上的数据在何处进行处理、以什么样的精度和方式进行处理，以达到实时和能耗的平衡，无疑是一个亟待解决的问题。本节主要讨论面向智能汽车的边缘计算系统（edge operating systems for vehicles，EdgeOS$_v$）的关键技术，并通过一个具体的平台进行讨论。

5.2.1　为什么需要 EdgeOS$_v$

LAV 的到来，极大地方便了人们的生活，但是同时车祸的发生也带来一些人员伤亡[32]。随着物联网技术的发展，越来越多的传感器被安装到车辆中，用于支持辅助驾驶技术。随着辅助驾驶技术的演进，CAV 的概念被提出。机器往往可以比人拥有更快的计算速度和更精确的控制，因此依靠硬件的升级换代，辅助驾驶技术得以提升，自动驾驶技术的演进，势必会降低车祸的发生概率。如表 5-1 所示，根据国际汽车工程师协会（SAE International）的分级，自动驾驶共分为六级[33]。

表 5-1　自动驾驶分级表

分级	名称	主体			
		驾驶操作	周边监控	支援	系统作用域
L0	无自动化	人类驾驶员	人类驾驶员	人类驾驶员	无
L1	驾驶支援	人类驾驶员、系统			部分
L2	部分自动化	系统			
L3	有条件自动化		系统		
L4	高度自动化			系统	
L5	完全自动化				全域

① L0（无自动化）　在这一级别上，车辆完全由人类驾驶者控制，在行驶过程中，可以得到警告和保护系统的辅助。

② L1（驾驶支援）　在这一级别上，通过驾驶环境对方向盘和加减速中的一项操作提供驾驶支援，其他的驾驶动作都由人类驾驶者进行操作。

③ L2（部分自动化）　在这一级别上，通过驾驶环境对方向盘和加减速中的多项操作提供驾驶支援，其他的驾驶动作都由人类驾驶者进行操作。

④ L3（有条件自动化）　由无人驾驶系统完成所有的驾驶操作。根据系统请求，人类驾驶者提供适当的应答。

⑤ L4（高度自动化）　由无人驾驶系统完成所有的驾驶操作。根据系统请求，人类驾驶者不一定需要对所有的系统请求做出应答。限定道路和环境条件等。

⑥ L5（完全自动化）　由无人驾驶系统完成所有的驾驶操作。人类驾驶者在可能的情况下接管。在所有的道路和环境条件下驾驶。

然而，随着自动驾驶等级的提升，车辆一天产生的数据量也在逐步提升。越高级别的自动驾驶，越依赖各种数据的支撑，如高精度地图数据、高精度雷达感知数据和车载摄像头的周边视频数据。根据英特尔的报告[34]，一辆完全自动化的汽车一天（按行驶 8 小时算）将会产生 4TB 的数据。自动驾驶对环境的响应速度是一个性命攸关的事情，其可以看成一个低时延的应用，因此如何接近实时地处理如此多的数据是一个关键的问题。如图 5-3 所示，如果将车辆产生的数据通过蜂窝网络传输到云端去处理，也是不切合实际的。以目前 4G LTE 网络的上行带宽 100Mb/s 来算，即使一直保持峰值速度，一个小时也仅可传输 40GB 的数据。根据前述的英特尔报告，车辆 1 小时产生的数据远远不止 40GB，如此大量的数据缺口，将导致数据无法全部被传输至云端处理，且由于基站的覆盖率、信号强弱以及车辆的移动带来的网络连接不稳定，1 小时通过 4G 上传的数据量也将远小于 40GB。数据无法实时传输至云端进行分析处理，也就意味着无法实时获得处理结果，从而导致 CAV 无法及时获得识别后的路面情况，这将严重影响行车安全。

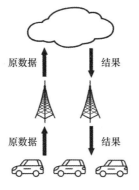

原数据　结果

原数据　结果

图 5-3
基于云计算的车载数据分析模型

随着 5G 的到来，数据上行带宽会有所增加。虽然这可能使得基于云的方案存在一定的可行性，但随着道路上 CAV 的增多，数据量也会增多，而由此带来基站无线总带宽的需求也会增加，到那时，网络传输仍然会是一个瓶颈。在当前自动驾驶技术的实验车中，还是通过引入大量的高性能计算设备，如 GPU 和 FPGA，实时地在本地处理数据，从而完成一定等级的自动驾驶。随着自动驾驶级别的提高，数据量仍会增加，如前所述，届时 5G 也可能无法满足数据全量上传的带宽需求。由于能耗等因素，车载计算设备不可能无止境地增加。尤其随着环保意识的提升，各个国家都在推行电动车辆或者清洁能源车辆，所以势必需要控制车内的能耗问题。如图 5-4 所示，相较于云计算的方案，边缘计算将计算设备部署于车辆以及车辆到云端的路径上，使得数据可以在到达云端前被处理。这里车辆自身可以进行部分计算，部署于基站的边缘服务器也可以协助进行计算，且通过服务的调度，达到最优的时延，而这也正是自动驾驶低时延要求的一个很好的解决方案。需要注意的是，计算可能发生在车载单元内，不存在数据的上传，也可能处理后上传到边缘或者云端进行进一步处理并返回结果。针对后一种情况，由于传输数据量可能小于原始数据，以一个变形的箭头表示。

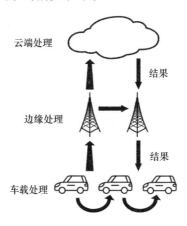

云端处理

边缘处理

结果

车载处理

结果

图 5-4
基于边缘计算的车载数据分析模型

基于边缘计算的车载数据分析模型可以很好地降低时延问题，但是，目前仍然没有一个公开的、合适的车载系统来支撑这样的计算模型，尤其是在还需考虑能耗的情况下。虽然纯电动汽车单次充电的最大里程数一直在增加，但是随着自动驾驶技术的演进，车上设备将会越来越多，能耗也将越来越高。随着无人驾驶时代的到来，车辆将从一个单纯的交通工具，演变成一个移动的娱乐设施，越来越多的车载应用将会被开发，而这也将进一步加大能耗。在计算和能耗资源一定的情况下，这些应用也将占用一部分计算资源和带宽，与自动驾驶系统形成一定的竞争关系。因此，需要一个车载系统来保证服务质量和用户体验的平衡。虽然很多汽车制造商都在建立自己的汽车边缘计算系统，但由于这些属于商业机密，因此本节将介绍美国韦恩州立大学施巍松教授团队设计的车载数据分析平台[35, 36]（open vehicular data analytics platform，OpenVDAP），这也是 EdgeOS$_V$ 的一种设计方式。该平台是一个面向未来智能汽车的全栈的、边缘使能的车载数据分析平台。此外，考虑到车载数据的安全，还将从车辆数据角度以及车辆分布式计算平台角度，分别介绍两个工作。相比较 OpenVDAP，后两者工作，考虑到篇幅问题，这里不做过多详细的介绍。

5.2.2 车载应用的划分

在介绍 OpenVDAP 之前，先介绍车载应用的划分，以更好地阐述 OpenVDAP 的思想。现有的车载应用系统主要可以分为三类，即车载数据收集和故障诊断系统、自动驾驶系统、车载娱乐系统，其分别满足车辆的监控、控制和娱乐需求。针对未来智能汽车，我们认为和智能手机一样，将会有大量的第三方应用出现。因此，本小节将根据几个现有的例子进行举例阐述。

1．车载数据收集和故障诊断系统

车载数据收集系统主要用于车辆信息的收集，如车辆位置信息，实时油耗（电动车将会是实时剩余电量等），发动机水温、转速，车速等。车辆故障诊断系统主要用于对车辆的故障码读取、故障报警处理等服务。车辆可通过基于嵌入式微型因特网互联技术（embedded micro internetworking technology，EMIT）的检测设备进行数据采集，获取车辆的故障信息和征兆；通过 EMIT 将车辆与远程故障诊断中心互联，从而远程地获得诊断结果和维修向导。

2．自动驾驶系统

随着自动驾驶级别的提高，自动驾驶所涉及的技术越来越多，人工智能、计算机视觉等技术的应用也越来越深入。自动驾驶系统涉及数据的采集、数据的处理和驾驶决策。该系统会对车载各种传感器数据进行实时分析，如通过激光雷达和前置摄像头完成道路边界（车道线）的检测、车辆检测和行人检测。各种传感器相当于车辆的"眼睛"，而人工智能技术相当于车辆的"大脑"。人工智能技术通过大量的数据进行学习，完成模型的训练，在行驶过程中，可以根据雷达、摄像头等"眼睛"反馈的视觉信息，以及驾驶目标，来进行驾驶决策，如换道、跟车、紧急刹车等。虽然车载数据收集系统也含有数据采集的功能，但其更主要是车辆各项指标的收集，而自动驾驶系统主要是收集各种距离、视觉传感器数据并进行处理。

3．车载娱乐系统

车载娱乐系统包含的范围较广。很多汽车企业会选择安卓操作系统作为自己的车载娱乐系统，如本田和现代均推出基于安卓操作系统的车载信息系统，奥迪和沃尔沃宣布下一代全新车型预装运行安卓 7.0 操作系统的车载信息娱乐系统，用户可以直接使用各类安卓应用，如使用各类地图软件进行导航、使用音乐 App 听音乐，或者呼唤出各种手机助手。此外，司机还能通过这套系统设定空调温度、风量，开关天窗和窗户等。

为了保证系统的可靠性和可用性，需要将各种服务进行分级。考虑到自动驾驶系统相关的服务通常关系到驾驶员和乘客的安全，所以应当给予更高的优先级。同时，OpenVDAP也应当通过弹性地管理多态的服务，尽可能地降低关键服务的响应时间，提高系统的安全性。考虑到用户体验，可以考虑将车载娱乐服务作为第二级别，以减少娱乐系统的卡顿。但是在必要时刻，也可以中断部分娱乐服务，以保障自动驾驶系统服务的优先执行。由于车载数据收集和故障诊断系统，通常可能占用资源较少，且故障诊断相关服务可以使用静默执行的方式，作为最低优先级的服务。静默执行指的是，有选择性地在系统负载较低时启动相关服务，就如同 PC 上的杀毒软件，通常只会在系统负载不大的时候进行扫描查毒，而当用户服务负载需求增大时，其可自动中断执行。就目前而言，车载系统的故障诊断更多是在车辆自主系统中完成，可以通过额外的设备读取该错误码以及车载数据，如 OBD（on-board diagnostic，车载诊断系统）设备，将其存储于 EdgeOS$_V$ 中，并进行进一步的分析。

4. 第三方应用

基于 EdgeOSᵥ 的车辆将可以运行更多的第三方服务，除了现有的智能手机上的第三方应用外，车辆还可以运行更多基于车载视频分析的应用，尤其是公共安全相关的应用。如通过分析行车记录仪的数据，自动进行一些违章数据采集；公安部门可以让出租车自动分析行车记录仪数据，使其形成一个移动的摄像头，最终可以自动分析追踪在逃犯。最终，EdgeOSᵥ 可以成为车辆的"大脑"，完成自动驾驶的同时，接入越来越多的第三方服务，改善用户出行。本节将以此为目标，提出几个潜在的服务。

① 车载安珀警报助手　安珀警报系统（AMBER alert system）是目前应用于美国和加拿大的一种专门针对儿童绑架案的全国紧急警报系统。当确认有儿童绑架案发生时，这套系统就会启动，可通过 SMS 向手机发送警报信息。随着互联网的兴起，一些大型互联网公司也会通过在其网页上扩散这些警报提供帮助。一条安珀警报通常包含事发时间、事发地点、绑匪的车辆特征（如型号和车牌号码）、绑匪逃逸方向、绑匪特征和被绑小孩的特征。Zhang 等[37]提出一种使用现有摄像头和边缘计算技术结合的安珀警报助手（AMBER alert assistant，A3），以增强安珀警报的应用，即将城市中的摄像头捕获的视频数据传输至边缘服务器上，或本地多台设备合作式地对视频进行分析，以车牌号码为特征进行搜索。该系统可以根据道路拓扑和时间自适应地扩大或缩小追踪区域，有望提升公共安全。车载摄像头作为一种移动式的摄像头，也可很好地与 A3 应用结合，以增加视频数据来源，从而增加追踪到绑匪车辆的可能性。国内类似的警报系统目前还处于起步阶段，主要依赖社交网络的传播，未来希望可以利用现有的城市摄像头或车载移动摄像头，修改和完善中国版的安珀警报助手。

② 事件举证　虽然城市部署了大量的摄像头，但是仍然避免不了存在一定的死角。如安珀警报助手应用中所说的，车载摄像头可作为一个移动的摄像头，从而扩大城市摄像头的监控区域。当出现交通事故或社会安全事件时，相关执法单位可向公众索求事发地点相关时间段的视频，而车辆收到相关消息后，可匹配自身行车路径和相关视频是否存在异常。若存在异常，可提交相关视频供执法部门使用。

事件举证的另一方面的应用，可用于报告车辆违章违法。随着交通法规的完善，现在中国很多城市实行行驶车辆车窗抛物以及违章停车的举报奖励制度，甚至出现有人专门寻找违章停车车辆。因此，基于 EdgeOSᵥ 平台，可以开发出车窗抛物检测的服务和违章停车检测的服务。其通过实时地或者利用资源空闲时段，分析摄像头采集到的视频数据，检测是否存在车窗抛物或者违章停车的现象。当发现对应现象时，可自动截取相关视频，发送至警察局开放的接口，进行违章举报。

5.2.3　OpenVDAP

随着自动驾驶时代的到来，车辆将演变成一个移动的娱乐设施，越来越多的车载应用将被开发，车辆一天产生的数据也将越来越多。如何有效地管理这些数据以及分析数据的服务，并保证一定的用户体验，是一个亟待解决的问题。在边缘计算的背景下，美国韦恩州立大学的 CAR 实验室提出 OpenVDAP 的架构，一种适用于车载系统的数据分析平台。

OpenVDAP 平台的架构如图 5-5 所示，其包括四个车载部分：车载计算/通信单元（vehicle computing/communication unit，VCU）、车载操作系统（HydraOS）、车载数据集成器（driving data integrator，DDI）以及应用开发支持库（LibVDAP）。

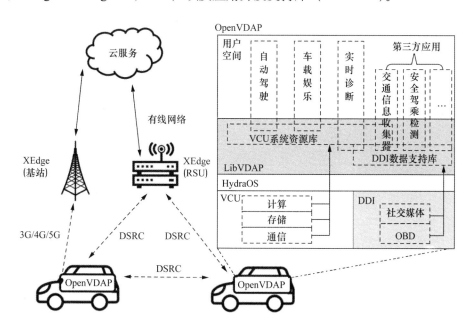

图 5-5
OpenVDAP 架构图

车载计算/通信单元是一个异构的计算平台，包括处理、存储和通信模块。在车载计算/通信单元之上，是一个车载操作系统 HydraOS，其可以为上层应用提供一个安全的执行环境，并提供能量高效的、延迟感知的资源管理。LibVDAP 作为应用开发库，其包含一系列的开发库支持第三方应用的开发。最后，DDI 模块包括一系列的服务，用于收集、缓存和存储车载数据，包括车辆底层 OBD 感知数据、自动驾驶相关传感器数据和额外的互联网信息。

在 OpenVDAP 的架构设计中，也考虑了和边缘服务器（XEdge/路边基站 RSU）、云服务的交互和合作计算问题。OpenVDAP 平台的 VCU 搭载多种通信模块，如 DSRC、5G、3G/4G/LTE、WiFi、蓝牙等。这里 DSRC 和 5G 可用于车辆-车辆、车辆-XEdge/RSU 的通信，而 3G/4G/LTE 可用于车辆-基站的通信。

1. VCU：异构车载计算/通信单元

通常来说，车辆通常包含一个车载计算单元，也称为车载控制器。但是，此车载控制器不向其他用户/开发人员提供任何开放接口，并且，其计算能力非常有限，无法支持自动驾驶等最新应用程序。因此，OpenVDAP 中提出了一种新的车辆计算/通信单元，称为异构车辆计算/通信单元（VCU），该平台主要由多层异构计算平台（mHEP）和动态调度框架（DSF）组成。VCU 的架构如图 5-6 所示，其中，mHEP 依赖异构硬件设备提供计算、通信和存储功能，依赖 DSF 有效利用和管理基础硬件资源，尤其是异构处理器。

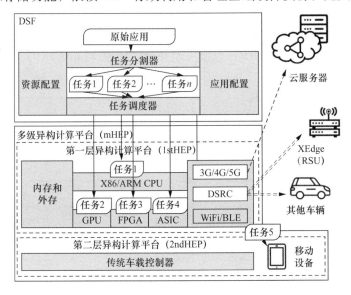

图 5-6
VCU 架构图

1）多级异构计算平台

多级异构计算平台（multi-level heterogeneous computing platform，mHEP）目前主要是一个两层的结构。第一层异构计算平台（1stHEP）是车辆上一个包含异构硬件的计算平台，是未来智能汽车的 VCU 的主要计算资源，主要利用 CPU、GPU、FPGA 和 ASIC 匹配和加速车辆上的服务。其中，GPU 已是常见的用于加速复杂的机器学习或基于计算机视觉的应用程序。FPGA 可以动态地重新配置，因此它适用于各种算法，包括但不限于机器学习。在这里，FPGA 可以用来执行诸如特征提取、数据压缩以及媒体编码和解码等任务。同时，1stHEP 还将使用 ASIC 加速特定算法，因为 ASIC 通常可以较好地平衡性能和能效。

第一层异构计算平台也包括存储和通信模块，为了获得更好的 I/O 性能，选择了支持并行性的固态驱动器（solid state drives，SSD）来存储车辆数据和应用程序。如前所述，1stHEP 还包含多个通信模块，如 3G/4G/5G、WiFi/BLE 和 DSRC 等。3G/4G/5G 模块使车辆能够直接与云服务器通信。同时，车辆还能够通过 5G/DSRC 模块组成车联网（VANETs），从而与其他车辆或 XEdge 共享数据和合作计算。此外，乘客的移动设备也可以通过蓝牙或者 WiFi 与车辆进行交互。

此外，mHEP 还包含第二层异构计算平台（2ndHEP），该平台试图利用所有其他可能的车载计算资源，如乘客的移动设备和车辆车载控制器，以减轻 1stHEP 的计算负担。

2）动态调度框架

车载应用，尤其是自动驾驶应用以及部分第三方应用，在运行时会大量消耗车载计算资源。然而，从计算任务角度来看，它们通常是由特定种类的计算任务组成，如数据预处理、模型训练、模型推理等，每种计算任务都具有自己的特点，可以使用不同的硬件进行加速。由于这些任务的数量和占比是动态变化的，因此提出了一个动态调度框架

（dynamic scheduling framework，DSF），其可以将每个任务/子任务动态分配给当前最合适的处理器，提高硬件资源利用效率以及缩短任务响应时间。具体来说，动态调度框架有以下两个功能。

① 计算资源收集　DSF 可以对 mHEP 计算资源进行动态管理。首先，DSF 允许计算资源动态地加入和退出，主要用于管理 2ndHEP 和一些即插即用的计算资源。其次，DSF 会定期获取所有计算资源的实时状态，如利用率和任务类型，并将这些信息存储为当时资源配置，以供任务调度使用。同时，DSF 实现硬件资源的隔离，以减少应用程序之间的干扰。DSF 还提供所有计算资源的访问接口（称之为控制旋钮），供上层系统或应用程序访问硬件资源。

② 任务调度　DSF 细粒度地将原始应用程序划分为一些子任务，并尝试根据子任务的计算特性将子任务与计算资源进行匹配。DSF 根据每个资源的动态状态，任务的 QoS 要求和处理优先级以及每个调度计划的成本确定将分配给每个任务/子任务的资源类型和数量。

需要说明的是，VCU 是作为对传统车辆车载控制的补充加到车辆中，为传统车辆提供更多的计算、存储和通信功能。用户、汽车销售商和第三方开发人员可以通过接口访问 VCU 上的资源。此外，可通过可扩展接口（USB/PCIe）轻松增加硬件资源。

2. HydraOS：车载操作系统

HydraOS 是智能汽车上一种操作系统，其主要包括三大模块：弹性管理、数据共享、安全和隐私。弹性管理模块用于管理车辆上的所有服务。数据共享模块提供了不同服务之间的数据交换和共享。安全子模块用于为安全敏感的服务提供可信的执行环境和隔离方案，而隐私子模块提供了一些隐私保护方案，用于在车辆与 XEdge 以及云之间共享数据。

需要说明的是，在文献[38]和文献[39]中，作者提出了服务质量的四个基本特征：DEIR（即差异性、可扩展性、隔离性和可靠性），这些特征也被应用于 HydraOS 的设计中。在 HydraOS 中，差异性通过弹性管理模块实现，而隔离性则通过安全模块实现。可靠性则由两个模块（弹性管理和安全性）共同支持。值得说明的是，可扩展性在这里具有两个层次：硬件层次和软件层次。硬件可扩展性是通过 VCU 实现的，VCU 可以使用移动设备扩展计算设备，而软件可扩展性则通过下一节中讨论的 LibVDAP 实现。

在介绍弹性管理模块之前，首先需要介绍多态服务的概念，然后再介绍弹性管理模块的设计，以及如何管理这些多态的服务。

多态的服务，在本节主要是指：一个具体的服务可以提供多条执行路径，不同的执行路径对应不同的资源需求。在自动驾驶系统中，不可避免的是，车辆需要采集视频数据，进而进行道路边界检测、车辆检测、行人检测和障碍物检测。这些检测可能会用到移动检测、目标识别、目标匹配和目标跟踪等算法。为了方便起见，理想化场景，这里以车辆静止情况下，新进入视频采集区域的物体识别为例，说明服务的多态性。

在这种情况下，可以使用移动检测技术提取连续视频帧中移动的物体，从而提取出新进入摄像头采集范围的物体。这里采用移动检测的方法先对视频进行预处理，不仅是因为可以方便地提取移动的物体，更多的是在于其可以有效地降低需要识别的区域，从而降低整体的时延。因此，可以简单地将一个视频处理的过程分为两部分：移动检测和物体识别。因此，针对这样的服务，可以提供三种工作流路径。

（1）移动检测和物体识别均在车载单元内进行计算。

（2）视频数据上传至边缘服务器或云服务器，移动检测和物体识别均在边缘服务器或云服务器进行。

（3）移动检测在车载计算单元内进行，物体识别在边缘服务器或云服务器中进行。

显然，以上三种工作流路径分别具有不同的计算和网络需求。第一种由于计算均在车载单元中进行，无须数据的上传，故其对于车载单元的计算需求高，而对网络无需求。第二种由于计算均在边缘服务器或云服务器上进行，所以需要对捕捉到的图像进行视频编码并传输至边缘服务器或云服务器上，故其对于本地计算需求低，但是对网络质量要求高。第三种部分计算在车载单元上，部分计算在边缘服务器或云服务器上，但是由于数据量经过移动检测后相比原视频会有一定的缩减，所以其对网络质量的要求会较第一种多但比第二种少，而计算的需求则较第一种少而比第二种多。因此，为了应对不同的场景，OpenVDAP 设计了弹性管理模块动态调整选择应用程序的执行路径。弹性管理模块功能示意图如图 5-7 所示。

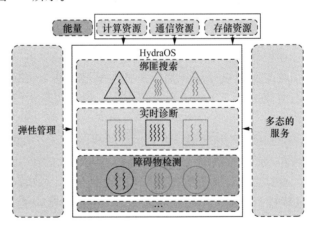

图 5-7
弹性管理模块功能示意图

OpenVDAP 中的服务弹性管理，是一种服务调度策略，主要根据服务的需求（包括计算、网络和存储等）以及当前的系统状态进行服务的调度，选择合适的工作流路径进行执行。在 OpenVDAP 的初版系统中，主要考虑量化三个指标对服务进行动态的工作流路径选择：优先级、计算需求、网络质量。

① 优先级　优先级主要是对各个服务的优先度进行定级。如上一节所述的车载应用的划分，由于自动驾驶系统与人身安全息息相关，故自动驾驶相关的服务应当具有更高的优先级，而考虑到用户体验，车载娱乐系统也应当具有一定的优先级。作为后备选择的数据采集和故障分析平台可以选择在后台静默执行，只在车载单元资源较为空闲的时候才运行，而当有高优先级服务需要执行时，主动让出资源，保障高优先级任务的运行。

② 计算需求　计算需求主要以服务在计算过程中需要占用计算资源的时间和计算资源的数量来进行量化。这里仍然以视频分析中的移动检测和物体识别为例解释一个服务对计算需求的定义。

视频数据的每一帧首先需要经过移动检测算法，检测出移动的区域，紧接着对移动的区域进行物体识别。以一个常见的移动检测算法处理 1280×720 分辨率的视频为例，每帧图像在主频 2.4GHz 的 Intel Core™ 处理器上的平均运行时间约为 50ms[40, 41]。识别算法根据不同的样本种类，其计算时间也不相同。以检测人脸的算法来说，时间约在几十毫秒。若涉及比较复杂的识别，如车牌识别的算法，时间上可能要比人脸识别算法高出几倍，约为 200ms（该数据为 1280×720 的图像识别时间，若视频经过移动检测，其需要识别的区域可能低于该大小）。由此，可以看出，对于每一帧视频数据来说，其占用的时间可以简单地理解为移动检测算法的时间和物体识别算法时间的总和。但是，以常见的高清视频为例，其帧率为 25 帧/s，即一秒视频中，含有 25 幅图片，那么每一帧之间的时间间隔则为 40ms。因此，若移动检测算法和物体识别算法的执行时间大于每一帧之间的时间间隔，那么对于单线程的程序来说，后续视频将无法在其产生后的短时间内被处理完成，而需要进入一个等待队列中，等待服务的处理。对于视频处理服务来说，一般会使用多线程的方法避免这种情况。计算设备可同时执行的线程数是有一定上限的，在这里也需要将一个服务对线程的数量（计算资源的数量）要求纳入考量范围内。

③ 网络质量　在车载系统中，大量的服务需要依赖网络的支持，如自动驾驶系统的升级，车载娱乐系统中各种在线 App 的支持，而一些自动驾驶的服务也可以通过将数据上传至边缘服务器或者云服务器，以获得更强大的计算资源。仍然以视频分析服务为例，如果将视频分析的工作量放在边缘服务器或者云服务器进行，那么需要将摄像头采集到的数据上传到云服务器或者边缘服务器，这将消耗大量的网络带宽。以 720P 的实时视频为例，其带宽需求约为 3.8Mb/s，4K（4096×2160）实时视频的带宽需求约为 19Mb/s，而 LTE 网络的峰值速度可达 100Mb/s[41]。虽然 LTE 网络可以满足同时传输多个视频数据，但还需要考虑网络的时延。假设视频数据的上传时延为 100ms，而数据在本地处理的时延仅为 50ms，那么为了达到最低的时延效果，应当将数据在本地进行计算，而非上传至边缘服务器或云服务器进行计算。若数据上传和云端计算的时延总和小于本地处理的时延，会更倾向上传数据。但是，这里的网络带宽和网络的时延是动态变化的，因为网络的覆盖不可能做到所有区域一致，即使是在靠近基站的位置，也可能因为用户众多而导致服务质量下降，且车辆移动速度的变化，也会导致网络质量的变化。与文献[42]结论一样，车辆速度从 45km/h 增长到 110km/h 时，在保证视频数据的发送速率不变的情况下，视频的丢帧率显著增加。因此，OpenVDAP 会结合当前的网络带宽上限和时延，以及服务需求的网络带宽和时延进行服务的调度。然而，服务的弹性管理，却不能仅仅根据某一个值来进行调度，而需要综合考量以上三个指标，甚至更多的指标，才能达到最优的效果。

为了解决 CAV 的安全问题，HydraOS 首先包括一个安全子模块，该模块依赖于硬件协助的可信执行环境（trusted execution environment，TEE）技术。使用 TEE 的主要好处是，通过硬件保护内存空间和 CPU 执行环境，可以确保将运行服务安全地隔离开。对于其他不需要 TEE 强隔离的服务，容器化是隔离和迁移的另一个理想选择。此外，容器化也可以用来增强 TEE 的隔离性。

如前所述，数据将在车辆和服务之间共享。例如，用于自动驾驶的行人检测应用和第三方应用都需要访问实时摄像头数据，而通过在车辆间共享行人检测应用可以有效降低车载计算负担。因此，OpenVDAP 在 HydraOS 中还利用 TEE 提供安全的数据共享机制，其可在不同的应用（包括同一车辆的应用和跨车辆应用）对交换的数据进行可靠的数据交换，并针对不同的数据指定不同的访问控制策略，提高数据的安全性。为了保护车辆之间数据共享的隐私，隐私子模块将提供一些身份隐私保护方案。例如，车辆可以使用由隐私子模块生成并定期更新的假名，以在进行数据共享提供隐私保护的功能。

3．DDI：车载数据集成器

除了传统车辆本身不同组件中的传感器数据（如发动机状态、轮胎压力、电池状态、车速等）之外，外部环境数据（如路况、天气、交通信息）在辅助驾驶、电池管理、远程诊断、异常驾驶行为检测等功能及应用的决策中起着重要作用。因此，OpenVDAP 中包含一个驾驶数据集成器，来自动收集和存储车辆内的数据，并通过一组 API 向外部提供统一的数据服务。

DDI 由三层组成：数据收集器层、数据库层和服务层，如图 5-8 所示。

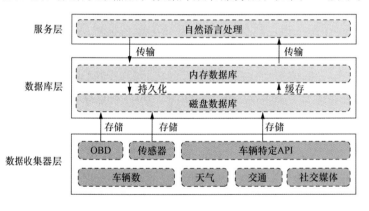

图 5-8
DDI 架构图

目前考虑 DDI 收集的数据包括四个方面：车辆驾驶数据、天气信息、交通状况和紧急情况下的社交网络信息。OBD 读取器和车载传感器收集行驶数据，包括位置、速度、加速度等。请注意，由于大多数普通车辆仅提供 OBD 接口来获取行驶数据，因此为了适配，OpenVDAP 使用了 OBD 读取器，而在将来，将可以通过多重设备（如电动汽车的 CAN 卡），适配更多类型的车辆。天气、交通和社交数据是从车辆专用 API 收集的。环境信息包括天气状况和实时交通状况，这些数据有助于提升异常驾驶行为的检测准确率。社交网络信息可以在行驶规划中提前避开拥塞或者危险区域。

数据库层由两种类型的数据库组成，即内存数据库（如 Redis）和磁盘数据库（如 MySQL）。内存数据库提供缓存功能，减少应用对数据请求的响应时间；磁盘数据库可持久化地保存行车记录。因此，所有数据的请求都将首先在内存数据库中搜索，如果无法在内存数据库中找到它，则再进行磁盘数据库的搜索。

服务层通过一组 API 来响应请求（如 LibVDAP）。请求包括两种类型：下载请求和上传请求。上传请求可以将应用的数据上传到 DDI，而下载请求允许用户从 DDI 下载数据。

4．LibVDAP：车辆数据分析库

随着基于人工智能的应用越来越多地应用到智能系统中，OpenVDAP 也应该从系统平台层面来支持各种面向智能汽车的人工智能智能算法和模型。同时，大规模模型在计算和存储上都需要占用大量的资源，考虑到边缘节点大多不太适合执行大规模模型，为了支持这种边缘智能，OpenVDAP 提供了 LibVDAP，其提供了大量 AI 通用算法和模型，并对这些模型进行了适量的压缩，使得其可以在边缘节点上快速运行。基于 LibVDAP，开发人员可以更轻松地构建 AI 应用。

如图 5-9 所示，LibVDAP 提供了统一的 RESTful API。通过调用 API，开发人员可以访问所有软件和硬件资源。这些资源可以分为四类：个性化驾驶行为模型（pBEAM）、通用模型库（cBEAM）、VCU 系统资源库和数据共享库。例如，开发人员可以通过数据共享库获取实时或历史数据，利用公共模型库提供的 pBEAM 或 AI 模型构建其应用程序。这里，pBEAM 主要用于对驾乘人员的手动驾驶习惯等进行建模，可以帮助外部评估车辆安全性。

图 5-9
LibVDAP 架构图

图 5-10 所示为 LibVDAP 对模型进行优化的示意图。以个性化驾驶行为模型为例，在云服务器上对 pBEAM 进行预训练，并在 OpenVDAP 上结合 cBEAM 对其进行再次训练，以获得个性化的特征，同时保证驾乘人员的隐私。在云服务器上，基于包含许多驾驶员驾驶数据的大型训练数据集构建了公共驾驶行为模型（cBEAM）。输入数据包括位置、速度、加速度等。尽管 cBEAM 功能强大，但网络规模也很大。因此，这需要占用大量存储和计算能力，这对于 XEdge 和车辆来说，执行效率低下，响应不及时。为了节省存储和计算资源，使用了基于深度压缩的压缩算法。然后将压缩的 cBEAM 下载到车辆。迁移学习在这里被用于将压缩的 cBEAM 转移到 pBEAM。

此外，通用模型库中还包含许多常见算法和模型，如自然语言处理、视频处理、音频处理等。同样的，由于这些模型通常是面向云计算进行设计的，所以其规模较大，不能很好地应用于车辆边缘中。因此，通用模型库中的模型也会对这些模型进行一定的压缩。

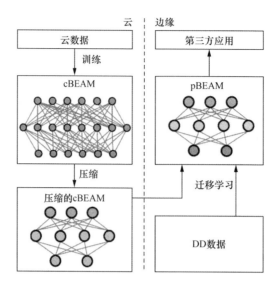

图 5-10
LibVDAP 模型优化

5.2.4 AC4AV

5.2.2 小节中举例说明了未来智能汽车中可能存在的四类应用，这些应用大部分依赖对车载数据的分析。从数据安全的角度看，授权哪些应用在哪些情况下访问哪些数据，是车载系统中必不可少的步骤。因此，张庆阳等从数据安全角度出发，对 OpenVDAP 进行扩展，提出面向智能汽车的车载数据访问控制框架 AC4AV[43]，以期能在车辆中从不同的数据源收集不同种类的数据进行访问操作，并支持对不同数据采用不同的访问控制模型，支持动态地根据上下文环境调整访问控制策略，提升车辆数据安全。同时，该框架还提供 API 供研究人员构建自己的访问控制模型，实现访问控制策略。图 5-11 所示为 AC4AV 架构。

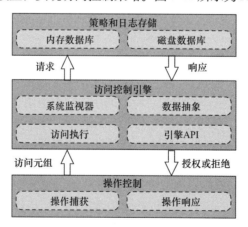

图 5-11
AC4AV 架构图

AC4AV 主要由三大模块组成：访问控制引擎模块、操作控制模块和策略日志存储模块。访问控制引擎模块主要完成对被操作控制模块捕获的访问操作进行鉴权，并返回鉴权结果，同时提供 API，供应用动态配置自己数据的相关访问控制模型和策略。操作控制模块主要负责从不同数据源处捕获数据访问操作，并根据访问控制引擎模块的响应做出对应的操作。策略日志存储模块主要负责存储策略和日志以及响应访问控制引擎模块对数据的查询。特别地，由于目前的智能汽车通常采用两种子系统分别传输和管理车载数据，即通过消息队列系统传输的实时数据和通过 Web 服务管理的历史数据，因此，在操作控制模块的设计中，操作捕获和操作响应两个子模块具有多个实例。具体到车辆的实现上，即会分别在消息队列系统中和 Web 服务中分别实现操作捕获和操作响应的实例，从而可以捕获各种对数据访问的操作。

在 AC4AV 的原型系统实现中，作者利用框架 API 实现了三种不同的访问控制模型，并将其应用到车载数据上，进行性能测试。实验结果显示，其框架虽然会给数据访问操作带来额外的时延，但是时延在绝大多数情况下，低于 2.2ms。排除访问控制模型带来的影响，实际上由框架带来的时延影响低于 1ms。由于人类驾驶员对事件响应的最短时间为 100ms，因此大量文献普遍认为 100ms 是自动驾驶技术响应时延的容忍范围。因此，AC4AV 框架可以在较小、可容忍的代价下，为车载数据提供安全保证。

5.2.5　面向智能汽车的安全协同计算框架

在车联网中车辆间的互动、协同常常被提及，如车辆通过信标消息周期性地告知周边车辆其地理位置和一些转向操作。在自动驾驶的数据感知中，距离较近的车辆，其周围环境也较为类似。因此，考虑到单个车辆的计算能力有限，可以将相邻近的车辆组成一个协同计算的群组，共享对周边环境的处理结果，共享计算能力，避免重复的计算。由于感知数据的结果影响着车辆的决策，进而影响着车辆行驶的安全，因此，安全问题是在协同计算过程中需要考虑的重要问题之一。张庆阳等利用 TEE 设计并实现了一种安全协同计算框架，完善了 OpenVDAP 中关于车-车协同、车-路边单元、车-XEdge 协同的功能。图 5-12 所示为张庆阳等设计的安全协同计算框架架构。

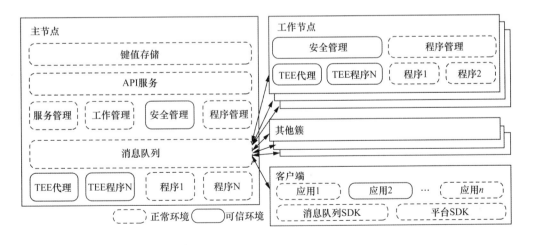

图 5-12
安全协同计算框架架构图

在安全协同计算框架中，包含两种节点，即主节点和工作节点。主节点包括所有功能，而工作节点的功能是主节点功能的子集，主要用来扩展集群计算能力。一个完整功能的主节点包括多个子功能模块。键值存储模块用于存储集群相关信息，API 服务用于集群管理、工作节点管理、客户端请求和外部集群交互等功能。服务管理管理集群内部提供的服务，工作管理负责具体的服务任务，而程序管理则用于管理服务的执行程序。消息队列是集群与其他集群、工作节点以及客户端进行任务数据传输的主要模块。安全管理模块运行于 TEE 中，负责集群安全管理功能，如集群交互过程中 TEE 程序的认证及保护通信数据的安全。为了应对程序开发，安全协同计算框架还提供了一个基础的平台 SDK，主要实现通信层面的功能及服务请求等功能。

在安全协同计算框架中，所有的任务底层都是通过消息队列传输，而网络中一个服务可同时由多个集群上的多个程序提供服务，形成一个多备份的模式。但具体数据是仅传输至一个程序处进行处理，还是传输至所有节点，则需要根据节点订阅方式和服务的类型进行判断。图 5-13 所示为安全协同计算框架中的一个数据链路示意图。左下角节点可通过向框架注册一个服务，成为服务的发布者，向外发布数据。图中共有五个程序订阅了该服务。但需要注意的是，右侧四个程序节点是作为同一组服务接收者提供数据处理功能，即有且仅有一个程序节点会对数据进行响应，并返回处理结果。通常，该群组的内的程序节点数目是通过自动扩容技术随着任务数目进行动态扩容或者缩减的。

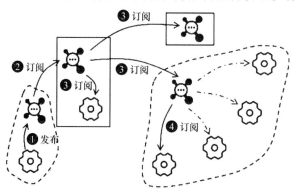

图 5-13
数据链路示意图

以上服务映射到智能车辆中，则可以将发布者认为是车辆集群中的头车，其在车队头部，可以感知前方数据，并将数据发布给后部车辆，如实线方框所代表的车辆。同时，由其中一个车辆将数据传输至路边单元（右侧虚线框）进行再处理，而在路边单元中，为了大量响应类似服务，采用多个相同的程序进行数据的并行处理。

5.3 面向智能家居的边缘计算系统

5.3.1 为什么需要 EdgeOS_H

随着物联网以及家庭局域网的发展，在室内环境里部署价格低廉、构造小巧、功能强大的传感器和芯片不再是问题，越来越多的智能家居产品走进人们的生活。智能摄像头、智能机器人、智能照明控制系统等，都是市场上流行的智能家居设备。家庭的方方面面都能够以一种联网的方式被感知和控制，智能家居的时代已然来临[44,45]。然而，当家庭里配置越来越多的智能家居设备后，如何管理不同设备间的通信、调节不同服务的冲突以及保护数据的隐私安全等成为摆在用户面前亟待解决的问题。庆幸的是，一些企业已经想到这一点，如亚马逊的 Echo、三星的 SmartThings、谷歌的 Home 等，它们作为智能家居的中心，为用户提供交互界面（语音交互或可视化界面），方便用户与连接设备进行交互。微软的 HomeOS 和苹果的 HomeKit 也为智能家居提供框架，方便用户对智能家居设备的控制和沟通。

尽管目前对智能家居及其产品的研究已广泛开展，但与真正的智能家居之间还有一段距离。Edwards 和 Grinter[46]列举存在于智能家居中需要应对的七大挑战，包括意外情况、临时的互操作、系统管理员的缺失、家用技术的采用、社会影响、可靠性以及无处不在的传感和计算的不确定性。当今，这些挑战依旧存在于家居环境中。Mennicken 等通过对工业界的观察来检验近年的研究时提出，当今智能家居存在的三大挑战是有意义的技术、复杂的家庭空间和家庭协作。

本书对于智能家居的理解是：一个自动化且节能的家居环境，使得居住者能够享受更健康、更舒适的生活。为了满足和改善居住者的生活方式，智能家居应该同时具备自我意识、自我管理、自我学习的能力。用户作为这个系统的参与者而不是管理者存在。

自我意识指的是智能家居能够感知居住者的状态和家庭数据。例如，家里现在有多少人？他们各自在什么地方？他们在睡觉吗？这些居住者的状态数据来自室内温度、运动传感器、相机等家庭数据。自我意识是实现自我管理和自我学习的必要条件，目前也有一些研究在这个领域进行[47-52]。

自我管理在整个系统中扮演着重要的角色[53]，在没有居住者介入的情况下，智能家居系统应当有能力安排好家中的一切服务，以及对潜在问题的及时意识和警报。

自我学习指的是根据居住者的个人数据，对家庭环境提供个性化设置，从而让系统调节更贴合用户的偏好和习惯。

对于传统的云计算模型，要实现具备以上能力的智能家居系统，大量的数据传输无疑成为有限的网络带宽的负担。除此之外，考虑到家庭内数据的隐私性，将数据放在网络的边缘处理是一个更优的解决方案。第一，如果数据在家里处理而不是上传到云端，那么网络负载可以减少。考虑到带宽通常是有限的，这对家庭环境很重要。第二，服务响应时间会减少，因为计算过程更接近数据生产者和消费者。第三，当面临外部攻击时，数据会得到更好的保护，因为大多数源数据永远不会离开家。因此，本书提出面向智能家居的边缘计算系统将边缘计算模型引入智能家居系统。

5.3.2　EdgeOS_H 架构

EdgeOS_H 是家居设备与云端、家庭居住者、开发者连接的桥梁，如图 5-14 所示。对于云端来说，它能够代表数据和云端进行数据的交互和计算请求；对居住者而言，它提供与家庭之间的协作；对服务提供商和开发者来说，它可以通过提供统一的编程接口降低开发的复杂性；对家庭来说，它是管理数据、设备和服务的大脑，同时保证数据的安全和隐私。

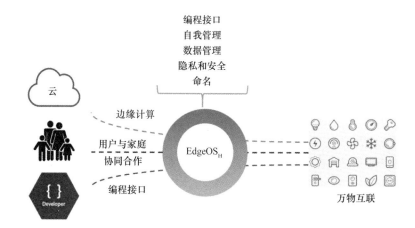

图 5-14
EdgeOS_H 模型

与传统的计算平台（如 PC、智能手机和云计算）相比，智能家居有其独特的方面。首先，对于个人电脑或智能手机而言，操作系统可以很容易地管理所有硬件资源，因为它们受到厂商固定设计的限制。然而家居环境是非常动态的，这意味着家庭操作系统将面对不同制造商提供的不同硬件。动态环境带来沟通和管理上的新的挑战。此外，当前的智能家居应用程序通常是独立的，而不是连接到特定的操作系统。因此，EdgeOS_H 如何管理各种设备和服务的组合仍然是一个巨大的挑战。其次，传统的操作系统通常是面向资源的。在传统的计算平台上（如笔记本电脑和手机设备），操作系统最重要的责任是资源管理。然而，智能家居是一种面向数据的环境，这意味着智能家居中的服务应该直接与设备收集的数据交互，而不是资源。换言之，服务应直接与特定的设备交互。

图 5-15 所示为 EdgeOS_H 的参考逻辑视图，它由四个垂直层组成：通信、数据管理、自管理和编程接口；以及跨四层的两个额外组件：命名、安全和隐私。在通信层中，从多种通信方式（如无线网络、蓝牙、ZigBee 或者蜂窝网络）中收集智能家居设备的数据。不同来源的数据在数据管理层中进行融合和预处理。在这一层，数据抽象模型把数据融合到数据库中，同时数据质量模型检测数据的质量。在数据管理层之上是自管理层，负责设备维护和服务调度以及用户个性化模型的生成。这一层是系统实现"智能"的关键。编程接口层向用户和开发者提供与系统交互的接口，方便用户的管理和外部服务的接入。

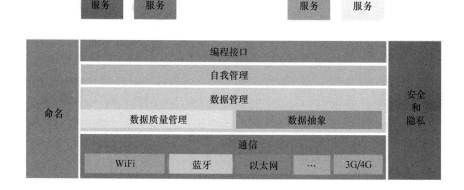

图 5-15
EdgeOS_H 的参考逻辑视图

命名机制的引入有助于系统有效地管理设备和数据。安全和隐私层是智能家庭系统中不可或缺的一部分。

5.3.3　EdgeOS_H 的功能性问题

1．编程接口

在目前大多数智能家居系统中，设备都是独立的。以一个带有运动传感器的灯泡为例，当有运动被探测到时，灯泡就会被打开。而灯泡的状态变化并不会与同一个网络中的其他设备共享。为了实现自管理，家庭环境中的所有设备和传感器都必须由 EdgeOS_H 连接和控制。然而，现有的各种编程接口要求用户和开发人员做大量的工作，用来添加、替换或配置智能设备。开发人员不得不花费大量精力让不同的设备在家庭环境中实现对应的应用程序。当用户需要通过五花八门的应用程序去控制不同类型、厂商的设备时，他们的用户体验将大大降低。

EdgeOS_H 的编程接口允许服务和设备之间的互相通信，由 EdgeOS_H 收集并存储所有设备的数据，编程接口为有需要的服务提供处理后的数据，并可接收从用户而来的请求以对设备执行相应的操作。简言之，用户可以使用统一的接口获取数据并由 EdgeOS_H 发送命令。

2．自管理

服务质量是 EdgeOS_H 亟待解决的关键问题之一。在边缘计算中提出的服务质量的四个基本特征（DEIR）[38]，也应该被集成在智能家居系统中。

为了支持 DEIR 的服务质量要求，自管理层应该考虑五个因素：设备注册、设备维护、设备更换、冲突调解和自优化。这五个因素不仅涉及系统本身，也涉及连接的其他设备和服务。

自管理层的引入使得用户成为智能家居的一部分，而不是扮演一个管理者的角色。这是使智能家居真正智能的关键。

3．数据管理

EdgeOS_H 在数据管理上的挑战来自两个方面：数据质量和数据抽象。

① 数据质量　是 EdgeOS_H 数据管理层的一个重要组成部分。在智能家居中做出的决策是基于准确、完整、实时或接近实时的数据。数据的准确性、完整性和延迟性在智能家居环境中扮演着很重要的角色，为了检测传感器的误差，EdgeOS_H 的数据质量可以通过两个方面来评估：历史模式和参考数据。在智能家居中，根据用户周期性的行为，很容易为数据找到某种特定的模式。为了更好地为家庭应用和设备提供服务，目前的数据挖掘和机器学习算法[54]可以用来训练 EdgeOS_H 的数据质量检测模型。该模型可以从历史数据记录中自动检测异常数据模式，并进一步分析异常模式的原因——用户行为变化、设备故障、通信接口或外部攻击。

② **数据抽象** 意味着将原始数据从家庭设备中抽象出来，并且提供抽象的数据给服务，从而实现在 EdgeOS$_H$ 上运行的服务与设备隔离。数据抽象中也会有一些难题。首先，来自不同设备的数据有不同的格式。出于对安全和隐私的考虑，可以规范数据格式以隐藏原始数据中的敏感信息。例如，可以用 ID、时间、名称和数据定义数据表（如{0000, 12:34:56PM 01/01/2017, kitchen.oven2. temperature3, 78}），这样任何的数据都可以被整合。尽管这样能够保护用户的隐私和数据的安全，但是由于一些数据细节可能被隐藏，数据的可用性会受到影响。其次，有时候数据的抽象程度很难确定。如果过多的原始数据被过滤掉，一些应用程序或服务就无法获得足够的信息。再次，如果想要保留大量的原始数据，那么数据存储又是一大问题。最后，由于传感器的低精度、环境的不确定以及网络的不稳定性，家用设备报告的数据可能会不可靠。在这种情况下，如何从不可靠的数据源中提取有用的信息仍然是智能家居应用程序和系统开发人员面临的挑战。

4. 安全和隐私

尽管智能家居系统在最近几十年里经历快速发展，早期的复杂设备部署已经改进为如今更加友好的系统，但是安全和隐私问题并没有得到很好的重视。一些研究和新闻报道指出，智能家居系统在面对攻击时很脆弱，容易泄露用户的隐私。例如，据 Forbes.com 报道，黑客侵入婴儿监视器并对婴儿大吼大叫；Oluwafemi 等[55]的研究发现通过使紧凑型荧光灯快速闪烁，会导致癫痫病患者癫痫发作；Fernandes 等[56]指出三星 SmartThings 框架的设计漏洞，使门锁和警报系统暴露在外部攻击之下；CNN 财经报道称，智能家居向黑客暴露安全漏洞[57]。与智能手机和 PC 相比，智能家居更难以保护，因为许多设备制造商可能并不具备安全方面的专业知识，无意中使用了未完全补丁或被恶意篡改的系统和协议。通常情况下，如果一个恶意程序感染了计算机，用户可以运行杀毒软件检测恶意软件清除威胁，然而如果相同的事情发生在各种设备协同合作的智能家居中，就绝不是简单地关闭所有设备就能解决的问题了。存在安全漏洞的智能家居对用户的威胁比个人电脑或智能手机造成的影响要严重得多，受害者可能会遭受财产或心理损失，甚至可能会有生命危险。由于用户和设备制造商都不能保证安全，智能家居的操作系统有责任保护潜在的安全和隐私。考虑到电池的寿命、数据存储的大小，以及设备与系统无线连接的多样性，智能家居中的大多数东西都是资源受限的。因此保护隐私的算法应当放在 EdgeOS$_H$ 上运行。

5. 命名

设备越多，命名问题也就越关键[58, 59]。为了在网络上定位设备并通信，服务需要知道特定的网络地址和通信协议。EdgeOS$_H$ 可以为每个设备分配一个易于用户理解和记忆的名称，用于描述以下信息：位置（在哪儿）、角色（谁）、数据描述（什么）（如 kitchen.oven2.temperature3）。它将被用于服务管理、设备诊断和替换。这种命名机制使得系统对设备和数据的管理变得更加容易，同时保护数据隐私和安全。通过这种方式，网络地址（IP 地址或 MAC 地址）将被用于支持各种通信协议，如蓝牙、ZigBee 或 WiFi，同时将网络地址映射到 EdgeOS$_H$ 中便于用户理解的名称，以便管理 EdgeOS$_H$ 中的服务、数据和设备。

5.3.4　面临的问题

除了技术上的挑战，还存在一些开放的非功能性问题，如开放的测试平台、用户体验、系统成本和延迟。本书对这些问题进行讨论，希望开发人员在设计和开发智能家居时能够重视。

1．开放的测试平台

衡量一个智能家居系统或应用程序的性能是一个非常有挑战性的问题[60, 61]。与其他传统的计算系统不同，智能家居的性能很难用可量化的指标来描述，比如准确性、延迟或功耗。此外，正如美国国家科学基金会报告所声称的那样[62]，没有一个专门的设计用来评估智能家居环境的开放式测试平台[63]。本书呼吁开发一些可以与研究社区共享的智能家庭环境的开放测试平台。

2．用户体验

作为一个人类活动频繁的地方，智能家居应该将用户体验视为重要的评估指标。种种故事或笑话说明，一个失败的智能家居系统不但不能让用户享受生活，反而成为他们生活的噩梦[64, 65]。Woo 和 Lim[66]分析 DIY 风格智能家居的用户体验，Adballah 等[67]讨论在 DIY 智能家居中的挑战及可能的解决方案。基于之前的工作和观察，本书认为安装、配置和用户界面是衡量用户体验是否良好的重要部分。当使用者想开灯时，他应该能够只通过一个操作或者一个命令即可实现，而不是"解锁手机—找到应用程序—定位灯—打开"。此外，灯应该迅速开启，没有明显的延迟。

维护是影响系统运行状况的用户体验需求。对智能设备的维护可以防止其服务中断以解决潜在问题。设备故障将导致数据丢失[68]，因此至关重要的是用户可以遵循简洁明了的过程来维护和备份设备。这将有助于提高智能设备的整体性能，提高 EdgeOS$_H$ 的效率，从而提高智能家居的可靠性。

有关用户体验需求的另一方面是，一般用户在启动智能家居之前都会有所顾虑的，即系统的可移植性。人们常常会从一个地方搬到另一个地方居住，因此，智能家居也要能够适应新的环境。考虑到这一点，目前一些家庭安全系统不需要专业的安装，只需要用户激活预先配制好的系统。以同样的方式，EdgeOS$_H$ 也应该允许智能家居系统是便携的。为了给用户良好的体验，系统应该能够以最少的人为干预在新的环境中就能够顺利运行。

3．系统成本

打造一个智能家居同时需要硬件和软件设施，而普通房主可能会觉得这很贵。智能家居的设备越多，房主需要承担的成本就越大。同样的道理，智能家居设备越多，收集的数据就越多，EdgeOS$_H$ 进行自学习和自管理就越快并且越好。智能设备的价格有高有低，通常来说，昂贵的设备提供的数据传输速率比不太昂贵的设备更快。私人的预算往往是有限的，而这种限制可能会推动智能家居的成功实施。这是另一个非功能性需求的例子，它对整个系统有很大的影响。当评估一个智能家居系统时，应该考虑到成本的如下两个方面。

① 安装智能家居的实际成本　根据 HomeAdvisor 的一份报告[69]，安装家庭自动化系统的平均成本是 1869 美元。如果房主聘请专业人士安装，成本会更高。因此，确保智能家居系统安装的总成本在可承受范围内很重要。

② 系统的资源消耗　拥有智能家居的一个原因是要让家庭更节能。因此有必要评估一下智能家居能节省多少水、电、气、网络带宽等资源。

4. 延迟

EdgeOS$_H$ 必须根据收集的数据做出决策并采取行动。利用机器学习算法，数据管理层将作为一个检查点，以确保从不同类型的传感器中捕获数据的正确性。操作系统将能够学习和检测突发的数据异常。该层也能感知数据流中的空白并报告此类事件。在某些情况下，这一差距可能是由于数据传输延迟造成的，导致需要应对数据质量的最后一个特征：延迟。尤其是在智能家居环境中，如果数据没有实时或者接近实时的处理，操作系统就会对整个系统产生大规模的负面影响。例如，实时捕捉正确的外部温度，将确保在正确的时间内设置正确的室内温度。尽管数据质量被归类为非功能性需求，但与之相对应的功能（如设置适当的温度）取决于它。

希望本节提出的 EdgeOS$_H$ 可以用作智能家居系统原型实践的指导，为设计智能家居新技术的各个学科的研究人员和实践者提供有用的信息。

5.4　面向个人计算的边缘计算系统

嵌入式技术的不断发展使得越来越多的智能、联网设备不断涌现，并广泛应用于个人计算服务中[70]。这些设备有很多种，如心冲击[71]、心电[72]、心跳[73]、血压[74]、血氧饱和度[75]、血糖[76]、人体姿态/跌倒[77]等可穿戴式健康监测设备到植入性心脏去颤器、植入性神经刺激器及胶囊内窥镜等植入式智能设备。这些个人计算服务相关设备可以以一种简单联网的方式实现不同复杂程度的个人计算服务，然而，这些设备往往以一种独立功能的状态存在，并仍以用户个人为主体，需要通过用户操作实现对设备的控制。真正的智能，需要统一系统平台实现集中式的智能数据处理，进而是实现自我意识、自我管理、自我学习能力[39]的全自动化控制，而用户个体仅作为其中一个角色实现与设备间的交互。

边缘计算模型完美地适用于个人计算服务应用中，一方面可就近数据源作为统一平台，综合处理所有个人计算相关数据，进而使得真正的"智能"实现成为可能；另一方面可以解决个人计算的实时性等要求。为此,本书提出面向个人计算的边缘计算系统(edge operating system for personal computing, EdgeOS_P),如图 5-16 所示,通过这样一个系统平台将个人计算相关设备有效地结合起来,实现真实的多样化、全方位、高智能化的"个人计算"服务。

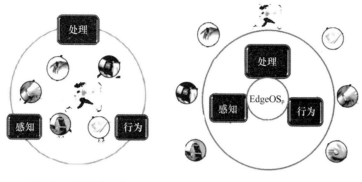

(a) 单一个人计算平台　　　　(b) 基于 EdgeOS_P 的个人计算平台

图 5-16
单一个人计算平台和基于 EdgeOS_P 的个人计算平台

5.4.1　EdgeOS_P 整体架构

在个人计算服务中,各种智能传感器和智能设备均可感知数据,同时这些感知到的用户数据也需要在个人所在区域范围内被实时地处理与分析,以服务于用户个人。根据"计算应该发生在数据源附近"这一观点[38],本书认为边缘计算模式很适用于个人计算服务的实现,是个人计算服务实现的典型应用。为了将边缘计算模型应用到个人计算服务中,本书提出面向个人计算的边缘计算系统平台:EdgeOS_P。EdgeOS_P 是一个为万物互联打造的面向个人计算的边缘计算系统平台,如图 5-17 所示。

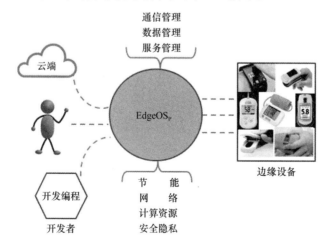

图 5-17
EdgeOS_P 的总体结构

EdgeOS_P 是实现个人周边智能设备与云端、用户个人、开发者连接的桥梁。对于云端来说,EdgeOS_P 能够实现与云端数据的交互和计算服务请求;对个人来说,它提供个人与智能设备间的协作;对服务提供商和开发者来说,它可以通过提供编程接口进行个人计算服务的开发与设计。总的来说,它是管理数据、设备和服务的大型平台。然而,保证系统平台的低功耗、平台网络连接的可靠性、充足的计算资源及安全隐私是 EdgeOS_P

设计与实现所需关注的四大关键性问题，是 EdgeOS$_P$ 甚至是边缘计算模型得以普及的必要前提。

面向个人计算的服务采用基于边缘计算的架构，具有诸多的优势。首先，如果数据在用户个人周边实现处理而不是上传到云端，可大大减少网络的负载。考虑到带宽有限的问题，这点对实时健康监控及管理尤为重要。其次，直接在用户个人周边实现处理，也就实现就近数据源进行处理，整个计算过程的响应时间会减少，同时减少由数据传输所导致的不可靠性问题，进而可实现近实时性以及可靠的健康反馈，对紧急状况的救助具有重要的意义。再次，在就近数据源进行处理，可避免通过网络传输健康敏感数据，进而可减少健康敏感数据的泄露，且数据会得到更好的保护。然而，与传统的计算平台，如 PC 与云计算平台相比，面向个人计算的边缘计算系统平台 EdgeOS$_P$ 有其独特的方面：首先，针对传统的计算平台，操作系统很容易管理所有硬件资源。针对 EdgeOS$_P$，一方面，面向个人计算的服务并不是固定不变的，可根据用户个人需要添加不同服务设备，相应的 EdgeOS$_P$ 将需要动态地管理不同的硬件。另一方面，面向个人计算的服务设备总是移动的，往往从一个地方移动到另外一个地方，相应的 EdgeOS$_P$ 也需要动态地管理这些硬件，这些均给该平台在管理上带来巨大的挑战。同时，这些不同的服务往往是独立的应用程序，EdgeOS$_P$ 如何管理并实现各种服务与设备的统一，也是将面临的巨大挑战。其次，传统的计算机平台往往是面向任务的资源管理方式，通过实时处理任务实现数据的处理。面向个人计算的服务是一种面向不同数据及服务的应用，这就需要 EdgeOS$_P$ 直接与设备进行连接，实现数据的交互。

根据 EdgeOS$_P$ 的独特性功能需求，EdgeOS$_P$ 系统平台可被划分为四个部分，如图 5-18 所示，包括通信管理中心、事件管理中心、数据管理中心以及服务管理中心。

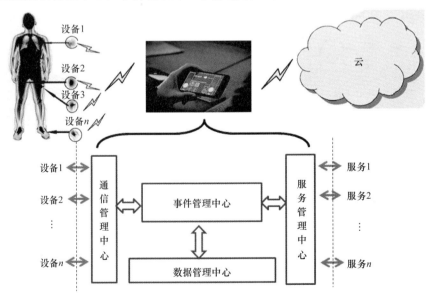

图 5-18
EdgeOS$_P$ 系统结构

① 通信管理中心　是实现一个或多个外部节点与 EdgeOS$_P$ 联网的前提条件，主要负责前端的网络配置及管理。具体地，在实际边缘计算场景中，往往需要从不同通信方

式的移动设备或智能终端中收集数据，这时就需要通信管理中心提供相应通信方式的支持与管理。当前，面向个人计算服务的设备采用的通信方式多种多样，因此，提出的 EdgeOS$_P$ 通信管理中心往往集成有 WiFi、蓝牙、ZigBee、以太网、3G/4G/5G 等通信方式的相关协议，相关传感器节点通过通信管理中心实现节点的注册、初始化等网络配置，进而建立安全通信。

② 事件管理中心 作为整个系统的中心部件，负责完成 EdgeOS$_P$ 其他三大管理中心的所有事件的管理工作，包括请求事件、异常事件以及事件相关指令的管理与分发等，进而可实现对数据、服务、网络等的实时监测。也就是说，事件管理中心一方面可响应三大管理中心的所有请求服务并根据事件请求优先级顺序进行管理与相关指令的分发；另一方面针对数据、服务、网络等所产生的异常事件进行管理，进一步优化系统平台服务的质量。

③ 数据管理中心 负责所有相关数据的管理工作。不同来源的数据，包括同构数据、异构数据，均需在数据管理层中进行相关数据操作，比如数据预处理（对接收的数据进行相应的预处理，包括数据压缩、数据优先级设定等）、数据质量检测（管理数据的完整性、安全性的检测）、数据集成与数据融合（异构数据/不同文件格式数据集成统一格式，将数据融合到相关数据库等）、数据缓存（如内容感知调度方式实现的分布式数据缓存）等。

④ 服务管理中心 主要实现针对服务相关的管理工作，如服务注册与释放、服务/任务分发、服务迁移等功能。

5.4.2 EdgeOS$_P$ 的软件结构

EdgeOS$_P$ 系统可根据个人计算服务需求加载相关不同类型及数量的智能传感器节点，并针对采集的异构数据进行集成、融合、检索处理等管理，实现真正的智能个人计算。本小节以典型的个人健康管理为例，详细叙述 EdgeOS$_P$ 系统的软件功能结构，如图 5-19 所示。

1. 通信管理中心

通常，为了实现个人计算数据的采集，需要将服务相关设备集成到 EdgeOS$_P$ 系统平台中，这里需要将运动传感器、ECG、胶囊摄像头及温度传感器加载到 EdgeOS$_P$ 系统上，这时，需要通过通信管理中心实现对设备节点的访问。通信管理中心集成多种通信方式的通信接口，通过相关设备的驱动程序可实现对设备的访问与连接。通信管理中心通过发送的注册请求响应不同传感器节点，对请求节点进行注册、初始化，进而建立安全的通信连接等管理工作。一旦建立网络连接，通信管理中心可通过这些连接的传感器节点采集其原始数据或预处理后的数据。通信管理中心位于边缘设备节点与事件管理中心之间，它除了封装不同的通信方式以适应不同接口的设备外，还可以发送事件请求信号给上层组件，发送的事件请求可以是设备注册、绑定、管理请求与信息、数据发送、处理请求与数据，甚至是设备绑定相关的异常请求事件。此外，通信管理中心还针对边缘设备节点进行监督管理，当设备发生任何异常时，可通过事件形式上报上层组件进行处理。

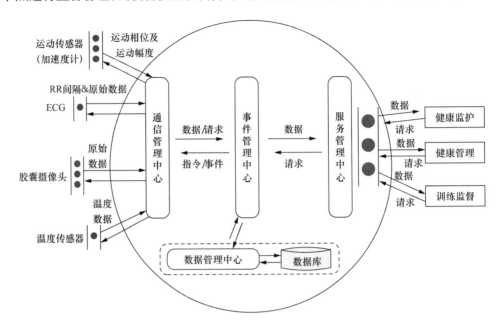

图 5-19
EdgeOSₚ 的软件流

2．事件管理中心

事件管理中心是 EdgeOSₚ 系统平台的核心，负责管理通信管理中心、数据管理中心以及服务管理中心三大管理中心的所有事件请求与管理工作。事件管理中心负责捕获的数据管理中心事件包括数据异常事件、数据质量事件等，进而生成智能的事件处理指令，以控制通信管理中心的数据采集或设备检测工作。同时，它将负责采集服务管理层的服务请求信息，并将这些服务请求发送给通信管理中心，进而建立底层边缘节点与服务的连接。此外，事件管理中心还负责捕获通信管理中心请求事件，并针对相关事件进行事件响应处理。反过来，它负责采集通信管理中心发送的数据，并把这些采集的底层数据发送到上层的数据管理中心及服务管理中心进行进一步处理及应用。事件管理中心对系统的正常运行起关键性作用。以运动传感器节点设备的可靠性监测为例，事件管理中心需要对该设备的可靠性相关事件进行监控，包括监控设备的健康状况，并及时处理异常事件。具体的可通过链接检查和状态检查两种途径实现监测。链接检查，即运动传感器节点设备向事件管理中心定时发送链接标志。这个固定的链接标志保证系统能监测到该设备。如果在一段时间内事件管理中心接收不到该设备的链接标志，则预示着产生异常事件，事件管理中心将报告给用户个人以提醒用户是否发生网络故障、电路故障或是运动传感器节点设备本身发生故障。事件管理中心对正在连接的运动传感器节点设备进行进一步的状态检查，以判断设备是否处于正常工作状态。事件管理中心实现的相关事件管理，其关键点在于事件记录、事件状态定义、事件级别定义以及事件诊断处理等。具体如下。

① **事件记录**　事件记录会记录详细的事件相关信息，包括事件发生的时间、事件相

关的服务、基本的诊断数据以及信息等。这样，一旦检测到异常事件，即可迅速地实现事件跟踪。可通过事件监测工具自动生成事件记录。为了避免对同一事件的重复记录，在记录某事件之前，需要通过检查，确定是否存在重复记录。一般地，事件重复出现的概率较大，根据事件记录判断出某个事件发生重复时，只需根据历史处理措施进行处理即可。比如，针对某用户的 EdgeOS$_P$ 平台系统，监测人体体温的数据集中在 $36.1 \sim 37 ℃$ 范围内，而某天某个时间段所接收到的体温数据突然超出该范围，数据管理中心会监测到异常事件并上报异常事件请求，事件管理中心会将该数据的异常事件，通过事件监测工具自动生成事件记录，该记录将记载该异常数据发生的时间以及与体温相关的服务等信息，同时会诊断事件发生的原因，相应的诊断数据及信息会及时更新到数据记录中。

② 事件状态 事件状态反映事件在整个生命周期的当前状态。通过事件状态的定义，可便于系统平台辨别事件的状态及含义。针对事件状态可定义以下几种：新建、已接收、事件激活状态、事件已暂停、事件已解决等事件状态。

③ 事件级别定义 事件级别决定不同事件同时发生时的处理顺序。比如，两个事件可能同时发生，也可能是在执行一个事件处理的同时，发生另外一个事件的情况，对于此，需要确定事件的优先级，以确保对事件的及时处理。针对事件的级别，也即是处理事件或异常的先后顺序，可通过影响度和紧急度两个参数确定：事件级别=影响度×紧急度。这里，影响度是指事件偏离正常服务的级别程度，可用所影响的用户或服务数量度量。紧急度是指对所影响的用户或服务来说，所能接受的解决故障的时间。

④ 事件诊断处理 事件诊断处理的目标是快速解决问题，恢复系统服务的正常运行。一般地，事件诊断处理会根据事件记录对事件或异常进行初步的诊断，并通过相应的解决方案进行快速恢复。针对新出现的事件或无法解决的事件，可将事件加入紧急事件处理列表，通过该方式跟踪事件发生的根本原因，并彻底解决。

3. 数据管理中心

数据库是数据管理中心的主要组件，作为一个面向数据的系统，EdgeOS$_P$ 系统平台平均每天都会产生大量个人计算相关的同构、异构数据。数据管理中心会将这些同构或异构数据存储到数据库中，同样地也包括不同类型文件格式数据的存储。在实现数据存储之前，数据库中的管理单元会根据数据类型及文件格式等相关信息对数据进行预处理、数据的集成等操作，进而能够将不同类型或格式的数据统一为都能识别的数据格式，针对这些数据再进行相应的采用不同的解析和融合方式实现数据的缓存。同时，数据管理中心还将对这些同构、异构数据进行检索处理与分析，一方面实现对数据质量的有效把握，另一方面，能够及时发现异常数据，以异常事件形式发送请求到事件管理中心进行异常处理。以数据集成及数据质量为例，其具体实现如下。

① 数据集成 数据集成是 EdgeOS$_P$ 数据管理层一个重要的组成部分。EdgeOS$_P$ 系统平台支持多种个人计算服务，针对服务形式丰富的个人计算的边缘计算平台，不同的服务所需要的边缘设备千差万别。同时，不同边缘设备所提供的数据汇集到 EdgeOS$_P$ 平台就成了异构数据，异构数据在语法和语义上往往存在多种冲突，比如，命名冲突、格式

冲突等，这时需要针对异构数据进行相应的处理与转换，才可实现数据的最终共享。在个人计算服务中，针对人体健康监测与管理的不同边缘设备所采集的数据定义格式相差甚远，比如，针对人体运动传感器所采集的运动幅度数据，是用连续的但被放大 100 倍的数据表示实时的人体运动幅度数据。然而，温度传感器连接到个人计算服务采集人体体温，该节点可每隔几小时将一段时间的温度平均值的单一数据发送到个人计算平台中，该数据可能是真实的数据。相应的两个应用的数据格式可能存在差异性。再比如，ECG 需要上传的数据不仅包括 RR 间隔，还需要将原始数据上传，数据格式与上述两种数据格式也有差异。这时，需要将这些异构数据进行处理，才可以实现异构数据的共享。同样的，数据的文件格式也存在不同的问题。

针对上述这些问题，可采用数据集成手段实现对各种异构数据提供统一标识、存储和管理。集成后的异构数据对系统及服务来说是统一的、无差异的，可切实实现数据共享。数据集成具有智能性、开放性等特点。首先，针对不同数据源的结构化、半结构化、非结构化等异构数据可进行统一处理、时序同步、抽象、合并等工作，体现数据集成的智能性。再者，对于异构数据源，必须提出开放性的数据集成手段，解决信息表示与结构上的不匹配问题。可以采用设备 ID、时间……数据的形式定义统一的数据模型（如 {0000, 09:19:56PM 09/28/2017,…,85}），这样任何数据都可以被整合。根据需要装入相关异构数据并转换为定义的数据模型，这样就可方便实现数据的共享。

② 数据质量　数据质量对 EdgeOS$_P$ 系统平台的可靠性影响很大。边缘设备通过提供密集型数据给服务端，服务端实时处理这些数据以实现相应的用户个人计算服务。也就是说，用户个人服务的实现是基于这些实时、准确、可靠的数据。因此，数据的实时性、准确性及完整性对整个服务的实现起着决定性的作用。数据的实时性、准确性及完整性可以用数据质量来体现。为了保证高质量的数据被采集，可通过数据对比的方法实现。具体地，可以很容易发现，针对个人计算的服务，特定的服务往往体现出周期性的特点，比如，人体走路姿态，体现在运动传感器采集数据上，最明显的是周期性的数据，因此，通过数据分析很容易找到该数据的数据模型。可以在前期分析不同服务相关的数据过程中，通过现有的数据挖掘及机器学习等相关算法训练出 EdgeOS$_P$ 系统平台不同服务的数据质量检测模型集。通过数据质量检测模型集判断相关服务数据的实时性、准确性及完整性，从而实现对异常数据的自动检测，以减少由各种异常所引发的数据质量问题，进而提高提供个人计算服务的准确性及可靠性。

4. 服务管理中心

服务管理中心主要用于管理服务的注册、分发、迁移等功能，这里的服务也可以以第三方服务形式进行添加。一方面，开发人员可通过 EdgeOS$_P$ 的 APIs 实现在服务管理中心的服务注册。此时，服务管理中心将产生注册事件发送给事件管理中心，便于事件管理中心绑定相应边缘设备节点、数据。另一方面，服务管理中心对注册过的服务进行管理，比如，发送请求事件到事件管理中心请求相关数据等功能操作。

5.4.3 EdgeOS$_P$ 的典型应用实例

边缘设备围绕在每个人身边，包括智能体温计、智能血压计、身体活动运动健康设备、人体跌倒检测设备以及老年人生命体征家庭监控等相关智能设备，这些边缘设备可以是固定位置的，也可以是移动的。不管设备固定与否，针对用户个人计算的 EdgeOS$_P$ 系统平台总是移动的。当用户个人在室内、室外等场所之间移动时，EdgeOS$_P$ 系统平台将跟随用户个人进入相应区域，并根据需要接入所需服务设备。广泛的智能设备及用户服务需求，使得 EdgeOS$_P$ 系统平台的应用非常广泛。下面通过两个案例展望一下 EdgeOS$_P$ 系统平台的应用前景。

1. 基于边缘计算的个人健康监护与管理系统

目前，市场上存在大量的针对人体心跳、血压、人体跌倒检测等监控设备，这些设备广泛应用于人体健康监测。传统的人体健康监测设备往往被单一的购置，用于监测人体某一健康状况的实现，这样的健康监测设备可以是基于单个传感器，也可以是基于多个传感器。针对多个传感器组成的设备，目前有很多研究团队对其进行研究，然而，这些多个传感器并未实现很好的联合监测。一般地，多个传感器采集的数据都直接存储在 SDCard 中，再通过分别读取及分析数据，进而实现人体健康的监测，上述这种方法仍停留在研究阶段。目前，仍没有很好的手段实现多传感器的联合监测。为此，通过融合边缘计算模型与人体健康监测技术，构建基于边缘计算的新型个人健康监护与管理的服务平台，以实现全面的人体健康监护数据的监控。一方面，构建的新型的服务平台可作为一个数据采集中心，将不同人体健康监测设备的数据集中采集到设备中；另一方面，构建的新型服务平台处理能力更强。在这样计算资源丰富的平台上可综合分析不同人体健康监测数据，进而实现人体健康的实时、准确、可靠的监控与管理。

根据上述分析，不管是单一传感器还是复杂多传感器实现的人体健康监测，大多集中于用户个人佩戴相关设备后提供单一的健康监测结果。只是对人体健康实现监测，而不是智能地对人体健康实现监护与管理。针对于此，本书提出的 EdgeOS$_P$ 系统平台结合现有的人体健康监测设备，可实现具有边缘计算能力的新型的边缘计算个人健康监护与管理平台。该平台可被实现为一个针对用户个人的便携式的移动个人服务器形态，也可以在智能手机、PDA 等智能数字设备上实现。用户个人携带这样一个设备，根据其健康服务需求，该设备可智能接入不同的人体健康监测设备，并读取不同设备的异构数据进行分析。一方面，将读取数据与历史数据模型进行识别，判断人体健康是否发生异常；另一方面，当监测到人体发生异常时，可联合其他健康数据实现进一步判断。最后，通过人体健康异常报告，及时有效地向用户个人发送异常信息。

2. 面向个人的智能康复监控系统

对肢体残障人士行为监控与校正是使其身体得到恢复的主要手段。康复是一个比较长的过程，尤其是针对慢性病及骨骼肌肉的康复，这需要大量的人力、物力及资金的投入。现有的医疗康复器械往往需要到指定康复中心进行康复，这就给患者带来各种经济及家庭问题。为此，智能康复监控将解决上述问题。目前，针对大多数的人体智能康复系统的研究或应用往往采用设备进行单一手段的人体运动跟踪，比如，基于惯性传感器的跟踪[78]、基于磁传感器的跟踪[79]及基于视觉的跟踪[80]等。然而，这些远不能实现个人康复服务的需求。一个全面的智能康复监护，不仅需要运动的跟踪，还需要结合人体的心率、运动幅度及人体基本身体状况及功能评估等相关信息，给出用户个人运动力度，运动持续时间等主/被动训练的解决方案。采用传统的云计算模型实现面向个人的智能康复监控，远不能满足用户个人智能康复监控的实时性、安全性的需求。边缘计算模型是组建面向个人的智能康复监控系统的最优选择。在针对用户个人的移动个人服务器，甚至是在智能手机或 PDA 等智能设备上，可嵌入边缘计算模型 EdgeOS$_P$ 系统平台。利用该平台，用户智能康复相关设备可以很容易地连接进来，并在近数据源端对用户的康复度、灵活度及功能性进行评估，同时制定一套针对用户的精确的运动康复方案。在 EdgeOS$_P$ 系统平台上对采集的数据实现本地处理，相比采用云计算模型，大大降低了数据传输的带宽。同时，EdgeOS$_P$ 系统平台能够为用户提供更好的资源管理和分配。

5.4.4　面临的问题

本节给出 EdgeOS$_P$ 系统平台的简单结构设计，并提出保证系统平台的低功耗、平台网络连接的可靠性、充足的计算资源及安全隐私是 EdgeOS$_P$ 的设计与实现所需关注的四大关键性问题，是 EdgeOS$_P$ 甚至是边缘计算模型得以普及的必要前提。这里讨论这些问题，希望有兴趣的相关人员提出建设性的解决方案，共同促进 EdgeOS$_P$ 系统平台的构建，实现智能化的面向个人计算的服务平台。

1．能耗问题

作为用户便携式的平台，能耗问题是该系统平台重要的评估指标。便携设备往往用电池供电，如果功耗过高，就存在频繁充电问题，这不但不能让用户真正体验用户个人服务，反而增加用户的个人负担。待机时间是功耗衡量的直接显示，作为用户使用者，希望该系统平台使用的时间越长越好。

针对平台的能耗问题可以从软、硬件两个角度着手[81, 82]。如果平台是基于新研发平台实现，在平台设计之前，从硬件角度着手，在满足功能需求前提下，尽量选择低功耗器件；从软件角度考虑，系统的整体结构对功耗影响很大，合理的结构设计可整体降低系统能耗。此外，还可以考虑数据处理、控制协议等手段实现节能。能耗问题是一个普遍性的问题，如何实现一个低功耗且适用于用户个人的便携式的系统平台，是研究者面临一个首要问题，也是 EdgeOS$_P$ 系统平台能够真正应用到用户个人服务的前提，更是 EdgeOS$_P$ 系统平台面临的一个巨大挑战。

2．网络可靠性问题

EdgeOS$_P$ 系统平台的应用场景很多，其中最重要、最普遍的一个应用就是针对人体健康监护与管理服务。EdgeOS$_P$ 系统平台作为中心，就近从边缘终端设备读取数据，并可远程响应云计算中心的访问及服务请求。不管是针对下行还是上行数据传输，网络的可靠性将影响 EdgeOS$_P$ 系统平台的实现。因此，EdgeOS$_P$ 系统平台的设计实现面临的另一挑战就是网络可靠性问题。

3. 计算资源问题

EdgeOS$_P$ 是一种面向不同数据及服务的应用平台，EdgeOS$_P$ 平台不仅要响应服务，还要绑定到相关边缘设备节点及其相关数据上，即要协调四个管理中心的工作。随着服务、设备及数据的不断递增，需求的计算资源就不断增大，然而，为了实现便携式，构建的移动个人服务器的计算资源远远少于云计算中心，这就给 EdgeOS$_P$ 设计带来挑战性的问题。

4. 安全隐私问题

数据安全和隐私保护是个人边缘计算平台涉及安全的两个重要方面。一方面，要保证数据的安全存储与传输，即数据安全；另一方面，还要保证数据仅能被授权的用户访问和使用，这就是隐私保护。为了解决安全隐私问题，在这里，探讨一下针对个人边缘计算平台的安全需求，希望据此给出安全隐私问题研究的具体方案。具体的安全需求如下。

① 机密性　从边缘设备端到 EdgeOS$_P$ 再到云端，整个网络中传输、处理及存储的数据都是关于用户个人较为敏感的个人信息，这些数据的敏感性要求必须对数据进行保护，保证数据的安全。为此，一方面可在通信中采用加密方式确保数据机密性，另一方面还可以根据敏感性需求对数据进行加密处理。

② 完整性　个人边缘计算应用，尤其针对人体健康监护与管理的应用，设计的数据往往是病人的相关数据，如果数据是非原始数据，或数据是错误数据，将导致严重的后果。因此，数据的完整性对系统至关重要。可以通过数据的传输过程及数据纠错两个角度出发，确保数据的完整性。

③ 认证　用户个人数据只能被认证的节点或用户进行操作，这对个人边缘计算平台非常关键。一方面，未认证的用户访问可能导致隐私泄露；另一方面，非法冒充用户错误的数据或指令可能对用户个人予以错误的指引，进而导致严重的后果。

在 EdgeOS$_P$ 结构设计中，每个环节都需要加入安全隐私考虑，这个安全隐私的实现是一个开放性问题。因此，整个系统平台能够进行安全隐私保护的太多，比如，各种隐私数据、各种设备信息等。针对不同的数据或信息可采用不同的隐私保护手段。

此外，延迟问题和可扩展性问题也是个人边缘计算平台所要着重考虑的两个问题。

① 延迟问题　对于实时性的 EdgeOS$_P$ 系统来说，系统平台在准确时间进行数据处理与分析，并提供正确的行为决策是必需的，以确保从不同类型的服务得到准确的响应。尤其针对个人计算平台服务中人体健康监测，如果数据没有实时或者接近实时的处理，一方面，系统将不能准确检测出人体健康异常；另一方面，操作系统也将会对整个系统产生大规模的负面影响。因此，在系统平台设计与开发时，需要着重考虑延迟问题。

② 可扩展性问题　提出的 EdgeOS$_P$ 系统所支持的用户个人计算服务并不局限于本

节所提出的有限应用中，还可以针对更多应用场景设计相关的应用。例如，在开车过程中，可以通过连接汽车内设备实现相关的个人计算服务。随着技术的不断发展及用户个人计算服务需求的不断增加，更多的针对用户个人的新型智能设备不断被研制，这些新型的智能设备也可通过 EdgeOS$_P$ 系统进行添加及注册，实现更丰富的个人计算服务。以上技术的实现涉及 EdgeOS$_P$ 系统的可扩展性。通过可扩展性的设计，系统可根据用户个人计算服务需求，自动/手动添加到 EdgeOS$_P$ 系统中。再者，用户个人计算服务平台 EdgeOS$_P$ 是便携式设备，用户个人的移动性，引发 EdgeOS$_P$ 系统的可移动性，相应的边缘设备就会处于不断添加、删除、切换状态，良好的可扩展性为不同外围边缘设备的不断添加与注册提供良好的支持。

本节针对用户个人计算的边缘计算平台进行结构化分析与设计，并给出该平台所支持的两个应用场景：边缘计算个人健康监护与管理和面向个人的智能康复监控系统。在最后针对 EdgeOS$_P$ 系统实现所面临的挑战与机遇进行探讨，希望通过探讨，引发相关技术领域人员的关注及研究。

5.5 面向协同处理的边缘计算系统

随着技术的发展，电子设备的升级换代，越来越多的设备具备计算能力，进而可以提供类似众包计算的服务，如 Zhang 等[37]提出一种利用边缘设备对摄像头进行分析并追踪车辆的系统 A3，Song 等[83]提出一种使用用户手机进行数据共享和缓存的方案。无一例外，他们都因为各种各样的原因，需要参与的设备相互合作，以提供较好的服务质量。随着自动驾驶的到来，虽然增加计算能力可以较好地解决自动驾驶的计算瓶颈，但从另一方面，车联网的引入也可以提供一种解决途径。因为自动驾驶通常需要较广的感知能力和计算能力，仅依靠单传感器和单计算设备，往往无法很好地解决实时性问题。因此可考虑在车间形成一个网络，以进行数据的交换和计算。当周边存在多辆车时，会出现对某一事件的重复判断，因此，车联网可以用于进行事件的交换，以减少单车辆节点的计算代价。同时，各车辆可以为其他车辆提供高精度地图等服务，将缓存的最新地图数据扩散至周边车辆，以减少对基站的负担和云端服务提供商的负担。

这样一种协同平台，都直接或间接地可以提升生活水平，如 Wang 等[84]使用无人机协同平台进行体育赛事的转播，其视频有效覆盖率可以达到97%，可以较好地捕捉到所有精彩的镜头。然而，基于云计算的方案并不能很好地解决上述应用场景的问题，其主要原因可以归结为以下两点。

① 数据量　正如前文所述，随着万物互联时代的到来，接入网络中的设备及其产生的数据也会随之爆炸性增长。将如此多的数据量上传到云端进行分析存储，将会占用极大的数据带宽。如 A3 中，在不考虑网络上行带宽限制的情况下，将所有的视频上传至云端进行分析，每一个高清摄像头所占用的上行带宽将达到 4～20Mb/s。当城市中多个

摄像头同时上传数据时，必然会导致网络的拥塞。

②　时延　一些时延敏感型应用需要在一定的时延内获得数据的处理结果。例如，在自动驾驶和无人机协同平台中，若其无法很好地在特定的时间内感知到周边障碍物、车辆和无人机，将不可避免地发生碰撞，该现象在自动驾驶技术中更为突出。

边缘计算可以较好地解决以上问题，其将数据在网络边缘进行处理，避免数据的上传和较大的传输时延。因此在前述应用场景下的协同平台，均采用边缘计算的模型。如A3 中，考虑边缘节点间的合作，在边缘端将视频数据进行分析消化，避免上传到云端。Song 等[83]更是抛弃云端，直接考虑边缘节点间的数据共享问题。在车联网的模型中，云端也仅仅是作为管理者，但数据传输可能并不完全通过云端服务器。在 Wang 等[84]的无人机场景中，为了提高覆盖率和视频质量，更是在场地周边部署边缘服务器，进行低时延的无人机调度和中继无人机派遣以提高视频质量问题。

5.5.1　协同平台背景模型

如图 5-20 所示，是协同平台系统结构示意图。根据协同平台的不同，可以分别采用集中式协同平台和分布式协同平台。但不管是集中式协同平台还是分布式协同平台，其节点中可能包含的模块都可以分为图 5-20 中所示的六种模块：数据感知模块、数据处理模块、数据管理模块、数据调度模块、服务调度模块和质量评估模块。

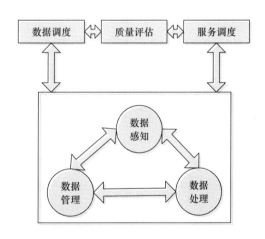

图 5-20
协同平台系统结构示意图

①　数据感知模块　数据感知模块主要用于节点对外界的感知，如无人机的摄像头、节点内部数据的感知、系统各设备的运行状态。

②　数据处理模块　数据处理模块主要用于对数据进行处理分析，以提供一定的分析结果，如无人机会对 GPS 定位数据进行实时监控，并比对禁飞区域的数据，以防止飞入禁飞区域。

③　数据管理模块　数据管理模块主要是对数据以及数据处理的结果进行管理和存储，并提供接口给其他模块以访问数据。

④　数据调度模块　数据调度模块是用于将协同平台内的某个数据引导至其他节点

进行计算的模块。该功能的实现并不代表数据需要传输至中心节点，可以通过节点内部的网络直接在节点间进行传递，中心节点只负责数据位置的管理。

⑤ 服务调度模块　由于各种各样的原因,某节点的数据量可能剧增或计算需求剧增,导致该节点无法在一定的时延需求下完成，因此，中心节点可以通过服务调度模块，引导空闲节点协助该节点进行计算，可以使用预先部署的方案，也可以使用动态的，基于VM 的或者基于 Docker 的调度方案。

⑥ 质量评估模块　质量评估模块主要用于监控和评估整个网络中节点的状态,如节点的空闲和忙碌状态，以更好地对服务进行调度，使得整个协同平台可以较好地完成共同的目标。

根据节点功能的不同，可以形成不同的协同平台。需要注意的是，本书并不排斥云计算的存在，相反，认为云的存在可以一定程度上提升整个平台的可靠性。但是和云计算的一个重要的区分是,边缘端可以协同地进行数据的迁移,云计算不再是计算的主力,或者说不再是完全的计算主力。基于图 5-21 的结构，将在后续章节介绍两种架构的协同平台，一种是集中式协同平台，另一种是分布式协同平台。实际上，也可以存在混合式协同平台，如同 A3 中，其使用两层的协同平台：一层是云-边缘合作的分布式协同平台，一层是本地边缘合作的集中式协同平台。

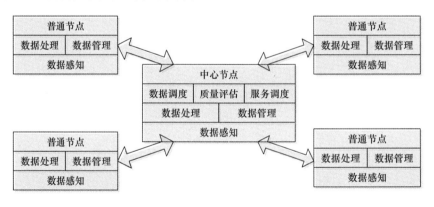

图 5-21
集中式协同平台

1. 集中式协同平台

与传统分布式计算一样，协同平台也可以是集中式的，其存在一个中心节点，进行网络的管理。这里，中心节点意味着其管理的地位，而不代表其具体位置，可以将该节点放置于协同平台本地网络中，以提供一个更好的网络通信和传输时延，形成一个无云计算的协同平台；也可以将中心节点放置于云端，以提供一个更加可靠的中心节点，形成云—边缘合作的协同平台。如图 5-21 所示，在集中式的协同平台中，普通节点仅仅包含数据感知、数据管理和数据处理三个模块，以进行数据相关的服务。监控和调度相关的服务，可以通过中心节点进行。因此，中心节点具有全部的六个模块。

本书提出集中式的方案，是因为集中式的方案在调度上，存在一个中心节点，可以有一个全局的节点的状态，从而可以选择最优的方案调度整个网络中的数据和服务。如Wang 等将无人机的调度问题放置在一个中心控制器（controller）上进行，由其定期地对无人机的位置进行协调。

2．分布式协同平台

虽然集中式的协同平台，从系统整个服务质量层面来说，可以提供一个最优的服务质量。但是不可避免地，集中式的方案会具有单点失效的问题，同时其对网络的要求较高。其将中心节点从云端放置于协同平台本地网络中，虽然降低了时延等，或将中心节点放置云端，提供一个高可用的中心节点，但是这两种方案均要求所有的节点均可以和中心节点通信，而这一条件在有线网络情况下较好实现，但是在无线网络情况下，并不是时时刻刻都可以得到保证。因此，前述提出的协同平台，也可以适用于分布式的协同平台。

在分布式协同平台中，所有的节点均含有全部的六个模块。在这里，所有的数据调度和服务调度都需要通过分布式的算法来进行协商完成。同样地，也不区分协同平台中节点的位置，当协同平台中的节点存在于云端时，可以形成云–边缘合作的协同平台。

5.5.2　协同平台的典型应用举例

1．基于边缘计算的无人机体育赛事直播方案

无人机由于其灵活性可以很好地从高空对单个目标进行追踪，从而可以用于体育赛事的直播。然而，由于其使用无线通信，存在一定的通信半径，且通信质量会随着距离的增加而降低，从而无法提供高质量的视频资料。在一场体育比赛中，同时上场人数可能较多，一台无人机不能很好地实时追踪目标，故需要多台无人机同时追踪。在一场体育赛事的直播中，主要考量两个指标，一个是覆盖率，另一个是视频质量。前者表示，是否所有的关键镜头都可以捕获，而后者主要是指视频的清晰度和稳定度，因此，需要一个无人机的协同平台完成体育赛事直播任务。

Wang 等[84]提出一种基于边缘计算的无人机体育赛事直播方案。如图 5-22 所示，Wang 等采用一种集中式的方案，将位于体育场四周的某台服务器作为控制器，控制所有的无人机位置，以及当无人机视频质量因带宽不足而下降时，主动派出中继无人机节点，以增强视频质量。Wang 等通过真实数据推导出无人机数据带宽和距离的关系，并最终在网络模拟器 NS3 上完成方案的模拟。通过使用一组公开的足球赛运动员和足球定位信息作为仿真数据，证明其提出的这样一种协同平台可以较好地完成直播任务，具有较高的覆盖率以及较好的视频质量。

这里研究人员使用集中式的方式构建协同平台，主要是因为运动员以及足球的定位可以较为方便地统一至某个中心节点，而无人机网络由于中继节点的加入，也可以保证所有的无人机节点均可以与中心节点进行通信。

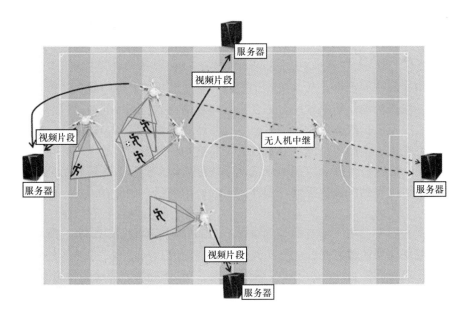

图 5-22
无人机体育赛事
直播系统结构图

2. 安珀警报助手

Zhang 等[37]提出使用一种将现有摄像头和边缘计算技术结合，以增强安珀警报的应用——A3。A3 将城市中的摄像头捕获的视频数据传输至边缘服务器或本地多台设备上，合作式地对视频进行分析，以车牌号码为特征进行搜索，并且可以根据道路拓扑和时间自适应的扩大或缩小追踪区域。整个系统网络结构如图 5-23 所示，摄像头和边缘服务器或本地边缘节点处于同一局域网内，从而可以获得较好的网络质量以及较低的网络时延。视频数据将会在摄像头相连的几个设备上进行计算并完成，因此避免视频数据上传至云端带来的高数据通信量和由此引起的高传输时延问题。

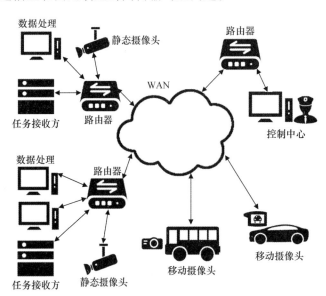

图 5-23
安珀警报助手的
网络结构图

由于车辆行驶的特殊性,其在不同的道路上限速不同,因此,在不同的道路上应当有不同的追踪速度。Zhang 等在其工作中,通过配置文件可以自定义超时时间——摄像头向周边摄像头转发搜索任务的时间间隔,从而使得网络可以自如地扩大和缩小搜索范围。同时,在该网络中,使用的是分布式的协同平台和集中式的协调平台的融合模式。在视频处理的本地边缘节点处,使用的是集中式的协同平台,以达到合作式的实时视频处理,而在搜索任务的扩散上,使用的是分布式的协同平台——每个摄像头相关的边缘节点自行定义向其他摄像头节点扩散任务的超时时间,而任务的最初发布,可以向网络中任意的节点进行发布,任务会自行通过网络传达到指定的节点开始搜索任务。同时也会部署一个任务扩散节点在云端,提供一个更加可靠的网络访问接口。所以,这里的分布式协同平台是一个云-边缘合作的分布式协同平台。

A3 使用集中式协同平台进行实时的视频分析,主要考虑的是其节点都是本地的设备,且数目较少,管理较为方便。在任务的扩散上使用分布式的协同平台,主要是为了避免当监控摄像头数目增多后(如一所 30000 名师生的高校可能部署有近 4000 台联网的摄像头),同时执行多个搜索任务的情况,给中心节点带来较大负担。

5.5.3　面临的问题

本节给出协同平台的简单设计,并提出集中式和分布式两种设计结构,相信不同的应用场景可以通过拆分最终转化成这两种结构的组合。本节简单讨论协同平台的设计问题,从而希望更多的研究者可以参与到协同平台的研究中来,共同推广边缘计算协同平台在不同场景下的应用,进而促进边缘计算协同平台的发展。

针对不同的应用背景,并没有一个放之四海而皆准的协同平台。对于协同平台一个新的应用场景,需要详尽地分析其场景特点,才能有效地设计出合适的协同平台。这里可以考虑首先从协同平台的目标入手,分析其在实现过程中需要解决的问题,从而选择合适结构的协同平台。如在 A3 应用中,目标是为了实时地搜索追踪车辆,那么为了降低数据到云端的传输时延,将计算推至边缘端。当计算推至边缘端时,紧接着会面临计算能力的不足,因此,采用集中式的方案,通过 Firework 模型从本地寻求更多的计算资源,以达到在边缘端的实时处理。为了更好地追踪车辆,在任务的搜索中,使用分布式的方案,降低云端的依赖。在 Wang 等的工作中,因为主要解决的就是体育运动员的覆盖率和直播视频质量,通过实验证明,无人机位置更新算法的运行间隔远大于算法运行时间,且网络状态较好,因此使用集中式的方案来进行无人机的管理,并且为了提高视频质量,又引入中继无人机。

本章小结

本章主要介绍边缘计算的几种典型系统平台。边缘计算的推广和应用,很大程度上取决于其系统平台的可用性和可靠性。本章从不同领域为主要切入点，分别介绍利用现代信息和通信技术获取、感知、分析、融合多源城市数据，以保障城市核心系统运行的智慧城市发展中的边缘计算应用、面向未来自动驾驶技术的智能汽车领域内边缘计算的应用；以 EdgeOS$_H$ 为例，提出如何设计具有强大编程接口、自管理能力、存储和评估数据的边缘计算在智能家居方面的应用；面向边缘计算个人健康监护与管理及面向个人的智能康复监控系统等两种应用的智能个人计算；基于集中式和分布式两种设计结构的协同处理平台等五个方面对边缘计算的系统平台给予详细的阐述。

参 考 文 献

[1] DAVIES D M J, MOTTA E. Smart cities' data: Challenges and opportunities for semantic technologies[J]. IEEE Internet Computing, 2015, 19(6): 66-70.

[2] ATZORI L, IERA A, MORABITO G. The Internet of Things: A survey[J]. Computer Networks, 2010, 54(15): 2787-2805.

[3] HEATH T, BIZER C. Linked data: Evolving the web into a global data space[J]. Synthesis Lectures on the Semantic Web: Theory and Technology, 2011, 1(1): 1-136.

[4] OCHOA S F, SANTOS R. Human-centric wireless sensor networks to improve information availability during urban search and rescue activities[J]. Information Fusion, 2015, 22:71-84.

[5] MONARES Á, OCHOA S F, SANTOS R, et al. Modeling IoT-based solutions using human-centric wireless sensor networks[J]. Sensors, 2014, 14(9): 15687-15713.

[6] GUINARD D, TRIFA V, KARNOUSKOS S, et al. Interacting with the SOA-based Internet of things: Discovery, query, selection, and on-demand provisioning of web services[J]. IEEE Transactions on Services Computing, 2010, 3(3): 223-235.

[7] PFISTERER D, ROMER K, BIMSCHAS D, et al. SPITFIRE: Toward a semantic web of things[J]. Communications Magazine IEEE, 2011, 49(11): 40-48.

[8] HATEM B S. Quality and the efficiency of data in "Smart-Cities"[J]. Future Generation Computer Systems, 2016:74.

[9] HOWE J. The rise of crowdsourcing[J]. Wired magazine, 2006, 14(6): 1-4.

[10] Wikipedia. The free encyclopaedia[EB/OL]. [2016-07-26]. http://www.wikipedia.org.

[11] OpenStreetMap[EB/OL]. [2016-07-26]. http://www.openstreetmap.org/.

[12] Waze Mobile. Waze[EB/OL]. [2016-07-26]. https://www.waze.com/.

[13] FixMyStreet[EB/OL]. [2016-07-26]. http://www.fixmystreet.com/.

[14] AGUILERA U, PEÑA O, BELMONTE O, et al. Citizen-centric data services for smarter cities[J]. Future Generation Computer Systems, 2016,76: 234-247.

[15] KIM T H, RAMOS C, MOHAMMED S. Smart city and IoT[J]. Future Generation Computer Systems, 2017, 76: 159-162.

[16] GOSAIN A, BERMAN M, BRINN M, et al. Enabling campus edge computing using GENI racks and mobile resources[C]// Edge Computing. IEEE, 2016: 41-50.

[17] HA K, ABE Y, EISZLER T, et al. You can teach elephants to dance: Agile VM handoff for edge computing[C]// In Proceedings of the Second ACM/IEEE Symposium on Edge Computing. ACM, 2017: 1-14.

[18] MA L, YI S, LI Q. Efficient service handoff across edge servers via docker container's migration[C]// In Proceedings of the Second ACM/IEEE Symposium on Edge Computing. ACM, 2017: H3.

[19] HA K, CHEN Z, HU W, et al. Towards wearable cognitive assistance[C]// Proceedings of the 12th Annual International Conference on Mobile Systems, Applications, and Services. ACM, 2014: 68-81.

[20] CLARK C, FRASER K, HAND S, et al. Live migration of virtual machines[C]// Proceedings of the 2nd Conference on Symposium on Networked Systems Design & Implementation-Volume 2. USENIX Association, 2005: 273-286.

[21] NELSON M, LIM B H, HUTCHINS G. Fast transparent migration for virtual machines[C]// USENIX Annual Technical Conference, General Track. 2005: 391-394.

[22] ABE Y, GEAMBASU R, JOSHI K, et al. Urgent virtual machine eviction with enlightened post-copy[C]// Proceedings of the 12th ACM SIGPLAN/SIGOPS International Conference on Virtual Execution Environments. ACM, 2016: 51-64.

[23] CHAUFOURNIER L, SHARMA P, LE F, et al. Fast transparent virtual machine migration in distributed edge clouds[C/OL]// SEC 17th: Proceedings of the Second ACM/IEEE Symposium on Edge Computing. New York: ACM, 2017: 1-13.

[24] SHEN Z, JIA Q, SELA G E, et al. Follow the sun through the clouds: Application migration for geographically shifting workloads[C]// Proceedings of the Seventh ACM Symposium on Cloud Computing. ACM, 2016: 141-154.

[25] WOOD T, RAMAKRISHNAN K K, SHENOY P, et al. CloudNet: Dynamic pooling of cloud resources by live WAN migration of virtual machines[C]// ACM Sigplan Notices. ACM, 2011, 46(7): 121-132.

[26] SATYANARAYANAN M, BAHL P, CACERES R, et al. The case for vm-based Cloudlets in mobile computing[J]. IEEE pervasive Computing, 2009, 8(4): 14-23.

[27] Docker Inc. What is Docker?[EB/OL]. [2017-10-02]. https://www.docker.com/what-docker.

[28] OpenVZ. OpenVZ Virtuozzo Containers Wiki[EB/OL]. [2017-10-02]. https://openvz.org/Main_Page.

[29] QIU Y. Evaluating and improving LXC container migration between Cloudlets using multipath TCP[D]. Ottawa: Carleton University, 2016.

[30] BAHREINI T, GROSU D. Efficient placement of multi-component applications in edge computing systems[C]// Proceedings of the Second ACM/IEEE Symposium on Edge Computing. ACM, 2017: 1-11.

[31] YI S, HAO Z, ZHANG Q, et al. LAVEA: Latency-aware video analytics on edge computing platform[C]// Proceedings of 2nd ACM/IEEE Symposium on Edge Computing (SEC). ACM, 2017: 2573-2574.

[32] National Safety Council. NSC motor vehicle fatality estimates [EB/OL]. [2017-06-02]. http://www.nsc.org/NewsDocuments/2017/12-m onth- estimates.pdf.

[33] SAE. Automated driving: Levels of driving automation are defined in new SAE international standard J3016[EB/OL]. [2017-10-01]. https://www.sae.org/misc/pdfs/automated_driving.pdf.

[34] Intel. Automated driving [EB/OL]. [2017-10-01]. https://www.intel.co.uk/content/www/uk/en/it-managers/driverless-cars.html.

[35] Mobile and Internet Systems Laboratory. Open vehicular data platform[EB/OL]. [2017-10-01]. http://openvdap.io.

[36] ZHANG Q, WANG Y, ZHANG X, et al. OpenVDAP: An open vehicular data analytics platform for CAVs[C]// 2018 IEEE 38th International Conference on Distributed Computing Systems (ICDCS). IEEE, 2018: 1310-1320.

[37] ZHANG Q Y, ZHANG Q, SHI W S, et al. Distributed collaborative execution on the edges and its application to amber alerts[J]. IEEE Internet of Things Journal, 2018, 5(5): 3580-3593.

[38] SHI W, CAO J, ZHANG Q, et al. Edge computing: Vision and challenges[J]. IEEE Internet of Things Journal, 2016, 3(5): 637-646.

[39] CAO J, XU L, ABDALLAH R, et al. EdgeOS_H: A home operating system for Internet of everything[C]// Distributed Computing Systems (ICDCS), 2017 IEEE 37th International Conference on. IEEE, 2017: 1756-1764.

[40] ZHANG Q, ZHANG X, ZHANG Q, et al. Firework: Big data sharing and processing in collaborative edge environment[C]// Hot Topics in Web Systems and Technologies. IEEE, 2016: 20-25.

[41] ZHANG Q, ZHANG Q, SHI W, et al. Firework: Data processing and sharing for hybrid cloud-edge analytics[J]. IEEE Transactions on Parallel and Distributed Systems, 2018, 29(9): 2004-2017.

[42] WU X, DUNNE R, YU Z, et al. STREMS: A smart real-time solution toward enhancing EMS prehospital quality[C]// IEEE/ACM International Conference on Connected Health: Applications, Systems and Engineering Technologies. IEEE, 2017: 365-372.

[43] ZHANG Q, ZHONG H, CUI J, et al. AC4AV: A flexible and dynamic access control framework for connected and autonomous vehicles [J]. Accepted by IEEE Internet of Things Journal, 2020, 8.

[44] KURKINEN L. Smart Homes and Home Automation: 3rd edition[R/OL]. Sweden: Berg Insights, 2015. https://ec.europa.eu/research/innovation- union/pdf/active-healthy-ageing/berg_smart_homes.pdf.

[45] Allied Market Research. Smart homes and buildings market by 2020[EB/OL]. [2017-09-24]. https://www.alliedmarketresearch.com/press-release/smart-homes- and-buildings-market-to-reach-35-3-billion-by-2020.html.

[46] EDWARDS W K, GRINTER R E. At Home with Ubiquitous Computing: Seven challenges[C]// International Conference on Ubiquitous Computing. Springer-Verlag, 2001: 256-272.

[47] SOLTANAGHAEI E, WHITEHOUSE K. WalkSense: classifying home occupancy states using walkway sensing[C]// ACM International Conference on Systems for Energy-Efficient Built Environments. ACM, 2016: 167-176.

[48] AUSTIN D, BEATTIE Z T, RILEY T, et al. Unobtrusive classification of sleep and wakefulness using load cells under the bed[C]// Engineering in Medicine and Biology Society (EMBC), 2012 Annual International Conference of the IEEE. IEEE, 2012: 5254-5257.

[49] AGARWAL Y, BALAJI B, GUPTA R, et al. Occupancy-driven energy management for smart building automation[C]// Proceedings of the 2nd ACM Workshop on Embedded Sensing Systems for Energy-Efficiency in Building. ACM, 2010: 1-6.

[50] GAO G, WHITEHOUSE K. The self-programming thermostat: Optimizing setback schedules based on home occupancy patterns[C]// Proceedings of the First ACM Workshop on Embedded Sensing Systems for Energy-Efficiency in Buildings. ACM, 2009: 67-72.

[51] SHU L, ZHANG Y, YU Z, et al. Context-aware cross-layer optimized video streaming in wireless multimedia sensor networks[J]. The Journal of Supercomputing, 2010, 54(1): 94-121.

[52] ZHANG G, PARASHAR M. Context-aware dynamic access control for pervasive applications[C]// Proceedings of the Communication Networks and Distributed Systems Modeling and Simulation Conference. IEEE, 2004: 21-30.

[53] LIU P, WILLIS D, BANERJEE S. ParaDrop: Enabling lightweight multi-tenancy at the network's extreme edge[C]// Edge Computing (SEC), IEEE/ACM Symposium on. IEEE, 2016: 1-13.

[54] ZHANG Q, QIAO M, ROUTRAY R R, et al. H_2O: A hybrid and hierarchical outlier detection method for large scale data protection[C]// Big Data (Big Data), 2016 IEEE International Conference on. IEEE, 2016: 1120-1129.

[55] OLUWAFEMI T, KOHNO T, GUPTA S, et al. Experimental security analyses of non-networked compact fluorescent lamps: A case study of home automation security[C]// LASER. 2013: 13-24.

[56] FERNANDES E, JUNG J, PRAKASH A. Security analysis of emerging smart home applications[C]// Security and Privacy (SP), 2016 IEEE Symposium on. IEEE, 2016: 636-654.

[57] CNNtech. Your hackable house[EB/OL]. [2017-09-24]. http://money.cnn.com/interactive/technology/hackable-house/.

[58] SHANG W, BANNIS A, LIANG T, et al. Named data networking of things[C]// Internet of Things Design and Implementation (IoTDI), 2016 IEEE First International Conference on. IEEE, 2016: 117-128.

[59] WOLF T, NAGURNEY A. A layered protocol architecture for scalable innovation and identification of network economic synergies in the Internet of Things[C]// Internet of Things Design and Implementation (IoTDI), 2016 IEEE First International Conference on. IEEE, 2016: 141-151.

[60] PHUONG L T T, HIEU N T, WANG J, et al. Energy efficiency based on quality of data for cyber physical systems[C]// Internet of Things (iThings/CPSCom), 2011 International Conference on and 4th International Conference on Cyber, Physical and Social Computing. IEEE, 2011: 232-241.

[61] PATEL P, LUO T, BELLUR U. Evaluating a development framework for engineering Internet of Things applications[J]. arXiv Preprint arXiv: 1606.02119, 2016, oai: arXiv.org: 1606.02119.

[62] NSF Workshop Report on Grand Challenges in Edge Computing [EB/OL]. [2017-10-02]. http://iot.eng.wayne.edu/edge/NSF%20Edge%20Workshop%20 Report.pdf.

[63] JAYARAJAH K, BALAN R K, RADHAKRISHNAN M, et al. LiveLabs: Building in-situ mobile sensing and behavioural experimentation testBeds[C]// Proceedings of the 14th Annual International Conference on Mobile Systems, Applications, and Services. ACM, 2016: 1-15.

[64] TSUKAYAMA, H. Why smart homes are still so dumb[EB/OL]. [2017-09-24]. https://www.washingtonpost.com/news/the-switch/wp/2016/06/06/why-smart-homes-are-still-so-dumb/?utm_term=.8d5058725e53.

[65] HIGGINBOTHAM S. 5 reasons why the "smart home" is still stupid[EB/OL]. [2017-09-24]. http://fortune.com/2015/08/19/smart-home-stupid/.

[66] WOO J, LIM Y. User experience in do-it-yourself-style smart homes[C]// Proceedings of the 2015 ACM International Joint Conference on Pervasive and Ubiquitous Computing. ACM, 2015: 779-790.

[67] ABDALLAH R, XU L, SHI W. Lessons and experiences of a DIY smart home[C]// Proceedings of 1st Smart IoT Workshop, in

Conjunction with SEC 2017. ACM, 2017: 1-6. https://doi.org/10.1145/3132479.3132488.

[68] KODESWARAN P A, KOKKU R, SEN S, et al. Idea: A system for efficient failure management in smart IoT environments[C]// Proceedings of the 14th Annual International Conference on Mobile Systems, Applications, and Services. ACM, 2016: 43-56.

[69] HomeAdvisor. True cost report 2017[EB/OL]. [2017-09-24]. https://www.homeadvisor.com/r/true-cost-report/.

[70] Frost Sullivan. Power management in Internet of Things(IoT) and connnected devices[EB/OL]. [2017-10-02]. https://www.frost.com/sublib/display-market- insight.do?id=294383010.

[71] POSTOLACHE O, GIRÃO P S, MADEIRA R N, et al. Microwave FMCW doppler radar implementation for in-house pervasive health care system[C]// Medical Measurements and Applications Proceedings (MeMeA), 2010 IEEE International Workshop on. IEEE, 2010: 47-52.

[72] ZHANG F, LIAN Y. QRS detection based on multiscale mathematical morphology for wearable ECG devices in body area networks[J]. IEEE Transactions on Biomedical Circuits and Systems, 2009, 3(4): 220-228.

[73] ASADA H H, SHALTIS P, REISNER A, et al. Mobile monitoring with wearable photoplethysmographic biosensors[J]. IEEE Engineering in Medicine and Biology Magazine, 2003, 22(3): 28-40.

[74] POON C C Y, ZHANG Y T, LIU Y. Modeling of pulse transit time under the effects of hydrostatic pressure for cuffless blood pressure measurements[C]// Medical Devices and Biosensors, 2006. 3rd IEEE/EMBS International Summer School on. IEEE, 2006: 65-68.

[75] MENDELSON Y, DUCKWORTH R J, COMTOIS G. A wearable reflectance pulse oximeter for remote physiological monitoring[C]// Engineering in Medicine and Biology Society, 2006. EMBS'06. 28th Annual International Conference of the IEEE. IEEE, 2006: 912-915.

[76] WANG L, LO B P L, YANG G Z. Multichannel reflective PPG earpiece sensor with passive motion cancellation[J]. IEEE Transactions on Biomedical Circuits and Systems, 2007, 1(4): 235-241.

[77] REN L, ZHANG Q, SHI W. Low-power fall detection in home-based environments[C]// Proceedings of the 2nd ACM International Workshop on Pervasive Wireless Healthcare. ACM, 2012: 39-44.

[78] CHEN K H, CHEN P C, LIU K C, et al. Wearable sensor-based rehabilitation exercise assessment for knee osteoarthritis[J]. Sensors, 2015, 15(2): 4193-4211.

[79] SALAZAR A J, SILVA A S, SILVA C, et al. W2M2: Wireless wearable modular monitor a multifunctional monitoring system for rehabilitation[C]// BIODEVICES. 2012: 213-218.

[80] ZHANG Y, LUO Y, LI L. An intelligent visual hand motion tracking system for home-based rehabilitation[J]. International Journal of Modelling Identification and Control, 2010, 10(10): 213-221.

[81] HU F, JIANG M, XIAO Y. Low-cost wireless sensor networks for remote cardiac patients monitoring applications[J]. Wireless Communications and Mobile Computing, 2008, 8(4): 513-529.

[82] REN L, SHI W, YU Z, et al. Real-time energy-efficient fall detection based on SSR energy efficiency strategy[J]. International Journal of Sensor Networks, 2016, 20(4): 243-251.

[83] SONG X, HUANG Y, ZHOU Q, et al. Content centric peer data sharing in pervasive edge computing environments[C]// IEEE, International Conference on Distributed Computing Systems. IEEE, 2017: 287-297.

[84] WANG X, CHOWDHERY A, CHIANG M. Networked drone cameras for sports streaming[C]// IEEE, International Conference on Distributed Computing Systems. IEEE, 2017: 308-318.

第6章 边缘计算的挑战

在实现边缘计算潜在应用的同时，需要解决这些应用中存在的具有挑战性的关键技术难点。为了实现边缘计算的设想，计算机系统、网络以及应用服务程序的研究和开发人员需进行紧密的合作和交流。本章总结在边缘计算研究中可能遇到的迫切需要解决的几个关键问题，并结合已有研究成果，提出一些解决思路和值得进一步思考的研究方向，主要包括可编程性、程序自动划分、命名规则、数据抽象、调度策略、服务管理、隐私保护及安全、优化指标、软硬件选型、理论基础、商业模式、与垂直行业紧密结合以及边缘节点的落地问题等。

6.1 可编程性

在云计算模型中，用户编写应用程序并将其部署到云端。云服务提供商维护云计算服务器，用户对程序的运行完全不知或知之甚少，这是云计算模型下应用程序开发的一个优点，即基础设施对用户透明。用户程序通常在目标平台上编写和编译，在云服务器上运行。在边缘计算模型中，部分或全部的计算任务从云端迁移到边缘节点，由于边缘节点大多是异构平台，每个节点运行时环境可能有所差异，因此，在边缘计算模型下部署用户应用程序时，程序员将遇到较大的困难。现有传统编程方式 MapReduce[1]、Spark[2]等均不适合，需研究基于边缘计算的新型编程方式。

为了实现边缘计算的可编程性，Zhang 等[3]提出一种基于混合云和边缘计算的编程模型，简称烟花模型，即 Firework。在万物互联时代，其可以解决当数据生产和消费均被迁移到边缘设备上，大数据分布式共享和处理的需求，以及实现边缘计算中计算流的功能。计算流是指沿着数据传输路径上的边缘节点可对数据执行一系列计算，从而数据可以在传输路径上被逐步计算消解，使得数据传输量逐步降低。如图 6-1 所示，在烟花模型中，共有两种节点——烟花模型管理器和烟花模型节点，并且通过虚拟的共享数据视图定义数据集、功能，融合地理上分布的数据源，而数据利益相关者（烟花模型节点）

为终端用户提供一组预定义的功能接口以便用户访问。用户在使用 Firework 系统时，可以更多地关注业务的实现，其余通信、功能的调度和组合，可以使用 Firework 提供的相关编程接口来实现，并通过部署配置，组合烟花模型节点和其相互的功能，实现大数据分布式共享和处理，以及计算流的功能。

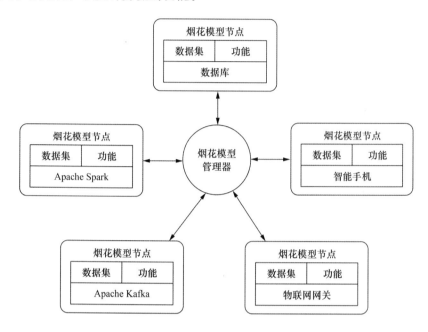

图 6-1
烟花模型

　　烟花模型扩展数据的可视化边界，为协同边缘环境下的分布式数据处理提出一种新的编程模式。烟花模型中每个参与者可以在本地设备上实现数据处理，以及云计算和边缘计算资源的融合。此外，需要注意的是，边缘计算模型中的协同问题（如同步、数据/状态的迁移等）是可编程性方面亟待解决的问题之一。

　　卡内基梅隆大学的 Satyanarayanan 教授研究团队提出 OpenStack++模型[4]，其主要应用于 Cloudlet 架构中，为应用程序开发者提供一种针对移动环境的编程模型。Amento 等[5]提出 FocusStack 模型，支持在多样的潜在 IoT 边缘设备上部署复杂多变的各类应用。边缘设备在计算、能耗、连接性等方面受限，而且移动性很强。FocusStack 首先发现具有足够资源的边缘设备，然后部署应用程序到这些设备上并运行。该模型使开发者仅专注于程序设计，而由 FocusStack 模型确定合适的边缘设备，同时跟踪边缘设备状态。Sajjad 等[6]提出 SpanEdge 模型，统一云端中心节点和近边缘中心节点，降低由于广域网的连接所造成的网络延迟，提供编程环境，开发者致力于研发流处理程序，指定应用程序中的哪部分需要运行在数据源附近，而不用担心数据源及其地理分布。

6.2　程序自动划分

边缘计算环境下，随着边缘节点计算能力的提高，云计算中心的应用程序从云中心迁移到边缘节点上，将原有独立的应用程序分发到不同的网络边缘节点是边缘计算系统的重要挑战之一，其直接关系到面向边缘计算应用程序设计的可执行性和高效性。如何在边缘计算环境下，设计和实现针对应用程序的划分技术，使得在网络中的云-边缘、边缘-边缘等多种异构边缘节点之间能够保证应用程序组件的合理分配，从而得到边缘计算环境下应用程序的高性能和可靠性。

边缘计算环境下的程序划分需要根据边缘节点的资源、能耗和响应延迟等多种状态信息将应用程序分解成多种组件，同时保留原始应用程序的语义，然后将程序组件放置到不同的节点上。在程序划分过程中，现有方式主要包括静态和动态两种：静态程序划分是在编译过程中完成的，最常见的如MPI程序设计、基于GPGPU等计算卡的异构多核程序设计；动态程序划分主要是在程序运行过程中完成的。边缘计算环境与分布式环境具有一定的相似性，程序可以在中心节点上设计、实现和调试，以便保证能够在边缘节点上运行。但是，所划分的程序需要分布在各个边缘节点上，对于同构的边缘节点而言，这一点与分布式系统环境下的程序划分具有很大的相似性。然而，边缘环境下的各个分布节点可能具有异构的特征，原有同构节点环境下的程序划分就不能满足边缘计算环境下的程序划分的需要。因为这类程序划分并没有考虑边缘计算环境下的特征，如资源和异构类型、数据来源的不同以及边缘节点的移动性等特征，所以边缘计算环境下的程序划分除了具有静态和动态的程序划分功能外，还需要考虑云-边缘以及边缘-边缘之间的程序划分的特殊性。

可以借鉴程序依赖图（program dependence graph，PDG）[7]的思想，保留原有程序组件节点的同时，增加边缘计算环境下的异构资源可用性权值特征、位置距离参数以及边缘节点之间通信代价等。同时，在程序依赖图中原有依赖关系（如数据依赖和控制依赖关系）基础上增加资源可用性依赖、位置移动依赖以及响应时间依赖等针对边缘计算环境下的依赖关系，而这些依赖关系在依赖性分析过程中，不仅可以应用在静态编译阶段、动态运行阶段，而且还可以应用在云-边缘、边缘-边缘之间的程序划分，使应用程序可以合理地分配到不同边缘节点，同时保证边缘节点程序不同组件执行的可靠性和高性能。

6.3　命名规则

边缘计算模型中一个重要的假设是边缘设备的数目巨大。边缘节点平台上运行多种应用程序，每个应用程序提供特定功能的服务。与计算机系统的命名规则类似，边缘计算的命名规则对编程、寻址、识别和数据通信具有非常重要的作用，而当前暂无较为高效的命名规则。为了实现系统中异构设备间的通信，边缘计算研究者需要学习多种网络和通信协议。此外，边缘计算的命名规则需要满足移动设备、高度动态的网络拓扑结构、隐私安全等需求。

传统的 DNS、URI 命名机制满足大多数的网络结构，但却不能灵活地为动态边缘网络提供服务，原因在于大多数的边缘设备具有高度移动性和有限资源的特点。对于该类边缘设备而言，基于 IP 的命名规则，因复杂性和开销太大而难以应用其中。

已有研究中，命名数据网络 (named data networking, NDN) [8]和移动优先 (mobilityfirst) [9]等新的命名机制可满足边缘计算的需求。命名数据网络不仅提供以数据为中心的网络分层结构命名规则和友好的服务管理，还保障边缘计算具有可扩展性。为了适合蓝牙、ZigBee等通信协议，命名数据网络需要额外的代理。由于很难将设备硬件信息与服务提供商隔离，因此命名数据网络存在一定的安全隐患。移动优先技术将命名和网络地址分开，从而更好地支持移动性。如果边缘服务器上的程序具有较高的移动性，那么移动优先技术的应用就会提高边缘服务器的效率。但是，在移动优先技术中，命名规则需要一种全局唯一标识符，而在网络边缘环境 (如家居环境) 下，固定信息聚合服务程序不需要这种标识符。移动优先技术的另一个缺点是全球唯一标识符 (globally unique identifier, GUID)不够人性化，使服务程序较难管理。

在范围较小且固定的边缘环境下 (如家居环境)，利用边缘计算系统给每个设备分配网络地址可能是一种解决方案。系统内部的每个设备拥有一个可以描述位置、角色及当前信息的命名。如图 6-2 所示，边缘计算系统将分配标识符和网络地址分配给边缘设备，每个设备的命名是唯一的且用于服务管理、设备识别和部件替换。这个命名规则使用户和服务提供者较易管理服务，同时阻止服务提供商得到硬件信息，保护隐私数据。设备的命名可正确匹配到其标识符和网络地址，标识符用于边缘计算系统的设备管理，而网络地址，如 IP 地址或 MAC 地址，则用于支持如蓝牙、ZigBee 或 WiFi 等多种网络通信协议。当应用到城市级别的系统时，命名规则仍是一个待解决的问题。

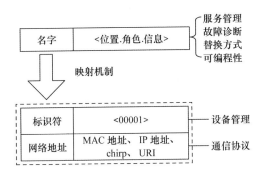

图 6-2
边缘计算系统的
命名机制

6.4 数据抽象

边缘计算系统的应用程序通过服务管理层 API 使用数据或提供服务。相比云计算，边缘计算中数据抽象更具挑战性。智能家居中，作为数据生产者的智能设备均向边缘计算系统发送数据，但部署在家庭周围的设备较少，而大多数网络边缘设备，均会定时地向网关发送感知数据。如温度传感器每分钟向网关发送温度数据，但使用频率较低。基于此，施巍松教授团队[10]提出减少边缘计算中的人为参与，而由边缘节点处理，用一种主动的方式将结果与用户交互。该情况下，网关层实现对数据的预处理（如去噪、事件检测、隐私保护等）之后，数据被发送至系统上层，作为应用服务所需源数据，该过程将遇到如下三种挑战。

① 不同设备所传输数据格式的多样性　如图6-3所示，基于数据隐私和安全的考虑，源数据对网关运行的任务是透明的，该类任务应从整合的数据表中提取其处理所需的信息。施巍松教授团队[10]提出含有编号、名字、时间和数据的表结构，以便边缘设备数据可以存入该表，而这会隐藏感知数据的细节，从而影响数据的使用。

图 6-3
边缘计算的数据
抽象

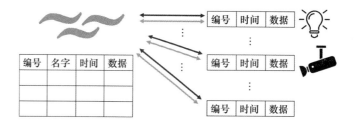

② 数据抽象程度的不确定性　如果数据抽象过滤掉较多的源数据，将导致一些应用或服务程序因无法获得足够信息而运行失败；反之，若保留大量源数据，数据存储和管理将是系统开发者面临的一种挑战。此外，边缘设备发送的数据具有不可靠性，如何从不可靠信息源中抽象出有用的信息仍是一个技术挑战。

③ 数据抽象的适用性　边缘设备端收集数据并提供给应用程序使用，完成特定的服务。该应用程序应具有读、写设备的权限，为用户的特定需求提供服务。数据抽象层将数据的表示和操作结合，并为连接到边缘计算系统的设备提供一种公共的交互接口。由于边缘设备的异构性，数据表示及操作也有所不同，这将成为通用数据抽象的障碍。

6.5 调度策略

边缘计算的调度策略以期实现在边缘计算环境下,优化资源利用率、降低响应时间、减少能源损耗和优化任务处理的整体性能。与传统分布式系统的调度策略相比，边缘计算系统的调度策略与其有一定的相似性，如分布式处理各个节点的计算任务和资源；同时也有较大差异性，如计算资源的异构性，这一点与云计算系统相近。与云计算系统相比，边缘计算系统的调度策略还与其本身计算环境有关，主要归因于边缘计算系统中计算环境具有资源受限的特性。此外，边缘计算调度策略需要考虑由于用户的可移动性所造成的执行应用程序的开销，这与云计算系统中调度策略不同。边缘计算系统中，如何调度计算资源是边缘计算的重要挑战之一。边缘计算的调度策略与资源有关，调度策略可以保证边缘计算系统中某个应用程序在执行过程中所使用的资源。

边缘计算任务调度策略的应用实例中，数据、计算、存储、网络等资源具有异构性，因此需要针对不同应用实例，设计异构资源调度策略。此外，大多应用程序具有多样性，调度策略需要能够支持多种类型的应用程序，并保证每一种应用程序的正常运行。调度策略最大化地利用有限的计算资源提高应用程序在边缘计算环境下的可执行性，提高应用程序的运行效率，以及其所占用资源的最小化；同时，对于边缘计算资源提供者或服务提供者而言，又需要通过调度策略实现其资源利用率的最大化。因此，需要对边缘计算系统中应用执行情况以及资源变化情况进行实时监测和跟踪，实现动态的调度应用程序及其执行所需要的资源。

已有的研究工作表明[11]，边缘计算环境下的调度策略可采用图论的方法实现。具体而言，每个应用由一种图形结构表示，其中每个节点表示应用程序的组成部分，不同节点之间的边表示二者之间的通信，物理资源也可以用图来表示；同时，节点表示计算资源（如服务器），节点之间的边代表二者之间的关联关系。这样，将应用程序对资源的调度问题转换成资源节点到应用程序之间的映射关系。在资源调度问题方面，用户应用程序的各部分可以在中心云上运行，也可以在网络边缘的资源上运行。在边缘计算环境下，资源可用性、网络状况、用户位置等都是动态变化的。应用程序各部分可能需要从一个边缘节点/中心云服务器迁移到另一个节点。因此，针对应用程序的一种较优化的调度策略，需要考虑其网络状态与用户移动性。Yi 等[12]的工作主要从边缘计算响应延迟的角度开展研究，为边缘节点之间的任务调度提供一种解决思路，主要针对边缘节点之间任务执行的状态，采用最短传输时间优先、最短队列长度优先以及最短调度延迟优先三种策略。这三种策略都与延迟时间有关，边缘计算的一个优势就是降低数据传输的延迟时间。根据现有的工作，如何设计和实现一种有效降低边缘节点任务执行延迟时间的调度策略，也是边缘计算中调度策略研究中遇到的挑战之一。

除了要合理调度计算资源，在边缘计算系统中，如果要进行计算任务卸载，往往还会涉及通信资源以及缓存资源。如果在考虑计算资源合理调度的同时，还要考虑如何调度通信资源和缓存资源，这使得边缘计算中的资源调度问题更加复杂和困难。近些年，联合分配和调度计算、通信、缓存资源已逐渐成为边缘计算资源调度的热点问题[13-17]。在已有的研究工作中，虽然各种集中式算法（如凸优化[18]、启发式[19]、机器学习[20]）和分布式算法（如博弈论[21]、拍卖方法[22]、区块链[23]）被提出以解决联合资源调度和分配问题，但这些算法大都忽略或者很少考虑用户的高动态性。由于边缘计算系统中用户往往是高速移动的（如 CAV、UAV 等），如何设计动态灵活的调度策略成为边缘计算资源调度的难点之一。再者，现有的研究大多停留在理论研究层面，调度算法在实际系统中表现如何还亟待在实际场景中加以验证和改进。

6.6 服务管理

边缘计算在服务管理方面，任意一种可靠系统均具有以下四种特征，即差异性（differentiation）、可扩展性（extensibility）、隔离性（isolation）及可靠性（reliability）（简称 DEIR 模型）[24]。

① 差异性　随着万物互联应用的快速发展，需在网络的边缘部署多种服务，而这些服务的优先级不同。如心力衰竭检测健康相关的服务高于其他娱乐服务的优先级。

② 可扩展性　网络边缘的可扩展性在未来研究中将是一个巨大的挑战。当某个设备损耗后，新的设备是否可以继续之前的服务等。针对这些问题，需要设计一种灵活且可扩展的边缘计算系统实现服务层的管理。

③ 隔离性　隔离性是网络边缘的重要问题之一。手机操作系统中应用程序崩溃通常会导致系统的崩溃或重启。现有分布式操作系统采用不同的同步机制来管理共享资源，常见的方法有加锁或令牌环机制。这种问题在边缘计算系统中将更加复杂，由于存在多个应用共享同一种数据，如智能家居中照明的控制，如果应用程序崩溃但系统能正常运行，用户仍能对照明进行控制。施巍松教授团队[10]发现引入/取消部署框架是未来解决这个挑战的一种研究方向。隔离性的另一个问题是如何隔离第三方程序与用户的隐私数据，如活动跟踪类应用程序不具有访问电池的权限。为此，边缘计算系统中服务管理层应增加符合应用场景的访问控制机制。

④ 可靠性　可靠性是边缘计算模型的挑战之一，从服务、系统和数据的角度给予阐述。

- 从服务的角度：在实际场景下，有时较难确定服务失败的具体原因，如空调停止工作，原因可能是电源线断开、压缩机故障或温控器的电量用完等。当节点断开连接时，系统的服务很难维持，但在节点出现故障后，可采取适当方法来降低终止服务的风险。如边缘计算系统告知用户哪一部件出现问题。施巍松的团队[10]发现，采用无线传感网或者如 PROFINET 工业网络[25]可作为可靠性的一种有效解决方案。

- 从系统的角度：边缘操作系统能够较好地维护整个系统的网络拓扑结构，系统中每个组件能够发送状态/诊断信息到边缘计算系统。基于这种特点，用户可以在系统层方便地部署故障检测、设备替换和数据质量检测等服务。

- 从数据的角度：可靠性主要取决于数据感知和通信。边缘设备故障原因不尽相同，Cao 等[26]研究发现，在低电量等不可靠情况下，边缘设备会发送精度较低的数据。大数据背景下的数据收集方面，DaCosta[27]提出多种新型通信协议。这些协议可较好地适应大规模传感器节点和高度动态网络，但相比蓝牙或者 WiFi，其连接的可靠性较差。在传感器数据通信不可靠的情况下，如何利用多维参考数据源和历史数据提供可靠的服务仍是一个难题。

6.7　隐私保护及安全

数据隐私保护及安全是边缘计算提供的一种重要服务。如在家庭内部部署万物互联系统，大量的隐私信息会被传感器捕获，如何在隐私保护下提供服务将是一种挑战。施巍松教授团队[10]发现在数据源附近进行计算是保护隐私和数据安全的一种有效方法。在边缘计算中，数据隐私保护及安全的研究将面临以下挑战。

① 社会对隐私和安全的意识　以 WiFi 网络安全为例：调查表明[28]，在 4 亿多使用无线连接的家庭中，49% 的 WiFi 网络是不安全的，80% 的家庭仍然使用默认密码设置路由器。对于公共的 WiFi 热点，89% 的热点是不安全的。如果用户没有保护好个人隐私数据，很容易被他人利用网络摄像头、健康监测仪等设备，窥探个人的隐私数据。

② 边缘设备兼顾数据收集者和所有者　如手机收集的数据将在服务提供商处存储和分析，而保留边缘数据且让用户拥有这些数据是一种较好的保护隐私数据的方案。网络边缘设备所收集的数据应存储在边缘，并且用户应有权限制服务提供商使用这些数据。为保护用户隐私，应在边缘设备中删除高度隐私的数据。

③ 数据隐私和安全有效工具的缺乏　网络边缘设备资源有限，现有数据安全的方法并不能完全适用于边缘计算，而且网络边缘高度动态的环境也会使网络更易受到攻击。为加强对隐私数据的保护，研究人员对隐私保护平台进行研究，如 Deborah 团队开发的 Open mHealth 平台[29]，以实现对健康数据的标准化处理和存储，但未来的研究仍需要开发更多的工具来处理边缘计算的数据。

6.8　优化指标

在边缘计算模型中，不同层的计算能力有所差异，负载分配将成为一个重要问题。需要确定特定负载由哪层来处理或每层需要处理哪些负载。通常会采用多种分配策略，如按照层次的数量将负载平均分配到每一层上，或者在单层上分配最大负载量。极端的情况是将任务全部分配到边缘端或云端来完成。如何选取最优的负载分配策略，施巍松教授团队[10]提出几种优化指标，主要包括延时、带宽、能耗及成本。

① 延时　延时是评估性能最重要的指标之一[30, 31]，在交互式应用中尤为如此。云中心服务器提供较高计算能力，在较短的时间内，完成复杂计算任务，如图像、语音识别等。然而，延时除了受计算时间决定之外，还受传输时间的影响。广域网较长延时会

对实时或交互密集型应用造成较大影响[32]。为了降低延时，应在距离最近且具有计算能力的边缘设备所在层内执行负载。以智慧城市为例，用户可以在本地利用手机对照片进行预处理，然后发送可能走失人口的信息到云中心，以避免上传所有照片至云中心。最近的物理层可能并不一定是最优的选择。为此，需要根据资源使用情况避免不必要的等待时间，以便找出合理的优化层。例如，用户正在打游戏，占用手机较多计算资源，此时，使用最近的网关上传照片将是一种较好的方法。

② 带宽　从延时的角度来看，高带宽可减少传输延时，尤其针对大数据的传输[28, 33]。对于短距离的传输，未来可以研究高带宽的无线接入技术，将数据发送到边缘。一方面，相对云中心而言，如果边缘端可以处理任务，那么会极大地改善延时，同时也可以节省边缘和云中心之间的传输带宽。以智能家居为例，通过 WiFi 或其他高速传输方法，网关几乎可以处理所有的数据。由于传输路径短，数据传输可靠性也得到提高。另一方面，即使由于边缘端无法满足计算要求而减少传输距离，边缘端可以预处理源数据并极大地减少上传数据量。在智慧城市案例中，将本地照片在上传之前进行预处理，可较大减少传输数据量并节省用户带宽。从全局角度考虑，节省的带宽可以用于其他边缘用户数据的上传和下载。因此，当在边缘计算中需要使用高带宽时，需要评估边缘端配置多大的速度是合适的。此外，为了确定每层的负载分配，以避免竞争和延时，还需要考虑各层次计算能力和带宽的情况。

③ 能耗　电池是边缘设备最紧缺的资源。对于终端设备层而言，迁移负载至边缘层可认为是一种节能的方法[29, 34]。因此，对于某种特定的负载，迁移整个或部分负载到边缘层，而不在本地计算的方法是否节能，需要权衡计算和传输二者能耗。一般情况下，首先需要确定负载能耗特征是否属于计算密集型的负载，以及需要多少资源支持本地运行。除了网络信号的强度[35]，Raychaudhuri 等[36]的研究工作表明，数据大小和可用带宽也会影响传输能耗，当传输能耗大于本地计算能耗时，使用边缘计算比较合适。如果用户关注整个边缘计算的过程而非终端，那么全部的能耗应等于每一层能耗的总和。类似于端点层，其他层的能耗等于本地能耗和传输能耗之和。这样，工作负载分配策略需要做优化，如本地数据中心层繁忙时，需要将负载上传到上层。与终端执行计算任务相比，多级数据传输会造成额外的开销，从而增大能耗。

④ 成本　从服务提供商（如 YouTube、亚马逊和淘宝等）的观点看，边缘计算可以保证较短延时和较低能耗，从而进一步增加吞吐量，改善用户体验，最终使服务提供商获得更多的利润。如根据多数居民的喜好，可以在建筑层边缘播放一种视频，城市层边缘对此不做处理而关注其他更多复杂任务，以增加总吞吐量。服务提供商的投资用于构建和维护每一层设备的成本。为充分利用每层内局部数据，提供商可以根据数据位置向用户收取费用。为了确保服务提供商的利润和用户可承受能力，如何开发新的成本模型是一个亟待解决的问题。

由此可见，负载分配需要考虑上述指标之间的相关性。例如，由于能量的限制，某种工作负载需在城市数据中心层完成，而相比于建筑服务层，城市数据中心层的能量限制不可避免地影响到延时。针对不同工作负载，优化指标应设置权重和优先级，以便系统地选择一种合理的分配策略。除此之外，成本分析需要在运行过程中完成，同时，服务提供商也应考虑并发负载之间的干扰和资源使用情况。

6.9　软硬件选型

边缘计算系统具有碎片化和异构性的特点，在硬件层面上，有 CPU、GPU、FPGA、ASIC 等各类计算单元，即便是基于同一类计算单元，也有不同的整机产品，如基于英伟达 GPU 的边缘硬件产品，既有计算能力较强的 DRIVE PX2，又有计算能力较弱的 Jetson TX2；在软件系统上，针对深度学习应用，有 TensorFlow、Caffe、PyTorch 等各类框架。不同的软硬件及其组合有各自擅长的应用场景。以图片分类模型为例，目前有几十种计算规模、准确率不同的人工智能模型，有十多种计算能力差异性较强的边缘硬件，在边缘硬件和模型间存在十余种计算框架，不同计算框架在不同的边缘硬件上表现不一，将全部模型、计算框架和硬件组合在一起寻找最佳性能搭配存在较大的部署开销和试错成本。这带来了一个问题：开发者不知道如何选用合适的软硬件产品以满足自身应用的需求。

在软硬件选型时，既要对自身应用的计算特性做深入了解，从而找到计算能力满足应用需求的硬件产品，又要找到合适的软件框架进行开发，同时还要考虑硬件的功耗和成本在可接受范围内。因此，设计并实现一套能够帮助用户对边缘计算平台进行性能、功耗分析并提供软硬件选型参考的工具十分重要。

6.10　理论基础

Brewer[37]在 Inktomi 期间研发搜索引擎、分布式 Web 缓存时，得出关于数据一致性（consistency）、服务可用性（availability）、分区容错性（partition-tolerance）的猜想，并在 2000 年 PODC 会议上提出[38, 39]，该猜想在提出两年后被证明成立并作为 CAP 定理[40]。CAP 理论是分布式系统理论的基础，该理论是分布式系统，特别是分布式存储领域中被使用最多的理论。

因此，在基于边缘计算模型的计算系统研究中，边缘计算理论基础将是学界和产业界进行边缘计算研究所面临的关键性挑战之一。边缘计算是一种综合性很强的科学研究，横跨计算、数据通信、存储、能耗优化等多个领域。一方面，边缘计算理论可以基于一种多目标优化的理论为基础，实现计算、数据通信以及能耗的综合最优；另一方面，可以分别在计算、数据通信、存储能耗优化等不同维度建立边缘计算相关理论基础，如计算维度上建立计算任务的负载均衡理论，指导云中心与边缘端的任务分配，实现云中心和边缘端计算能力的最大使用效率；同时根据计算负载均衡和分布式系统理论，边缘端与云端的数据通信，最优化网络传输带宽；研究分布式多维边缘端设备能耗理论模型（如利用多维度李亚普诺夫理论），建立多边缘端的能耗效率模型，优化边缘端设备能耗，提高有限能量资源的利用率。此外，也可以根据类似李亚普诺夫可靠性理论，建立基于多边缘设备的边缘计算可靠性理论。

边缘计算的理论基础当前并不成熟，需要综合计算、数据通信、存储及能耗优化等多学科已有的比较完善的理论基础，提出综合性或多维度的边缘计算理论，这是目前开展边缘计算研究中首要解决的关键性问题。合理的边缘计算理论基础对学界和产业界未来更好地开展基于边缘计算模型的应用服务研究和开发工作具有极为重要的指导意义。

6.11 商业模式

云计算的商业模型比较简单，用户通过自己的需求向相关服务提供商进行购买，具体而言，云计算所提供的云服务是基于互联网相关服务的增加、使用和交付模式，通常涉及通过互联网提供动态的、易扩展的且虚拟化的资源。云计算需求客户通过网络以按需、易扩展的方式获得所需服务。这种服务可以是 IT 基础设施和软件资源以及互联网相关的其他资源或服务等。云计算的计算能力也可作为一种服务或商品，通过互联网进行流通。

边缘计算横跨信息技术（IT）、通信技术（CT）等多个领域，涉及软硬件平台、网络连接、数据聚合、芯片、传感、行业应用等多个产业链角色。边缘计算的商业模型更多地将不仅是以服务为驱动，而是在用户请求相应的服务时更多地以数据为驱动。如施巍松教授团队[10]所提出的边缘计算烟花模型，每个用户需求向数据拥有者（利益相关者）提供数据请求，然后云中心或边缘端数据拥有者将处理的结果反馈给用户，由原来的中心—用户的单边商业模式转变为用户—中心、用户—用户的多边商业模式。

边缘计算的商业模型取决于参与该模型的多个利益相关者，如何结合现有的云计算商业模型，发展边缘计算的多边商业模型也是边缘计算所面临的重要问题之一。

6.12 和垂直行业紧密合作

在云计算场景下，不同行业的用户都可将数据传送至云计算中心，然后交由计算机从业人员进行数据的存储、管理和分析。云计算中心将数据进行抽象处理并提供访问接口给用户，这种模式下，计算机从业人员与用户行业解耦合，他们更专注数据本身，不需对用户行业领域内知识做太多了解。

但是在边缘计算的场景下，边缘设备更贴近数据生产者，与垂直行业的关系更为密切，设计与实现边缘计算系统需要大量的领域专业知识。另外，垂直行业迫切需要利用边缘计算技术提高自身的竞争力，却面临计算机专业技术不足的问题。因此计算机从业人员必须与垂直行业紧密合作，才能更好地完成任务，设计出下沉可用的计算系统。在与垂直行业进行合作时，需要着重解决以下三个问题。

（1）减少与行业标准间的隔阂。在不同行业内部有经过多年积累的经验与标准，在边缘计算系统的设计中，需要与行业标准靠近，减少隔阂。例如，在针对 CAV 的研究中，自动驾驶任务的完成需要用到智能算法、嵌入式操作系统、车载计算硬件等各类计算机领域知识，这对于计算机从业人员而言是一个机遇，因此许多互联网公司投入资源进行研究。然而，若想研制符合行业标准的 CAV，仅应用计算机领域知识是完全不够的，还需要对汽车领域专业知识有较好的理解，如汽车动力系统、控制系统等，这就需要与传统汽车厂商进行紧密合作。同样，在智能制造、工业物联网等领域，同样需要下沉到领域内部，设计出符合行业标准的边缘计算系统。

（2）完善数据保护和访问机制。在边缘计算中，需要与行业结合，在实现数据隐私保护的前提下设计统一、易用的数据共享和访问机制。由于不同行业具有的特殊性，许多行业不希望将数据上传至公有云，如医院、公安机构等。边缘计算的一大优势是数据存放在靠近数据生产者的边缘设备上，从而保证了数据隐私。但是这也导致了数据存储空间的多样性，不利于数据共享和访问。在传统云计算中，数据传输到云端，然后通过统一接口进行访问，极大地方便了用户的使用。边缘计算需要借助这种优势设计数据防护和访问机制。

（3）提高互操作性。边缘计算系统的设计需要易于结合行业内现有的系统，考虑到行业现状并进行利用，不要与现实脱节。例如，在视频监控系统中，除了近些年出现的智能计算功能的摄像头，现实中仍然有大量的非智能摄像头，每天仍然在采集大量的视频数据，并将数据传输至数据中心。学术界设计了 A3[41]系统，它利用了商店或者加油站中已有的计算设备。然而实际情况是，摄像头周边并不存在计算设备。因此，在边缘计算的研究中需要首先考虑如何在非智能摄像头附近部署边缘计算设备。在目前的解决方案中，多是采用建立更多的数据中心或 AI 一体机进行处理，或者采用一些移动设备（如各种单兵作战设备）进行数据的采集。前者耗费巨大，且从本质来说，仍然是云计算的模式；后者通常用于移动情况下，仅作为临时的计算中心，无法和云端进行交互。在视频监控领域，Luo 等[42]提出了一个尚属于前期探讨的 EdgeBox 方案，该方案同时具备计算能力和通信能力，可以作为中间件插入摄像头和数据中心之间，完成数据的预处理。因此，如何与垂直行业紧密合作，设计出下沉可用的边缘计算系统，实现计算机与不同行业间的双赢是边缘计算面临的一个紧迫问题。

6.13　边缘节点落地问题

　　边缘计算的发展引起了工业界的广泛关注，但是在实际边缘节点的落地部署过程中，也涌现出一些急需解决的问题，例如，应该如何选择参与计算的边缘节点和边缘计算数据，如何保证边缘节点的可靠性等。

　　(1) 边缘节点的选择。在实际边缘计算的应用中，用户可以选择云到端整个链路上任意的边缘节点来降低延时和带宽。由于边缘节点的计算能力、网络带宽的差异性，不同边缘节点的选择会导致计算延时差异很大。现有的基础设施可以用作边缘节点，如使用手持设备访问进行通信时，首先连接运营商基站，然后访问主干网络。这种以现有基础设施当作边缘节点的方式会加大延时，如果手持设备能够绕过基站，直接访问主干网络的边缘节点，将会降低延时。因此，如何选择合适的边缘节点以降低通信延时和计算开销是一个重要的问题。在此过程中，需要考虑现有的基础设施如何与边缘节点融合，边缘计算技术会不会构建一个新兴的生态环境，给现有的基础设施革命性的变化。

　　(2) 边缘数据选择。边缘节点众多，产生的数据数量和类型也众多，这些数据间互有交集，针对一个问题往往有多个可供选择的解决方案。例如，在路况实时监控应用中，既可以利用车上摄像头数据获得，也可以利用交通信号灯的实时数据统计，还可以利用路边计算单元进行车速计算。因此如何为特定应用合理选择不同数据源的数据，以最大限度地降低延时和带宽，提高服务的可用性是一个重要问题。

　　(3) 边缘节点的可靠性。边缘计算中的数据存储和计算任务大多依赖边缘节点，不像云计算中心有稳定的基础设施保护，许多边缘节点暴露于自然环境下，保证边缘节点的可靠性非常重要。例如，基于计算机视觉的公共安全解决方案需要依赖智能摄像头进行存储和计算，然而在极端天气条件下，摄像头容易在物理上受到损害，如暴风天气会改变摄像头的角度，暴雪天气会影响摄像头的视觉范围，在此类场景中，需要借助基础设施的配合来保证边缘节点的物理可靠性。同时，边缘数据有时空特性，从而导致数据有较强的唯一性和不可恢复性，需要设计合理的多重备份机制来保证边缘节点的数据可靠性。因此，如何借助基础设施保障边缘计算节点的物理可靠性和数据可靠性是一个重要的研究课题。

　　在边缘节点落地过程中，已经有了不少尝试，例如，联通提出了建设边缘云，将高带宽、低时延、本地化业务下沉到网络边缘，进一步提高网络效率、增强服务能力。因此针对如何选择边缘节点，处理好边缘节点与现有基础设施的关系，保证边缘节点的可靠性的研究非常紧迫。

本章小结

　　本章针对现有边缘计算在应用及系统平台发展过程中所面临的关键技术挑战，介绍面向应用程序开发的一种基于计算流概念的编程模型，这是边缘计算为应用级的软件开发提供的基本手段；阐述边缘计算环境下的程序划分需要根据边缘节点的资源、能耗以及响应延时等多种状态信息将应用程序分解；提出利用边缘计算系统给每个设备分配网络地址可能是边缘计算技术中命名规则方面的一种解决方案；介绍基于数据不确定性和适用性的边缘计算中的数据抽象，以及包括差异性、可扩展性、隔离性及可靠性在内的边缘计算服务管理；数据的隐私保护和安全同样也是边缘计算中一个极其重要的问题；在边缘计算架构下，任务部分或全部分配到边缘端或云端执行时，提出利用多种优化指标选取最优的负载分配策略，设计软硬件结合的匹配选项工具；现有边缘计算的基础理论框架还不完善，这直接影响边缘计算未来发展的高度和深度；边缘计算如何与垂直行业的结合，确定良好的商业模式，边缘节点如何落地，如何最大化参与边缘计算架构多个相关者的利益是未来同样面临的一种挑战。

参 考 文 献

[1] DEAN J, GHEMAWAT S. MapReduce: Simplified data processing on large clusters[C]// Conference on Symposium on Operating Systems Design and Implementation. USENIX Association, 2008:10.

[2] ZAHARIA M, CHOWDHURY M, FRANKLIN M J, et al. Spark: Cluster computing with working sets[C]// Usenix Conference on Hot Topics in Cloud Computing. USENIX Association, 2010:10.

[3] ZHANG Q, ZHANG X H, ZHANG Q Y, et al. Firework: Big data sharing and processing in collaborative edge environment[C]// Hot Topics in Web Systems and Technologies. IEEE, 2016: 20-25.

[4] HA K, SATYANARAYANAN M. Openstack++ for cloudlet deployment[R]. Technical Report CMU-CS-15-123, Computer Science Department, Carnegie Mellon University, 2015.

[5] AMENTO B, BALASUBRAMANIAN B, HALL R J, et al. FocusStack: Orchestrating edge clouds using location-based focus of attention[C]// Edge Computing (SEC), IEEE/ACM Symposium on. IEEE, 2016: 179-191.

[6] SAJJAD H P, DANNISWARA K, AL-SHISHTAWY A, et al. SpanEdge: Towards unifying stream processing over central and near-the-edge data centers[C]// Edge Computing (SEC), IEEE/ACM Symposium on. IEEE, 2016: 168-178.

[7] FERRANTE J, OTTENSTEIN K J, WARREN J D. The program dependence graph and its use in optimization[J]. ACM Transactions on Programming Languages and Systems (TOPLAS), 1987, 9(3): 319-349.

[8] ZHANG L, ESTRIN D, BURKE J, et al. Named data networking (NDN) project[J]. Transportation Research Record Journal of the Transportation Research Board, 2010, 1892(1): 227-234.

[9] RAYCHAUDHURI D, NAGARAJA K, VENKATARAMANI A. MobilityFirst: A robust and trustworthy mobility-centric architecture for the future internet[J]. ACM SIGMobile Mobile Computing and Communications Review, 2012, 16(3): 2-13.

[10] 施巍松, 孙辉, 曹杰, 等. 边缘计算：万物互联时代新型计算模型[J]. 计算机研究与发展，2017，54(5)：907-924.

[11] BAHREINI T, GROSU D. Efficient placement of multi-component applications in edge computing systems[C]// In Proceedings of the Second ACM/IEEE Symposium on Edge Computing. ACM, 2017: 1-11.

[12] YI S, HAO Z, ZHANG Q, et al. LAVEA: Latency-aware video analytics on edge computing platform[C]// Proceedings of the Second ACM/IEEE Symposium on Edge Computing. ACM, 2017: 1-13.

[13] TRAN T X, POMPILI D. Joint task offloading and resource allocation for multi-server mobile-edge computing networks[J].

IEEE Transactions on Vehicular Technology, 2018, 68(1): 856-868.

[14] CHEN X, ZHANG H, WU C, et al. Optimized computation offloading performance in virtual edge computing systems via deep reinforcement learning[J]. IEEE Internet of Things Journal, 2018, 6(3): 4005-4018.

[15] ZHAO H, WANG Y, SUN R. Task proactive caching based computation offloading and resource allocation in mobile-edge computing systems[C]// 14th International Wireless Communications & Mobile Computing Conference (IWCMC). IEEE, 2018: 232-237.

[16] TAN Z, YU F R, LI X, et al. Virtual resource allocation for heterogeneous services in full duplex-enabled SCNs with mobile edge computing and caching[J]. IEEE Transactions on Vehicular Technology, 2017, 67(2): 1794-1808.

[17] ZHANG J, HU X, NING Z, et al. Joint resource allocation for latency-sensitive services over mobile edge computing networks with caching[J]. IEEE Internet of Things Journal, 2018, 6(3): 4283-4294.

[18] DING Y, LIU C, ZHOU X, et al. A code-oriented partitioning computation offloading strategy for multiple users and multiple mobile edge computing servers[J]. IEEE Transactions on Industrial Informatics, 2019, 16(7): 4800-4810.

[19] HUANG P Q, WANG Y, WANG K, et al. A bilevel optimization approach for joint offloading decision and resource allocation in cooperative mobile edge computing[J]. IEEE Transactions on Cybernetics, 2019.

[20] LUO Q, LI C, LUAN T H, et al. Collaborative data scheduling for vehicular edge computing via deep reinforcement learning[J]. IEEE Internet of Things Journal, 2020.

[21] GUO H, LIU J, ZHANG J. Efficient computation offloading for multi-access edge computing in 5G HetNets[C]// IEEE International Conference on Communications (ICC). IEEE, 2018: 1-6.

[22] HE J, ZHANG D, ZHOU Y, et al. A truthful online mechanism for collaborative computation offloading in mobile edge computing[J]. IEEE Transactions on Industrial Informatics, 2019, 16(7): 4832-4841.

[23] XU X, CHEN Y, ZHANG X, et al. A blockchain-based computation offloading method for edge computing in 5G networks[J]. Software: Practice and Experience, 2019.

[24] SHI W S, CAO J, ZHANG Q, et al. Edge computing: Vision and challenges[J]. IEEE Internet of Things Journal, 2016, 3(5): 637-646.

[25] FELD J. PROFINET-scalable factory communication for all applications[C]// IEEE International Workshop on Factory Communication Systems , Piscataway, Nj: IEEE, 2004: 33-38.

[26] CAO J, REN L, SHI W S, et al. A framework for component selection in collaborative sensing application development[C]// International Conference on Collaborative Computing: Networking, Applications and Worksharing. IEEE, 2014: 104-113.

[27] DACOSTA F. Rethinking the Internet of Things: A scalable approach to connecting everything[M]. Berkeley: Apress, 2013.

[28] WiFi network security statistics/graph[EB/OL]. http://graphs.net/wifi-stats.html/, 2016-12-03.

[29] Open mHealth. Open mhealth platform[EB/OL]. http://www.openmhealth. org /, 2016-12-07.

[30] CHUN B G, IHM S, MANIATIS P, et al. Clonecloud: Elastic execution between mobile device and cloud[C]// Proceedings of the Sixth Conference on Computer Systems. ACM, 2011: 301-314.

[31] JOACHIM F. PROFINET-Scalable factory communication for all application[C]// Proceedings of the 2004 IEEE International Workshop on Factory Communication Systems. IEEE, 2004: 33-38.

[32] CAO J, REN L, SHI W, et al. A framework for component selection in collaborative sensing application development[C]// Collaborative Computing: Networking, Applications and Worksharing (CollaborateCom), 2014 International Conference on. IEEE, 2014: 104-113.

[33] DACOSTA F. Rethinking the Internet of Things: A scalable approach to connecting everything[M]. Berkeley: Apress, 2013.

[34] SATYANARAYANAN M, BAHL P, CACERES R, et al. The case for vm-based Cloudlets in mobile computing[J]. IEEE Pervasive Computing, 2009, 8(4): 14-23.

[35] JACKSON K R, RAMAKRISHNAN L, MURIKI K, et al. Performance analysis of high performance computing applications on the Amazon web services cloud[C]// Cloud Computing Technology and Science (CloudCom), 2010 IEEE Second International Conference on. IEEE, 2010: 159-168.

[36] RAYCHAUDHURI D, NAGARAJA K, VENKATARAMANI A. Mobilityfirst: A robust and trustworthy mobility-centric

architecture for the future internet[J]. ACM SIGMOBILE Mobile Computing and Communications Review, 2012, 16(3): 2-13.

[37]　BREWER E. Inktomi's wild ride-A personal view of the Internet bubble[EB/OL]. https://curiosity.com/videos/inktomis-wild-ride-a-personal- view-of-the-internet-bubble-computer-history-museum/, 2016-12-07.

[38]　FOX A, BREWER E A. Harvest, yield, and scalable tolerant systems[C]// Hot Topics in Operating Systems, 1999. Proceedings of the Seventh Workshop on. Piscataway. Nj: IEEE, 1999: 174-178.

[39]　BREWER E A. Towards robust distributed systems[C]// Nineteenth ACM Symposium on Principles of Distributed Computing. New York: ACM, 2000: 7.

[40]　GILBERT S, LYNCH N. Brewer's conjecture and the feasibility of consistent, available, partition-tolerant web services[J]. Acm Sigact News, 2002, 33(2): 51-59.

[41]　ZHANG Q, ZHANG Q, SHI W, et al. Distributed collaborative execution on the edges and its application to amber alerts[J]. IEEE Internet of Things Journal, 2018, 5(5): 3580-3593.

[42]　LUO B, TAN S, YU Z, et al. Edgebox: Live edge video analytics for near real-time event detection[C]// 2018 IEEE/ACM Symposium on Edge Computing (SEC). IEEE, 2018: 347-348.

第7章　边缘计算资源调度

　　日益增长的任务计算需求给现有边缘计算网络中的资源造成了极大的挑战,需要进行资源合理调度以缓解该现状。此外,无论是从用户角度还是边缘服务提供商角度,进行合理的边缘计算资源调度能够满足任务处理性能需求和利益最大化的目的。为此,下面将介绍边缘计算中的资源调度研究。具体从应用场景、架构、性能指标、研究方向、研究方法等五个维度进行详细介绍,并列举了四个详细的例子。

7.1　资源调度概述

　　本节介绍边缘计算资源调度的背景、应用场景、架构以及性能指标。

7.1.1　背景

　　访问云计算中心提供的远程计算资源已成为大多数基于互联网应用程序的实际模型。通常,由用户比如智能手机、可穿戴设备、智慧城市或工厂中的传感器等生成的请求和数据都将传输到遥远的云中心进行处理和存储。事实上,预计到 2022 年,世界上将有 90 亿移动用户,移动通信量将增加八倍,加上近 176 亿的物联网设备需要发送数据[1],这将给云中心网络带来相当大的压力。在万物互联的背景下,边缘计算作为一种很有前途的技术能够有效地克服云计算实时性低、带宽不足、能耗大以及不利于数据安全和隐私等不足[2]。边缘计算将计算从集中式云推向接近用户的分散边缘,部署大量边缘节点,形成层次计算,从而使用户的应用请求处理更加弹性。

　　与云计算资源不同的是,边缘资源具有资源有限、异构性和动态变化等特点,其中资源有限表示资源受限的计算资源,因为边缘设备具有较小的处理器和有限的功率预算;异构性,即具有不同体系结构的异构处理器;动态变化,即它们的工作负载时刻在变化。

　　在边缘计算场景下,用户会产生大量的数据或者应用请求,由于请求类型和需求的不同,边缘设备的计算和存储能力也不同,且通信和网络资源在不同应用场景下各异。

因此，要使边缘计算在现实中成功应用，需要进行有效的边缘资源调度。一般来说，边缘资源包括计算资源、通信资源和存储资源。其中，部分只关注单一资源的研究会将实际物理资源抽象成虚拟资源（virtual resource），泛指任何类型的资源。边缘计算的资源调度包括以下两个层面。

① 以任务为中心的调度　用户的任务需要根据本身的需求进行一个最优决策：本地处理或调度到边缘服务器上处理。由于任务的不同资源需求和目标需求，调度到边缘服务器上要付出额外的能量、通信和时延等代价，所以，如何制定一个最佳的调度决策是边缘计算中的一个重要挑战。

② 以资源为中心的调度　由于边缘资源有限，且用户请求的负载动态变化，合理分配和配置边缘资源，包括边缘资源的部署、云边的协同计算、边缘之间的迁移计算以及边缘系统中服务的智能放置，以适应用户应用需求的变化并提高资源利用率和用户的服务质量需求，是边缘计算中的另一重要挑战。

近年来，有大量关于边缘计算资源调度的研究成果。通过广泛的调研和总结，本章将从五个研究维度进行讨论，包括应用场景、架构、性能指标、研究方向和研究方法，如图 7-1 所示。

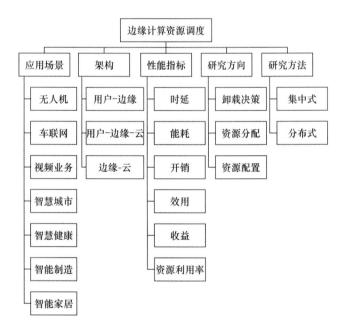

图 7-1
边缘计算资源调度研究框架

（1）应用场景。得益于各项先进技术的发展，边缘计算在许多应用场景中发挥其优势：①无人机，协助无人机执行任务，优化其飞行路径，降低时延和能耗等；②车联网，特别是自动驾驶领域；③视频业务，包括公共安全监控、虚拟现实和各类视频流分析；④智慧城市，设计边缘系统管理城市大数据；⑤智慧健康，实现个性化和智能化的医疗系统；⑥智能制造，实现智能化的工业制造；⑦智能家居，设计特定的边缘操作系统管理智能家居设备，降低网络带宽的负载。

（2）架构。目前的研究大体上可将边缘计算的资源调度架构可分为三种：①两层架构，包括用户层和边缘层之间的资源调度；②三层架构，包括用户层、边缘层以及云计算层之间的资源调度；③二层架构，包括边缘层与云计算层之间的资源调度。

（3）性能指标。边缘资源的调度，大部分研究的性能指标是时延、能耗和开销，也有一部分研究的指标包括资源利用率、系统效用和收益等。

（4）研究方向。边缘资源调度的研究方向非常丰富，可大体分为卸载决策、资源分配和资源配置这三类。其中，卸载决策和资源分配的研究热度最高，近年来有大量的研究成果。

（5）研究方法。边缘计算资源调度的研究方法主要分为集中式和分布式，大多数研究采用集中式方法。

7.1.2 应用场景

图 7-2 所示为边缘计算架构下的各种应用场景。基于现有相关研究工作，边缘计算的资源调度的应用场景大体上涉及无人机、车联网、视频业务、智慧城市、智慧健康、智能制造和智能家居等，如图 7-3 所示，接下来分别介绍。

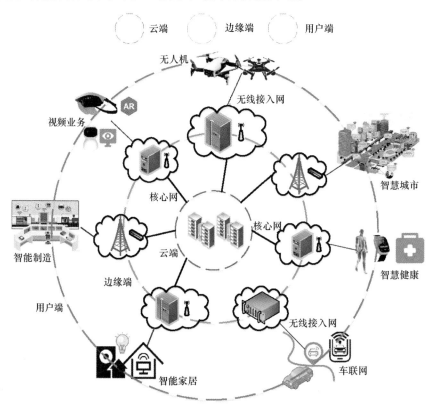

图 7-2
边缘计算架构下
的各类应用场景

图 7-3
边缘计算资源调度
的典型应用场景

（1）无人机。特别是低成本四旋翼无人机，正在经历爆炸式增长，并已广泛应用于民用和军用领域，如交通监测、公共安全、搜索救援以及灾害侦察和救援等。目前边缘计算资源调度在无人机应用领域的研究大致分为两个方向：①将无人机视为用户，无人机在一些计算密集型应用中其本身资源有限，无法满足任务需求，在这种情况下，无线网络的边缘如蜂窝基站提供类似云的计算服务，协助无人机进行计算[3,4]；②将无人机视为边缘计算资源，还有一部分研究利用无人机的移动便捷改善地面边缘设备的连通性，与传统的边缘设备协作，形成无人机支持的边缘计算系统，更好地为用户提供服务[5-8]。

（2）车联网。机器视觉、深度学习和传感等技术的发展使汽车的功能不再局限于传统的出行工具，而逐渐变为智能的、互联的计算系统，即车联网。车联网的出现催生了一系列新的应用场景，特别是自动驾驶。在智能车辆环境中，有大量的计算密集型应用，且 CAV 每天产生近 4TB 的数据，车辆本身的计算资源可能无法满足应用的低时延、高精度等需求，大量车辆数据也无法全部传到云端处理，所以边缘计算是提高车联网计算能力的一种有效方式。此外，考虑未来车辆的计算、通信和存储能力的增强且分布的广泛性，可将智能车辆视为边缘资源，为用户提供灵活的计算服务。目前，针对车联网环境中边缘计算资源调度的研究，可总结为两个方向：①将车辆视为用户，将车辆上的任务调度到边缘上（通常为路边单元）计算，减少任务延迟[9-13]；②将车辆视为边缘资源，有相当一部分研究把车辆作为边缘计算资源的补充，或者在车辆额外配置边缘服务器，为移动用户提供便捷的服务[14-16]。

（3）视频业务。随着交通摄像机、智能手机、车载摄像机和无人机摄像机等智能摄像机的爆炸式增长，对这些摄像机的视频处理业务推动了各种应用的发展，例如交通控制、自动驾驶、公共监控和安全以及 AR/VR 等。视频业务往往具有计算密集和数据量大等特点，由于智能设备体积小，存储和计算能力有限，所以如果在本地处理将是非常低效的；如果传到云端进行分析很容易耗尽网络带宽，并产生相当大的延迟。因此，将视频业务调度到边缘进行处理是满足严格时延和减少网络负载的可行方法。VideoEdge[17]、GigaSight[18] 和 LEAVEA[19]等，都是将视频业务卸载到边缘上计算的典型框架。还有一部分针对 AR 应用卸载的研究，其目标是降低延迟和能耗[20-22]。

（4）智慧城市。2016 年，阿里云提出了"智慧城市"的概念，实质是利用城市的数据资源来更好地管理城市。然而，智慧城市的建设所依赖的数据具有多样性和异构化的特点，且涉及居民隐私和安全的问题，因此将数据和应用请求在边缘计算模型中处理是一个很好的解决方案。有很多研究针对城市大数据设计边缘协作处理系统，以处理实时数据[23-25]。同时，也有研究对城市中边缘服务器的优化放置问题进行了大量研究[26-28]。

（5）智慧健康。医疗和公共卫生部门被美国国土安全部认为是关键的基础设施之一。云计算、无线宽带通信、体域网（body area network，BAN）和可穿戴设备的发展正在增强移动医疗服务，改善了医疗水平和医疗条件。然而，随着医疗数据成指数增长，处理和维护医疗系统成本越来越高。如今，将大量服务部署到边缘，在边缘处理医疗数据可以减少智能家庭中的医疗保健等应用程序的响应时间和降低带宽成本[29-31]，以及建立边缘协助的医疗系统可为医院等组织节省成本[32-34]。

（6）智能制造。智能制造是指通过人工智能和大数据技术实现智能工业运营。但在智能制造的应用领域中，一方面，对于工业实时控制的边缘设备的安全隐私的要求较高，即产生的数据需要本地化处理，另一方面，人工智能技术引入工业物联网中需要强大的计算能力来完成先进的故障预测、需求预测等大数据处理工作。因此，将边缘计算应用于智能制造中成为行业发展的方向，可改善性能、保证数据安全和隐私以及减少操作成本[35-39]。

（7）智能家居。随着智能设备的发展和丰富，智能家居系统已经达到商业成熟，其利用大量物联网设备（各类传感器和安防系统等）实时控制和监控居住环境。然而，随着家庭智能设备的增多、各种应用程序的低延迟要求以及大量数据的产生，将边缘计算应用到智能家居中是形势所趋。特别地，家庭数据极具隐私性，不适合放到云端处理。因此，很多研究学者针对智能家居环境下的边缘资源调度进行了大量研究[40-42]。

7.1.3 架构

在边缘计算资源调度研究中，出现了不同分层的资源调度架构。基于现有研究，对资源调度的架构进行了以下相关分析和总结。资源调度的架构大体可以分为三种，如图 7-4 所示。第一种是指涉及用户层和边缘层的"用户-边缘"架构[43-47]。第二种是包含用户层、边缘层和云计算层的"用户-边缘-云"架构[48-52]。第三种是包含边缘层和云计算层的"边缘-云"架构[53-57]。接下来将分别简要介绍这三种架构。

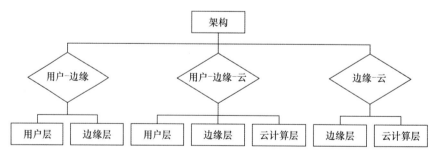

图 7-4
边缘计算资源调度的架构

1. "用户-边缘"架构

资源调度的"用户-边缘"两层架构一般包含用户层和边缘层，如图 7-5 所示，各层可以进行层间通信，各层的组成决定了层级的计算能力和存储能力，从而决定了各个层级的功能[58]。

（1）用户层。用户层又可以称为终端层，由各种 IoT 设备组成，如无人机[59]、车联网中的网联 CAV[60]、视频业务中的 AR 设备[21]、智慧城市中的监控公共安全的摄像头[61]、智慧健康中的医疗传感器[62]、智能制造中的 IoT 设备[63,64]、智能家居中的智能防盗检测器[35] 等。在用户层中,各种 IoT 设备不仅具备感知能力,还具有一定的存储和计算能力。用户层中的 IoT 设备源源不断地收集各类数据,可以直接将数据上传,也可以进行一定的处理,然后作为应用服务的输入上传。

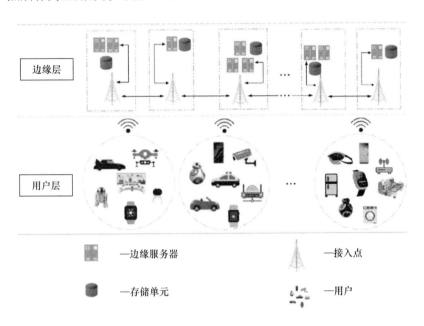

图 7-5
边缘计算资源调度"用户–边缘"架构

（2）边缘层。边缘层是由网络边缘节点构成的,广泛分布在终端设备与云计算中心之间。一般来说,边缘层与接入点部署在一起,如网关路由器、RSU、基站等。边缘层中的边缘节点具有比终端设备更强大的存储和计算能力。为了更加有效率地利用边缘层的资源,如何对计算任务进行分配和调度是值得研究的问题。边缘计算层通过合理部署和调配网络边缘侧的计算和存储能力,实现基础服务响应。

2."用户–边缘–云"架构

资源调度的"用户–边缘–云"三层架构一般包含用户层、边缘层和云计算层,如图 7-6 所示。相比于"用户–边缘"的两层架构,"用户–边缘–云"三层架构增加了一层云计算层,因此架构更加复杂,能够实现的资源调度功能也更强大。

（1）用户层。"用户–边缘–云"三层架构中的用户层与"用户–边缘"两层架构中的用户层一样,都是由各种 IoT 设备组成的。

（2）边缘层。"用户–边缘–云"三层架构中边缘层是三层框架的核心。边缘层接收、处理和转发来自用户层的数据流,提供智能感知、安全隐私保护、数据分析、智能计算、过程优化和实时控制等时间敏感服务。边缘层包括边缘网关、边缘控制器、边缘云、边缘传感器等计算存储和时间敏感网络交换机、路由器等网络设备,封装了边缘侧的计算、存储和网络资源。边缘层还包括边缘管理器软件、主要提供业务编排或直接调用的能力,操作边缘计算节点完成任务[65]。

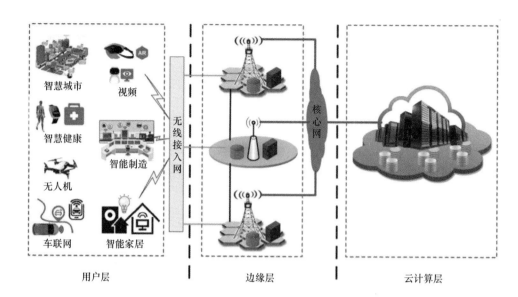

图 7-6
边缘计算资源调
度"用户–边缘–
云"架构

用户层　　　　　　　　　　边缘层　　　　　　　　云计算层

（3）云计算层。云计算层由强大的计算中心和存储单元组成，边缘层通过核心网接入云计算层。在用户-边缘-云的联合计算架构中，云计算是最强大的数据处理中心，边缘层的上报数据将在云计算中心进行长久性存储，有时候边缘层无法处理的分析任务和综合全局信息的处理任务仍需要在云计算中心完成。云计算层提供决策支持系统，以及智能化生产、网络化协同、服务化延伸和个性化定制等特定领域的应用服务程序。云计算层从边缘层接收数据流，并向边缘层以及通过边缘层向用户层发出控制信息，从全局范围内对资源调度和现场生产过程进行优化。除此之外，云计算中心还可以根据网络资源分布动态调整边缘计算层的部署策略和算法[58, 65]。

3. "边缘–云"架构

云计算中，大多数计算任务在云计算中心执行，这会导致响应延时较长，损害用户体验。根据用户设备的环境可确定数据分配和传输方法，采用基于边缘加速的网页平台（edge accelerated web platform, EAWP）模型改善传统云计算模式下较长响应时间的问题。许多研究团队已经开始研究解决云迁移在移动云环境中的能耗问题。边缘计算中，边缘设备借助其一定的计算资源，实现将云中心的部分或全部任务前置到边缘层执行。这种架构便是"边缘–云"架构，如图 7-7 所示。

在线购物应用中，随着网络通信技术的发展，以及电商商品多样化和低价格，消费者开始大量采用网络购物的方式。消费者可能频繁地操作购物车，默认条件下，用户购物车状态的改变先在云中心完成，用户设备上购物车内产品视图再更新。这个操作时间取决于网络带宽和云中心负载状况。由于移动网络的低带宽，移动端购物车的更新延时较长。目前，使用移动客户端网购变得流行，因此缩短响应延时，改善用户体验的需求日益增加。如果购物车内产品视图的更新操作从云中心迁移到边缘节点，这样会降低用户请求的响应延时。购物车数据可被缓存在边缘节点，相关的操作可在边缘节点上执行。当用户的请求到达边缘节点时，新的购物车视图立即推送到用户设备。边缘节点与云中心的数据同步可在后台进行。

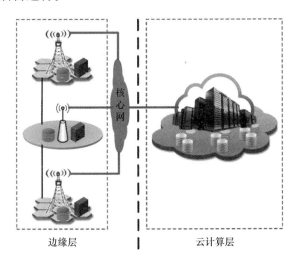

边缘层　　　　　　　云计算层

图 7-7
边缘计算资源调
度"边缘–云"架构

　　在移动视频转码应用中,移动设备上的在线视频流量在网络传输流量中呈指数增长[66,67]。随着移动流媒体的普及,对高带宽无线移动网络的需求不断增长,当前无线网络无法对移动用户提供满足用户体验的视频流质量,主要归因于:无线连接是动态的,因为网络链接具有波动性和用户具有移动性,其在多客户端部署中具有有限性;无线信道易不稳定。这些因素导致用户体验较差。针对无线网络的问题,研究者提出一些改善视频传输的方法,如自适应比特率流[53]、可伸缩视频编码 (SVC) [54]、渐进式下载[55] 等,而这些技术不能预先对视频进行处理。鉴于各种视频流预处理的难度,视频转码已成为视频数据传输的一种优化技术。视频转码技术对视频数据进行编码或将视频流设定为预先定义的格式,以克服多种视频格式的多样性和兼容性问题。视频转码应用与移动设备上视频格式适配,尤其当移动设备上存在不支持原始视频文件时,但是,视频转码会消耗较多的计算和存储资源,因此通常以离线方式在媒体服务器中执行。相关研究工作提出:视频转码在云端进行,转码后的视频存储在缓存中,此方法导致增加从云系统重定向视频流时的延迟,且不支持实时视频流,因为其是基于离线转码的。视频转码是优化视频数据的一种非常有效的方法,但它代价昂贵,难以应用于流媒体直播。

　　为此,文献[56]提出一种在无线边缘运行低成本的视频转码解决方案,而不是基于昂贵的服务器转码,如家庭 WiFi 接入点。研究者在低成本硬件上设计并实现一种实时视频转换解决方案。通过在无线边缘运行该转码技术,可为突发的网络动态提供更敏捷的适应性,能够将客户请求快速反馈,该转码方法具有透明性、低成本和可扩展性。因此,可以将其广泛和快速部署在家庭 WiFi APS (也可在蜂窝基站)。实验结果表明:相比其他比特率自适应解决方案,该系统可有效提高视频流的性能,在保证较高视频比特率的同时,不会造成视频抖动或重新缓冲。

　　边缘应用程序为获得最优的结果,通常需要保障较低的响应延时和较高的能耗。美国乔治·华盛顿大学的 Li 团队研究表明[57]:随着边缘应用响应延时的降低,边缘层所消耗的能耗会不断增加，而大多数边缘应用，如媒体数据处理、机器学习和数据挖掘等，最优的处理结果也不一定是必需的；反之，次优化的处理结果已经满足用户对该类应用的需求[68]。为此，该研究团队基于一种面向移动边缘计算的新的优化维度——质量评价（quality-of-result，QoR），提出一种 MobiQoR 架构，以期权衡边缘应用中对响应时间和额外能耗的需求，在该类应用中，降低部分 QoR 将会减少边缘应用的低延迟以及高能耗。这个度量 QoR 取决于应用程序域和相应的算法，如在线推荐算法，可以预测值与实际分数之间的归一化平均测量误差；对于目标识别而言，QoR 可以定义为对对象或模式的识别正确百分比。

移动边缘环境，结合现有分布式终端（边缘节点、微数据中心路由器和基站等），利用计算任务可分割、卸载和并行处理的特点，MobiQoR 架构实现优化目标的次优化，实现计算任务卸载优化和 QoR 决策，同时保证计算结果的质量满足最终用户体验。

7.1.4 性能指标

在边缘计算资源调度研究中，有很多不同的性能指标。其中，时延和能耗是两大关键指标，多数研究都会考虑这两个因素，并以此作为资源调度优化目标。此外，以降低边缘系统开销为目标的研究也很多，这部分工作往往是将时延和能耗建模为边缘系统开销，因此开销是一个综合性能指标。相似地，边缘效用和收益也是各种服务质量指标建模得到的综合指标，归根结底是为了提高用户的服务质量、减少边缘系统的任务处理成本。此外，也有部分针对边缘资源提供商的资源配置的研究，其性能指标会涉及资源利用率，旨在提高边缘资源的使用效率。基于现有研究工作，边缘计算资源调度的性能指标大体上可分为时延、能耗、开销、效用、收益和资源利用率等六个指标，如图 7-8 所示，接下来分别介绍。

图 7-8
边缘计算资源调
度的性能指标

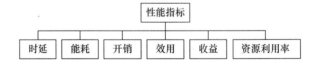

1. 时延

时延是影响用户体验的重要性能指标。对于时延敏感型应用，以降低时延为优化目标，设计合理任务卸载算法是边缘资源调度的主要热点之一。主要研究难点是，边缘系统中计算资源和通信带宽有限，多个时延敏感型任务同时向边缘进行计算请求，不仅需要考虑任务的时延要求，还要权衡资源容量以及能耗等限制，从而形成一个复杂的优化问题。一般来说，边缘计算资源调度中的时延包含三个部分：①任务从用户到边缘的传输时间；②任务在边缘处理的时间（包括排队等）；③计算结果从边缘返回用户的时间。当前的研究思路，一般是针对具体应用场景建立时延模型，并考虑各种限制条件，形成以降低时延为目标的优化问题，然后通过各种算法进行有效的解决[69-74]。

2．能耗

对边缘系统中的用户，特别是小型的智能设备，能耗是影响用户体验的重要因素。所以，降低能耗是用户任务调度研究中的重要目标。边缘计算资源调度中的能耗主要包括三个部分：①任务在用户本地计算产生的能耗；②任务传输到边缘产生的能耗；③任务在边缘计算完成产生的能耗。以降低能耗为主要目标的研究参见文献[75]～[79]，同时，也有大量研究成果以同时降低时延和能耗为目标[6, 80-83]。还有部分工作考虑了用户设备可以进行无线能量收集，从而提高设备的工作时间[84-87]。

3．开销

以最小化边缘计算系统开销为性能指标的研究一般是在满足用户服务质量的条件下建立的综合性能指标。当任务卸载处理时，其开销包括能耗开销（传输和处理任务）、利用通信信道进行传输的开销以及在边缘处理任务的开销。当前的研究，一般是通过建立不同的开销模型，以最小化开销为目标，寻求最佳的解决方案[29, 88-91]的。

4．效用

边缘计算中效用的概念一般是指边缘用户在某一资源调度方案下，获得对所关心性能指标的满意度。效用由效用函数来表示，根据不同的性能需求，效用函数由不同的服务质量参数来表示。例如，获得的数据传输速率、处理任务所需要的时延、消耗的能量、需要的开销等等。效用函数往往都是将这些参数进行数学变换，如求倒数、求对数以及将它们进行加权求和等。从而建立不同服务质量参数综合的问题模型，以最大化系统效用为目标，设计有效的优化算法[10, 46, 76, 92, 93]。

5．收益

边缘计算资源调度的收益一般是从边缘服务提供商的角度来衡量的。边缘服务提供商为用户部署、分配和调度边缘资源，其利润收益是用户支付汇总与能耗等运营成本之间的差额。这一性能指标多为资源配置研究工作中。从边缘资源提供者的角度出发，在满足用户一定服务体验的条件下，建立最大化资源提供者收益的问题模型，采用诸如博弈论、竞价以及拍卖等方法来解决[94-97]。此外，也有一些研究工作以最大化边缘社会福利为目标[98-100]，其本质与收益是相似的。

6．资源利用率

相似地，资源利用率这个性能指标也是从边缘资源提供商的角度进行衡量的。因为边缘服务器资源相对于云服务器资源是很有限的，而随着用户的增加，边缘资源的利用率显得尤为重要。合理的调度策略，可以充分利用边缘资源，并同时达到用户需求。通常以资源使用量和资源总量的比值作为优化目标，结合具体应用场景，建立优化模型并解决[74, 101-104]。

7.2　资源调度的研究方向

近几年来，出现了大量关于边缘计算资源调度的工作。资源调度的研究内容很广泛，为了能够了解边缘计算的资源调度到底在调度什么，有哪些研究内容和方向，本节根据研究内容的不同，将边缘计算资源调度分为卸载决策研究、资源分配研究和资源配置研究等三个具体的研究方向，如图 7-9 所示，供读者参考。其中，卸载决策的研究根据卸载的多少又细分为 0/1 卸载和部分卸载。资源分配的研究根据资源的不同又细分为通信资源（如信道、功率、带宽、时隙等）、计算资源（CPU 资源、VM 资源块）、存储资源。资源配置的研究根据是否在用户层进行又可以分为任务分配和资源放置。接下来对每个研究方向分别加以介绍。

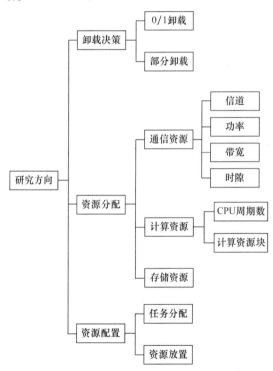

图 7-9
边缘计算资源调度的研究方向

7.2.1　卸载决策

边缘计算系统中由于用户层中设备大多是资源受限的，需要完全或者部分地将计算密集型任务卸载到资源充足的地方进行处理，卸载的目的地可以是有空闲资源的其他用户设备，也可以是计算能力更强大的边缘层中的服务器，或者更进一步卸载到云计算层的计算中心。计算卸载主要解决用户层中的各种设备在资源存储、计算性能以及能效等方面存在的不足。

　　计算卸载可以减轻核心网的压力，降低因带宽传输带来的时延。例如，出于安全考虑的视频监控系统，传统的监控系统由于设备处理能力有限，只能通过视频监控系统捕获各种信息，然后将视频送到云端的监控服务器上，从这些视频流中提取有价值的信息。但是这种方式会传输巨大的视频数据，不仅加重核心网的流量负载，而且存在较高的延时。计算卸载技术可以直接在离监控设备很近的边缘服务器上直接进行数据分析，这不仅减轻了网络压力，而且解决了监视系统的能耗等瓶颈问题。同时，物联网技术的发展也需要计算卸载技术的支撑，由于物联网设备的资源通常是有限的，若要达到万物互连的场景，就需要在终端设备受限的情况下，需要将复杂的计算任务卸载到边缘服务器。计算卸载技术不仅有助于物联网的发展，而且能降低终端设备的互联准入标准。此外，计算卸载技术也促进了零延时容忍新兴技术的发展。例如，在车联网服务、自动驾驶等领域，车辆需要通过实时感知道路状况、障碍物、周围车辆的行驶信息等，这些信息可通过计算卸载技术实现快速计算和传输，从而预测下一步该如何行驶[105]。

　　作为计算卸载问题中的重要研究方向之一，卸载决策研究的是用户终端要不要卸载、卸载多少的问题。按照计算任务是否可分，卸载决策又可分为 0/1 卸载[106-108] 和部分卸载[6,46,109]。0/1 卸载是指计算任务要么全部在本地处理，要么全部卸载到其他地方处理。0 和 1 是任务是否卸载的标志，一般来说，0 表示任务全部在本地处理，1 表示任务全部进行卸载处理。当任务全部在本地处理时，任务完成的时间、能耗、开销仅仅由本地处理的时间、能耗、开销决定，并且仅仅受本地处理能力的影响。当任务全部卸载处理时，任务完成的时间通常包括数据传输时间和数据处理时间两部分。同样地，任务完成的能耗包括数据传输能耗和数据处理能耗。任务完成的开销包括数据传输开销和数据处理开销。此时，影响任务处理的性能包括信道条件、带宽大小以及卸载目的地处理能力等。

　　部分卸载是指计算任务可拆分，并且一部分在本地处理，另一部分卸载到其他地方处理。部分卸载的研究是确定一个完整的任务中有多少可以卸载到地方进行处理，通常会设置一个百分比，称为"卸载率"，表示卸载的任务数据量占整个任务数据量的比重。部分卸载涉及两部分任务处理，其一是本地处理部分，其二是卸载的目的地处理部分。因此，任务完成的时间、能耗、开销由本地处理部分和卸载部分的时间、能耗、开销共同决定。影响任务处理的性能除了信道条件、带宽大小以及卸载目的地处理能力外，还包括本地的处理能力。

7.2.2　资源分配

　　作为计算卸载问题中的另一个重要的研究问题，资源分配研究的是在计算卸载的过程中，如何合理分配边缘系统中的资源完成卸载、任务处理。在边缘网络下对资源进行有效的分配十分重要。从宏观角度来说，因为在无线网络资源有限的条件下，其所能承载的业务能力也是有限的，通过高效的资源分配来提高边缘计算系统中网络吞吐量和资源利用率，可以实现为更多的用户服务。从微观角度分析，各种网络业务均是为用户提供服务，为了考虑各个用户的需求，资源应最大限度地满足用户的需求，合理有效的资源分配可以提升用户体验。基于现有的研究工作，对于资源分配的研究大体上可以将资源总结为三类，即通信资源、计算资源、存储资源，接下来分别介绍。

1. 通信资源

通信资源指的是边缘计算网络中的无线资源，在任务卸载过程中需要用其进行任务数据传输。在边缘计算资源调度的研究中，对通信资源分配的研究一般分为功率控制、信道分配、带宽分配等。功率控制研究的是用户应该采用多大的发射功率进行数据传输和卸载，根据香农定理，在环境不变的情况下，发射功率越大，数据传输速率就越大，因此任务卸载需要的时间就越短[75, 110]。信道分配研究的是每一个用户可以得到多少无线信道进行任务数据传输。信道按照是否正交，又可以分为正交信道[76]和非正交信道[92]。通过正交信道传输计算任务数据，不会受到其他信道的干扰。通过非正交信道传输计算任务数据，信道间会相互干扰。在 5G 中，这种干扰可以在接收端通过串行干扰消除（SIC）技术消去。按照频域和时域划分，信道又可以分为频分复用信道[111]和时分复用信道[21]。带宽分配研究的是给每一个无线信道分配多大的带宽。同样根据香农定理，在环境不变的情况下，带宽分配得越多，数据传输速率就越大，因此任务卸载需要的时间就越短。

2. 计算资源

用户的计算任务需要通过计算资源进行处理。研究计算资源分配即是决定对于用户的某个计算任务到底要分配多少 CPU 周期数、多少计算资源块。当处理计算任务时，分配的 CPU 周期数越多，处理时间就越短，能耗也就越高。如果当计算任务在本地处理时，还可以通过动态电压频率调整技术（dynamic voltage frequency scaling，DVFS）动态调整 CPU 频率满足能耗的要求[112]。对于边缘服务器和云计算中心来说，不仅需要确定给卸载的计算任务分配多少 CPU 周期数，还需要确定分配多少计算资源块。

3. 存储资源

边缘计算中的存储资源用于将一些热点内容（如点播视频、AR/VR、道路监控等）缓存到网络边缘，可以减少服务响应时间以及减轻网络的负担。存储资源对于扩展边缘计算在服务能力中的优势十分重要。例如，通过将部分视频内容缓存在边缘服务器上，如果用户请求的视频已被缓存，则边缘服务器就可以直接提供，而不用通过网络去原服务器下载，减少了重复内容在核心网的传输，增加了网络资源利用率，并且提升了用户体验[113]。对于存储资源分配的研究主要包括缓存内容选择和缓存位置选择。缓存内容选择问题研究的是在有限的存储资源下确定需要缓存哪些内容，缓存位置选择问题研究的是将需要缓存的内容放置到哪里。

以上分别介绍了资源分配中的三种资源。实际上，通信资源、计算资源、存储资源在边缘计算资源调度中往往不是单独分配的，很多研究工作都会结合它们中的两者或者三者同时建模和联合优化分配[114-118]。

7.2.3　资源配置

由于用户的请求负载随时间而变化，边缘计算系统时刻经历工作量的波动。这些波动的负载可能导致资源配置过度提供或者配置不足等问题。资源配置过度，即为特定用户分配的资源大于用户需求的实际负载，此时边缘系统可能需要付出不必要的代价。另外，资源配置不足会给用户分配的服务资源小于用户需求的实际负载，致使用户质量体验差甚至无法完成用户任务，从而导致用户的损失。因此，给用户动态配置适当数量的边缘资源以尽量减少系统成本并同时满足服务质量要求是非常重要的。通过对当前研究工作的分析和总结，资源配置的研究可分为两类：①任务分配，从用户角度出发进行被动的资源配置，边缘计算中任务分配问题是指用户任务和边缘资源之间的最佳放置和匹配计划；②资源放置，从资源提供者角度出发进行主动的资源配置，包括云端服务下放到边缘端、边缘服务器的优化部署、边缘资源的数量分配和边缘虚拟资源服务的放置问题等。下面分别对这两类列举一些相关的研究工作。

1．任务分配

为了通过建立小规模的边缘计算服务缩短用户的任务延迟，Yang 等[119] 首先对边缘计算中任务完成建立时延模型，并分析了不同设备的能耗，然后研究了如何将 Cloudlet 放置在边缘网络上，并将每个请求的任务分配给 Cloudlet 和公共云。Mahmud 等[120] 提出了一种对延时敏感应用的模块策略，在满足不同应用程序延时要求的分布式边缘节点上有序部署。主要算法包括关于任务模块的放置和关于任务模块向空闲模块的非活动资源转发。Zeng 等[121] 提出了一种具有任务图像放置算法的三步任务分配框架，以最小化边缘计算中请求的计算延时，并采用软件定义网络（SDN）。Fan J 等[122] 提出了一种面向截止时间的任务分配机制，以多维 0/1 背包的形式建立了任务调度问题，并采用一种基于蚁群优化提高边缘计算系统总利润的高效任务分配算法，同时满足了任务的截止日期和资源约束。总之，这一类研究在边缘资源有限下多以减少任务延迟为目标，研究如何将资源分配给任务，以达到理想的用户体验。

2．资源放置

关于资源放置，有一部分研究重点是如何放置边缘服务（虚拟）或者边缘服务器。边缘服务的位置和数量对边缘计算网络的成本和用户的平均延迟都有至关重要的影响。Fan 和 Ansari [123]提出了移动边缘计算成本感知的 Cloudlet 放置，考虑了 Cloudlet 部署成本和用户的平均延时。采用基于 Lagrange 的启发式算法实现次优解，并考虑了用户的移动性设计一种工作负载分配方案最小化用户与 Cloudlet 之间的延时。边缘节点放置引起对部署和操作支出、当前回程网络能力和非技术放置限制等的关注，在文献[124]中，作者提出了一个新的边缘节点放置框架，旨在减少部署和操作边缘计算网络时的总体费用，该框架针对节点放置问题实现了几种放置和优化策略。此外，有相当一部分研究是针对资源配置中的服务放置问题的。一方面是从云端下放到边缘端的服务放置，He 等[125] 讨论了云到边缘的数据服务放置，以最大化所服务的请求的数量为目标；Wang 等[126]考虑基于用户移动性的虚拟现实应用服务放置，以提高边缘数据中心的经济收益，并为用户实现满意的服务质量；Yousefpour 等[127] 提出了一种边缘数据中心动态提供服务的方法，以满足服务质量要求、服务水平协议要求和最小化资源成本为目标。另一方面是边缘端针对用户需求进行的服务放置。到目前为止，在这一类服务放置研究的文献中，目标函数和约束是通过考虑边缘计算环境的各个方面来确定的，如应用（或服务）体系结构、边缘体系结构、边缘-云体系结构、网络条件以及网络拓扑等。Choi 和 Ahn[27]提出一种基于逻辑边缘网络的服务放置机制，满足用户的服务需求和边缘节点的资源限制。所提出的服务放置机制目标是最小化放置在边缘节点上的服务数量，以优化边缘节点的资源利用率。文献[49]研究了可伸缩物联网服务的负载分布和布局，包括垂直和水平，以尽量减少由于边缘计算资源限制而可能违反其 QoS 的情况。相似地，Yousefpour 等[127] 引入了动态边缘计算服务提供问题，即动态地在边缘资源上部署物联网服务，以满足服务延迟和带宽使用等 QoS 要求。

值得注意的是，近两年以无服务器计算为架构的边缘资源配置研究备受关注。无服务器计算是在资源提供者上运行用户指定功能的一种新兴范式，具有无限的可伸缩性。其中，Suresh 和 Gandhi [128] 提出了 FnSched 边缘资源配置框架，旨在满足用户性能需求的同时最小化供应商资源或者成本。FnSched 通过仔细调节每个资源配置器上的资源使用，以及通过将负载集中在少数资源配置器上以响应不同负载来实现自动缩放的能力。此外，Aske 和 Zhao[129] 提出了一个支持多边缘资源提供者的无服务器计算的 MPSC 框架。MPSC 实时监控无服务器提供商的性能，并调度用户的应用任务到合适的资源上。

根据上述研究工作，从性能度量的角度来看，大多数研究并不是同时考虑资源配置问题中的所有 QoS 参数，例如，一些方法侧重于延迟、能耗和成本，而另一些方法则侧重于吞吐量和资源利用率等。从研究技术来看，大多数资源配置方法采用集中式算法，特别是采用基于启发式算法的研究最多。从研究内容的角度来看，服务放置的研究最热。随着无服务器计算架构的引入，未来应该会有更多研究投入到基于无服务器计算的边缘资源配置中。

7.3 资源调度的主要技术

要实现边缘计算资源的合理调度，达到所需性能指标的目的，就需要合理的调度策略和技术。近几年来涌现出了许多资源调度的技术，基于现有的研究工作，本节将资源调度的主要方法根据是否需要控制中心收集全局信息分为集中式方法和分布式方法，如图 7-10 所示。其中，集中式资源调度方法包括传统的凸优化、近似算法、启发式算法、智能算法、机器学习算法等。分布式资源调度用到的方法主要有：博弈论、匹配理论、拍卖方法、联邦学习、区块链等。下面将分别加以介绍。

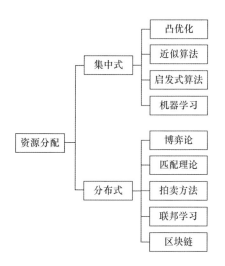

图 7-10
边缘计算资源调
度的主要技术

7.3.1　集中式方法

在边缘资源调度研究中，大多数工作采用的是集中式方法，集中式方法需要基于用户和边缘的相关信息进行集中决策，得益于全局信息，往往可以获得很好的调度效果。现有的集中式方法工作包括基于凸优化算法、近似算法、启发式算法和基于机器学习算法。下面将对每一类算法进行相关研究工作介绍。

1．基于凸优化算法

无论是计算卸载、资源分配还是资源配置研究，其建立的优化问题模型通常都是非凸的 NP 难问题。其中，有相当一部分研究工作的解决思路是先将非凸优化转化为近凸优化或凸优化问题，从而采用可行的凸优化方法。Deng 等[35] 研究了物联网系统能耗可续性和低延时问题，建立了 NP 难问题的优化模型，并采用基于 Lyapunov 技术来解决。同样，还有很多研究者采用 Lyapunov 技术进行研究[130-133]。Liu 等[90] 研究了面向代码分区的计算卸载策略，以确定用户任务的执行位置、CPU 频率和传输功率，同时最小化用户的执行开销，显然这是一个 NP 难问题。为了达到目标，作者现将问题转化为凸优化问题，提出一种分散的计算卸载策略试图找到最优解。Kherraf 等[134] 将边缘计算资源配置问题建模成一个混合整数程序，由于问题的非凸性，提出了一种分解方法进行解决。同样的，在 Saleem 等[135]、Wang 等[136,137]、Yang 等[138]的工作中，也采用分解方法解决凸优化问题。Li 等[59] 研究了无人机场景中的计算卸载问题，将得到的凸优化问题，采用 Dinkelbath 算法和逐次逼近（SCA）技术求解。类似地，文献[7]对无人机场景下的卸载、CPU 控制以及轨迹优化问题中，也采用了 SCA 技术求解凸优化问题。Tan 等[117] 从异构服务的角度出发研究了边缘计算中虚拟资源分配问题，考虑了用户关联、功率控制和资源（包括频谱、缓存和计算）分配。由于联合优化问题是非凸的，他们进行了必要的变量松弛和重新计算，将原问题转化为凸优化问题，并采用交替方向乘子法得到了复杂度较低的最优解。此外，还有 Zhou Z 等[13]、Yang 等 [138]、Zhou Y 等 [139] 的工作采用了交替方向乘子法。Xu 等[140] 研究了不同环境下的计算卸载，考虑能耗和系统成本建立了非凸优化模型，并采用分支约束和穷举方法进行解决。

从上述文献分析，可以总结出目前关于边缘资源调度研究工作，采用基于凸优化算法解决的主要技术包括：Lyapunov 技术、分解技术、交替方向乘子法以及分支约束等。基于凸优化的技术可以取得理想的优化效果，但算法复杂度偏高。

2. 近似算法

由于边缘计算中资源调度问题一般都为非凸的 NP 难优化问题，除了绕过转化为传统的凸优化方法外，还有一部分研究通过各种近似算法试图获得次优解。Badri 等[141]针对用户应用分配问题，将能量感知的用户应用在边缘计算系统中的放置问题建模为一个多级随机程序，目的是最大化系统的 QoS。为了解决这一问题，他们采用了一种并行样本平均近似算法并获得了有效解。Guo H 等[142]提出了一种近似协同卸载方案解决云–边缘的协同卸载问题。Guo Y 等[143] 研究了边缘–云放置问题，将其描述为一个多目标优化问题，目的是平衡边缘–云之间的工作量，最大限度地减少移动用户的服务通信延时。为此，他们提出了一种采用 k 均值和混合二次规划的近似方法解决多目标优化问题。Meng 等[144] 将计算卸载问题建模为无限视届平均成本 MDP，基于近似优先级函数，提出了一个封闭形式的多级计算卸载方案。Lu 等[145] 对边缘计算中的多用户资源配置问题建模，并采用本地搜索的近似算法解决 NP 难问题。Pasteris 等[146] 研究了在边缘系统中放置多个服务最大化收益问题，证明该问题是 NP 难的，并提出一种确定性的逼近算法解决这个问题。文献还研究了云–边缘计算的垂直和水平卸载问题，将其描述为一个工作量和容量优化问题。由于问题是 NP 难的，作者进一步发展了一种近似算法，该算法采用分支和有界方法迭代地获得最优解。

综上相关文献工作，采用近似算法的研究方向集中在计算卸载和资源配置。基本思想都是利用现有的近似算法解决建立的 NP 难问题，包括松弛、有界、本地搜索以及动态规划等技术。近似算法相比于基于凸优化的算法复杂度有所降低，但无法保证一定能够在多项式时间内找到局部最优解。

3. 启发式算法

如今，解决 NP 难问题最流行的是采用启发式算法，包括简单启发式和元启发式。在边缘计算资源调度研究中，采用简单启发式算法的多为贪婪算法，也有部分工作采用局部搜索算法。Badri 等[141] 研究了边缘资源配置以求服务提供商利益最大化，并提出了一种贪婪算法，在多项式时间内提供一个次优解。相似地，还有很多研究者采用贪婪思想设计启发式算法解决建立的 NP 难问题[147-150]。Fan 和 Ansari[123] 提出一种 Lagrange 启发式算法解决 Cloudlet 放置问题。Meng 等[151] 联合研究了边缘服务器放置和用户应用分配问题，并提出了一种基于局部搜索的启发式算法有效解决了问题。相似地，Zhang 等[79] 也采用局部搜索的启发式算法解决了边缘计算中工作量分配和资源配置问题。启发式算法中的元启发式算法在各个领域都得到了广泛应用，其中包括遗传算法、蚁群算法、粒子群算法、模拟退火以及禁忌搜索等。Canali 和 Lancellotti[152] 针对服务放置问题设计了一种基于遗传算法的启发式算法。由于边缘计算资源调度研究中，存在多目标优化问题，有一些研究者采用基于非支配排序的遗传算法进行解决[153, 154]。另外，Chen 等[155] 提出一种基于遗传算法的粒子群优化算法，探讨了边缘计算中任务工作流的放置策略。结合遗传算法的交叉和变异操作和粒子群优化的快速收敛特点，有效解决了问题。相似地，Lin 等[156] 针对边缘计算中任务工作流的放置问题，提出了一种具有遗传算子的自适应离散粒子群优化算法。还有很多研究者均采用了基于粒子群优化的启发式算法解决复杂的资源调度问题[157, 158]。Wu 等[14] 对于车联网中任务调度问题设计了一种基于禁忌搜索的启发式算法。Huang 等[159] 研究了计算卸载和资源分配问题，用一种基于蚁群的启发式算法解决了上层优化问题。

总之，采用启发式算法解决边缘计算资源调度中 NP 难问题的研究使用贪婪算法和遗传算法这两个技术的更多。简单的启发式算法搜索高效，但容易陷入局部最优解；元启发式算法参数过多，计算结果难以重用，无法快速有效地进行参数整定。

4. 基于机器学习算法

近年来，由于机器学习技术的发展，先进的人工智能技术在各个领域得到了应用，例如深度学习和强化学习。在边缘计算资源调度研究中，传统的方法（如凸优化和近似算法等）都是静态地解决复杂的优化问题，不能基于动态环境做出最优决策。与边缘环境交互的同时设计资源调度策略可建模为 MDP，而强化学习是解决 MDP 问题的有效方法，所以有很多工作将强化学习和深度学习应用到边缘计算的资源调度中。Guo 等[160] 提出了一种基于区块链的移动边缘计算框架，定义状态空间、动作空间和奖励函数，将优化问题描述为 MDP 过程。为了处理边缘系统的高动态性，提出一种新的深度强化学习来解决问题，该方法采用深度 Q 网络（deep Q-network，DQN）。相似地，Lin 等[36] 也用 DQN 方法解决了基于边缘计算的智能制造的决策问题。同样将优化问题描述为 MDP 过程，Liu 等[90]、Xiong 等[102] 和 Zhai 等[42] 分别研究了物联网用户的任务卸载、资源分配和请求调度问题，并都使用 DQN 学习最优策略。Lu 等[161] 利用 LSTM 网络层和候选网络集结合边缘计算的实际环境对 DQN 算法进行了改进，取得了更好的性能。文献[162]提出了一种新的基于 SDN 的边缘 Cloudlet 的强化学习优化框架，用于解决无限边缘计算中的任务卸载和资源分配问题，作者设计了一种基于 Q 学习和合作 Q 学习的强化学习方案。Shen 等[163] 研究了计算卸载优化问题，证明该问题是 NP 难的，然后基于深度强化学习（deep reinforcement learning，DRL）和联邦学习提出一种不同于传统的卸载方法。除了深度学习和强化学习之外，也有一些研究采用了其他机器学习方法。例如，Miao 等[164] 基于 LSTM 算法对用户计算任务进行预测，从而优化边缘计算卸载模型；Yu 等[165] 将卸载决策问题描述为一个多标签分类问题，并采用了深度监督学习方法。

综上所述，可以发现目前研究边缘计算资源调度，使用机器学习算法的大多数是计算卸载的方向，并偏向使用强化学习和深度学习以及它们结合的 DQN 方法来解决问题。

7.3.2　分布式方法

在边缘资源调度研究中，除了采用集中式方法外，还有部分研究采用分布式方法，包括博弈论、匹配理论、拍卖方法、联邦学习以及区块链等，下面将对以上几种分布式方法进行介绍。

1．博弈论

博弈论作为运筹学的一个分支，在经济学中得到了广泛的应用。有趣的是近些年来，在计算机科学领域也越来越多地使用到了博弈论的知识。利用博弈论进行资源管理的一般方法是基于其一些解决方案的概念（如纳什均衡理论）及其精练或扩展，来获取网络实体的行为策略，并以此分析竞争边缘资源的实体用户之间的决策行为。在博弈的过程中，参与者都是理性的，会意识到自己的利益受到对方的影响，又同时影响对方，即可以通过改变自己的方案制衡对方的方案，以此来实现每个参与者自身利益最大化或者整体利益最大化。Guo 等[166] 研究了如何在 5G 环境下设计有效的计算卸载方案，以达到在给定无线信道条件约束下最小化所有移动用户的计算开销，为此提出了一种基于博弈论的计算卸载方案。Yang 等[167] 研究了基于正交频分多址的多设备多边缘服务器系统中，具有不同利益要求的用户设备的计算卸载策略。为了联合优化在移动用户的能量消耗和计算时延，该文献同样提出了一种利用博弈论分析各个用户之间卸载策略的方法，并证明了该博弈存在纳什均衡。达到纳什均衡状态后，每个用户设备的选择均是最优卸载决策。相似的工作还有 Wang 等[168]、Asheralieva 和 Niyato[169]、Guo 和 Liu[170] 的工作。

2．匹配理论

匹配理论同样是经济学的一个子领域，是分布式资源管理和调度的一个很有前景的理论。匹配理论允许低复杂度的算法操作为资源分配问题提供分布式的自组织解决方案。在基于匹配的资源分配中，每个代理（如边缘节点、无线电资源和发射机节点）使用偏好关系对另一组进行排序。匹配的解决方案能够根据偏好为用户分配资源。匹配的定义是：对于一个给定的图 $G = (V, E)$，这幅图的一个匹配 M 是图 G 的一个子图（由原来的图的一部分顶点和一部分边构成的图），其中每两条边都不相邻（没有公共顶点）。在匹配图中，一个顶点连出的边数至多是一条。如果这个顶点连出一条边，就称这个顶点是已匹配的。Gu 等[171] 研究了边缘计算系统中在用户设备和边缘服务器的计算能力、无线信道条件、时延等约束条件下，如何合理进行计算任务的分配，以减少能耗的问题。为此，该文献利用一种“一对多”匹配理论进行建模分析并提出了一种基于启发式交换匹配的算法解决该任务分配问题。Liu 等[172] 研究了在车联网边缘计算（vehicle edge computing，VEC）中如何进行任务卸载以优化时延的问题。为此，该文献提出了一种基于定价匹配的算法，该算法同时考虑了“一对一”匹配和“一对多”匹配的方法。相似的工作还有 Xiao 等[46]、Liao 等[63]、Gu 和 Zhou[173]、Yu 等[174]，以及 Chiti 等[175]在做。

3．拍卖方法

与基于博弈论和匹配理论的资源调度方法类似，拍卖方法也是从经济学中继承下来的，用于资源管理和调度问题。基于拍卖方法的资源调度算法提供多项式复杂性解决方案，被验证可以获得接近最佳的性能。拍卖过程随着招标过程而演变，其中未分配的代理同时提高成本和投标资源。一旦所有代理商的投标都可用，资源将分配给出价最高的投标者。He 等[99] 考虑将用户层中一些移动设备（mobile devices，MDs）的闲置计算资源合理利用起来，其他用户的计算任务则可以卸载到 MDs 进行处理；提出了一种基于拍卖的奖惩机制，鼓励用户社 MDs 进行协作，从而最大化系统的利益。同样地，文献[176]研究了在具有能量收集功能的边缘计算系统中，如何进行用户计算任务的分配和卸载；提出了一种基于拍卖的机制：有计算需求的 IoT 用户广播计算任务和相应的奖励，有空闲资源的 MDs 收到计算请求后首先分析处理该任务的价值，然后通过向系统提交投标来竞争处理任务。通过该机制，可以最大化所有 MDs 收到的长期奖励累计和。相似的工作还有 Sun 等[64]、Li 和 Cai[98]、Jiao 等[100]、Lei 等[177]，以及 Li L 等[178]在做。

4．联邦学习

联邦学习是一种机器学习技术，可在拥有本地数据样本的多个分布式设备之间训练边缘计算资源调度算法，而无须交换数据样本[179]。联邦学习是一种分布式的机器学习算法，它不仅利用了机器学习在解决动态资源调度问题上的优势，还加以发展与改进。利用联邦学习进行边缘计算资源调度具有如下特点与优势：①由于训练在单个用户设备上进行，不需要上传数据到数据中心进行集中训练，不仅保护了用户的隐私，还减轻了无线信道的数据传输负担。②用户上传各自训练模型的参数，各个用户的参数进行综合然后反馈给用户，减少了用户独自训练的时间。

利用联邦学习在解决边缘计算资源调度问题上具有优势，Ren 等[180] 研究了具有能量收集功能的 IoT 设备的计算任务卸载问题。为了联合分配通信和计算资源，在用户设备上部署了多个深度强化学习代理来指导用户进行计算任务卸载。同时，为了使该基于DRL 的决策切实可行并较少 IoT 设备与边缘服务器节点之间的传输开销，该文献利用联邦学习方法通过分布式的方式训练 DRL 代理。Wang 等[181] 将 DRL 技术与联邦学习框架整合到边缘系统中，以优化分配系统的计算、缓存、通信资源；设计了一种"In-Edge AI"框架，在该框架下，用户设备与边缘服务节点之间进行协作交换学习参数，进而更好地训练资源调度的优化模型。

5．区块链

区块链以其独特的功能，如去中心化、不可篡改、不可逆、可追溯等特性[182-184]，越来越受到科研人员的关注[183]。许多文献考虑了边缘计算和区块链的结合。为了有效地管理移动区块链的边缘资源，Xiong 等[184] 提出了一个 Stackelberg 博弈模型，旨在使提供商的利润最大化。Luong 等[185] 提出了一种基于深度学习的边缘资源分配的最优拍卖方法。具体来说，他们构造了一个基于最优拍卖解的多层神经网络结构。神经网络首先对区块链架构中的矿工出价进行单调变换。然后，他们为矿工计算了分配和有条件支付规则。除此之外，他们也利用矿工的估值作为数据训练，调整神经网络的参数，来优化边缘计算服务提供商的期望、负收益的损失函数。类似地，由于区块链架构中的矿商之间存在竞争，Jiao 等[186] 还为边缘计算服务提供商设计了一个基于拍卖的资源市场。在其拍卖机制中，在保证真实性、个体理性和计算效率的同时，最大限度地提高社会福利。基于区块链挖掘实验结果，Luong 等[185] 也定义了一个 Hash 幂函数来表征成功挖掘区块的概率。

7.4 边缘计算卸载模型 LabC

随着边缘计算的提出，出现大量围绕将计算任务从用户端或者云端放到边缘端进行处理的研究。其目标有降低任务处理时延[131]、降低能量消耗和系统开销[187,188]、最大化系统效用[93] 等。但是，将计算任务卸载到边缘服务器是否总是使用户的利益最大化？例如，一个车联网中典型的任务卸载场景，如图 7-11 所示。车辆和路设(roadside unit, RSU)都可以进行无线通信，包括 WiFi、LTE 和 DSRC 等。出于性能或者能量考虑，车载应用可以卸载到 RSU 处理。但是怎样综合评估卸载过程仍然是一个值得深思的问题，例如，卸载到底会到来多少时延 (latency)？通过卸载，车载应用到底能加速 (acceleration)多少？需要消耗多少带宽（bandwidth）资源？带来的开销（cost）是多少？为了回答这个问题，本节介绍 Luo 等[189] 提出的 LabC 模型。LabC 模型联合考虑用户对于时延、计算加速、网络带宽和计算开销的需求，能指导 IoT 用户根据当前网络的通信与计算资源状态及其 QoE 需求决定是否卸载计算任务。"LabC"中各个字母的含义如下：

(1)"L"代表"Latency"，指计算任务完成处理需要的时间；

(2)"a"代表"acceleration"，指当计算任务卸载到边缘服务器时带来的计算加速；

(3)"b"代表"bandwidth"，指当前网络中可用的带宽资源；

(4)"C"代表"cost"，指完成计算任务处理需要的开销，包括能量消耗、计算与通信资源消耗、处理成本等。

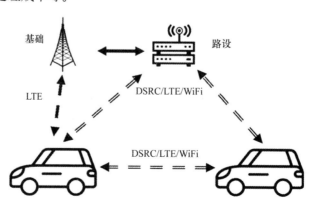

图 7-11
VEC 中典型任务卸载场景

7.4.1 LabC 系统模型

如图 7-12 所示，在一个典型的边缘计算卸载场景中，IoT 设备将产生各种各样的计算任务。将任意一个任务表示为 $T=\{D,\alpha,c\}$，其中 D 表示任务的大小，α（$0 \leqslant \alpha \leqslant 1$）表示任务 T 中可并行处理的占比，c 表示任务的处理密度（单位为：CPU cycles/bit）[190]。IoT 用户，如 CAV 和 UVA 能够通过无线通信技术（如 4G/LTE、5G、WiFi/DSRC 等）连接到边缘服务器端。本模型考虑利用正交的无线信道，大小为 B，共 M 个。计算任务 T 可以在用户本地处理，或者通过无线通信技术卸载到边缘服务器端处理。用户是否卸载需要根据其对时延、计算加速的需求，同时也要考虑当前无线网络可用带宽资源和开销。接下来分别分析本地处理和卸载两种情况。

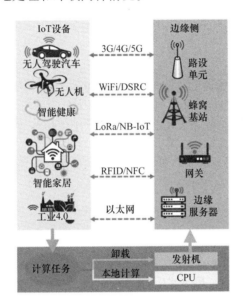

图 7-12
典型的边缘计算卸载场景

1. 计算任务 T 本地处理

假定用户的处理核心数为 n_1，每核心的处理能力（即单位时间的 CPU 频率）为 f^{lo}，则当任务本地处理时，每核心的功率消耗可以表示为 $p^{lo}=\kappa(f^{lo})^3$，其中 κ 是一个反映处理能力与功率消耗之间关系的系数[191]。根据阿姆达尔定律（Amdahl's law）[192]，D bit 数据的处理时间由串行处理部分的时间 t_s^{lo} 和并行处理部分的时间 t_p^{lo} 组成，计算为

$$t_{lo} = t_s^{lo} + t_p^{lo} = \frac{cD}{f_{lo}}\left(1-\alpha\frac{\alpha}{n_1}\right) \qquad (7\text{-}1)$$

因此，用于本地处理的能量消耗为

$$E^{lo} = p^{lo}t_s^{lo} + n_1 t^{lo}t_p^{lo} = \kappa cD(f^{lo})^2 \qquad (7\text{-}2)$$

2. 计算任务 T 卸载到边缘服务器

任务 T 还可以通过无线通信卸载到边缘服务器上处理。为了建模数据卸载过程，将

路径损耗表示为 d^{ϑ}，其中 d 代表用户到边缘服务器的距离，ϑ 代表路径损耗系数[193]。根据香农公式，当任务数据通过一个通信信道进行卸载时，传输速率可以表示为 $r = B \log_2 \left(1 + \dfrac{P_{\mathrm{tr}} |h|^2}{\omega_0 d^{\vartheta}} \right)$，其中 P_{tr} 表示用户传输功率，h 表示信道衰减系数，ω_0 表示白噪声功率。如果用 N 表示需要进行任务卸载的用户数量，则每个用户分到的通信信道的平均数量可以表示为：$\tilde{M} = \dfrac{M}{N}$。

基于以上模型，将任务 T 卸载到边缘服务器上的传输时延可以表示为

$$t^{\mathrm{up}} = \frac{D}{r\tilde{M}} = \frac{DN}{rM} \tag{7-3}$$

以及卸载该任务的能量消耗为

$$E^{\mathrm{tr}} = P_{\mathrm{tr}} t^{\mathrm{up}} = \frac{P_{\mathrm{tr}} Dn}{rM} \tag{7-4}$$

任务 T 卸载到边缘服务器后，边缘服务器将进行任务处理。假定边缘服务器的核心数为 $n_2 \times N$，每核心的处理能力为 $f^e = (f^e > f^{\mathrm{lo}})$，则分配到每个用户的平均核心数为 n_2。每核心处理任务时的功率消耗可以表示为 $p^e = \kappa (f^e)^3$。任务 T 的处理时间同样包括串行处理部分的时间 $t_s^e = \dfrac{c(1-\alpha)D}{f^e}$ 和并行处理的时间 $t_p^e = \dfrac{\alpha c D}{n_2 f^e}$，计算为

$$t^e = t_s^e + t_p^e = \frac{cD}{f^e}\left(1 - \alpha + \frac{\alpha}{n_2} \right) \tag{7-5}$$

因此，边缘服务器处理的能量消耗为

$$E^e = p^e t_s^e + \tilde{n}_2 p^e t_p^e = \kappa c D (f^e)^2 \tag{7-6}$$

当任务卸载时，完成任务处理的总时间是任务数据传输时间与边缘服务器处理时间的和，表示为

$$t_2 = t^{\mathrm{up}} + t^e = \frac{DN}{rM} + \frac{cD}{f^e}\left(1 - \alpha + \frac{\alpha}{n_2} \right) \tag{7-7}$$

3. 任务本地处理与卸载处理的开销

任务本地处理的开销仅仅是能耗开销，表示为

$$C^{\mathrm{lo}} = \varrho E^{\mathrm{lo}} = \varrho \kappa c D (f^{\mathrm{lo}})^2 \tag{7-8}$$

其中，ϱ 是一个系数，表示数据在传输和处理过程中产生每单位能量消耗的开销[194]。

当任务卸载处理时，其开销包括能耗开销（传输和处理任务）、利用无线信道进行传输的开销、用边缘服务器处理任务的开销。因此，其开销可以表示为

$$C^{\text{off}} = \varrho E^{\text{tr}} + p_1 t^{\text{up}} \tilde{M} + p_2 t^e + \varrho E^e$$

$$= \frac{\varrho P_{\text{tr}} DN}{rM} + \frac{p_1 D}{r} + \frac{p_2 cD}{f^e}\left(1 - \alpha + \frac{\alpha}{n_2}\right) n + \varrho \kappa cD(f^e)^2 \tag{7-9}$$

其中，p_1 代表单位时间利用无线信道的开销；p_2 代表单位时间利用边缘服务器的开销。

4．计算加速比

在决定任务是否进行卸载处理时，还需要考虑另一个重要的 QoE 指标：计算加速比。计算加速比指的是将任务卸载到边缘服务器计算与本地计算相比带来的计算速度提升率[192]。根据阿姆达尔定律，本地多核计算相比于单核计算的加速可以表示为

$$S_1 = \frac{1}{(1-\alpha) + \dfrac{\alpha}{n_1}}$$

边缘服务器多核计算相比于单核计算的加速可表示为

$$S_2 = \frac{1}{(1-\alpha) + \dfrac{\alpha}{n_2}}$$

然而，当任务卸载到边缘服务器时，实际花费的时间不仅仅是计算时间，还包括传输时间。因此，实际的计算加速比表示为

$$A = \frac{t_1}{t_2} = \frac{\dfrac{c}{f^{\text{lo}}}\left(1 - \alpha + \dfrac{\alpha}{n_1}\right)}{\dfrac{N}{rM} + \dfrac{c}{f^e}\left(1 - \alpha + \dfrac{\alpha}{n_2}\right)} \tag{7-10}$$

7.4.2　LabC 应用案例分析

不同用户对 QoE 有不同的需求，其是否会进行任务卸载也各异。因此，本小节讨论在不同时延、计算加速比、计算开销时用户的任务卸载决策。

1．时延和计算加速比

对于那些对时延有严格要求的用户，需要首先对比本地处理和卸载处理的时延，再选择是否进行卸载操作。即，当 t_2 小于 t_1 时，选择卸载操作；反之，任务将在本地处理。接下来将讨论任务数据大小如何影响时延；由于计算加速比基于时延，同时也将讨论任务数据大小如何影响计算加速比。根据公式（7-1）和公式（7-7），时延 t_1 和 t_2 是数据量 D 的线性函数，斜率分别为

$$k_1^d = \frac{c\left(1 - \alpha + \dfrac{\alpha}{n_1}\right)}{f^{\text{lo}}}, \quad k_2^d = \frac{N}{rM} + \frac{c\left(1 - \alpha + \dfrac{\alpha}{n_2}\right)}{f^e}$$

截距分别为

$$b_1^d = 0, \quad b_2^d = 0$$

图示表示如图 7-13 所示。值得注意的是，基于公式（7-10），计算加速比是数据量 D 的常数函数，当卸载处理时延大于本地处理时延时，其值小于 1；当卸载处理时延小于本地处理时延时，其值大于 1。

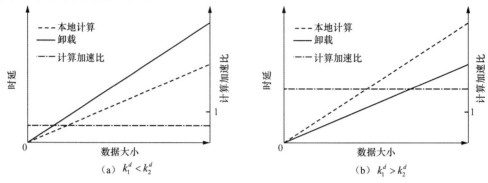

图 7-13
时延与计算加速比随任务数据量大小的变化

接下来讨论可并行处理的占比 α 如何影响时延和计算加速比。根据公式（7-1）和公式（7-7），时延 t_1 和 t_2 是 α 的线性函数，斜率分别为

$$k_1^p = \frac{cD\left(\frac{1}{n_1}-1\right)}{f^{lo}} \leqslant 0, \quad k_2^p = \frac{cD\left(\frac{1}{n_2}-1\right)}{f^e} < 0$$

截距分别为

$$b_1^p = \frac{cD}{f^{lo}}, \quad b_2^p = \frac{cD}{f^e} + \frac{DN}{rM}$$

值得注意的是，当 $\alpha=1$ 时，时延 t_1 和 t_2 分别表示为

$$t_1(\alpha=1) = \frac{cD}{n_1 f^{lo}}, \quad t_2(\alpha=1) = \frac{cD}{n_2 f^e} + \frac{DN}{rM}$$

因此，对于不同的斜率 (k_1^p, k_2^p)、截距 (b_1^p, b_2^p)、$t_1(\alpha=1)$ 和 $t_2(\alpha=1)$，分别绘制了六种不同的时延和计算速比随可并行处理占比 α 的变化曲线，如图 7-14 所示，其中，图（a）、（b）、（c）是 $b_1^p < b_2^p$ 时的情况，图（d）、（e）、（f）是 $b_1^p > b_2^p$ 时的情况。

根据公式（7-1）和公式（7-7），时延 t_1 和 t_2 分别是带宽的常数函数和反函数。特别地，t_2 可以重新表示为 $t_2 = \frac{a}{B} + b$ 这种形式，其中

$$a = \frac{DN}{M\log_2\left(1+\frac{P_{tr}|h|^2}{\omega_0 d^\vartheta}\right)}, \quad b = \frac{cD\left(1-\alpha+\frac{\alpha}{n_2}\right)}{f^e}$$

由于 $n_1 < n_2$ 以及 $f^{lo} < f^e$，因此可以推出

$$\frac{cD\left(1-\alpha+\frac{\alpha}{n_1}\right)}{f^{lo}} < \frac{cD\left(1-\alpha+\frac{\alpha}{n_2}\right)}{f^e}$$

这意味着 t_2 的极限是小于 t_1 的，其变化关系如图 7-15 所示，计算加速比的变化曲线也表示在该图中。此外，从公式（7-10）还可以得出结论：一个任务能够获得的计算加速比是

计算能力 f^e 和服务器核心数量 n_2 的递增函数。该结论能够指导边缘计算服务供应商可以通过部署计算能力更强或者更多核心数量的服务器给用户提供更快的计算加速比。

2．开销

任务本地处理和卸载处理的开销分别如公式（7-8）和公式（7-9）所示。由于 $\varrho\kappa cD(f^{lo})^2 < \varrho\kappa cD(f^e)^2$，所以很明显本地处理开销 C^{lo} 小于卸载处理开销 C^{off}，即 $C^{lo} < C^{off}$。图 7-16 反映了开销与数据量大小 D、可并行处理部分占比 α、带宽 B 的关系曲线。从图 7-16（a）可以看出，本地处理和卸载处理的开销都随着数据量的增加而增加。从图 7-16（b）可以看出，当 α 增大时，卸载处理的开销减少，而本地处理的开销保持不变。此外，如图 7-16（c）所示，当 B 变大时，卸载处理的开销逐渐减少并趋于一个稳定的值 $\dfrac{p_1 D}{r} + \dfrac{p_2 cD}{f^e}\left(1-\alpha+\dfrac{\alpha}{n_2}\right) + \varrho\kappa cD(f^e)^2$，而本地处理的开销始终保持不变，与带宽大小无关。

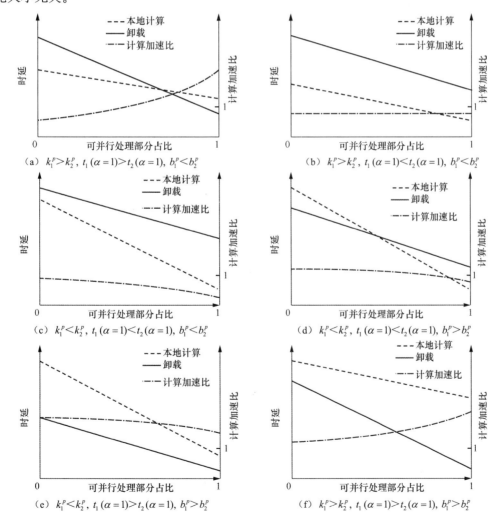

（a）$k_1^p > k_2^p$，$t_1(\alpha=1) > t_2(\alpha=1)$，$b_1^p < b_2^p$

（b）$k_1^p > k_2^p$，$t_1(\alpha=1) < t_2(\alpha=1)$，$b_1^p < b_2^p$

（c）$k_1^p < k_2^p$，$t_1(\alpha=1) < t_2(\alpha=1)$，$b_1^p < b_2^p$

（d）$k_1^p < k_2^p$，$t_1(\alpha=1) < t_2(\alpha=1)$，$b_1^p > b_2^p$

（e）$k_1^p < k_2^p$，$t_1(\alpha=1) > t_2(\alpha=1)$，$b_1^p > b_2^p$

（f）$k_1^p > k_2^p$，$t_1(\alpha=1) > t_2(\alpha=1)$，$b_1^p > b_2^p$

图 7-14
时延和计算加速比随并行处理占比 α 的变化

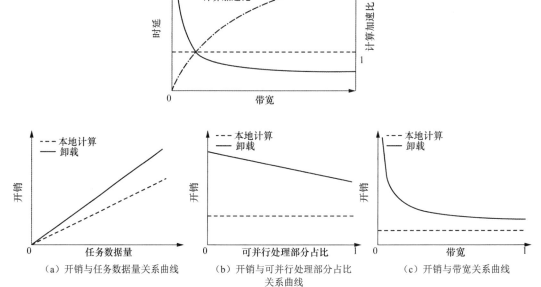

图 7-15
时延和计算加速
比随带宽的变化

图 7-16
开销随任务数据
量、可并行处理
部分占比、带宽
的变化

（a）开销与任务数据量关系曲线　　（b）开销与可并行处理部分占比　　（c）开销与带宽关系曲线
　　　　　　　　　　　　　　　　　　　关系曲线

7.4.3　LabC 在车联网中的实例

　　为了更好地理解 LabC 模型如何在实际场景中应用，下面举一个在智能交通系统（intelligent transportation system，ITS）中的例子。在 ITS 中，时延往往是非常重要的，因为其关乎交通安全。假定该场景下的一辆车有一个目标识别任务 T={1 Mbit, 50%, 10 cycles/bit}，车端和边缘端计算设备的核心数分别为 12 和 48，处理能力分别为 1.4×10^8cycles/s 和 3×10^9cycles/s[195]。根据本地处理时延的公式可算出计算时间为 39ms。如果任务卸载到边缘计算设备上处理，假设使用的无线通信方式为 LTE，根据文献[196]分析，假定上传的平均速率为 20 Mb/s。则任务处理的时延等于上传时延 50ms 加上边缘服务器处理时延 2ms，一共 52ms。如果无线通信方式为 5G，上传速率为 100 Mb/s[197]，则上传时延能够减少到 10ms，任务处理的时延仅仅为 12ms。因此，如果利用 LTE 无线通信方式，则本地处理较好。如果利用 5G 无线通信方式，则卸载到边缘设备上处理较好。

7.5　基于区块链的边缘资源分配问题

　　边缘计算的资源分配问题在学术界和工业界已经逐渐成熟。区块链作为近几年的新兴技术，也可以被引入边缘计算中。简单来说，区块链是一个分布式账本，一种通过去中心化、去信任的方式集体维护一个可靠数据库的技术方案。将区块链赋能边缘计算，充分利用区块链的先天性优势，可以更好地解决边缘计算的资源分配问题。

7.5.1　基于区块链的不可篡改性的边缘资源分配问题

区块链不可篡改特性可以助力保证边缘计算资源分配的可靠性。

Xiao 等[198] 将区块链架构引入传统三层边缘计算网络，提出 EdgeABC（edge and blockchain），如图 7-17 所示。在第一层，智能设备通过各种传感器采集环境参数和信息，生成数据和任务，并将任务需求发送给上层。在第二层，在接收到任务的处理需求和参数（如任务大小、设备移动、移动设备的下一个目的地等）之后，代理根据任务卸载和资源分配策略来分配任务。每个代理都覆盖一个小的连接社区，负责及时的事件检测、任务调度和服务交付。代理确定任务分配方案后，将解决方案发送到智能设备和相应的边缘计算服务器（第三层）。在一个周期内，所有服务器可以同时工作以满足任务的延迟要求。与代理一样，每个边缘计算服务器也覆盖了连接的小型社区，可以快速分析数据和提供服务。基于区块链的分布式代理控制器结构可以保证资源交易数据的完整性，同时，间接保证了服务提供商的收益。

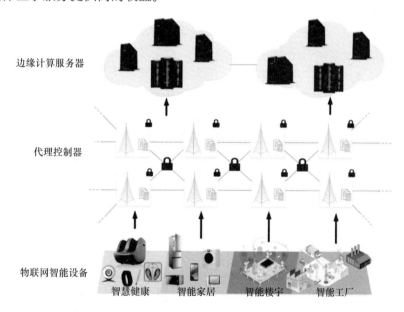

图 7-17
EdgeABC：基于区块链的资源交易系统架构

在 EdgeABC 中，系统的工作过程如图 7-18 所示，分为四个工作步骤：从设备接收任务需求、选择服务器、注册事务和支付。具体来说，在第一步中，代理控制器需要保持活动状态，以便从社区中的智能设备接收任务需求。一旦代理接收到任务请求，就立即执行第二步。通常，代理同时接收多个任务。第二步，代理分配任务并向用户提供必要的服务：代理通过资源分配算法获得子任务与虚拟机之间的映射结果，并通知相应的服务器接收特定的任务。同时，交易记录将被冻结在 mempool 中。在接收到代理的命令后，服务器开始处理任务并将结果返回给智能设备。在此过程中，交易信息记录在区块链中。交易完成后，智能设备的用户完成费用支付。然后 mempool 中的记录也将被更新。区块链的引入使 EdgeABC 能够继承区块链的防篡改特性，保证了服务数据的完整性。

因此，在边缘计算的场景中，可以充分继承区块链的优势来保证交易数据的可靠性。

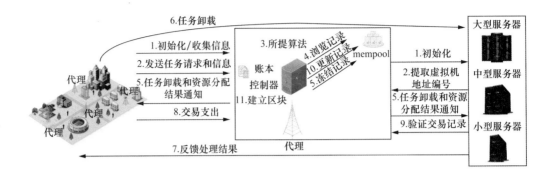

图 7-18
EdgeABC 中系统的
工作过程

7.5.2　基于区块链的去中心化特性的边缘资源分配问题

区块链技术的去中心化特性，可以减少边缘资源分配和交易的不必要支出，最大限度地提高边缘计算用户和服务提供商的满意度。

以智能驾驶场景为例。智能驾驶中引入的边缘计算允许车辆将任务卸载到靠近车辆侧的边缘计算服务器，从而为任务卸载和资源分配创建了新的范例。在智能驾驶中，资源的冻结和预分配一般需要一定的限制。通常，需要考虑用户的成本和服务提供商的收益来完成资源交易。在传统的交易领域，买卖双方的资源交易通常会引入第三方或代理来完成[199-201]。这可能存在一些问题。首先，在集中式系统中，每个参与者必须信任系统的中心节点。由于参与交易的各方对其他方没有足够的了解，因此需要有独立的第三方为双方提供担保，负责维护与交易相关的记录，执行业务和交易逻辑。一旦第三方在交易会话期间出现问题，整个事务将受到影响。在集中交易系统中，构建和维护的成本也很高。其次，数据、信息和资本流同时存在，使得整个系统难以协作。区块链由于其去中心化的优势，适合多种参与和信息交换的场景，有助于实现数据的民主化、连接分散的数据库。为了消除对第三方的依赖，可以将区块链技术引入资源交易架构[202]。

在区块链的分布式网络中，交易双方可以直接完成交易。此外，数字签名可以进行身份验证和保证信息的真实性和完整性。基于区块链的分布式系统不同于传统的分布式系统。传统的分布式系统，如服务器集群，必须有一个控制中心来确定每台服务器的运行方式。区块链不需要这样的控制中心，链中的每个节点都是平等的。

如图 7-19 所示，区块链使用共识协议、区块数据存储（用于存储交易内容）和状态数据存储（用于存储交易结果）来确保数据的同步性和一致性。区块链由防篡改块和有序块组成，后一块由前一块头的 Hash 值组成。其中，每个块有两部分：块头和块数据体。块头用于记录块的元信息，描述块的结构、语义和用法。块数据体用于记录实际数据，是块体的重要组成部分。任何一个块的数据更改都会导致其后面的所有块的 Hash 值发生更改。

区块链架构的去中心化特性为第三方平台的干预问题提供了解决方案，以用户和服务提供商为节点的基于区块链的资源交易系统架构如图 7-20 所示。在基于区块链的资源交易体系结构中，当车辆和服务提供商之间产生资源交易时，交易将会被通知到其他节点。其他节点在接收到交易信息并进行核对后，记录交易信息。为了保证系统的稳定性，资源交易的记录最终会存储在分布式 Hash 表（DHT）中。

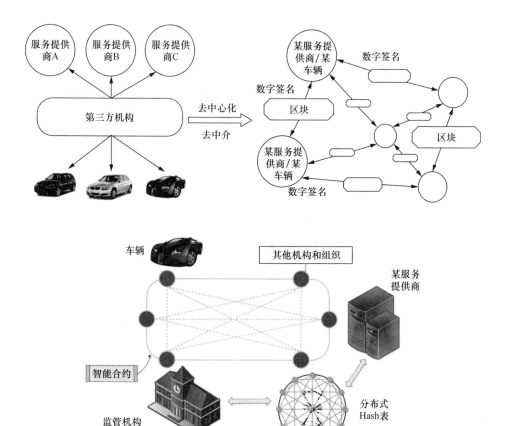

图 7-19
基于区块链的交易模式的转变：从集中到去中心化

图 7-20
基于区块链的资源交易系统架构

　　边缘计算的资源分配问题在区块链的助力下不断地进行着优化。区块链技术本身还存在其他特性可以赋能边缘计算。"边缘计算+区块链"作为通信和信息技术融合的新领域，两者的结合已经逐渐引起工业界和学术界的重视，将共同推动跨界创新，促进社会经济转型和发展[203]。

7.6　基于深度强化学习的 VEC 协作数据调度

　　网联 CAV 中日益增长的计算密集型应用给车辆的本地计算能力带来了巨大挑战。得益于边缘计算技术的兴起，VEC 通过将计算能力从云端下沉到路侧，极大地增强了车辆的计算能力。将计算任务数据卸载到路侧处理的同时增加了 VEC 系统中通信链路的负担，给有限的通信资源带来极大挑战。因此，在 VEC 系统中，考虑通信资源和计算资源的联合分配，进行任务数据的合理调度，对于缓解这种情况十分重要。然而大多数资源分配问题属于很难解决的优化问题，并且车联网的高动态性使得该问题更加难以求解，需要一些新的求解方法。得益于机器学习的发展，深度强化学习擅长将影响决策的因素抽象成映射问题，并能够从动态变化的环境中自学习最佳资源分配策略，为解决资源分配问题提供了新思路[204, 205]。本节将介绍罗渠元等[206] 在中利用深度强化学习进行 VEC 中资源分配和数据调度的研究。

7.6.1　系统模型

如图 7-21 所示，在 VEC 场景下，道路被分为多个路段，每个路段由一个路侧单元覆盖 (roadside unit, RSU)，该 RSU 配有边缘计算节点（edge computing node, ECN）并提供强大的计算能力服务。车辆与 RSU、车辆与车辆之间可以通过授权的正交通信信道建立连接。在 VEC 场景下，各种车载安全（如高清地图和 LiDAR）和娱乐（如 AR 和人脸识别）应用会产生大量的任务数据，这些应用通常利用深度学习方法进行数据处理，需要强大的计算能力。由于车载端的处理能力往往是受限的，有必要将数据利用 V2I (vehicle-to-infrastructure) 通信方式卸载到 RSU，或者利用 V2V（vehicle-to-vehicle）通信方式迁移到有闲置计算资源的协作车进行处理。因此，对于某个时隙内产生的应用数据，可以有四种处理方式：一是在本地处理；二是卸载到 RSU 处理；三是迁移到协作车辆处理；四是存储在本地缓存队列中暂不处理。接下来将以数据为中心，分析其在不同位置的传输和处理情况。

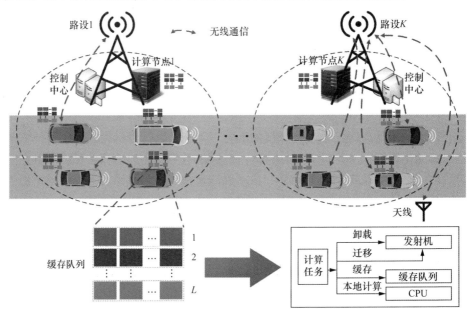

图 7-21
VEC 系统中通信、计算、缓存、协作计算统一框架

7.6.2　数据缓存的多队列模型

数据有不同的类型，不同类型的数据有不同的处理时延要求。若将数据的剩余生存时间用时隙长度表示，则每过一个时隙长度的时间，数据剩余生存时间减 1。车载端和 RSU 端的缓存队列存储还没来得及处理的数据，并根据剩余生存时间的不同，将数据存放在不同的队列中。因此，如果用 L 表示缓存队列的数量，则 L 等于数据生存时间的最大值。不论是车载端还是 RSU 端，其缓存队列中需要处理的数据的来源和去处各异。

1. 车载端

车载端的数据缓存队列如图 7-22（a）所示，根据队列索引值 l 的不同，将数据的来源和去处分为两种情况，即 $1 \leq l < L$ 和 $l = L$。

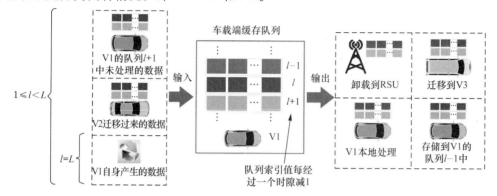

（a）车辆端数据缓存队列

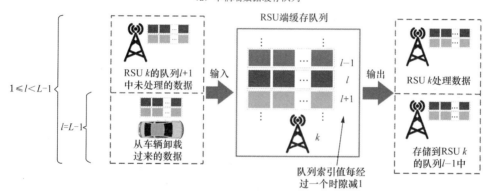

（b）路侧端数据缓存队列

图 7-22
车辆端和路侧端任务数据缓存队列

假定当前的时隙为 t，对于 $1 \leq l < L$ 的情况，对于某一车辆 V1，下一个时隙 $t+1$ 时其缓存队列中数据的来源有以下三种。

（1）V1 的队列 $l+1$ 中在上一个时隙 $t-1$ 还没被处理的数据。随着时隙由 $t-1$ 变到 t，这部分数据的剩余生存时间减 1 变为 l。

（2）由 V1 自身在时隙 t 产生的具有 l 个剩余生存时隙的数据。

（3）其他车辆 V2 在时隙 $t-1$ 传输过来具有 $l+1$ 个剩余生存时隙的数据。

当 $1 \leq l < L$ 时，车辆 V1 队列 l 中数据的去处有以下四种。

（1）卸载到 RSU k，在下一个时隙 $t+1$ 存储在其队列 $l-1$ 中。

（2）迁移到另一车辆 V3，在下一个时隙 $t+1$ 存储在其队列 $l-1$ 中。

（3）在 V1 本地处理。

（4）如果以上三种操作都没有采用，则当 $l \neq 1$ 时，队列 l 中的数据将自动存储到队列 $l-1$ 中；当 $l=1$ 时，数据的剩余生存时间到了，数据被丢弃。

当 $l=L$ 时，在队列 l 中的数据仅仅来自车辆自身产生的时延为 L 的应用数据。$l=L$ 时，队列 l 中数据的去处同样有四种，与 $1 \leq l < L$ 时的情况一样。

2. RSU 端

对于 RSU 端的数据缓存队列，如图 7-22（b）所示，根据队列索引值 l 的不同，同样将数据的来源和去处分为两种情况，即 $1 \leqslant l < L-1$ 和 $l = L-1$。值得注意的是，RSU 的队列最大索引为 $L-1$ 而不是 L，这是因为 RSU 本身不会产生应用数据，从车辆卸载过来的最大剩余生存时间为 L 的数据在时隙 $t+1$ 时其剩余生存时间为 $L-1$ 个时隙。与车载端的分析类似，假定当前的时隙为 t，则对于 $1 \leqslant l < L$ 的情况，第 k 个 RSU 的队列 l 在下一个时隙 $t+1$ 时其缓存队列中数据的来源有以下两种。

（1）RSU k 的队列 $l+1$ 中在上一个时隙 $t-1$ 还没被处理的数据。随着时隙由 $t-1$ 变到 t，这部分数据的剩余生存时间减 1 变为 l。

（2）在时隙 $t-1$ 时，车辆传输过来具有 $l+1$ 个剩余生存时隙的数据。

当 $1 \leqslant l < L-1$ 时，RSU k 的队列 l 中的数据去处有以下两种。

（1）通过 ECN 的计算资源进行处理。

（2）如果不处理，则当 $l \neq 1$ 时，队列 l 中的数据将自动存储到队列 $l-1$ 中；当 $l=1$ 时，数据的剩余生存时间到了，数据被丢弃。

当 $l = L-1$ 时，在队列 l 中的数据仅仅来自车辆传输过来的具有 $l+1$ 个剩余生存时隙的数据。当 $l = L-1$ 时，队列 l 中数据的去处有两种，与 $1 \leqslant l < L-1$ 时的情况一样。

7.6.3 基于 MDP 的数据调度分析

正如前面分析，在每一个时隙内，车载端和 RSU 端缓存队列中的数据有不同的处理方式。为了促进数据及时处理，引入一种惩罚机制，如果当数据在其剩余生存时间为 0 时还没被处理，则产生惩罚。所以对于不同的数据处理方式，在每一个时隙带来的惩罚也不一样。另外，对于不同的处理方式，产生的开销也不相同。这些开销包括：①利用 V2I 和 V2V 通信信道的开销；②利用 RSU 的计算资源的开销；③在通信和计算过程中产生的能耗开销。所以数据调度的目的是通过充分利用 VEC 系统的通信和计算资源，在保证数据及时处理时，最小化损失，可以表示为

$$\min \text{Loss} = \sum_{t=1}^{\infty} \{\text{Penalty} + \text{Cost}\} \tag{7-11}$$

在上式中，Loss 主要取决于车载端和 RSU 端的状态和数据处理的方式。下一个时隙的状态仅仅与当前时隙的状态和数据处理方式有关。因此，数据调度问题可以用 MDP 过程来进行状态转移分析。在时隙 t 时，其状态可表示 $S^t \triangleq \{S_1^t, S_2^t, \cdots, S_K^t, \Phi^t\}$，其中 Φ^t 是车辆和 RSU 的位置状态，S_K^t 是车载端和 RSU 端的缓存队列状态。因此，在状态 S_K^t 时，采取不同处理方式导致的损失可表示为

$$\text{Loss}^t = \{\text{Penalty}^t + \text{Cost}^t\} \tag{7-12}$$

MDP 的目的是获得一个最优的数据调度策略 π^*，能够最小化在连续时隙上累积的损失，表示为

$$\pi^* = \arg \min_{\pi} E\left(\sum_{t=1}^{\infty} \eta^t \text{Loss}^t\right) \tag{7-13}$$

其中，$0<\eta<1$ 是一个折现系数，代表未来的损失对现在状态的影响。

7.6.4 基于 DQN 的数据协作调度方案

基于上诉问题，文献[206]提出了一个带有独立 Q 网络的深度强化学习框架来解决任务数据最优调度问题，如图 7-23 所示。其中深度学习网络的输入为车辆的缓存状态、车辆的位置、路侧的缓存状态，输出为任务数据的四种处理方式。优化的目标是最小化任务数据损失。该深度强化学习网络通过梯度下降算法调整神经网络的参数。值得注意的是，在采取不同动作得到不同损失的交互过程中，我们利用一个独立的 Q 网络作为梯度下降算法的目标网络（TargetNet），并利用预测网络（MainNet）的参数周期性更新目标网络的参数。这样做是为了减少由于预测网络与目标网络的参数相同而导致的震荡，提高神经网络的稳定性。

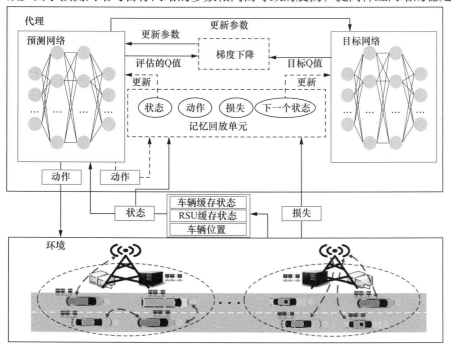

图 7-23
解决任务数据调度问题的深度强化学习框架

7.7 无服务器边缘计算中的有效资源配置

在无服务器边缘计算领域，一个迫在眉睫的挑战是处理规模日益增长的流量所需的不断上升的基础设施成本。本节将介绍 Suresh 等[128]在 FnSched 中进行的无服务器边缘计算下有效资源配置研究。该项工作介绍了功能级资源配置程序 FnSched，旨在满足客户性能需求的同时最小化供应商资源成本。

该项工作考虑了一个无服务器环境，如图 7-24 所示，其中包含一层调度节点，即 invoker。多个应用程序可能属于不同的用户发出的函数请求，因此函数在性质上可以是异构的。每个调用程序都是承载特定应用程序的容器，这反过来又为它们的应用程序提供传入函数，调度方法决定调用哪个 invoker 处理传入函数，并决定要在每个 invoker 上实例化的容器和要使用的 invoker 的数量。在无服务器边缘平台中，用户期望从资源提供者那里获得一定级别的可接受服务，此需求即为服务级别目标（SLO），对于用户函数来说是可容忍的延迟衰退（latencyThd）。具体来说，如果在专用主机上隔离运行时函数执行的延迟是 isolatency，则表示无服务器环境中的延迟不应该超过 SLO，即 isolatency<latencyThd。

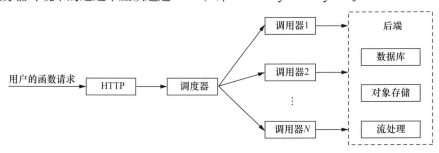

图 7-24
传统无服务器边缘计算平台

1. 单个 invoker 的资源配置

FnSched 的目标是管理容器及其 CPU 份额，以确保所有传入的用户函数都满足 SLO。单个 invoker 下，要解决的挑战是减轻不同应用程序容器之间的资源争用，达到在不违反 SLO 情况下最大化可调用方同时服务的函数数量的目的。由于在实际环境中，CPU 经常处于争用状态，因此此工作专注于缓解 CPU 争用。为了规范容器的 CPU 使用率，FnSched 利用 CPU-shares，它指定可用的 CPU 时间的相对份额到容器。

一般来说，函数的 CPU 需求取决于底层应用程序。例如，与短命脚本相比，并行应用程序将需要更多的 CPU 周期。长时间运行的应用程序可能能够容忍几毫秒的 CPU 争用，而不会对延迟产生太大影响。因此，FnSched 在调节其 CPU 份额时考虑到应用程序的性质。根据它们的运行时和资源使用情况，将无服务器应用分为两大类：边缘触发（ET）和大规模并行（MP）。ET 指的是基于事件的短命或触发程序，例如流分析和物联网后端，MP 是指资源密集型应用程序，例如数据挖掘和 MapReduce 等。

算法 1 介绍了 FnSched 的应用程序感知的 CPU 共享规则策略，该算法在运行时使用并更新活动容器的分配 CPU 共享。FnSched 监视移动窗口上应用程序的平均延迟。如果应用程序的延迟开始接近 SLO，FnSched 将增加其 CPU 份额。特别是，如果应用程序的平均延迟超过更新过的 SLO（updataLatencyThd），即 isoLatency>updataLatencyThd，其中，updataLatencyThd<LatencyThd，此时 updataLatencyThd 作为一个预警信号来防止 SLO 的违反。将应用程序的所有容器的 CPU 份额按 CPU-shares 步骤递增，以确保容器的 CPU 分配逐渐增加。如果 CPU 份额的增加将超过调用者的 CPU 份额，则 FnSched 将从其他应用程序容器中重新平衡份额。

算法 1 应用程序感知的 CPU 份额调节策略

1：numUpdates+ = 1;

2：latencyRatio = latency/isoaLatency ;

3：**if** latencyRatio > updataLatencyThd **then**

```
4:        if numUpdates > numUpdatesTHd then
5:           if curShares < perContainerMax then
6:              toAddShares = cpuSharesStep * numConts ;
7:              if (totShares + toAddShares) < maxCpuShares then
8:                 curShares = curShares + curSharesStep
9:                 toShares = totShares + toAddShares
10:             else
11:                to ReduceShares = (toAddShares/numOtherConts) ;
12:                rebalanceCpuShares (toReduceShares) ;
13:                deltaShares = (maxCpuShares − totShares) /numConts;
14:                curShares = curShares + deltaShares;
15:                 totShares = maxCpuShares.
16:             end if
17:          end if
18:       end if
19: end if
```

2. 多个 invoker 的资源配置

当负载超过一个 invoker 的容量时，FnSched 必须扩展以添加更多的 invoker 并保持可接受的延迟。同样，当负载减少时，FnSched 必须减少 invoker 的数量以根据需求调整容量（和运营费用），即自适应调整。基于自尺度数据中心电力管理策略的思想，FnSched 采用了一种贪婪算法，对多 invoker 进行索引，例如从 1 到 n，并试图在编号低的 invoker 上尽可能打包请求；如果不需要，编号高的 invoker 将被关闭变为空闲状态。

在无服务器调度的背景下，FnSched 的贪婪算法的一个关键优点是，通过偏向较低编号的 invoker，FnSched 倾向重复使用以前的 invoker，从而避免了冷启动。为了进一步避免冷启动和保留工作负载复发的容量，当第一次为应用程序配置给定的 invoker 时，例如索引为 n 的 invoker，会主动地在一个新的 invoker 上生成该应用程序的容器，索引为 $n+1$，从而扩展容量。我们定期向这个主动生成的容器发送心跳请求，以保持它的暖启动。

本章小结

本章针对边缘计算的资源调度研究进行了综合介绍。首先进行了研究背景、应用场景、研究架构以及性能指标的全面概述；然后对卸载决策、资源分配和资源配置三个研究方向的研究工作进行了相关文献介绍和总结；并且把研究技术分为集中式和分布式两大类，介绍了每一类中技术方法的相关研究并进行了优缺点的总结；随后，针对资源分配、卸载决策和资源配置选取了四个典型研究工作进行了详细的介绍。由上综述，边缘计算资源调度已经得到了广泛的研究，特别是计算卸载方向，但仍然有很多挑战亟须解决，比如大量的理论研究如何在边缘系统中实现和应用，期待未来更多有价值和有影响力的研究。

参 考 文 献

[1] Ericsson[EB/OL]. http://www.mathsisfun.com/calculus/inflection-points.html, 2020-6.

[2] 施巍松，张星洲，王一帆，等. 边缘计算：现状和展望[J]. 计算机研究与发展，2019，56(1)：69-89.

[3] CAO X, XU J, ZHANG R, et al. Mobile edge computing for cellular-connected UAV: Computation offloading and trajectory optimization[C]// International Workshop on Signal Processing Advances in Wireless Communications. IEEE, 2018: 1-5.

[4] LIU J, LI L, YANG F, et al. Minimization of offloading delay for two-tier UAV with mobile edge computing[C]// International Conference on Wireless Communications and Mobile Computing. IEEE, 2019: 1534-1538.

[5] WANG Y, RU Z, WANG K, et al. Joint deployment and task scheduling optimization for large-scale mobile users in multi-UAV enabled mobile edge computing[J]. IEEE Transactions on Systems, Man, and Cybernetics, 2019: 1-14.

[6] YU Z, GONG Y, GONG S, et al. Joint task offloading and resource allocation in UAV-enabled mobile edge computing[J]. IEEE Internet of Things Journal, 2020, 7(4): 3147-3159.

[7] LIU Y, XIONG K, NI Q, et al. UAV-assisted wireless powered cooperative mobile edge computing: Joint offloading, CPU control and trajectory optimization[J]. IEEE Internet of Things Journal, 2019, 7(4): 2777-2790.

[8] ZHANG J, ZHOU L, ZHOU F, et al. Computation efficient offloading and trajectory scheduling for multi-UAV assisted mobile edge computing[J]. IEEE Transactions on Vehicular Technology, 2019, 69(2): 2114-2125.

[9] FENG J, LIU Z, WU C, et al. AVE: Autonomous vehicular edge computing framework with aco-based scheduling[J]. IEEE Transactions on Vehicular Technology, 2017, 66(12): 10660-10675.

[10] LI S, LIN S, CAI L, et al. Joint resource allocation and computation offloading with time-varying fading channel in vehicular edge computing[J]. IEEE Transactions on Vehicular Technology, 2020, 69(3): 3384-3398.

[11] TONINI F, KHORSANDI B M, AMATO E, et al. Scalable edge computing deployment for reliable service provisioning in vehicular networks[J]. Journal of Sensor and Actuator Networks, 2019, 8(4): 51.

[12] ZHANG J, GUO H, LIU J, et al. Task offloading in vehicular edge computing networks: A load-balancing solution[J]. IEEE Transactions on Vehicular Technology, 2020, 69(2): 2092-2104.

[13] ZHOU Z, FENG J, CHANG Z, et al. Energy-efficient edge computing service provisioning for vehicular networks: A consensus ADMM approach[J]. IEEE Transactions on Vehicular Technology, 2019, 68(5): 5087-5099.

[14] WU Y, WU J, CHEN L, et al. Efficient task scheduling for servers with dynamic states in vehicular edge computing[J]. Computer Communications, 2020, 150: 245-253.

[15] ZHANG K, MAO Y, LENG S, et al. Optimal delay constrained offloading for vehicular edge computing networks[C]// International Conference on Communications. IEEE, 2017: 1-6.

[16] HUANG X, LI P, YU R, et al. Social welfare maximization in container-based task scheduling for parked vehicle edge computing[J]. IEEE Communications Letters, 2019, 23(8): 1347-1351.

[17] HUNG C, ANANTHANARAYANAN G, BODIK P, et al. Videoedge: Processing camera streams using hierarchical clusters[C]// Information Security. IEEE, 2018: 115-131.

[18] SIMOENS P, XIAO Y, PILLAI P, et al. Scalable crowd-sourcing of video from mobile devices[C]// International Conference on Mobile Systems, Applications, and Services, 2013: 139-152.

[19] YI S, HAO Z, ZHANG Q, et al. LAVEA: Latency-aware video analytics on edge computing platform[C]// Information Security. IEEE, 2017: 1-13.

[20] ALSHUWAILI A, SIMEONE O. Energy-efficient resource allocation for mobile edge computing-based augmented reality applications[J]. IEEE Wireless Communications Letters, 2017, 6(3): 398-401.

[21] LIU W, REN J, HUANG G, et al. Data offloading and sharing for latency minimization in augmented reality based on mobile-edge computing[C]// Vehicular Technology Conference. IEEE, 2018: 1-5.

[22] LIU J, ZHANG Q. Code-partitioning offloading schemes in mobile edge computing for augmented reality[J]. IEEE Access, 2019, 7: 11222-11236.

[23] HOU W, NING Z, GUO L, et al. Green survivable collaborative edge computing in smart cities[J]. IEEE Transactions on Industrial Informatics, 2018, 14(4): 1594-1605.

[24] WANG T, BHUIYAN Z A, WANG G, et al. Big data reduction for a smart city's critical infrastructural health monitoring[J]. IEEE Communications Magazine, 2018, 56(3): 128-133.

[25] LI M, SI P, ZHANG Y, et al. Delay-tolerant data traffic to software-defined vehicular networks with mobile edge computing in smart city[J]. IEEE Transactions on Vehicular Technology, 2018, 67(10): 9073-9086.

[26] WANG S, ZHAO Y, XU J, et al. Edge server placement in mobile edge computing[J]. Journal of Parallel and Distributed Computing, 2019,127: 160-168.

[27] CHOI J, AHN S. Scalable service placement in the fog computing environment for the IoT-based smart city[J]. Journal of Information Processing Systems, 2019, 15(2): 440-448.

[28] XU X, LIU X, XU Z, et al. Trust-oriented IoT service placement for smart cities in edge computing[J]. IEEE Internet of Things Journal, 2019, 7(5): 4084-4091.

[29] ALAM M G, MUNIR M S, UDDIN M Z, et al. Edge-of-things computing framework for cost-effective provisioning of healthcare data[J]. Journal of Parallel and Distributed Computing, 2019, 123: 54-60.

[30] SAMIE F, TSOUTSOURAS V, BAUER L, et al. Computation offloading and resource allocation for low-power IoT edge devices[C]// The Internet of Things. IEEE, 2016: 7-12.

[31] WANG H, GONG J, ZHUANG Y, et al. HealthEdge: Task scheduling for edge computing with health emergency and human behavior consideration in smart homes[C]// Networking Architecture and Storages. IEEE, 2017: 1213-1222.

[32] CHAUDHRY J A, SALEEM K, ISLAM R, et al. AZSPM: Autonomic zero-knowledge security provisioning model for medical control systems in fog computing environments[C]// Local Computer Networks. IEEE, 2017: 121-127.

[33] NING Z, DONG P, WANG X, et al. Mobile edge computing enabled 5g health monitoring for internet of medical things: A decentralized game theoretic approach[J]. IEEE Journal on Selected Areas in Communications, 2020: 1-16.

[34] MANOGARAN G, SHAKEEL P M, FOUAD H, et al. Wearable IoT smart-log patch: An edge computing-based Bayesian deep learning network system for multi access physical monitoring system[J]. Sensors, 2019, 19(13): 3030.

[35] DENG Y, CHEN Z, YAO X, et al. Parallel offloading in green and sustainable mobile edge computing for delay-constrained IoT system[J]. IEEE Transactions on Vehicular Technology, 2019, 68(12): 12202-12214.

[36] LIN C, DENG D, CHIH Y, et al. Smart manufacturing scheduling with edge computing using multiclass deep q network[J]. IEEE Transactions on Industrial Informatics, 2019, 15(7): 4276-4284.

[37] SUN W, LIU J, YUE Y, et al. AI-enhanced offloading in edge computing: When machine learning meets industrial IoT[J]. IEEE Network, 2019, 33(5): 68-74.

[38] CHEN B, WAN J, CELESTI A, et al. Edge computing in IoT based manufacturing[J].IEEE Communications Magazine, 2018, 56(9): 103-109.

[39] CORCORAN P, DATTA S K. Mobile-edge computing and the Internet of things for consumers: Extending cloud computing and services to the edge of the network[J]. IEEE Consumer Electronics Magazine, 2016, 5(4): 73-74.

[40] CAO J, XU L, ABDALLAH R, et al. EdgeOS_H: A home operating system for Internet of everything[C]// International Conference on Distributed Computing Systems. IEEE, 2017: 1756-1764.

[41] ZAVALYSHYN I, DUARTE N O, SANTOS N, et al. HomePad: A privacy-aware smart hub for home environments[C]// Information Security. IEEE, 2018: 58-73.

[42] ZHAI Y, BAO T, ZHU L, et al. Toward reinforcement learning-based service deployment of 5g mobile edge computing with request-aware scheduling[J]. IEEE Wireless Communications, 2020, 27(1): 84-91.

[43] XU X, HE C, XU Z, et al. Joint optimization of offloading utility and privacy for edge computing enabled IoT[J]. IEEE Internet of Things Journal, 2019, 7(4): 2622-2629.

[44] ZHANG Z, HONG Z, CHEN W, et al. Joint computation offloading and coin loaning for blockchain-empowered mobile-edge computing[J]. IEEE Internet of Things Journal, 2019, 6(6): 9934-9950.

[45] ZHAN Y, GUO S, LI P, et al. A deep reinforcement learning based offloading game in edge computing[J]. IEEE Transactions on Computers, 2020, 69(6): 883-893.

[46] XIAO K, GAO Z, YAO C, et al. Task offloading and resources allocation based on fairness in edge computing[C]// Wireless Communications and Networking Conference. IEEE, 2019: 1-6.

[47] WANG F, XU J, WANG X, et al. Joint offloading and computing optimization in wireless powered mobile-edge computing systems[J]. IEEE Transactions on Wireless Communications, 2018, 17(3): 1784-1797.

[48] JIN J, LI Y, LUO J, et al. Cooperative storage by exploiting graph-based data placement algorithm for edge computing environment[J]. Concurrency and Computation: Practice and Experience, 2018, 30(20): 4914.

[49] MAIA A M, GHAMRIDOUDANE Y, VIEIRA D, et al. Optimized placement of scalable IoT services in edge computing[J]. Integrated Networks and Service Management. IEEE, 2019: 189-197.

[50] MA X, ZHANG S, YANG P, et al. Cost-efficient resource provisioning in cloud assisted mobile edge computing[C]// Global Communications Conference. IEEE, 2017: 1-6.

[51] LIU Y, XU C, ZHAN Y, et al. Incentive mechanism for computation offloading using edge computing: A stackelberg game approach[J]. Computer Networks, 2017, 129: 399-409.

[52] LI Y, WANG S. An energy-aware edge server placement algorithm in mobile edge computing[C]// International Conference on Edge Computing . IEEE, 2018: 66-73.

[53] STOCKHAMMER T. Dynamic adaptive streaming over HTTP: Standards and design principles[C]// ACM Conference on Multimedia Systems, 2011: 133-144.

[54] SCHWARZ H, MARPE D, WIEGAND T, et al. Overview of the scalable video coding extension of the h.264/avc standard[J]. IEEE Transactions on Circuits and Systems for Video Technology, 2007, 17(9): 1103-1120.

[55] CHATTOPADHYAY S, RAMASWAMY L, BHANDARKAR S M, et al. A framework for encoding and caching of video for quality adaptive progressive download[C]// ACM multimedia, 2007: 775-778.

[56] YOON J, LIU P, BANERJEE S, et al. Low-cost video transcoding at the wireless edge[C]// Information Security, 2016: 129-141.

[57] LI Y, CHEN Y, LAN T, et al. MobiQoR: Pushing the envelope of mobile edge computing via quality-of-result optimization[C]// International Conference on Distributed Computing Systems. IEEE, 2017: 1261-1270.

[58] 李林哲, 周佩雷, 程鹏, 等. 边缘计算的架构、挑战与应用[J]. 大数据, 2019, 5(2)：3-16.

[59] LI M, CHENG N, GAO J, et al. Energy-efficient UAV-assisted mobile edge computing: Resource allocation and trajectory optimization[J]. IEEE Transactions on Vehicular Technology, 2020, 69(3): 3424-3438.

[60] XU X, XUE Y, QI L, et al. An edge computing enabled computation offloading method with privacy preservation for Internet of connected vehicles[J]. Future Generation Computer Systems, 2019, 96: 89-100.

[61] DENG Y, CHEN Z, YAO X, et al. Task scheduling for smart city applications based on multi-server mobile edge computing[J]. IEEE Access, 2019, 7: 14410-14421.

[62] LIN K, PANKAJ S, WANG D. Task offloading and resource allocation for edge-ofthings computing on smart healthcare systems[J].Computers and Electrical Engineering, 2018, 72: 348-360.

[63] LIAO H, ZHOU Z, ZHAO X, et al. Learning-based context-aware resource allocation for edge-computing empowered industrial IoT[J]. IEEE Internet of Things Journal, 2019, 7(5): 4260-4277.

[64] SUN W, LIU J, YUE Y, et al. Double auction-based resource allocation for mobile edge computing in industrial Internet of Things[J]. IEEE Transactions on Industrial Informatics, 2018, 14(10): 4692-4701.

[65] 郭宏杰. 边缘计算星火燎原[J]. 杭州金融研修学院学报，2019，9：4.

[66] GMDT FORECAST. Cisco visual networking index: Global mobile data traffic forecast update, 2017—2022[J]. Update, 2019, 2017: 2022.

[67] ERMAN J, GERBER A, RAMADRISHNAN K K, et al. Over the top video: The gorilla in cellular networks[C]// Internet Measurement Conference. ACM, 2011: 127-136.

[68] PANDEY P, POMPILI D. MobiDiC: Exploiting the untapped potential of mobile distributed computing via approximation[C]// International Conference on Pervasive Computing and Communications. IEEE, 2016: 1-9.

[69] CHEN L, ZHOU S, XU J, et al. Computation peer offloading for energy-constrained mobile edge computing in small-cell

networks[J]. IEEE ACM Transactions on Networking, 2018, 26(4): 1619-1632.

[70] JOSILO S, DAN G. Wireless and computing resource allocation for selfish computation offloading in edge computing[C]// International Conference on Computer Communications. IEEE, 2019: 2467-2475.

[71] QI Q, WANG J, MA Z, et al. Knowledge-driven service offloading decision for vehicular edge computing: A deep reinforcement learning approach[J]. IEEE Transactions on Vehicular Technology, 2019, 68(5): 4192-4203.

[72] SHU C, ZHAO Z, HAN Y, et al. Multi-user offloading for edge computing networks: A dependency-aware and latency-optimal approach[J]. IEEE Internet of Things Journal, 2020, 7(3): 1678-1689.

[73] ZHAO C ZH, CAI Y L, LIU A, et al. Mobile edge computing meets mmWave communications: Joint beamforming and resource allocation for system delay minimization[J]. IEEE Transactions on Wireless Communications, 2020, 19(4): 2382-2396.

[74] ULLAH I, et al. Task classification and scheduling based on k-means clustering for edge computing[J]. Wireless Personal Communications, 2020: 1-14.

[75] BAI T, WANG J, REN Y, et al. Energy-efficient computation offloading for secure UAV-edge-computing systems[J]. IEEE Transactions on Vehicular Technology, 2019, 68(6): 6074-6087.

[76] DAI Y, XU D, MAHARJAN S, et al. Joint offloading and resource allocation in vehicular edge computing and networks[C]// Global Communications Conference. IEEE, 2018: 1-7.

[77] ALMARRIDI A Z, MOHAMED A, ERBAD A, et al. Efficient eeg mobile edge computing and optimal resource allocation for smart health applications[C]// International Conference on Wireless Communications and Mobile Computing. IEEE, 2019: 1261-1266.

[78] CHEN X, CAI Y, SHI Q, et al. Energy-efficient resource allocation for latency-sensitive mobile edge computing[C]// Vehicular Technology Conference. IEEE, 2019, 69(2): 2246-2262.

[79] ZHANG W, ZHANG Z, ZEADALLY S, et al. Energy-efficient workload allocation and computation resource configuration in distributed cloud/edge computing systems with stochastic workloads[C]// Journal on Selected Areas in Communications. IEEE, 2020, 38(6): 1118-1132.

[80] CHEN X, CAI Y, SHI Q, et al. Efficient resource allocation for relay-assisted computation offloading in mobile-edge computing[J]. IEEE Internet of Things Journal, 2020, 7(3): 2452-2468.

[81] YANG Z, PAN C, HOU J, et al. Efficient resource allocation for mobile edge computing networks with noma: Completion time and energy minimization[J]. IEEE Transactions on Communications, 2019, 67(11): 7771-7784.

[82] CHEN M, HAO Y. Task offloading for mobile edge computing in software defined ultra-dense network[J]. IEEE Journal on Selected Areas in Communications, 2018, 36(3): 587-597.

[83] WANG R, CAO Y, NOOR A, et al. Agent-enabled task offloading in UAV-aided mobile edge computing[J]. Computer Communications, 2020, 149: 324-331.

[84] BI S ZH, ZHANG Y J. Computation rate maximization for wireless powered mobile edge computing with binary computation offloading[J]. IEEE Transactions on Wireless Communications, 2018, 17(6): 4177-4190.

[85] CHEN W, WANG D, LI K, et al. Multi-user multi-task computation offloading in green mobile edge cloud computing[J]. IEEE Transactions on Services Computing, 2019, 12(5): 726-738.

[86] FENG J, PEI Q, YU F R, et al. Computation offloading and resource allocation for wireless powered mobile edge computing with latency constraint[J]. IEEE Wireless Communications Letters, 2019, 8(5): 1320-1323.

[87] LI C, TANG J, LUO Y, et al. Dynamic multi-user computation offloading for wireless powered mobile edge computing[J]. Journal of Network and Computer Applications, 2019, 131: 1-15.

[88] BANEZ R A, LI L, YANG C, et al. A mean-field-type game approach to computation offloading in mobile edge computing networks[C]// International Conference on Communications. IEEE, 2019: 1-6.

[89] MA X, ZHANG S, YANG P, et al. Cost-efficient resource provisioning in cloud assisted mobile edge computing[C]// Global Communications Conference. IEEE, 2017: 1-6.

[90] LIU X, YU J, WANG J, et al. Resource allocation with edge computing in IoT networks via machine learning[J]. IEEE Internet of Things Journal, 2020, 7(4): 3415-3426.

[91] DING Y, LIU C, ZHOU X, et al. A code-oriented partitioning computation offloading strategy for multiple users and multiple

mobile edge computing servers[J]. IEEE Transactions on Industrial Informatics, 2019, 16(7): 4800-4810.

[92] DINH T Q, LA Q D, QUEK T Q, et al. Learning for computation offloading in mobile edge computing[J]. IEEE Transactions on Communications, 2018, 66(12): 6353-6367.

[93] ZHAO J, LI Q, GONG Y, et al. Computation offloading and resource allocation for cloud assisted mobile edge computing in vehicular networks[J]. IEEE Transactions on Vehicular Technology, 2019, 68(8): 7944-7956.

[94] SUN X, ANSARI N. Primal: Profit maximization avatar placement for mobile edge computing[C]// International Conference on Communications. IEEE, 2016: 1-6.

[95] ZHAO T, ZHOU S, GUO X, et al. Pricing policy and computational resource provisioning for delay-aware mobile edge computing[C]// International Conference on Communications. IEEE, 2016: 1-6.

[96] MAHMUD R, SRIRAMA S N, RAMAMOHANARAO K, et al. Profit-aware application placement for integrated fog-cloud computing environments[J]. Journal of Parallel and Distributed Computing, 2020, 135: 177-190.

[97] CHEN Y, LI Z, YANG B, et al. A stackelberg game approach to multiple resources allocation and pricing in mobile edge computing[J]. Future Generation Computer Systems, 2020: 273-287.

[98] LI G, CAI J. An online incentive mechanism for collaborative task offloading in mobile edge computing[J]. IEEE Transactions on Wireless Communications, 2020, 19(1): 624-636.

[99] HE J, ZHANG D, ZHOU Y, et al. A truthful online mechanism for collaborative computation offloading in mobile edge computing[J]. IEEE Transactions on Industrial Informatics, 2019, 16(7): 4832-4841.

[100] JIAO Y, WANG P, NIYATO D, et al. Social welfare maximization auction in edge computing resource allocation for mobile blockchain[C]// International Conference on Communications. IEEE, 2018: 1-6.

[101] SHI W, ZHANG J, Zhang R. Share-based edge computing paradigm with mobile-towired offloading computing[J]. IEEE Communications Letters, 2019, 23(11): 1953-1957.

[102] XIONG X, ZHENG K, LEI L, et al. Resource allocation based on deep reinforcement learning in IoT edge computing[J]. IEEE Journal on Selected Areas in Communications, 2020, 38(6): 1133-1146.

[103] ZHENG X, LI M, GUO J. Task scheduling using edge computing system in smart city[J]. International Journal of Communication Systems, 2020: 4422.

[104] NDIKUMANA A, ULLAH S, LEANH T, et al. Collaborative cache allocation and computation offloading in mobile edge computing[C]// 19th Asia-Pacific Network Operations and Management Symposium (APNOMS). IEEE, 2017: 366-369.

[105] 谢人超, 廉晓飞, 贾庆民, 等. 移动边缘计算卸载技术综述[J]. 通信学报, 2018, 39(11): 138-155.

[106] FENG J, ZHAO L, DU J, et al. Computation offloading and resource allocation in D2D-enabled mobile edge computing[C]// IEEE International Conference on Communications (ICC). IEEE, 2018: 1-6.

[107] HONG Z, CHEN W, HUANG H, et al. Multi-hop cooperative computation offloading for industrial IoT-edge-cloud computing environments[J]. IEEE Transactions on Parallel and Distributed Systems, 2019, 30(12): 2759-2774.

[108] LIU B, CAO Y, ZHANG Y, et al. A distributed framework for task offloading in edge computing networks of arbitrary topology[J]. IEEE Transactions on Wireless Communications, 2020, 19(4): 2855-2867.

[109] ZHOU F, WU Y, SUN H, Et al. UAV-enabled mobile edge computing: Offloading optimization and trajectory design[C]// IEEE International Conference on Communications (ICC). IEEE, 2018: 1-6.

[110] LI S, ZHAI D, DU P, et al. Energy-efficient task offloading, load balancing, and resource allocation in mobile edge computing enabled IoT networks[J]. Science China Information Sciences, 2019, 62(2): 29307.

[111] DAI Y, XU D, MAHARJAN S, et al. Joint computation offloading and user association in multi-task mobile edge computing[J]. IEEE Transactions on Vehicular Technology, 2018, 67(12): 12313-12325.

[112] WANG Y, SHENG M, WANG X, et al. Cooperative dynamic voltage scaling and radio resource allocation for energy-efficient multiuser mobile edge computing[C]// IEEE International Conference on Communications (ICC). IEEE, 2018: 1-6.

[113] HAO Y, CHEN M, HU L, et al. Energy efficient task caching and offloading for mobile edge computing[J]. IEEE Access, 2018, 6: 11365-11373.

[114] TRAN T X, POMPILI D. Joint task offloading and resource allocation for multi-server mobile-edge computing networks[J]. IEEE Transactions on Vehicular Technology, 2018, 68(1): 856-868.

[115] CHEN X, ZHANG H, WU C, et al. Optimized computation offloading performance in virtual edge computing systems via deep reinforcement learning[J]. IEEE Internet of Things Journal, 2018, 6(3): 4005-4018.

[116] ZHAO H, WANG Y, SUN R. Task proactive caching based computation offloading and resource allocation in mobile-edge computing systems[C]// 14th International Wireless Communications and Mobile Computing Conference (IWCMC). IEEE, 2018: 232-237.

[117] TAN Z, YU F R, LI X, et al. Virtual resource allocation for heterogeneous services in full duplex-enabled SCNs with mobile edge computing and caching[J]. IEEE Transactions on Vehicular Technology, 2017, 67(2): 1794-1808.

[118] ZHANG J, HU X, NING Z, et al. Joint resource allocation for latency-sensitive services over mobile edge computing networks with caching[J]. IEEE Internet of Things Journal, 2018, 6(3): 4283-4294.

[119] YANG S, LI F, SHEN M, et al. Cloudlet placement and task allocation in mobile edge computing[J]. IEEE Internet of Things Journal, 2019, 6(3): 5853-5863.

[120] MAHMUD R, RAMAMOHANARAO K, BUYYA R. Latency-aware application module management for fog computing environments[J]. ACM Transactions on Internet Technology (TOIT), 2018, 19(1): 1-21.

[121] ZENG D, GU L, GUO S, et al. Joint optimization of task scheduling and image placement in fog computing supported software-defined embedded system[J]. IEEE Transactions on Computers, 2016, 65(12): 3702-3712.

[122] FAN J, WEI X, WANG T, et al. Deadline-aware task scheduling in a tiered IoT infrastructure[C]// IEEE Global Communications Conference. IEEE, 2017: 1-7.

[123] FAN Q, ANSARI N. On cost aware cloudlet placement for mobile edge computing[J]. IEEE/CAA Journal of Automatica Sinica, 2019, 6(4): 926-937.

[124] SANTOYO-GONZÁLEZ A, CERVELLÓ-PASTOR C. Network-aware placement optimization for edge computing infrastructure under 5G[J]. IEEE Access, 2020, 8: 56015-56028.

[125] HE T, KHAMFROUSH H, WANG S, et al. It's hard to share: Joint service placement and request scheduling in edge clouds with sharable and non-sharable resources[C]// IEEE 38th International Conference on Distributed Computing Systems (ICDCS). IEEE, 2018: 365-375.

[126] WANG L, JIAO L, HE T, et al. Service entity placement for social virtual reality applications in edge computing[C]// IEEE Conference on Computer Communications. IEEE, 2018: 468-476.

[127] YOUSEFPOUR A, PATIL A, ISHIGAKI G, et al. FogPlan: A lightweight QoS-aware dynamic fog service provisioning framework[J]. IEEE Internet of Things Journal, 2019, 6(3): 5080-5096.

[128] SURESH A, GANDHI A. FnSched: An efficient scheduler for serverless functions[C]// Proceedings of the 5th International Workshop on Serverless Computing. IEEE, 2019: 19-24.

[129] ASKE A, ZHAO X. Supporting multi-provider serverless computing on the edge[C]// Proceedings of the 47th International Conference on Parallel Processing Companion. IEEE, 2018: 1-6.

[130] HE X, JIN R, DAI H. Peace: Privacy-preserving and cost-efficient task offloading for mobile-edge computing[J]. IEEE Transactions on Wireless Communications, 2019, 19(3): 1814-1824.

[131] LIU C F, BENNIS M, POOR H V. Latency and reliability-aware task offloading and resource allocation for mobile edge computing[C]// IEEE GLOBECOM Workshops (GC Wkshps). IEEE, 2017: 1-7.

[132] LYU X, NI W, TIAN H, et al. Optimal schedule of mobile edge computing for Internet of Things using partial information[J]. IEEE Journal on Selected Areas in Communications, 2017, 35(11): 2606-2615.

[133] MAO Y, ZHANG J, LETAIEF K B. Dynamic computation offloading for mobile-edge computing with energy harvesting devices[J]. IEEE Journal on Selected Areas in Communications, 2016, 34(12): 3590-3605.

[134] KHERRAF N, ALAMEDDINE H A, SHARAFEDDINE S, et al. Optimized provisioning of edge computing resources with heterogeneous workload in IoT networks[J]. IEEE Transactions on Network and Service Management, 2019, 16(2): 459-474.

[135] SALEEM U, LIU Y, JANGSHER S, et al. Latency minimization for D2D-enabled partial computation offloading in mobile edge computing[J]. IEEE Transactions on Vehicular Technology, 2020, 69(4): 4472-4486.

[136] WANG C, LIANG C, YU F R, et al. Computation offloading and resource allocation in wireless cellular networks with mobile edge computing[J]. IEEE Transactions on Wireless Communications, 2017, 16(8): 4924-4938.

[137] WANG F, XU J, CUI S. Optimal energy allocation and task offloading policy for wireless powered mobile edge computing systems[J]. IEEE Transactions on Wireless Communications, 2020, 19(4): 2443-2459.

[138] YANG X, FEI Z, ZHENG J, et al. Joint multi-user computation offloading and data caching for hybrid mobile cloud/edge computing[J]. IEEE Transactions on Vehicular Technology, 2019, 68(11): 11018-11030.

[139] ZHOU Y, YU F R, CHEN J, et al. Virtual resource allocation for information-centric heterogeneous networks with mobile edge computing[C]// IEEE Conference on Computer Communications Workshops (INFOCOM WKSHPS). IEEE, 2017: 235-240.

[140] XU J, HAO Z, SUN X. Optimal offloading decision strategies and their influence analysis of mobile edge computing[J]. Sensors, 2019, 19(14): 3231.

[141] BADRI H, BAHREINI T, GROSU D, et al. Energy-aware application placement in mobile edge computing: A stochastic optimization approach[J]. IEEE Transactions on Parallel and Distributed Systems, 2019, 31(4): 909-922.

[142] GUO H, LIU J, QIN H, et al. Collaborative computation offloading for mobile-edge computing over fiber-wireless networks[C]// IEEE Global Communications Conference. IEEE, 2017: 1-6.

[143] GUO Y, WANG S, ZHOU A, et al. User allocation-aware edge cloud placement in mobile edge computing[J]. Software: Practice and Experience, 2020, 50(5): 489-502.

[144] MENG X, WANG W, WANG Y, et al. Closed-form delay-optimal computation offloading in mobile edge computing systems[J]. IEEE Transactions on Wireless Communications, 2019, 18(10): 4653-4667.

[145] LU S, WU J, DUAN Y, et al. Cost-efficient resource provision for multiple mobile users in fog computing[C]// IEEE 25th International Conference on Parallel and Distributed Systems (ICPADS). IEEE, 2019: 422-429.

[146] PASTERIS S, WANG S, HERBSTER M, et al. Service placement with provable guarantees in heterogeneous edge computing systems[C]// IEEE Conference on Computer Communications. IEEE, 2019: 514-522.

[147] CAO Z, ZHANG H, LIU B. Performance and stability of application placement in mobile edge computing system[C]// IEEE 37th International Performance Computing and Communications Conference (IPCCC). IEEE, 2018: 1-8.

[148] CHEN Z, ZHANG S, WANG C, et al. A novel algorithm for NFV chain placement in edge computing environments[C]// IEEE Global Communications Conference (GLOBECOM). IEEE, 2018: 1-6.

[149] HUANG T, LIN W, LI Y, et al. A latency-aware multiple data replicas placement strategy for fog computing[J]. Journal of Signal Processing Systems, 2019, 91(10): 1191-1204.

[150] KIANI A, ANSARI N, KHREISHAH A. Hierarchical capacity provisioning for fog computing[J]. IEEE/ACM Transactions on Networking, 2019, 27(3): 962-971.

[151] MENG J, ZENG C, TAN H, et al. Joint heterogeneous server placement and application configuration in edge computing[C]// IEEE 25th International Conference on Parallel and Distributed Systems (ICPADS). IEEE, 2019: 488-497.

[152] CANALI C, LANCELLOTTI R. GASP: Genetic algorithms for service placement in fog computing systems[J]. Algorithms, 2019, 12(10): 201.

[153] PENG K, ZHU M, ZHANG Y, et al. An energy-and cost-aware computation offloading method for workflow applications in mobile edge computing[J]. EURASIP Journal on Wireless Communications and Networking, 2019, 2019(1): 207.

[154] XU X, CAO H, GENG Q, et al. Dynamic resource provisioning for workflow scheduling under uncertainty in edge computing environment[J]. Concurrency and Computation: Practice and Experience, 2020: e5674.

[155] CHEN Z, HU J, MIN G, et al. Effective data placement for scientific workflows in mobile edge computing using genetic particle swarm optimization[J]. Concurrency and Computation: Practice and Experience, 2019: e5413.

[156] LIN B, ZHU F, ZHANG J, et al. A time-driven data placement strategy for a scientific workflow combining edge computing and cloud computing[J]. IEEE Transactions on Industrial Informatics, 2019, 15(7): 4254-4265.

[157] MSEDDI A, JAAFAR W, ELBIAZE H, et al. Joint container placement and task provisioning in dynamic fog computing[J]. IEEE Internet of Things Journal, 2019, 6(6): 10028-10040.

[158] GUO F, ZHANG H, JI H, et al. An efficient computation offloading management scheme in the densely deployed small cell networks with mobile edge computing[J]. IEEE/ACM Transactions on Networking, 2018, 26(6): 2651-2664.

[159] HUANG P Q, WANG Y, WANG K ZH, et al. A bilevel optimization approach for joint offloading decision and resource allocation in cooperative mobile edge computing[J]. IEEE Transactions on Cybernetics, 2019, 50(10): 4228-4241.

[160] GUO F, YU F R, ZHANG H, et al. Adaptive resource allocation in future wireless networks with blockchain and mobile edge computing[J]. IEEE Transactions on Wireless Communications, 2019, 19(3): 1689-1703.

[161] LU H, GU C, LUO F, et al. Optimization of lightweight task offloading strategy for mobile edge computing based on deep reinforcement learning[J]. Future Generation Computer Systems, 2020, 102: 847-861.

[162] KIRAN N, PAN C, WANG S, et al. Joint resource allocation and computation offloading in mobile edge computing for SDN based wireless networks[J]. Journal of Communications and Networks, 2019, 22(1): 1-11.

[163] SHEN S, HAN Y, WANG X, et al. Computation offloading with multiple agents in edge-computing-supported IoT[J]. ACM Transactions on Sensor Networks (TOSN), 2019, 16(1): 1-27.

[164] MIAO Y, WU G, LI M, et al. Intelligent task prediction and computation offloading based on mobile-edge cloud computing[J]. Future Generation Computer Systems, 2020, 102: 925-931.

[165] YU S, WANG X, LANGAR R. Computation offloading for mobile edge computing: A deep learning approach[C]// IEEE 28th Annual International Symposium on Personal, Indoor, and Mobile Radio Communications (PIMRC). IEEE, 2017: 1-6.

[166] GUO H, LIU J, ZHANG J. Efficient computation offloading for multi-access edge computing in 5G HetNets[C]// IEEE International Conference on Communications (ICC). IEEE, 2018: 1-6.

[167] YANG L, ZHANG H, LI X, et al. A distributed computation offloading strategy in small-cell networks integrated with mobile edge computing[J]. IEEE/ACM Transactions on Networking, 2018, 26(6): 2762-2773.

[168] WANG C, DONG C, QIN J, et al. Energy-efficient offloading policy for resource allocation in distributed mobile edge computing[C]// IEEE Symposium on Computers and Communications (ISCC). IEEE, 2018: 366-372.

[169] ASHERALIEVA A, NIYATO D. Hierarchical game-theoretic and reinforcement learning framework for computational offloading in UAV-enabled mobile edge computing networks with multiple service providers[J]. IEEE Internet of Things Journal, 2019, 6(5): 8753-8769.

[170] GUO H, LIU J. Collaborative computation offloading for multiaccess edge computing over fiber-wireless networks[J]. IEEE Transactions on Vehicular Technology, 2018, 67(5): 4514-4526.

[171] GU B, ZHOU Z, MUMTAZ S, et al. Context-aware task offloading for multi-access edge computing: Matching with externalities[C]// IEEE Global Communications Conference (GLOBECOM). IEEE, 2018: 1-6.

[172] LIU P, LI J, SUN Z. Matching-based task offloading for vehicular edge computing[J]. IEEE Access, 2019, 7: 27628-27640.

[173] GU B, ZHOU Z. Task offloading in vehicular mobile edge computing: A matching-theoretic framework[J]. IEEE Vehicular Technology Magazine, 2019, 14(3): 100-106.

[174] YU N, XIE Q, WANG Q, et al. Collaborative service placement for mobile edge computing applications[C]// IEEE Global Communications Conference (GLOBECOM). IEEE, 2018: 1-6.

[175] CHITI F, FANTACCI R, PAGANELLI F, et al. Virtual functions placement with time constraints in fog computing: A matching theory perspective[J]. IEEE Transactions on Network and Service Management, 2019, 16(3): 980-989.

[176] ZHANG D, TAN L, REN J, et al. Near-optimal and truthful online auction for computation offloading in green edge-computing systems[J]. IEEE Transactions on Mobile Computing, 2019, 19(4): 880-893.

[177] LEI L, XU H, XIONG X, et al. Joint computation offloading and multiuser scheduling using approximate dynamic programming in NB-IoT edge computing system[J]. IEEE Internet of Things Journal, 2019, 6(3): 5345-5362.

[178] LI L, ZHANG X, LIU K, et al. An energy-aware task offloading mechanism in multiuser mobile-edge cloud computing[J]. Mobile Information Systems, 2018, 2018.

[179] KONEČNÝ J, MCMAHAN B, RAMAGE D. Federated optimization: Distributed optimization beyond the datacenter[J]. arXiv Preprint arXiv: 1511. 03575, 2015.

[180] REN J, WANG H, HOU T, et al. Federated learning-based computation offloading optimization in edge computing-supported Internet of Things[J]. IEEE Access, 2019, 7: 69194-69201.

[181] WANG X, HAN Y, WANG C, et al. In-edge ai: Intelligentizing mobile edge computing, caching and communication by federated learning[J]. IEEE Network, 2019, 33(5): 156-165.

[182] LAKHANI K R, IANSITI M. The truth about blockchain[J]. Harvard Business Review, 2017, 95(1): 119-127.

[183] NARAYANAN A, BONNEAU J, FELTEN E, et al. Bitcoin and cryptocurrency technologies: A comprehensive introduction[M].

Princeton: Princeton University Press, 2016.

[184] XIONG Z, ZHANG Y, NIYATO D, et al. When mobile blockchain meets edge computing[J]. IEEE Communications Magazine, 2018, 56(8): 33-39.

[185] LUONG N C, XIONG Z, WANG P, et al. Optimal auction for edge computing resource management in mobile blockchain networks: A deep learning approach[C]// IEEE International Conference on Communications (ICC). IEEE, 2018: 1-6.

[186] JIAO Y, WANG P, NIYATO D, et al. Social welfare maximization auction in edge computing resource allocation for mobile blockchain[C]// IEEE International Conference on Communications (ICC). IEEE, 2018: 1-6.

[187] YOU C, HUANG K, CHAE H, et al. Energy-efficient resource allocation for mobile-edge computation offloading[J]. IEEE Transactions on Wireless Communications, 2016, 16(3): 1397-1411.

[188] ZHANG J, XIA W, YAN F, et al. Joint computation offloading and resource allocation optimization in heterogeneous networks with mobile edge computing[J]. IEEE Access, 2018, 6: 19324-19337.

[189] LUO Q, HU S, LIU L, et al. Labc: A unified offloading model for edge computing[C]// Connected and Autonomous Driving Laboratory, MI, USA, Tech. Rep. MIST-TR-2020-002, 2020.

[190] LIN L, LIAO X, JIN H, et al. Computation offloading toward edge computing[J]. Proceedings of the IEEE, 2019, 107(8): 1584-1607.

[191] MIETTINEN A P, NURMINEN J K. Energy efficiency of mobile clients in cloud computing[J]. HotCloud, 2010, 10(4-4): 19.

[192] AMDAHL G M. Validity of the single processor approach to achieving large scale computing capabilities[C]// Spring Joint Computer Conference, 1967: 483-485.

[193] WANG Y, SHENG M, WANG X, et al. Mobile-edge computing: Partial computation offloading using dynamic voltage scaling[J]. IEEE Transactions on Communications, 2016, 64(10): 4268-4282.

[194] KIM Y, KWAK J, CHONG S. Dual-side optimization for cost-delay tradeoff in mobile edge computing[J]. IEEE Transactions on Vehicular Technology, 2017, 67(2): 1765-1781.

[195] DU J, YU F R, CHU X, et al. Computation offloading and resource allocation in vehicular networks based on dual-side cost minimization[J]. IEEE Transactions on Vehicular Technology, 2018, 68(2): 1079-1092.

[196] ZHANG Q, WANG Y, ZHANG X, et al. OpenVDAP: An open vehicular data analytics platform for CAVs[C]// IEEE 38th International Conference on Distributed Computing Systems (ICDCS). IEEE, 2018: 1310-1320.

[197] ANDREWS J G, BUZZI S, CHOI W, et al. What will 5G be?[J]. IEEE Journal on Selected Areas in Communications, 2014, 32(6): 1065-1082.

[198] XIAO K, GAO Z, SHI W, et al. EdgeABC: An architecture for task offloading and resource allocation in the Internet of Things[J]. Future Generation Computer Systems, 2020, 107: 498-508.

[199] IZAKIAN H, ABRAHAM A, LADANI B T. An auction method for resource allocation in computational grids[J]. Future Generation Computer Systems, 2010, 26(2): 228-235.

[200] HE M, JENNINGS N R, PRUGEL-BENNETT A. An adaptive bidding agent for multiple English auctions: A neuro-fuzzy approach[C]// IEEE International Conference on Fuzzy Systems. IEEE, 2004, 3: 1519-1524.

[201] DAS R, HANSON J E, KEPHART J O, et al. Agent-human interactions in the continuous double auction[C]// International Joint Conference on Artificial Intelligence. Lawrence Erlbaum Associates Ltd, 2001, 17(1): 1169-1178.

[202] XIAO K, SHI W, GAO Z, et al. DAER: A resource pre-allocation algorithm of edge computing server by using blockchain in intelligent driving[J]. IEEE Internet of Things Journal, 2020.

[203] 中国移动 5G 联合创新中心创新研究报告.区块链+边缘计算技术白皮书[R/OL]. https://res-www.zte.com.cn/mediares/zte/Files/PDF/white_book/202006161718.pdf?la=zh-CN.

[204] CHEN J, RAN X. Deep learning with edge computing: A review[J]. Proceedings of the IEEE, 2019, 107(8): 1655-1674.

[205] ZHOU Z, CHEN X, LI E, et al. Edge intelligence: Paving the last mile of artificial intelligence with edge computing[J]. Proceedings of the IEEE, 2019, 107(8): 1738-1762.

[206] LUO Q, LI C, LUAN T H, et al. Collaborative data scheduling for vehicular edge computing via deep reinforcement learning[J]. IEEE Internet of Things Journal, 2020.

第 8 章 边缘计算系统实例

边缘计算利用数据传输路径上的计算、存储与网络资源为用户提供服务，这些资源数量众多且在空间上分散，边缘计算系统对这些资源进行统一的控制与管理，构建边缘计算基础设施，使开发者可以快速地开发与部署应用。

边缘计算系统得到产业界和学术界的广泛关注，例如，Amazon 公司专门针对边缘计算和物联网推出的 AWS Greengrass[1]、开源社区软件 Apache Edgent[2]等。目前关于边缘计算系统的研究有很多，从便于介绍的角度看：一类是从作为云端服务的功能考虑（push from cloud），包括 Cloudlet、Cachier、AirBox 和 CloudPath 等项目；一类从 IoT 资源可用性考虑（pull from IoT），包括 PCloud、ParaDrop、FocusStack、SpanEdge、Apache Edgent 等项目；还有一类是融合云端和 IoT 资源（hybrid cloud-edge analytics），例如 AWS Greengrass、Azure IoT Edge、LinkEdge、Firework 等。国内比较有代表性的项目是海云计算系统。

8.1 边缘计算系统概览

本节对一些新兴的边缘计算系统以及代表性商业边缘计算系统做概要介绍，在后续的五节中，分别重点介绍 Cloudlet、PCloud、ParaDrop、Firework 等有代表性的边缘计算系统、HydraOne 边缘计算系统实验平台以及边缘计算开源系统。

1. Cloudlet

2009 年美国卡内基梅隆大学提出 Cloudlet[3]的概念，从 Cloudlet 项目还演化出开放边缘计算计划（open edge computing initiative）[4]。Cloudlet 是一个可信且资源丰富的主机或机群，它部署在网络边缘，与互联网连接，可以被周围的移动设备访问，为其提供服务。Cloudlet 将原先移动云计算的两层架构"移动设备-云"变为三层架构"移动设备-Cloudlet-云"。Cloudlet 也可以像云一样为用户提供服务，所以它又被称为"小朵云"或

"盒子中的数据中心（data center in a box）"。虽然 Cloudlet 项目不是以边缘计算的名义提出并运行的，但它的架构和理念契合边缘计算的理念和思想，可以被用来构建边缘计算系统。

如图 8-1 所示，Cloudlet 处于三层架构"移动设备-Cloudlet-云"的中间层，它可以在个人计算机、工作站或者低成本服务器上实现，可以由单机构成，也可以由多台机器组成的小集群构成。与 WiFi 服务接入点类似，Cloudlet 可以部署在一些便利地点（如餐厅、咖啡馆、图书馆等地方），这些广泛部署的 Cloudlet 构成分布式计算平台，扩展了移动设备的可用资源[5]。Cloudlet 离移动设备只有一跳距离，具有物理距离的临近性，可以保证实时反馈时延低，又可以利用局域网的高带宽优势，解决带宽限制问题。

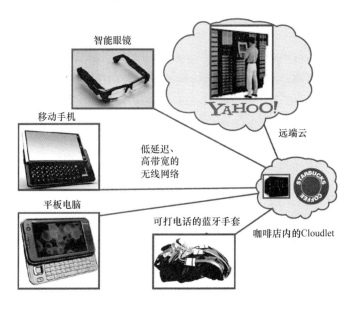

图 8-1
移动设备-"Cloudlet-云" 三层架构示意图[3]

Cloudlet 有以下三大特性。

① 软状态（soft state）　Cloudlet 可以看作位于网络边缘小型云计算中心，因此作为应用的 Server 端，Cloudlet 一般要维护与客户端交互的状态信息。然而与 Cloud 不同，Cloudlet 不会长期维护交互的状态信息，仅暂时缓存部分来自云端的状态信息。这种特性减少云端对 Cloudlet 的管理负担，Cloudlet 可以进行自我管理。

② 资源丰富　Cloudlet 具有充足的计算资源，可以满足多个移动用户将计算任务卸载到 Cloudlet 上执行。同时 Cloudlet 一般都有稳定的电源，不需要考虑能源耗尽问题。

③ 靠近用户　部署 Cloudlet 的位置无论在网络距离还是在物理距离上都要贴近用户。网络距离近可以使网络带宽、延迟、抖动这些不稳定的因素都易于控制与改进；空间距离近意味着 Cloudlet 与用户处在同一个情景之中（如位置），根据这些情景信息可以为用户提供个性化的服务（如基于位置信息的服务）。

随着研究不断完善，Cloudlet 在认知辅助系统（cognitive assistance system）[6,7]、物联网数据分析[8]、敌对环境（hostile environments）[9]等方面都有很好的应用。为了推动

Cloudlet 的发展，CMU 联合英特尔、华为等公司建立 Open Edge Computing 联盟[4]，为基于 Cloudlet 的边缘计算平台制定标准化 API。目前，该联盟将 OpenStack[10]扩展到边缘计算平台，使分散的 Cloudlet 可以通过标准的 OpenStack API 进行控制和管理。

2．PCloud

PCloud[11]是美国佐治亚理工大学 Korvo 研究组在边缘计算领域的研究成果。PCloud 可以将周围的计算、存储、输入/输出设备与云计算资源整合，使这些资源可以无缝地为移动设备提供支持。

PCloud 的结构图如图 8-2 所示。本地、边缘以及云端的资源通过网络连接，通过特殊的虚拟化层 STRATUS[12]将资源虚拟化，构成分布式的资源池，发现并监控这些资源信息。PCloud 将资源池化后，由运行时机制负责资源的申请与分配，该机制提供资源描述接口，可以根据应用的要求选择合适的资源并进行组合。资源组合后，PCloud 就相当于产生一个新的实例，该实例可以根据资源的访问控制策略为外界应用提供相应的服务。虽然该实例的计算资源可能来自多个物理设备，但对于外界应用来说却相当于一体的计算设备。应用程序相当于运行在 PCloud 实例上的一系列服务的组合，例如，媒体播放器应用可以看作由存储服务、解码服务和播放服务组成的。这些服务可能是本地服务也可能是远端服务，但对于应用程序来说都是透明的。PCloud 系统还提供一些基础的系统服务，如权限管理和用户数据聚合，根据用户的社交网络信息控制 PCloud 系统中其他用户对其资源的使用权限。

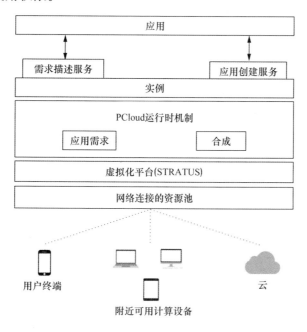

图 8-2
PCloud 结构图

实际运行过程中，移动应用通过接口向 PCloud 描述需要的资源，PCloud 会根据该描述和当前的可用资源分析出最优资源配置，然后生成实例，为应用提供相应的服务。

资源评价指标主要包括计算能力和网络延迟等因素，若是输入/输出设备，可能还包括屏幕大小、分辨率等因素。

PCloud 将边缘资源与云资源有机结合，使二者相辅相成，优势互补。云计算丰富的资源弥补边缘设备计算、存储能力上的不足，而边缘设备由于贴近用户可以提供云计算无法提供的低延迟服务。此外，PCloud 也使整个系统的可用性增强，无论是网络故障还是设备故障都可以选择备用资源。

同样基于边缘资源和云资源结合使用的思想，CoTWare[13]也是通过提供各类服务，利用边缘计算和云计算资源来支撑大规模的物联网应用，而且具有良好的可扩展性。CoTWare 主要提供两类服务：核心服务（如地理位置服务、安全服务、服务调用等通用的系统级服务）和环境服务（负责获取云端和边缘端所提供的服务，如传感器、摄像头、车辆等）。Femtoclouds[14]让任务在靠近用户的边缘完成，Femtoclouds 的基础设施并不仅仅是微服务器，它利用在同一地点（如车站、教室等）的设备构建一个小型的集群来运行用户提出的任务，而且 Femtoclouds 还需要保证和云端的通信，云端负责任务的管理和资源的跟踪。

3．ParaDrop

ParaDrop[15,16]是美国威斯康星大学麦迪逊分校的研究项目。WiFi 接入点可以在 ParaDrop 的支持下扩展为边缘计算系统，像普通服务器一样运行应用。如图 8-3 所示[16]，ParaDrop 使用容器技术来隔离不同应用的运行环境，在云端的后台服务控制系统上部署所有应用的安装、运行与撤销，对外提供一组 API 来控制系统上的资源及监控资源的状态，开发者可以通过 API 来设置应用在 WiFi 接入点中的运行环境，而用户则可通过 Web 页面与应用进行交互。

ParaDrop 的设计目标主要有三点：多租户、高效的资源利用和动态的应用安装。灵活的 API 与容器技术是实现该目标的关键，通过容器技术，ParaDrop 将资源分为计算、存储与网络，分别管理，开发者使用 API 可以为应用分配特定的资源，这是实现多租户的基础；ParaDrop 在网关中植入一个单片机使其具备通用计算能力，单片机的资源十分有限，所以 ParaDrop 使用容器技术，相对于虚拟机，容器占用更少的资源，实现高效的资源利用，也更加适合延迟敏感与高 I/O 的应用[17]；应用运行在容器中，ParaDrop 通过 API 可以控制容器的启动与撤销，方便应用的动态安装。

ParaDrop 主要用于物联网的应用，特别是物联网数据分析。ParaDrop 的优势主要有：敏感数据可以在本地处理，不用上传到云端，保护用户的隐私；WiFi 接入点距离数据源只有一跳，具有低且稳定的网络延迟，在 WiFi 接入点上运行的任务有更短的响应时间；减少传输到互联网上的数据量，只有被用户请求的数据才会通过互联网传输到用户设备；网关可以通过无线电信号获取一些位置信息，如设备之间的距离、设备的具体位置等，利用这些信息可以提供位置感知的服务；遇到特殊情况，无法连接互联网时，应用的部分服务依然可以使用。目前，ParaDrop 得到很好的发展，软件系统已经全部开源，支持 ParaDrop 的硬件设备也已经准备对外销售。

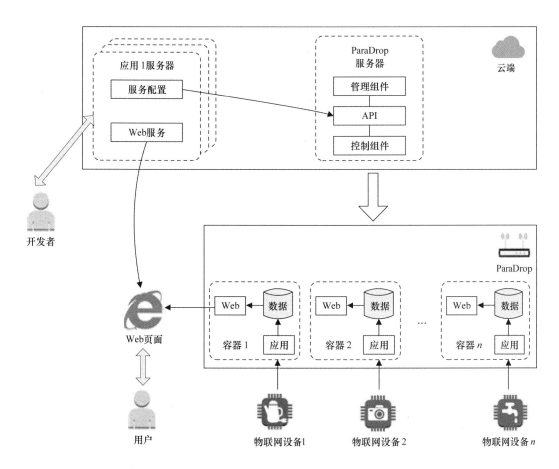

图 8-3
ParaDrop 系统

4．Cachier 与 Precog

Cachier 与 Precog 是美国卡内基梅隆大学提出的对识别类应用进行优化的边缘缓存系统。随着智能穿戴设备和人工智能的发展，识别和感知类移动应用也大量涌现，如人脸识别、语音识别、歌曲识别、地标识别、增强现实等。这类应用一般拥有软实时特性——如果识别时间过长，用户的关注点可能已经转移到下一物体，之前的识别请求及返回结果也无意义了。因此，响应时间是最关键的性能指标，一般需要控制在几百毫秒以内。然而，这类应用通常是 CPU 密集型应用，需要通过大量数据训练匹配后才能得到准确的结果，仅在用户设备端执行是不可行的。传统方案是设备端采集数据，如视频、图像、音频等，然后发送给云端进行特征提取和匹配。在边缘计算环境下，一种方案是利用边缘节点的计算能力，把处理匹配步骤放在边缘节点上，以减少用户端到云端之间的网络延迟。考虑到边缘节点主要给附近的用户设备提供服务，利用服务请求的时空特性，Cachier 系统[18]从缓存角度提出可以把边缘节点作为"有计算能力的缓存设备"来缓存识别结果，减少匹配数据集，提升响应速度。通过分析响应延时模型和请求特性，系统可以根据环境等因素动态地调整边缘节点上的数据集大小，从而保证最优的响应时间。Cachier 系统以图像识别应用为例介绍总体系统构建和运行机理，实际使用时也可扩展至其他识别类应用。

Web 缓存和 CDN 缓存在接收到用户请求时，都不需要复杂的运算，用户请求已经包含具体的 ID 信息（如 URL），因此，缓存空间越大越好。对于图像识别缓存来说，用户的请求是图片，需要通过图片特征提取以及与缓存的图片特征信息进行模型对比才能判定是否存在与其匹配的图像。由于边缘节点的资源相对于云端来说仍是有限的，如果缓存的信息过多，计算匹配的时间就会增加，有可能比发送到云端所引入的网络传输延迟还长。根据平均内存访问时间模型，Cachier 系统构建边缘缓存的延迟期望时间模型

$$E(L) = L_{\text{Cache}} + m \times (L_{\text{Net}} + L_{\text{Cloud}})$$

其中，m 为未命中率；L_{Cache} 为缓存查找延迟，即从最近缓存的结果中找到与请求匹配的结果的时间；L_{Net} 为边缘节点到云端的网络传输延迟；L_{Cloud} 为云端的查找延迟。

当边缘缓存大小 k 变化时，缓存查找延迟和准确率也会变化，因此，延迟期望时间模型可表示为

$$E(L) = f(k) + (1 - \text{recall}(k) \times P(\text{cached})) \times (L_{\text{Net}} + L_{\text{Cloud}})$$

其中，$f(k)$ 为缓存查找延迟函数；recall（k）为缓存准确率；$P(\text{cached})$ 为任意选择的物体在缓存中的概率，与缓存大小、缓存替换策略和请求分布有关。

根据延迟期望时间模型，Cachier 系统可动态地调节缓存大小，以获取最短的响应时间。

如图 8-4 所示，Cachier 系统由识别模块、优化模块和线下分析模块组成[18]。以最不经常使用（least frequently used，LFU）缓存替换策略为例，Cachier 系统可以把 LFU 调整为动态自适应的策略以降低图片识别响应时间。识别模块负责根据缓存的训练数据和模型对接收的图片进行分析和匹配，如果成功匹配，则直接返回结果给用户，否则把图片传输至云端进行识别。首先，使用 LFU 缓存策略，则缓存中的数据为近期识别次数最高的 k 个物体的数据，因此，优化模块中的分布，估计子模块，可以根据请求的时空特性，利用最大后验估计（MAP estimation），预测请求分布模型，从而计算 $P(\text{cached})$。其次，当给定分类算法和训练数据集时，缓存查找延迟 $f(k)$ 和缓存准确率 recall(k) 也可通过线下分析模块利用线性回归等方式计算出估计模型。最后，Profiler 子模块负责估算缓存未命中导致的网络传输及云端延迟。Proflier 子模块实时地测量并记录更新这段距离的延迟数据，利用移动平均滤波器过滤噪音数据。Cachier 系统把这些数据代入延迟期望时间模型，计算出最优的缓存大小，进而调整边缘节点上的缓存信息以降低响应时间。此外，Cachier 系统还做热启动和特征请求等待队列等优化。

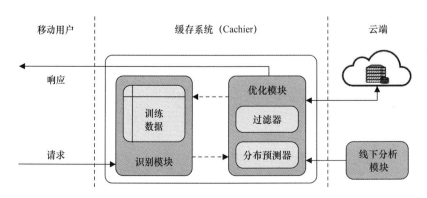

图 8-4
Cachier 系统

Precog 是 Cachier 系统进一步的延伸，缓存数据不仅在边缘节点上，也存在于用户设备上，利用设备端进行选择计算，减少图片往边缘节点和云端的迁移[19]。Precog 根据预测模型，选取部分训练好的分类器，利用选取好的分类器进行图片识别，与边缘节点协作高效地完成识别任务。改进前的 Cachier 系统主要通过优化边缘节点至云端的延迟来降低总响应时间，并不能解决最后一公里，即用户设备端至边缘端的延迟问题。所以，Precog 把计算能力推进到用户设备端，利用请求的地域性 (locality) 和选择性 (selectively) 识别以达到优化这部分延迟的目标。对于用户设备端来说，如果缓存系统使用和边缘节点同样的缓存替换策略，则会造成大量的强制未命中情况，因为对单个用户来说，设备端只有这个用户的请求信息，而且一般同样的物体用户不会在近期内识别多次。因此，Precog 首先利用边缘节点收到的请求信息构建一个马尔可夫模型，用以描述识别物体间的关系，从而预测出用户在未来可能的请求。其次，Precog 根据网络状态、设备能力和边缘节点的预测信息改进延迟期望时间模型，利用这个模型选取合适的数据缓存在设备端。此外，Precog 还提出根据当前运行环境动态地调整特征提取模块，从而进一步优化响应时间。

Precog 系统架构[19]如图 8-5 所示，设备端主要由特征提取模块、线下分析模块、优化模块和过滤器模块组成，边缘节点主要负责马尔可夫模型的构建，优化模块根据线下分析结果、马尔可夫模型预测结果和过滤器模块提供的网络信息决定特征提取的特征数和设备端应缓存的数据。

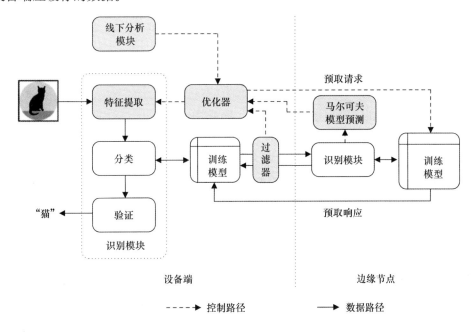

图 8-5
Precog 系统架构

5．FocusStack

FocusStack 是美国通信企业 AT&T 实验室的研究成果，其支持在多样的潜在 IoT 边缘设备上部署复杂多变的各类应用[20]。边缘设备在计算、能耗、连接性等方面受限，而且移动性很强。FocusStack 可以完成这一过程中的所有工作包括：发现有足够资源（如基于地理位置、传感器类型等）的一组边缘设备，部署应用程序到这些设备上，运行部署的应用程序，以及让程序开发者更专注于他们的应用程序，而不是如何找到合适的边缘设备以及如何跟踪边缘设备状态等问题。

FocusStack 系统主要包含两部分[20]，如图 8-6 所示。

① Geocast 系统　提供基于地理位置的情境感知(location-based situational awareness，LSA) 信息。

② OpenStack 扩展（OpenStack extension，OSE）　负责部署、执行和管理网络受限的边缘设备上的容器。

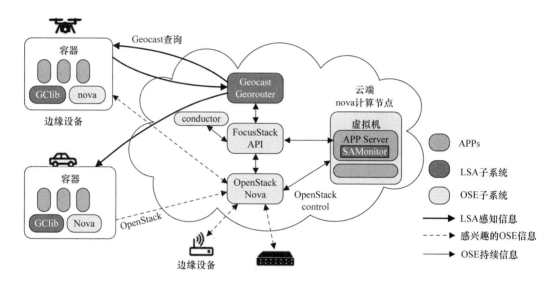

图 8-6
FocusStack 体系
结构

FocusStack 形成由边缘设备（容器）和云数据中心服务器（虚拟机）构成的混合云。当用户通过 FocusStack API 发起一个云操作时（如实例化一个容器），LSA 子系统会基于 Geocast 路由先分析这个请求的范围，发送一个包含地理位置信息的资源列表到目标区域，等待当前满足要求且状态良好的在线边缘设备应答。选定的边缘设备在管理（conductor）模块的帮助下运行相应的 OpenStack 操作。

FocusStack 的情境感知子系统是基于 FCOP(field common operating picture)算法[21]，它是一种基于地理消息的可伸缩分布式算法。每个设备都可以更新其他设备的感知信息，即允许一组设备去监控另一组设备的存活状态。系统的具体实现使用 AT&T 实验室的位置投射系统（AT&T labs geocast system，ALGS）。数据包的地址是一个物理空间的子集，表示这个数据包要发送到该地址对应空间的所有设备上。在 ALGS 系统中，数据包地址是经纬度及半径所划定的地表圆形区域。地址处理投射服务主要是为了在感兴趣的区域间传递请求和回复消息，在某些情况下也会用来传递设备控制信息（如无人机）及发布基于位置的信息广播。ALGS 实现一个两层网络的地理处理投射服务，数据可以通过专门的 WiFi 网络传输，也可以使用范围更广的基于互联网的传输。数据发送端将数据包传输到 Georouter Server，路由服务器追踪每个边缘设备的位置和元数据，根据数据包地址决定地理区域信息并把数据包发送到指定区域的每个设备上（包括边缘设备和运行 SAMonitor 实例的云设备）。位置和连接状态信息由路由数据库（georouting database，GRDB）维护[22]。GClib 框架[20]是一个提供数据获取服务的软件框架，它运行在边缘设备和使用 SAMonitor 的云应用中。它把数据载荷信息和地理信息打包成 Geocast 包，利用相关协议发出数据包，各个硬件组件也通过它注册接收和发送感兴趣的信息。每个程序或服务想了解一个区域内设备的感知状态都需要一个 SAMonitor 组件，它是一个接口部件，负责和 LSA 子系统沟通。应用程序服务器通过 FocusStack API 向 SAMonitor 发起请求，SAMonitor 构建一个当前区域的实时运行图，返回一组区域内可用的边缘设备列表。SAMonitor 和 FCOP 协作，可以允许发送请求的设备和云服务提供设备的移动性，动态地监控区域内流动的设备。当区域设备图构建好后，这些信息会发送给 OSE 里的 conductor，它负责检查这些设备是否有能力运行任务，是否满足预定的政策规则，以及是否取得设备拥有者的任务运行授权等。通过这些检查后，可用边缘设备的列表信息将被提交给应用程序服务器，应用程序服务器从中选取想使用的设备，OSE 通过 OpenStack Nova API 管理和部署边缘设备上的程序，即 Nova 管理运行任务。在 OSE 子系统中，边缘计算节点运行一个定制版本的 Nova Compute 与本地的 Docker 进行交互，管理容器。边缘节点上的容器支持 OpenStack 的全部服务，包括接入虚拟网络和基于应用程序粒度的配置，虚拟网络可以提供容器与容器、容器与虚拟机之间的通信。

6．SpanEdge

流处理是大数据分析中主要的数据处理手段，它提供实时分析，在大量数据产生的时刻就可以进行处理。在流处理模式下，数据由不同地理位置的不同数据源产生，以流的形式持续的传输。传统方式下，所有原始数据通过 WAN 传输到数据中心服务器，流处理系统如 Apache Spark 和 Flink[23]也是针对单个数据中心设计和优化的。但是，这种方式对现在大量联网设备在网络边缘端产生的大数据无法有效处理[24]，而且一些新出现的应用要求延迟低并可预测。SpanEdge[25]是瑞典皇家理工学院的研究项目，它统一云端中心节点和近边缘中心节点，降低由于 WAN 连接造成的网络延迟，提供编程环境，允许开发者指定应用程序中的哪部分需要运行在数据源附近。开发者可以致力于研发流处理程序，不用担心数据源和其地理分布。

SpanEdge 中数据中心被分为两级：云数据中心为第一级，边缘数据中心（如运营商的云[26]、Cloudlet[3]、Fog[27]）是第二级。部分流处理任务在边缘数据中心上运行，以降低延迟，提升性能。SpanEdge 采用 master-worker 结构（图 8-7），一个管理者，多个工作者[25]。

管理者接收流处理应用请求，并把任务分配给工作者。工作者由集群计算节点构成，主要职责是执行被分配的任务。工作者分为两类：hub-worker 和 spoke-worker。hub-worker 位于第一级的数据中心，spoke-worker 位于第二级的边缘数据中心，它们没有功能上的区别。网络传输开销和延迟与工作者间的地理位置和网络连接状态有关[28]。通信也分为系统管理通信（worker-manager）和数据传输通信（worker-worker）。系统管理通信用于管理者和工作者之间任务的调度并确保任务运行正常；数据传输通信是任务真实的数据流。每个工作者都有一个代理，负责处理系统管理操作，如发送、接收管理信息，监控计算节点以确保它们运行正常，定期发送心跳信息给管理者，确保任务失败时可以及时恢复。

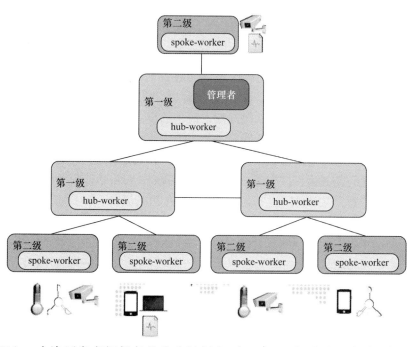

图 8-7
SpanEdge 体系架构

SpanEdge 允许开发者把任务分为本地任务（local-task）和全局任务（global-task）。本地任务需要在靠近数据源的中心运行，只能提供部分所需数据；全局任务则是负责进一步处理本地任务结果，对所有结果进行聚合。SpanEdge 在每个有全部对应数据源的 spoke-worker 上创建本地任务的副本，若是数据源信息不足，则会把任务调度到 hub-worker 上。全局任务在单独的 hub-worker 上运行，调度器根据网络延迟的开销（网络拓扑结构中与 spoke-worker 的距离）选择最优的 hub-worker。

SpanEdge 是根据开发者指定的方式，结合任务资源需求情况，确定任务运行的实际边缘节点，而 Bahreini 和 Grosu[29]提出针对多模块应用的有效部署方式，无须开发者标注，系统在考虑用户移动性和网络动态性的前提下，通过在线启发式算法获取接近最优的模块部署方案。Utility-based Provision[30]也是根据资源需求（即应用的特性）定制边缘设备，它给基于软件定义的网关提供一个通用的轻量级的资源抽象机制，利用动态管理 API，Utility-based Provision 通过逻辑上集中的方式自动供应边缘资源和应用程序部件，提供弹性的供应模型以支持自助服务和按需资源配置要求。

LAVEA（latency-aware video analytics on edge computing platform）也是处理流式数据的，具体来说是视频数据，利用移动设备、边缘节点、云端三层架构，在靠近用户端的位置提供低延迟的视频分析服务[31]。不同于 SpanEdge，首先，LAVEA 对边缘节点接收的任务请求会根据优化模型区分优先级；其次，当边缘节点任务饱和时，系统会先分析是否可以把任务迁移到邻近的边缘节点，如果没有可用邻近节点，则退回至传统云计算模式。

7．AirBox

边缘计算的研究主要有两个切入点：用户驱动和后端驱动。用户驱动是指由于移动设备的资源有限，把一部分任务迁移到边缘节点上，以达到改进性能的目标。这类研究仅对计算密集引起的延迟有效（如 MAUI[32]），并不能很好地应对网络传输引起的延迟。后端驱动是指把一部分云端的功能移到边缘端（如 AppFlux[33]），可以更好地继承云服务对设备多样性的支持，而且这种方式可以根据服务的逻辑，在边缘端对数据进行预处理，减少传输量并保证数据有效性。AirBox 是美国佐治亚理工学院研究的一个安全的轻量级的弹性的边缘功能系统，支持快速弹性的边缘功能装载服务，并且保障服务的安全性，保护用户的隐私[34]。边缘功能（edge function, EF）定义为可装载在边缘节点上的服务，支持边缘功能的下层软件栈为边缘功能系统（edge function platform，EFP）。

如图 8-8 所示，AirBox 由两部分组成：AB 控制台和 AB 供应模块。后端服务管理者通过控制台部署和管理边缘节点上的 EF，供应模块运行在边缘节点，负责无缝地动态提供 EF[34]。边缘功能的供应通过系统级的容器实现，对开发者的约束最少，但是需要额外的机制保证边缘功能的完整性。EF 不能依靠于它运行的系统上的可信部件保证安全性，因为边缘设备和系统本身的安全性就不高，可以使用屏蔽软件的硬件安全机制如 Intel SGX[35]保证安全性。AirBox 提供一个中心控制的后端服务，用于发现边缘节点并记录。AB 控制台是一个基于网页的管理系统，当镜像的完整性验证完毕后，它给 AB 供应模块发送命令，激活边缘节点上的 Docker 机制，通过容器登记服务[36]，Docker 后台进程会从远端云服务器获取容器。

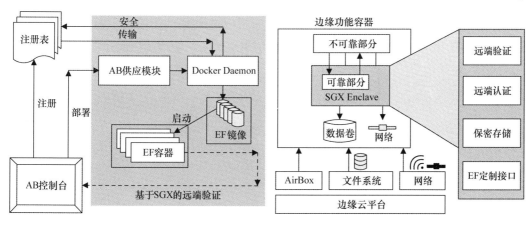

图 8-8
AirBox 架构

为了确保 AirBox 的安全性，EF 由可靠部分和不可靠部分组成。不可靠部分负责处理边缘功能的所有网络和存储交互。基于 OpenSGX APIs，AirBox 提供四个可扩展的安全 API，即远端验证、远端认证、保密存储和 EF 定制接口，以实现安全的通信和存储。

AirBox 可以实现各种边缘功能，例如聚合（aggregation）、缓冲（buffering）和缓存

（caching）。聚合功能负责从用户端收集多个请求或数据，删除掉冗余信息后，发送一个请求给后端。边缘节点上的 IoT hub 就可以通过聚合多个传感器发送的信息，定期把有效数据传送给后端服务，减少带宽使用。缓冲可以代表一个或多个用户将后端服务器的返回信息存储于边缘节点上，在合适的上下文环境中再发送给用户，如根据用户所在地点（家里或办公室）发送设定应用的推送通知。缓存功能负责存储用户请求的返回信息，其他提出同样请求的用户也可以使用这些信息。

8．CloudPath

CloudPath[37]是加拿大多伦多大学的研究成果，提供从用户设备终端到云计算数据中心这一链路上的计算、存储等资源，实现按需分配、动态部署的多层级架构，优化响应延时并提升带宽利用率。CloudPath 的核心思想是实现链路计算（path computing）[37]，如图 8-9 所示，底部是用户设备终端，顶部是云端数据中心，系统把任务部署在链路各层级的数据中心上，使不同类型的应用（如 IoT 数据聚合、数据缓存服务、数据处理服务等）可以运行在不同级别的数据中心上，开发者可以对开销、延迟、资源可用性、地域覆盖性等因素综合考虑，选取一个最优的层级部署方案部署他们的服务。链路计算构建一个多层级的结构，从链路顶端（传统的数据中心）至底端（用户终端设备），设备能力越来越低，但是数量有所增加。CloudPath 在明确分离计算和状态的前提下，把抽象的共享存储层拓展至链路上的所有数据中心节点，降低第三方应用开发和部署的复杂度，并且保留云计算中常用的 RESTful 开发模型。

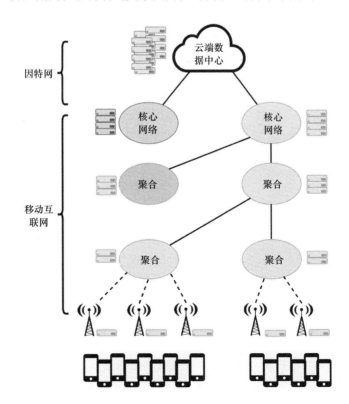

图 8-9
链路计算示意图

CloudPath 应用是由一组可以在任何运行 CloudPath 框架的数据中心上，快速按需实例化的短周期和无状态的函数组成。开发人员使用标记函数的方式指定相应代码运行的位置（如边缘、核心、云端等），或是标记性能需求（如响应延时等），估算运行位置。如图 8-10 所示，身份认证模块可以在任何位置运行，人脸检测模块需要在满足响应延时 10ms 内的位置运行，人脸识别模块需要在满足响应延时 50ms 内的位置运行[37]。CloudPath 还提供一个分布式的最终一致存储服务，用来读写状态信息，存储服务会自动在跨多层级数据中心时按需备份应用的状态信息，保证最低访问延迟和最小带宽开销。CloudPath 不会迁移一个运行中的函数/功能模块，它通过结束当前实例并在期望的位置开启一个新的实例的方式支持服务的移动性。

```
face_detection_and_recognition_service {
    login(credential)->token              : any
    detect_faces(image)->coordinates[]    : 10 ms
    recognize_face(image)->label          : 50 ms
}
```

图 8-10
应用入口点标注示例

CloudPath 把各级数据中心构建成树的拓扑结构，与底层的移动网络和互联网覆盖。数据中心称为 CloudPath 的节点，新节点可以接入到树的任意一层，不同节点的资源、能力、数量都有所不同。每个 CloudPath 节点都由以下六个模块组成。

- 执行模块（PathExecute）：实现一个无服务器（serverless）的云容器架构，支持轻量级无状态的应用函数/功能模块运行。
- 存储模块（PathStore）：提供一个分布式的最终一致存储系统，透明地管理跨节点的应用数据。存储模块也在路由模块和部署模块中使用，获取应用程序的代码和路由信息。
- 路由模块（PathRoute）：根据用户在网络中的位置、应用偏好、系统状态、系统负载等信息，把请求传递到最合适的 CloudPath 节点。
- 部署模块（PathDeploy）：根据应用偏好和系统策略，动态地部署和移除 CloudPath 节点上的应用。
- 监控模块（PathMonitor）：对应用及相应的 CloudPath 节点提供实时监控和历史分析数据。通过存储模块收集聚合每个节点上其他 CloudPath 模块的度量值，以网页的形式展现给用户。
- 初始化模块（PathInit）：顶层数据中心节点还包含一个初始化模块，开发者通过这个模块把他们的应用上传到 CloudPath。

9．Firework

韦恩州立大学 MIST 实验室提出一个边缘计算下的编程模型——烟花模型（firework）[38]。在烟花模型中，所有的服务/功能均被表述在一个数据视图中，其包含节点上可提供的数据集以及功能，而该数据集和功能可能是对自身数据的处理结果，也可能是调用其他节点的服务或数据集，进行二次加工的结果。一群使用烟花模型的节点组成的系统，可以被称为烟花系统。在烟花系统中，提供服务的节点，不区分边缘节点和云节点的概念，而是将其统一为烟花节点。通过烟花节点的相互调用，使得数据在每个节点上进行计算，从而可以形成一条计算流——沿着数据传输路径，路径上的边缘节点可对数据执行一系列计算。在这里，计算的开始，可以是用户终端节点，也可以是靠近用户的边缘服务器，或者靠近云端的边缘服务器，又或者可以是云节点。烟花系统中，一个数据处理服务会拆分为多个数据处理子服务，而烟花系统对数据处理流程的调度，可以分为两个层次的调度。

① 相同子服务层调度　烟花节点会根据情况，与周边具有相同子服务的烟花节点合作，进行合作执行，从而可以以最优的响应时间响应子服务。甚至对于周边未提供子服务但却空闲的烟花节点，其可以调度子服务执行程序至其上，使得可以动态地形成一个提供特定子服务的集群，以更快地完成子服务。

② 计算流层调度　计算流上的烟花节点会相互合作，动态地调度路径上节点的执行情况，以达到一个最优的情况。例如根据网络状态的不同，最靠近用户的烟花节点可能执行整个服务中的子服务 1 和子服务 2，也可能仅仅执行整个服务中的子服务 1。

如图 8-11 所示，根据在烟花系统中提供服务种类的不同，烟花系统将烟花节点划分为烟花计算节点和烟花管理器。一般来说，烟花模型中的节点具有如下三个模块——工作管理模块、执行器管理模块和服务管理模块。

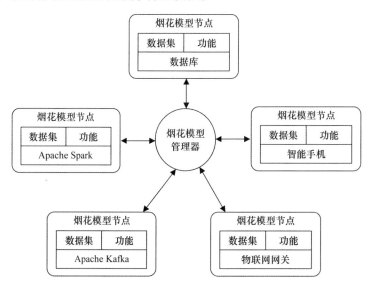

图 8-11
烟花模型

- 服务管理模块：用于数据视图的管理，其提供对应的接口来更新数据视图（包括数据处理服务的相关执行程序）。
- 工作管理模块：负责任务的动态调度、任务执行状态监测和评估。该模块在本地计算资源不足时，可以查看烟花管理器中的节点列表以及数据视图，从而进行相同子服务层的调度；同时该模块还可在子服务运行时，提供必要的监测数据，并反馈给其他上下游节点，进行计算流层调度。

- 执行器管理模块：主要负责管理所有硬件资源，并托管任务的执行进程。由于执行器管理模块的存在，将设备及环境和上层功能解耦，使得烟花系统的节点并不限制于某一种物理设备，而数据处理的环境也不限制于某一种计算平台。

烟花管理器具有两个子模块，而烟花计算节点含有三个子模块。对于烟花管理器来说，其包含服务管理模块——提供视图的注册和查看功能以及相关烟花计算节点的状态，工作管理模块——负责服务的调度问题。烟花计算节点指的是提供计算资源的节点，其可能有自己的数据库，并提供对应的数据视图，但也可能仅仅是提供计算资源。在具体的实施中，烟花管理器和烟花计算节点可运行于同一个节点中，如图 8-12 所示，一个物理节点饰演着管理者和计算者双重身份。

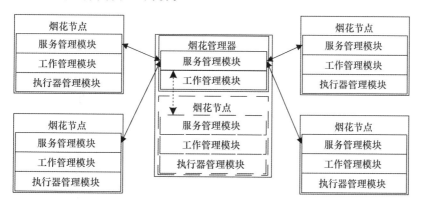

图 8-12
烟花系统节点关系示意图

10．海云计算

为了应对日益增长的数据量，同时降低整体功耗，2012 年中国科学院提出为期十年的战略性先导科技专项——面向"感知中国"的新一代信息技术研究，海云计算系统是该项目的主要研究基础。海计算的概念是中国科学院在 2010 年 4 月召开的中国科学院战略高技术"十二五"规划研讨会上提出的。云计算是服务端的计算模式，海计算代表终端的大千世界的万物，海计算是物理世界的物体之间的计算模式[39, 40]。海云计算的目的是通过在整体系统结构、数据中心服务器、存储系统和芯片级别的创新，能够处理 ZB 级数据，将每比特的性能提高一千倍。该系统一共包括四个部分：①计算模型，REST 2.0，它将 Web 计算中的 REST 架构风格拓展到海云计算中；②存储系统，它能够处理 ZB 级数据；③高能效的数据中心，它能够运行数十亿级别线程；④高能效的弹性处理器，它能够以每秒进行万亿次操作。

REST 架构风格为现代 Web 计算和当今许多云计算系统提供通用架构，本书将该风格称为 REST 1.0，并将其拓展为海云计算 REST 2.0[41]，REST 2.0 的计算模型如图 8-13 所示。在可预见的将来，网络计算系统可以从云端和海端的双边合作中受益。云计算会慢慢发展，海端设备通过 REST 接口访问云端，客户端设备将继续使用 REST 接口运行 Web 浏览器或应用程序。在海云计算系统中，传统的云端拓展到海端空间，该海端空间可被称为海区域（sea zone），例如家庭、办公室、工厂等。一个海区域内存在一个或者多个客户端设备，每个设备都可以面向人类或者物理世界。在任何时候，每个海区域内都有一个特殊的设备，可被称为海门户（seaport），例如家庭数据中心、智能电视等。该海门户有三个角色：连接海区域到云端的网关；海区域中信息的收集交汇点；保护海区域安全和隐私的盾牌。海区域的设备不直接与云端通信，而是隐式或者显式地通过海门户与云端通信。

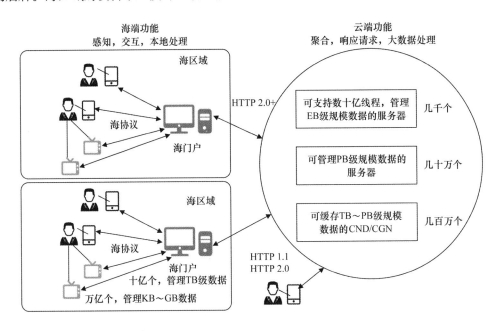

图 8-13
REST 2.0 海云计算模型

海云计算模型有四个不同的特性：

① 通过海端设备的三元计算　人类和物理世界通过海端与信息空间进行交互和协作。更具体来说，一个海区域内人机物的协同是通过面向人类和面向物理世界的客户端设备实现的。更自由的使用模式被实现，例如只要海云模式被隐式执行（用户不可见），用户就能通过智能手机去读取和控制家庭的传感设备。

② 海云协作与局部性　一个特定的网络计算系统的功能分为云端和海端。云端功能包括：硬件、软件和分布于整个网络的数据资源的聚集；处理海区域的请求；管理和分析大数据等。海端功能包括：感知物理世界，与人和物理实体交互，海区域本地的数据处理等。海云计算模型具有局部性：希望 90% 的负载能够在海区域内被处理而不需要传输至云端。

③ 可拓展到 ZB 级数据和万亿个设备　未来互联网将包括多个网络计算系统，为数十亿人提供三元计算服务。未来网络将能够支持万亿级个海端设备，管理 ZB 级的数据。

④ 尽可能小地影响现有生态系统　REST 2.0 海云计算系统架构尝试尽可能多地利用现有的 Web 计算生态系统。海端的通信协议是对 HTTP 的一个小扩展，称之为 seaHTTP[42]。海端和云端之间的通信协议是 HTTP 2.0，也增加了小的扩展。这些扩展的目的是应对人机物交互和资源受限、能源、时间、空间、故障、安全和隐私等问题所带来的额外挑战，而且这些扩展不会违反现有的、经过时间检验的 REST 1.0 体系结构约束。

　　海云计算系统的研究主要聚焦在三个创新子系统上：弹性处理器、超并行服务器和海云存储系统。弹性处理器的主要设计思想通过动态定制微处理器芯片实现高能效计算。一个新的架构——功能指令集计算机（function instruction set computer，FISC）被提出，与过去的 RISC 和 CISC 处理器不同的是，FISC 处理器允许发行"函数指令"（例如，一种机器学习指令），并由专用的加速芯片执行。一个函数可以等价于 C 语言的函数，也可能如一个基本块那么小。FISC 架构考虑到阿姆达尔定律（Amdahl's law），鼓励大颗粒加速，但通过支持在几个时钟周期内发出有效的功能指令来容忍小颗粒加速。在实现水平上，加速器被认为是可编程的 ASIC。例如，机器学习加速器可以作为 ASIC 硬件实现，但可以在不同的程序执行时间内动态编程，实现不同的神经网络、深度学习算法。超并行服务器的研究希望通过创新超并行服务器的架构以改善每瓦特性能，该架构有三个特点：按需定制；十亿级线程的并行；高效的数据移动技术。该架构降低传统服务器的系统复杂性，并允许软件根据工作负载需求定制硬件。这种按需定制允许应用程序工作负载在一个合适的裸金属上执行。通过探索芯片级、节点级和系统级的并行性，该架构可以拓展支持十亿线程并行性。该架构提供有效的内存和互联技术，以减少数据移动成本。

　　海云计算较早提出将部分云端计算迁移到海端，是国产实例系统的代表。与边缘计算相比而言，海云计算关注"海端"的终端设备和"云端"的集中设备，而边缘计算关注的是从"海"到"云"之间的任意中间计算资源和网络资源。海云计算对于高能效计算、弹性处理器等问题的研究，对边缘计算具有参考价值和借鉴意义。

　　通过比较海云计算和边缘计算，不禁想到一个问题，海云计算的目标是通过在"海"和"云"两端的创新，实现面向 ZB 级数据处理的能效比现有技术提高 1000 倍，那么在边缘计算的框架下，通过合理配置"海"到"云"之间的中间设备的计算资源、创新整个链路的体系结构，是不是能实现甚至超出这一目标？如果答案是肯定的话，那么最大的突破点可能在哪里呢？

11．边缘计算代表性商业系统

　　边缘计算正在推动着新的服务模式和商业模式的变革，微软、亚马逊等在云计算领域占据明显优势的知名大公司，都纷纷发力边缘计算，加大对边缘计算的投资与合作。

　　微软在 Build 2017 开发者大会上发布 Azure IoT Edge 服务，旨在实现云服务在边缘的无缝部署，例如 Azure 机器学习、Azure 流分析、Azure 函数、人工智能（包括认知服务）、Azure IoT Hub 通信和设备管理功能[42]。微软已在 2018 年宣布将 Azure IoT Edge 开源。

　　作为全球最大的云服务提供商，亚马逊公司专门针对边缘计算和物联网推出 AWS Greengrass 软件[1]，旨在减少设备和数据处理层之间的延迟、减少将大量数据传输到云端的带宽成本，并在本地保留敏感数据以实现合规和安全性。AWS Greengrass 支持互联设备的本地计算、消息收发、数据缓存和同步功能。借助 AWS Greengrass，开发人员可以使用亚马逊的 AWS Lambda 服务和 AWS IoT 平台，跨 AWS 云和本地设备无缝运行物联网应用程序[1]，确保物联网设备快速响应本地事件、运行时采用间歇性连接，并最大限度地降低将物联网数据传输到云的成本。AWS Greengrass 主要由以下三种要素构成。

① 软件分发　AWS Greengrass 核心软件、AWS Greengrass 核心软件开发工具包。

② 云服务　AWS Greengrass API。

③ 功能　Lambda 运行时、设备状态 (thing shadows implementation)、消息管理器、组管理、发现服务。

更多关于 AWS Greengrass 的功能、如何安装和配置 AWS Greengrass、如何启动和运行 AWS Greengrass、AWS Greengrass 安全性等相关问题，读者可查阅亚马逊 AWS Greengrass 官方网站[1]。

12．边缘计算系统的比较

从应用领域、服务移动性、虚拟化技术和系统特点这四个方面对上述边缘计算系统进行比较。

① 应用领域　虽然边缘计算系统都位于网络边缘，可以满足延迟敏感型应用，但是它们在设计时所针对的应用领域以及主要解决的问题存在差异。Cloudlet 针对计算密集的移动型应用，主要解决的问题是"移动设备计算资源、电量受限而无法高效完成计算密集型任务"；而 ParaDrop 则针对数据密集型应用，主要解决的问题是"大数据传输给网络带来的巨大压力"；Cachier 和 Precog 主要针对识别类应用，包括声音识别、人脸识别、物体识别等，通过缓存方式优化响应时间；AirBox 侧重于对第三方应用迁移其云端的功能至边缘节点；PCloud 把边缘资源和云资源统一管理，资源是构建服务和应用的关键；FocusStack 对基于地理信息的应用有更好的支持；SpanEdge 针对 IoT 应用，在边缘节点对覆盖范围内的数据进行处理；CloudPath 的多层级架构使其可以方便地支持多类型的应用，如 IoT 数据聚合、数据缓存服务、数据处理服务等；Firework 针对边缘计算中多数据拥有者数据共享和处理的问题，设计并实现计算流的功能，可以使数据在传输路径上进行计算；海云计算针对海端应用，在海端和云端进行多级处理，目标是实现面向 ZB 级数据处理的能效要比现有技术提高 1000 倍。

② 服务移动性　应用领域的不同导致不同平台对服务移动性的支持不同。Cloudlet 为移动应用的后台服务提供临时的部署点，为了保证低且稳定的网络延迟，设备的移动会使后台服务也要移动到就近的 Cloudlet；将资源发现、虚拟机配置、资源切换三步结合，并且要保证其实时性。在物联网应用中，大多数应用的流程是传感器采集原始数据汇集到无线网关进行初步处理，处理结果上传到云端进行进一步的分析；传感器与无线网关的连接关系一般保持不变，因此 ParaDrop、SpanEdge 不考虑服务移动性问题。Cachier 和 Precog 负责缓存系统的构建，以边缘节点的请求信息为基础，缓存相应的识别模型数据至边缘节点和用户设备，支持边缘节点可服务范围内的移动，不支持跨边缘节点的移动。PCloud 主要是将用户周围的设备与云结合，当用户移动时，周围的设备也可能发生动态变化，PCloud 允许边缘设备的动态加入和退出，但设备退出时不能有正在运行的任务，对移动性的支持并不完善。FocusStack 支持边缘设备的流动，有模块负责监听设备状态，当有应用请求时，会根据当前的设备资源图反馈可用列表信息，但在应用运行过

程中，不可以动态迁移。AirBox 不考虑服务移动性问题，管理者通过控制台部署和管理边缘节点上的边缘功能（EF），实例化包含 EF 的容器镜像，程序如果在当前边缘节点上完成不了，则会退回至云端中心服务模式。CloudPath 通过结束当前实例并在期望的位置开启一个新的实例的方式支持服务的移动性，不支持功能模块的运行时迁移。Firework 中，服务由烟花模型节点向烟花模型管理者进行注册，并通过服务发现机制被其他烟花模型节点发现并使用，其也不考虑服务移动性。海云计算中，一个海区域内有一个海门户和多个海终端，海终端采集数据，通过海门户进行汇集和处理，然后上传到云端，海区域可以是家庭、工厂、办公室等物理空间，其内的应用运行中不需要动态迁移，因此也不需要考虑服务移动性。

③ 虚拟化技术 虚拟化技术方便资源的管理，是边缘计算系统的必然选择。Cloudlet、PCloud 使用虚拟机技术来虚拟化资源，而 ParaDrop、AirBox、CloudPath 则使用容器技术。主要原因是 Cloudlet 需要执行来自用户移动设备的任务，用户设备多种多样，因此任务依赖的操作系统、函数库也是各有不同，虚拟机是对物理机器的虚拟化，可以很好地应对运行环境的变化。另外 Cloudlet 使用计算资源丰富的小型服务器，不必考虑虚拟机对 CPU、内存等资源占用过高的问题。PCloud 使用虚拟机是由于它基于超管理器（hypervisor）的虚拟机技术可以在 CPU、硬盘等更细粒度的层次上进行虚拟化，便于资源的拆分利用。Cachier 和 Percog 是缓存系统，不依赖特定的虚拟化技术，只对训练集和分类数据进行缓存。FocusStack 则是利用边缘节点的容器技术和云端服务器上的虚拟机技术，完成一些需要多节点协同的操作，如多摄像头的数据聚合后，通过云端虚拟机发送给其他订阅者。而 ParaDrop、AirBox、CloudPath 等执行从云端装载的服务或应用，运行环境相对稳定，使用操作系统级的虚拟化技术已经可以满足需求，并且还具备占用资源少、启动快等优点。Firework 可以被部署在任意设备上，因此也需要虚拟化技术来屏蔽各种设备的差异，但同时也由于设备的不同，可能使用的虚拟化技术不同。海云计算需要对海端设备的资源进行管理和调度，因此也需要使用虚拟化技术，具体的虚拟化技术由不同的应用场景进行选择。

④ 系统特点 PCloud 把云资源和边缘资源统一管理，利用社交媒体信息，提供基础的授权和访问控制服务。Cloudlet 可以看作运行在边缘端的云服务，应用的部分功能在边缘端就可以完成，现有的应用程序基本不需要做改动就可运行。ParaDrop 适用于 IoT 应用，开发者通过与云端 ParaDrop-服务器的交互，可以在边缘端对数据进行处理，减少主干网上的数据传输量，增强数据的隐私性，此外其软硬件支持较为充足。Cachier 和 Precog 从缓存角度入手，构建延迟模型，动态调节缓存大小，优化识别类应用的响应时间。FocusStack 根据基于地理位置的情境感知信息，动态获取资源设备列表。AirBox 利用 Intel SGX 硬件支持加强边缘设备服务的安全性。SpanEdge 给开发者提供边缘计算编程环境，可指定本地任务和全局任务，利用多级数据中心降低任务延迟。CloudPath 可通过开发者标记的期望运行位置或性能要求，在从用户设备端至云数据中心这一链路上动态地选择合适的层级节点部署运行任务，同时保证数据的一致性。Firework 中，通过服务发现和节点功能的联合，可以实现计算流的概念，同时也可以形成一个分布式的数

据处理，或者联合云计算和边缘计算，形成一个云-边缘合作的计算模式。海云计算希望
实现 1000 倍每瓦性能的优化目标，因此它的设计更关注在提升感知、传输、存储和处理
能力的同时降低系统能耗。

8.2 Cloudlet

Cloudlet 是目前学术界发展相对成熟的边缘计算系统之一，它由美国卡内基梅隆大
学的 Satya 带领的课题组设计，从 2009 年首次提出到现在一直在不断发展，目前已经有
多个基于 Cloudlet 的具体应用出现。在 8.1.1 小节已经对 Cloudlet 进行概况性的介绍，本
节从 Cloudlet 的主要功能——计算迁移出发，介绍 Cloudlet 中使用的关键技术。

8.2.1 计算迁移

Cloudlet 主要用来支持移动云计算中计算密集型与延迟敏感型的应用（如人脸识别），
当附近有 Cloudlet 可以使用时，计算资源匮乏的移动设备可以将计算密集型任务卸载到
Cloudlet，移动设备既不需要处理计算密集型任务，又能保证任务的快速完成。因此，
Cloudlet 的主要功能就是配置并运行部分来自移动设备或云端的计算任务。一个在移动
设备与 Cloudlet 之间的计算迁移过程如图 8-14 所示。

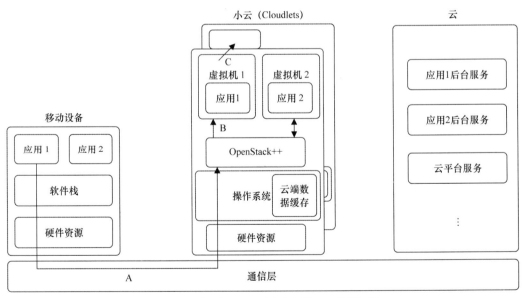

图 8-14
Cloudlet 组件总揽
及应用移动性机制

（A：Cloudlet 资源发现；B：虚拟机配置；C：资源切换）

首先，从图 8-14 中可以看出，Cloudlet 使用一个单独虚拟机来为每个移动设备卸载
的任务提供运行环境，这样做虽然会在一定程度上造成计算资源的浪费，但却有很多优
点，主要包括：①将 Cloudlet 的软件环境与运行应用的环境隔离，二者之间不会相互影

响，增强稳定性；②对应用软件的开发几乎没有任何约束，弥补多种多样的移动设备与 Cloudlet 应用运行环境（操作系统、函数库等）的差异；③动态资源分配，随用随取。这些优势有助于实现 Cloudlet 的自我管理，大大简化云端对 Cloudlet 的管理复杂度。

Cloudlet 主要面向的是移动设备，所以在进行计算迁移时需要支持移动性，移动的设备可以自动选择使用最近的 Cloudlet。如图 8-14 所示，Cloudlet 对应用移动性的支持主要依赖三个关键步骤。

① Cloudlet 资源发现（Cloudlet discovery） Cloudlet 在地理位置上广泛分布，同一时刻，周围可能有多个可用的 Cloudlet 服务器。所以资源发现机制可以快速发现周围可用的 Cloudlet，并选择最合适的作为卸载任务的载体。

② 虚拟机快速配置（VM rapid Provisioning） 移动性导致用户不可能提前在 Cloudlet 上准备好配置相关的资源（如虚拟机镜像），通过网络上传这些资源需要漫长的等待，严重影响可用性。所以需要一种虚拟机快速配置技术在选定的 Cloudlet 上启动运行应用的虚拟机，并配置运行环境。

③ 资源切换（VM handoff） Cloudlet 的特点是贴近用户，但在很多情况下，Cloudlet 无法跟随用户一起移动。虽然保持网络的连接就可以一直维持服务，但是移动设备与 Cloudlet 的网络距离可能会增加，网络的带宽、延迟等因素也可能会随此恶化。因此一个更好的解决方案是将任务从原来的 Cloudlet 无缝地切换到附近的 Cloudlet 上执行，资源切换机制就实现这个功能。

下面首先详细介绍资源发现与选择技术，然后介绍支持虚拟机快速配置和资源切换的动态 VM 合成技术。

8.2.2 资源发现与选择

资源发现与选择等相关技术在云计算中已经被广泛地研究和使用，Cloudlet 对资源发现的需求也与云计算相似，因此 Cloudlet 的资源发现机制使用很多现有的技术。本节首先介绍资源发现的设计需求，然后再介绍如何设计系统来满足这些需求。

Cloudlet 除了可以减少应用的响应延时外，还可以增强系统的可用性，即在网络或云计算中心发生故障时，依然可以为用户提供服务。为了实现这一点，资源发现机制需要可以搜索到那些未接入互联网的 Cloudlet 服务器。另外，资源发现的速度也是关键因素，特别是在战场等极端环境下。

在资源选择方面，需要在多个可用的 Cloudlet 当中选择最合适的一个，不同的卸载任务具有不同的需求。对于需要多次跟客户端交互的任务，网络距离是选择 Cloudlet 的关键因素；而对于与客户端交互很少但需要进行大量计算的任务，Cloudlet 的硬件资源往往是影响选择的关键因素。类似这样的影响因素还有很多，通过总结可以将卸载任务分为三类，主要包括交互型任务、计算型任务以及数据型任务，表 8-1 对这三类任务进行了总结。

表 8-1 不同任务的特点及其在资源选择时考虑的关键因素

卸载任务类型	任务特点	关键因素	典型应用
交互型	任务执行过程中需要与客户端进行大量交互	客户端与 Cloudlet 之间的网络状况，如带宽、延迟等	云游戏
计算型	任务执行过程中需要大量的计算	Cloudlet 的硬件资源	计算机视觉应用
数据型	任务执行过程中需要访问大量数据	Cloudlet 缓存数据的内容	地图应用

Cloudlet 中的资源切换与选择机制就是为了满足上述需求而设计的，接下来首先对该机制作一个总体介绍，然后再说明 Cloudlet 如何实现该机制来满足上述需求。

因为 Cloudlet 一般位于本地网络，而且要保证可以发现有些未连接到外网的 Cloudlet，使用类似 UPnP、Bonjour 和 Avahi 等零配置网络来发现本地 Cloudlet 是很自然的想法。简单来说，零配置网络就是不需要复杂配置就能够让本地网络的设备互相发现彼此的一个方案。但是，零配置网络的局限性在于其覆盖范围。这些协议依赖于 IP 多播（UPnP 的 SSDP 协议，Apple Bonjour 和 Avahi 的 mDNS），但在实际应用中，并不是每个路由器都可以路由 IP 组播报文，出于策略原因部分路由器可能故意过滤掉组播报文。在这种情况下，移动设备可能错过有效的 Cloudlet。为了弥补不足，将本地资源发现与使用目录服务器的全局搜索相结合。对于全局搜索，移动设备连接到预先配置的目录服务器以获得有效的 Cloudlet 列表。在 Cloudlet 系统中，全局和本地发现这两种方法是并行触发的。

不同类卸载任务在选择 Cloudlet 时有不同的标准，在 Cloudlet 的资源选择机制中主要考虑以下三点。

① 网络距离　可以量化为客户端与 Cloudlet 之间的网络带宽、延迟。

② 计算资源　量化为 CPU 的运算速度，空闲内存的大小，有无一些特殊计算设备，如 GPU、FPGA 加速器等。

③ 缓存数据　量化为 Cloudlet 缓存执行任务需要使用的数据量。

如前所述，使用什么属性来选择 Cloudlet 将高度依赖于应用程序，那么，一个重要的问题就是，如何掌握各种应用程序的要求？一个简单的方法是在云端全局搜索中描述应用程序的细节。目录服务器解释请求并从数据库中找到匹配的 Cloudlet。然而，这种方法的主要问题是保存和匹配每个 Cloudlet 的详细属性具有很大的开销。因为这些数据都是动态的，随时都在发生变化。例如，CPU 使用率和空闲内存大小等资源信息随时间波动。随着任务的执行，缓存信息也会频繁变化。

为了支持特定应用程序的资源发现，Cloudlet 使用一种两级搜索的方式。首先，使用前面介绍的本地/全局搜索来发现本地所有 Cloudlet 列表；其次，使用一部分经过授权的 Cloudlet 来并行收集每个 Cloudlet 的详细信息；最后，在第二阶段根据应用程序的描述来选择合适的 Cloudlet。

Cloudlet 资源发现机制实现如图 8-15 所示，主要包含云端的目录服务器、Cloudlet 与客户端三部分[3]。

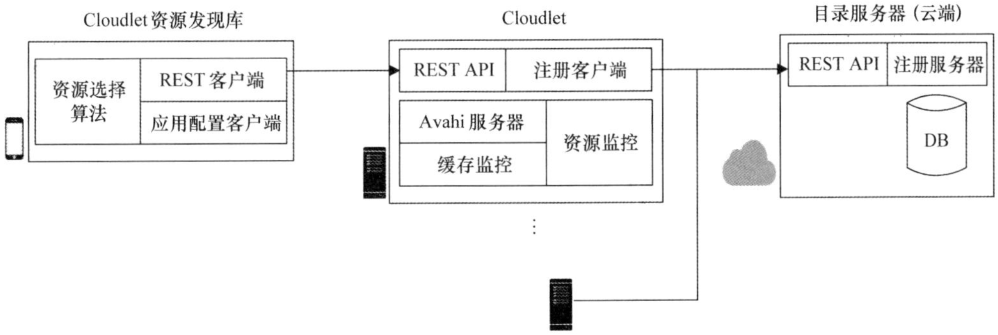

图 8-15
Cloudlet 资源发现
机制实现

1．目录服务器

云端的目录服务器是存储全部 Cloudlet 基本信息的中央机构，负责全局搜索。每个 Cloudlet 在启动时向目录服务器发送一个注册请求，并使用心跳消息不断更新其状态。对于 Cloudlet 和目录服务器之间的通信，使用 RESTful API，这是一个广泛使用的 Web Services 方法。每个 Cloudlet 将向目录服务器发送 HTTP POST 消息来进行初始注册，并使用 HTTP PUT 来获取心跳消息。RESTful API 还用于客户端获取 Cloudlet 信息。客户端发送带有凭证信息和参数的 HTTP GET 消息来搜索可用的 Cloudlet。

2．Cloudlet

资源发现机制在 Cloudlet 中的部分有两个接口：一个是用于与云端的目录服务器通信的 HTTP 客户端模块，另一个是用于接收移动设备查询信息的 HTTP 服务器模块。客户端模块向目录服务器发送注册消息和心跳消息。服务器模块使用 RESTful API 从移动设备接收请求。服务器部分旨在支持前面讨论的两级搜索。它根据移动设备请求返回 Cloudlet 状态的详细信息，例如缓存状态和动态资源信息。

除通信模块之外，Cloudlet 还维护两个监视守护进程：一个资源监视器和一个缓存监视器。资源监视器负责检查静态和动态的硬件状态。静态资源信息，例如 CPU 核心总数、CPU 时钟速度和总内存大小在 Cloudlet 注册时会更新到目录服务器。而且，只要移动设备发送查询，动态资源信息（如 CPU 使用率和空闲内存大小）就会直接传递到移动设备。

Avahi 服务器用于实现本地搜索。Avahi 是一种实现多播 DNS / DNS-SD 协议的零配置网络。它被广泛用于类 Linux 的操作系统，并提供一组语言绑定。使用 Avahi 的移动设备可以在广播域内发现 Cloudlet，而无须通过外网连接到云端。

3．客户端

资源发现机制在客户端上的部分包含一个 HTTP 客户端以连接到目录服务器和 Cloudlet。发现和选择 Cloudlet 的完整工作流程[43]如下。

- 移动设备上的应用程序或后台服务使用 Cloudlet 资源发现库函数连接到目

录服务器以查找有效的 Cloudlet 列表。同时，移动设备上的 Avahi 客户端会查找本地网络的 Cloudlet。

- 对于每个候选 Cloudlet，移动设备并行地向每个 Cloudlet 发送查询以获得诸如资源可用性和文件缓存状态的详细信息。
- Cloudlet 资源发现库会根据收集到的信息为移动应用选择最佳的 Cloudlet。
- 如果需要配置库函数将相应的后台程序配置到所选择的 Cloudlet。配置后，Cloudlet 将后台程序所用的 IP 地址返回给移动应用程序。
- 利用返回的 IP，客户端与 Cloudlet 中的后台服务连接，然后就可以进行任务的卸载等相关操作。

系统移动客户端实现资源发现库，并在发现过程中发出两个查询：一个到目录服务器，另一个到所有候选 Cloudlet。对目录服务器的查询是一个简单的 HTTP GET 消息，要求得到附近 Cloudlet 的信息。第二个查询发送给每个具有特定应用程序问题的候选 Cloudlet。一个 Cloudlet 资源搜索主要包含：应用程序 ID；允许的最大往返延迟；运行应用程序以检查云端缓存状态所需的文件。这些需求以 JSON 编写，资源发现 API 允许用户通过添加键值对其进行扩展。从 Cloudlet 返回的消息包含查询所有信息，Cloudlet 选择算法使用来自这些信息作出最终选择。

8.2.3 动态 VM 合成

动态虚拟机合成（dynamic VM synthesis）是 Cloudlet 支持移动性的关键技术，通过采用动态 VM 合成，实现快速虚拟机配置（VM provisioning）和资源切换（VM handoff），来瞬态定制 Cloudlet 上的软件服务。

动态 VM 合成的关键思想源于应用程序 VM 镜像的大部分都是虚拟机操作系统、函数库、支撑软件包等基础软件，这一部分在虚拟机镜像间重复度高，面向特定应用定制化部分的数据量通常很小。如果这些重复度高的初始虚拟机镜像（base VM，基底）已经存在于 Cloudlet 上，则只需要传输特定应用的自定义虚拟机镜像部分（VM overlay，覆盖层）。如图 8-16 所示，运行应用程序的虚拟机与没有安装应用的初始虚拟机的镜像差，进一步压缩后，就得到特定应用的 VM 覆盖层[3]。

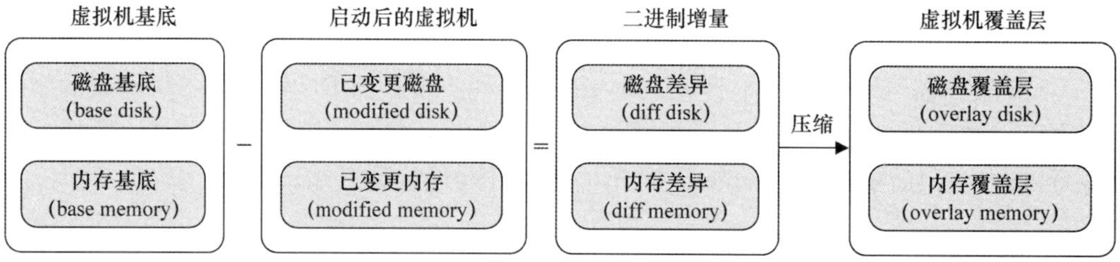

图 8-16
生成 VM 覆盖层的
示意图

动态 VM 合成，就是把特定应用的覆盖层（overlay）传到 Cloudlet 上，与基底（base）镜像进行合成，从而完成虚拟机配置的技术。待虚拟机合成完毕后，利用 Cloudlet 上运行的与云端同样的应用服务虚拟机，给移动设备提供云应用服务。虚拟机合成大多可以在 100s 内完成，一些工作从消除冗余、缩小语义鸿沟、流水线、迁移灵活性等方面对 VM 合成和计算迁移进行优化。

动态 VM 合成过程[3]如图 8-17 所示，其步骤如下。

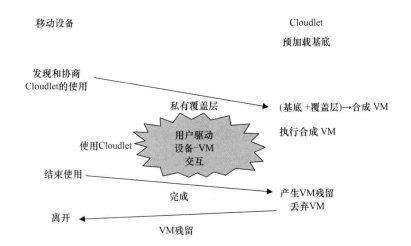

图 8-17
动态 VM 合成过程

（1）移动设备发送一个 VM 覆盖到已经运行着基底 VM 的 Cloudlet。

（2）Cloudlet 基础设施把 VM 覆盖解压，再应用到基底 VM 上，从而产生 launch VM，准备好为移动客户端提供服务。

（3）移动设备向 launch VM 发送应用执行请求，并将应用设置为挂起状态。

（4）launch VM 收到请求，从应用挂起的状态开始执行。

（5）应用执行结束，将结果返回给移动设备，移动设备发起结束请求。

（6）launch VM 产生 VM 残留，Cloudlet 将 VM 残留发送给移动设备并丢弃 VM。

（7）移动设备离开。

采用动态 VM 合成实现的计算迁移系统具有如下特点。

● 对 Cloudlet 基础设施的瞬态定制使得 Cloudlet 能够自我管理的维护。

● 支持以 VM 为粒度的计算迁移，优点是这种计算迁移方法没有语言依赖性，缺点是动态 VM 合成的效率比较低。

● 将移动终端看作客户端，所有计算都在 Cloudlet 上执行，不能很好地利用移动终端的资源，不适用于网络连接质量较差的环境。

● 能够对开发人员屏蔽底层平台的异构性。

8.3　ParaDrop

ParaDrop 以 WiFi 接入点/无线网关作为硬件平台构建边缘计算系统，给第三方应用在网络的边缘提供计算和存储资源。与云端数据中心相比，ParaDrop 更接近用户和数据源，可以感知网络链接和环境状态，降低反馈延迟，增强数据安全和用户隐私。

8.3.1 整体架构

由于网关上的计算和存储资源大部分时间都有空余，ParaDrop 利用这些资源部署服务降落伞（chute），以开发人员为中心提供全功能的 API 和集中控制框架，简化部署和管理的复杂度，同时也提升用户体验度。

ParaDrop 系统主要由三部分组成：ParaDrop 后端、ParaDrop 网关和开发者 API[15]。开发者把服务封装为 chute，通过相应的后端服务器和开发者 API 把服务降落伞部署在 ParaDrop 网关上。一个网关上可以有多个服务降落伞，容器技术保证服务降落伞之间的隔离性。图 8-18 中以两个服务为例，SecCam 是无线安全监控服务，采集范围内的安全摄像头视频数据，并在本地分析识别出一些活动；EnvSense 是环境监控服务，监测建筑物内的温度和湿度。

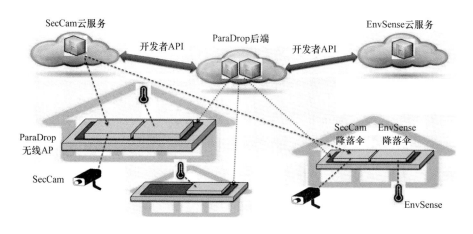

图 8-18
ParaDrop 系统架构
示意图

① ParaDrop 后端　集中式地管理 ParaDrop 系统资源，维护网关、用户和服务降落伞信息，提供一个服务降落伞商店（类似 Google Play Store 和 AppStore）存储可以部署在网关上的 chute 文件。此外，后端还提供两个重要的接口：WAMP（web application messaging protocol）API 和 HTTP API。WAMP API 用于和 ParaDrop 网关通信，发送控制信息，接收网关回复和状态报告。WAMP 软实时特性保证消息传输的时效性[44]。HTTP RESTful API 用于和用户、开发者、管理者以及网关通信。具体来说，后端把所有网关上的数据聚合，给用户提供图形化的展示；保存 ParaDrop 系统的部署信息，如网关的位置和配置；后端还主要负责在用户和网关之间传递消息，如 chute 的安装和启动。

② ParaDrop 网关　具体的执行引擎，给各服务降落伞提供虚拟化的资源环境，包括 CPU、内存和网络资源。ParaDrop 网关使用 Snappy Ubuntu 为操作系统提供可靠的升级和回滚机制[45]。一个 ParaDrop Daemon 运行在网关设备上，为 ParaDrop 系统实现：在 ParaDrop 后端注册当前网关设备；监控网关的状态并报告给后端；管理资源和进程，包

括虚拟无线设备、防火墙、DHCP 等；接收 RPC 消息，根据后端的信息管理容器，负责
chutes 的安装、启动、停止和卸载。

　　③ 开发者 API　开发者可以通过 API 监测和控制 ParaDrop 系统。具体包括：固定
状态信息，如用户类型、用户授权、chute 描述、chute 资源配置、网关配置等；实时状
态信息，如 chute 和网关的运行状态；发布/删除 chute；登记/撤销网关等。

8.3.2　服务降落伞

　　部署在 ParaDrop 网关上的服务包为服务 chute，一个网关上可以部署多个 chute，通
过容器技术相互隔离。可以把传统的云服务包装成 chute，提升服务的用户体验度。对于
复杂的包含多个微服务（microservices）的程序，也可以把一部分微服务改造成 chute，
运行在网关上，同时保留部分微服务仍旧运行在云端，共同协作完成相应任务。

　　chute 可以看作一个包含 ParaDrop 相关文件的 Docker 镜像，每个 chute 会有一个配
置文件，定义其对各类资源的需求，ParaDrop 网关根据其需求分配合适的资源并保证多
租户间的公平性。图 8-19 是 SecCam 降落中的配置文件，CPU 配置值是 share 值，即当
系统中有其他的 chute 竞争 CPU 资源时，此 chute 可分享的相对资源量，默认值为
1024，即平均分配[15]。memory 值为 chute 可占用的最大内存，是硬性约束条件，如果设
置过低，chute 内核有可能由于内存不足而不能完全启动。

```
owner: ParaDrop
date: 2016-02-06
name: SecCam
Description:
    This app launches a virtual wifi AP |
    and detects motion on a wifi webcam.
net:
    wifi:
        type: wifi
        intfName: wlan0
        ssid: seccamv2
        key: paradrop
        dhcp:
            lease: 12h
            start: 100
            limit: 50
resource:
    cpu: 1024
    memory: 128M
dockerfile:
    local: Dockerfile
```

图 8-19
SecCam 降落伞的
配置文件

　　除了资源信息外，chute 还包括 runtime 域和 traffic 域。runtime 域说明 chute 可自己
完成的操作，即运行时规则。图 8-20 为 SecCam 的 chute.runtime 信息，webhosting 根据
配置的参数创建 uhttpd 实例；DHCP 服务器建立一个默认版本，用于连接将来的安全摄
像头[15]。在很多情况下，chute 要交互的设备很可能没有直接连接到 chute 的网络，基于
安全考虑，ParaDrop 允许开发者实现信息交通规则。这些 traffic 域的规则可以在主机网
络栈的防火墙规则上实现，允许主机局域网上的设备连接到一个特定的接口，从而与

chute 交互。如图 8-21 所示，局域网内的用户想获取存储在 chute 上的 SecCam 图像，通过设定的规则，用户可以获取 chute 上运行的 Web 服务器的网页，还可以通过默认的 ParaDrop SSID 以 SSH 方式连接[15]。与传统的云计算模式相比，局域网内的用户可以更快速地获取数据，避免网关到云端服务器的传输。

图 8-20
SecCam 的 chute.
runtime 信息

```json
{
  "name": "webhosting",
  "program": "uhttpd",
  "args": "-p 80 -i .php=/usr/bin/php-cgi -h /srv/www"
}, {
  "name": "DHCP Server",
  "program": "@net.runtime.dhcpserver"
}
```

图 8-21
获取 SecCam 图像

```json
{
  "name": "Web",
  "description": "Allows the chute to provide a webserver
                  on WAN",
  "rule": "@net.traffic.redirect(@net.host.lan:*:5000,
           wifi:10.100.13.1:80)"
}, {
  "name": "HostSSH",
  "description": "Allows the host stack access to SSH",
  "rule": "@net.traffic.redirect(@net.host.lan:*:5001,
           wifi:10.100.13.1:22)"
}
```

8.3.3 ParaDrop 工作流

设计 ParaDrop 程序，开发者需要关注两个部件（图 8-22）：开发者环境中的构建工具，负责与 ParaDrop 系统其余部分通信交互；ParaDrop Daemon 的实例工具，负责使应用程序在各类网关设备上运行[15]。开发者可以通过这些工具创建和管理 chute，具体实现是由 ParaDrop 系统完成并对外透明，让开发者更专注于应用程序本身。

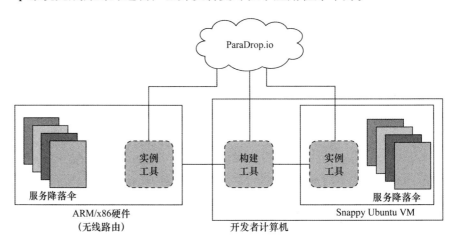

图 8-22
开发者眼中的
ParaDrop 系统

基本的 chute 开发运行步骤包括：

（1）本地验证应用程序的特性；

（2）使用构建工具打包二进制文件、脚本、配置文件、Dockerfile 为 chute；

（3）在本地 ParaDrop 网关测试 chute；

（4）在 ChuteStore 发布 chute，推送 chute 至一个或多个网关；

（5）网关上的实例工具打开 chute 包，根据需求设置运行环境；

（6）Docker 引擎创建 chute 容器：下载基础镜像，安装包，下载服务的可执行文件和资源文件；

（7）启动 chute。

ParaDrop 系统还提供 Light Chutes 开发方式，它使用预先编译的对不同编程语言优化过的基础镜像，而不是从头构建。它的编译和安装与一般的 chute 相似，大部分可实现的功能也类似。Light Chutes 的优势包含：安全性更高，有更强的限制特性；安装快速，使用的通用基础镜像很可能已经在网关设备上缓存了；简单，不需要编写和调试 Dockerfile，使用包管理工具即可；可移植性，ParaDrop 将会提供 ARM 支持，而使用定制 Dockerfile 的一般 chute 较难移植到 ARM 平台。

对服务使用者来说，ParaDrop 系统给用户提供友好的 Web 管理交互平台（https://paradrop.org）。用户可以在 Web 平台上申请账号，添加网关/路由信息并激活设备，之后就可以方便地在 ChuteStore 选择相应服务 chute 安装到自己的设备上（图 8-23）。

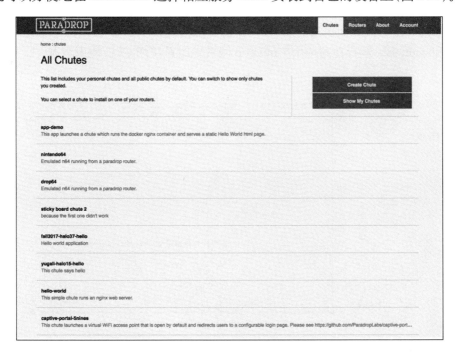

图 8-23
ChuteStore 界面

8.3.4　系统分析

ParaDrop 可以帮助程序开发者快速部署边缘计算应用，让用户享受到边缘计算的便利。本节从系统时间开销、有效性、易用性及可扩展性等多方面对 ParaDrop 进行解析。

① 部署时间开销　以 SecCam chute 为例，部署这个服务降落伞需要 527s，启动、关闭和删除的时间开销分别为 5s、17s 和 7s。由于需要下载基于 Ubuntu 的 Docker 镜像以及相关的系统包（Ubuntu packages），所以部署时间和网络带宽有着密切的联系。图 8-24 是对部署时间开销的进一步细粒度分析，可以看出系统升级和安装系统包占用部署总时间的 60%[15]。为了节省时间，ParaDrop 提出可以对程序所使用的 Docker 镜像进行预编译并保存在 ParaDrop 网关上，在实际使用中，只需要下载相应镜像并开启容器就完成服务降落伞的部署。

**图 8-24
服务降落伞部署阶段的时间开销分布**

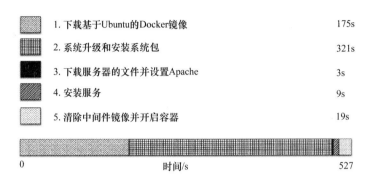

② 资源管理有效性　8.3.2 节介绍服务降落伞的配置文件，它可以有效控制 chute 对资源的使用方式和使用量。以 CPU 资源管理为例，图 8-25 展示两个服务降落伞，chute A 和 chute B，运行在同一个 ParaDrop 网关上时系统的 CPU 使用情况[15]。

**图 8-25
运行两个服务降落伞时的 CPU 使用情况**

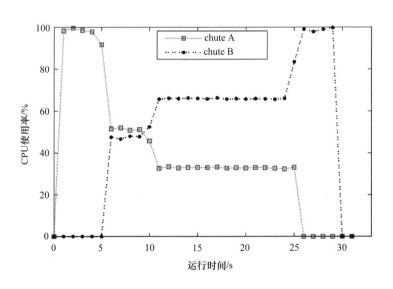

在 ParaDrop 系统中，当多个任务竞争同一资源时，系统会根据配置文件信息对资源进行合理分配，如果只有一个任务使用这一资源，则对其不做限制。chute A 的配置信息表明其 CPU share 值为 512，chute B 配置的 CPU share 值为 1024。chute A 开始运行，在

25s 后开始空闲；chute B 5s 后才开始运行，同样是运行 25s 后空闲。在初始的 5s 内，由于 CPU 资源无人竞争，chute A 的 CPU 使用率为 99%；5s 后，chute B 开始运行并与 chute A 争抢 CPU 资源，大约在 11s 时，它们达到一个平衡状态，chute B 的 CPU 使用率为 chute A 的 CPU 使用率的两倍。当 chute A 空闲后，chute B 可以使用全部 CPU 资源，其使用率达到 99%。整个过程中，由于没有其他 CPU 密集型的任务运行，容器的 CPU 利用率始终保持在 99%。除 CPU 之外，网络也是系统中重要的资源。以用户下载一个 100MB 的大文件为例，ParaDrop 系统限制 chute 的网络带宽，并测试 7 个数据样例，从图 8-26 中可以看出，所有测试样例中，实际带宽都比最大带宽限制要低，并且相差不大，证明对当前的带宽资源利用率接近 100%[15]。

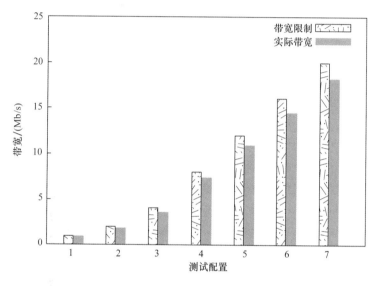

图 8-26
网络带宽管理测试

③ **系统易用性** ParaDrop 部署简便容易，可适用于多样的边缘计算场景。ParaDrop 网关运行在 Snappy Ubuntu 的操作系统上，首先，该操作系统给运行在上层的应用程序提供可靠的安全保障和更新方式；其次，Snappy Ubuntu 与云计算操作系统的高相似性，使得开发人员不需要费多大精力就可以把程序快速移植到 ParaDrop 上；再次，基于 Docker 的虚拟化环境，让开发人员可以继续使用他们熟悉的编程语言和程序库来开发 ParaDrop 程序，降低研发难度；最后，ParaDrop 利用 RPC 和发布/订阅消息传递机制，实现后端服务器和网关的通信，在服务部署过程中，开发者不需要为了调式程序而保持与网关的直接连接。

④ **可扩展性** 通过把服务分割并部署到 ParaDrop 网关上，ParaDrop 系统能够支持较大规模的部署服务。通过使用 WAMP 传输延迟敏感的信息，HTTP 传输其他信息，系统避免了当存在大量 ParaDrop 网关时，WAMP 路由成为性能瓶颈的可能性。此外，ParaDrop 的后端服务也可以按需拷贝多份，用来支持大规模的部署。

8.4 Firework

为了解决 IoE 环境下，多个数据拥有者间数据共享的问题，Firework 提供一种简单的方式搭建系统，形成一个云—边协作的数据处理和共享的系统[38]。同时，通过烟花节点的相互调用，使得数据在每个节点上进行计算，从而可以形成一条计算流——沿着数据传输路径，路径上的边缘节点可对数据执行一系列计算。

8.4.1 Firework 概念

为了更好地描述 Firework 的架构，首先介绍四个概念：分布式数据共享、Firework.View、Firework.Node 和 Firework.Manager。

① 分布式数据共享（distributed shared data，DSD） 边缘设备产生的数据、存储于边缘设备的数据或云端的数据，均可以作为共享数据的一部分。DSD 提供整个数据的一个虚拟视图，并且被不同的数据拥有，可能存在不同的 DSD 视图。

② Firework.View 受到面向对象编程思想的启发，将数据集和功能，定义为一个 Firework.View。数据集代表共享的数据，而功能则是对数据集的操作，最简单的如增删改查。对于拥有着同样结构数据集的多个数据的拥有者，其可以实现相同的功能，从而形成一个同种类型的 Firework.View。

③ Firework.Node 一个产生数据的，或者实现 Firework.View 的设备，称为 Firework.Node。作为数据产生者，如传感器等，其可以作为 Firework.Node 去发布数据。作为数据消费者，其可以扩展别人的 Firework.View，以提供具有自身特色的 Firework.View。这里，扩展别人的 Firework.View，意味着其可以调用别人的功能，从而获得数据，之后再处理，形成自身的 Firework.View。设备也可以同时作为数据生产者和消费者，则其对自身的数据（包括产生的或者存储的）进行处理，形成 Firework.View。

④ Firework.Manager 其饰演着一个集中式的管理者，同一个网络中的所有 Firework.View 均需要向其注册。并且 Firework.Manager 提供一个统一的入口给用户，以管理网络中的 Firework.Node 及其上部署的服务。需要注意的是，管理者同时也可以实现一个 Firework.View，从而饰演着 Firework.Node 和 Firework.Manager 双重角色。

8.4.2 整体架构

为了更好地完成计算流以及云-边缘协作的方式，以及底层无关性，将 Firework 设计为如图 8-27 所示的三层架构。这里主要介绍 Firework.Node 的结构，因为如 8.1.9 小节所述，Firework.Node 和 Firework.Manager 的主要区别在于是否有执行器管理模块。

1. 服务管理模块

服务管理模块主要用于数据视图的管理，其下含有两个子模块：一个为服务发现（discovery）模块，另一个是服务部署（deployment）模块。服务发现模块主要用于

Firework.View 的管理，对于 Firework.Manager 来说，其能够接受网络中其他 Firework.Node 的 Firework.View 注册请求；对于 Firework.Node 来说，其能够利用该模块向 Firework.Manager 注册，并可查询其上具有哪些 Firework.View。服务部署模块在 Firework.Manager 上用于接受用户的 Firework.Node 和 Firework.View 的管理；其在 Firework.Node 上主要用于保存各个服务的配置，比如用于形成计算流的应用层拓扑。

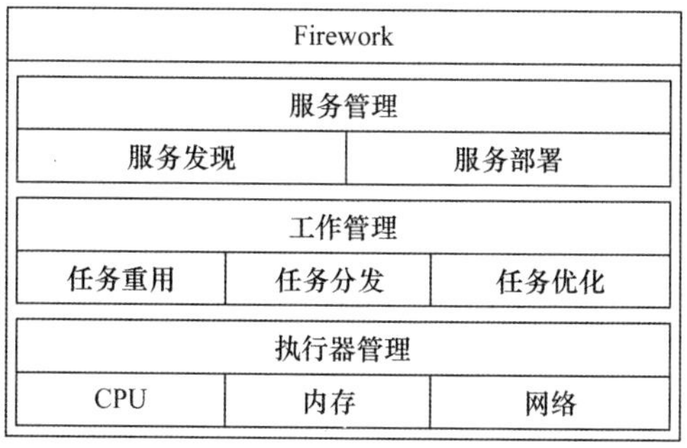

Firework		
服务管理		
服务发现	服务部署	
工作管理		
任务重用	任务分发	任务优化
执行器管理		
CPU	内存	网络

图 8-27
Firework 节点
架构图

2. 工作管理模块

用户可以通过向 Firework.Manager 发送请求以启动 Firework.Node 上的某个服务，从而进行访问。这里，当一个服务启动的请求被收到时，工作管理模块就会尝试启动相应的任务。需要说明的是，一个服务，可能底层是由多个任务来进行相互合作而完成的；而多个服务可能在底层会共用同一个任务。因此避免启动重复的任务，可以使用任务重用（task reuse）模块和一个中间件来处理——当有多个服务需要使用同一个任务时，可以通过中间件使得所有的待处理数据汇总，然后导入到任务中进行处理。同时，为了达到最优，例如时延最优，可以通过任务分发（task dispatch）和任务优化（task optimization）模块进行任务的管理和动态调整。

3. 执行器管理模块

一个任务在 Firework 中会跑在一个执行器上。在 Firework 中，不区分执行器底层是什么、执行在什么硬件架构上以及如何执行。通过执行器这样一个适配器管理资源、运行程序，并通过工作管理模块的中间件来进行数据的交互。

8.4.3 可编程性

Firework 提供一个使用简单的编程接口给开发者和用户，使得其可以集中精力于业务的开发。一个 Firework 上的应用，主要包括两个部分：编程实现 Firework.View 和部署配置。

如图 8-28 所示，是使用 Java 所实现的一个 Firework.View 的示意图以及服务部署的驱动代码。通过从工作管理模块关联需要处理的数据流（getFWInputStream）和处理结果的

```
/* FWView: an implementation of Firework.View */
public class FWView implements Runnable {
  protected String serviceName;
  protected FWInputStream[] inputStreams;
  protected FWOutputStream[] outputStreams;
  public FWView(String serviceName) {
    this.serviceName = serviceName;
    this.getFWInputStream();
    this.getFWOutputStream();
  }
  /* Get input streams from JobManager. */
  public void getFWInputStream() {
    inputStreams = JobManager.getInputStream(serviceName);
  }
  /* Get output streams from JobManager. */
  public void getFWOutputStream() {
    outputStreams = JobManager.getOutputStream();
  }
  /* Receive data from the input streams. */
  public Data[] read() {
    inputData = inputStreams.read();
  }
  /* Process the input data. */
  public Data[] compute(Data[] inputData) {
    // Do nothing by default.
    return inputData;
  }
  /* Send the processed data to other nodes. */
  public void write(Data[] outputData) {
    outputStream.write(outputData);
  }
  /* Run the computation procedure. */
  public void run() {
    while(true) {
      Data[] inputData = read();
      Data[] outputData = compute(inputData);
      write(outputData);
    }
  }
}
```

```
/* DeployPlan: the application defined topology. */
public class DeployPlan {
  private List<Rule> rules;
  /* Add a new rule to the deployment plan. */
  public void addRule(Rule rule) {
    rules.add(rule);
  }
}
/* FWDriver: Firework application driver. */
public class FWDriver {
  /* FWContext: creates a session between user and
     Firework.Manager */
  private FWContext fwContext;
  private DeployPlan deployPlan;
  private UUID uuid;
  private String serviceName;
  public FWDriver(String serviceName, DeployPlan
      deployPlan) {
    this.serviceName = serviceName;
    this.deployPlan = deployPlan;
    this.fwContext = new FWContext();
  }
  /* Deploy an application and get an UUID back. */
  public void deploy() {
    uuid = fwContext.configService(serviceName,
        deployPlan);
  }
  /* Launch a deployed service by uuid. */
  public void start(Parameter[] params) {
    fwContext.startService(uuid, params);
  }
  /* Stop an application by uuid. */
  public void stop() {
    fwContext.stopService(uuid);
  }
  /* Get the final results from Firework.Manager. */
  public Data[] retrieveResult() {
    return fwContext.retrieveResult(uuid);
  }
}
```

图 8-28
编程接口代码示例

数据流（getFWOutputStream），开发者可以主要集中在数据处理函数（compute）的编写，以实现具体的数据处理业务。同时，开发者或者用户还需要通过定义一个 JSON 文件，来配置服务，其可以被服务部署的驱动（FWDriver）自动解析成部署计划（DeployPlan），然后进行服务的部署。驱动也会提供接口供 Firework 来部署、启动和停止服务。通常，在部署相关的 JSON 文件中，将会包含服务的一些基本的关于服务视图（Firework.View）的描述，以及运行的参数。JSON 文件中描述的参数，可能会在调用服务启动的时候，传递给服务，以完成服务的额外配置。

同时，开发者或用户还需要在 JSON 文件中定义应用层的拓扑，以关联相关的 Firework.Node 和 Firework.Manager，或相关的数据流向。如图 8-29 所示，是一个应用层拓扑的示意图。图中实线表现的是物理层的网络连接，所有的设备均连接在同一个路由上，台式机在这里饰演着一个 Firework.Manager 的角色，其他均为 Firework.Node。通过 JSON 文件定义的应用层的拓扑，可以关联摄像头 1 的视频流子服务和笔记本上的视频处理子服务。由于笔记本的性能原因，其还会寻求智能 AP 和平板的帮助，协同对视频流进行处理，视频处理的结果会汇总在笔记本上。摄像头 2 的视频流子服务会和台式机上的视频处理子服务关联，进行处理。最终，通过关联汇总的服务，笔记本上的处理结果也会集中到台式机上。

通过以上应用层的拓扑定义，可以方便地形成一个计算流——只需要关联相关的计算设备，使得计算的结果在多个计算设备间流动，最终汇总于终节点即可。也正是这样的计算模式，Firework 中的节点不仅可以是边缘设备，也可以是云端设备，因此可以形成一个云-边缘协作的系统。在多个设备之间流动时，考虑到计算性能，可能如图 8-29 中粗实线一样，多个设备共同完成一个子服务，以形成 8.1.9 小节所述的相同子服务层调度。当数据流过计算流上的每个子服务时，将会考虑计算流层的调度，以达到最优的性能。

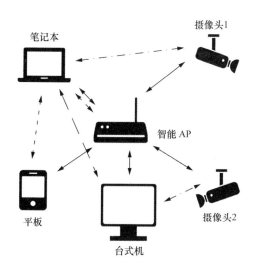

图 8-29
应用层拓扑示意图

8.4.4 范例分析

在 Zhang 等的 Firework 中，使用视频处理中的车牌检测为范例，分析测算边缘计算中计算流系统的性能，同时也简单展现 Firework 系统的功能。其使用如图 8-30 所示的拓扑，而实验中每种情况的计算流情况如下所述。

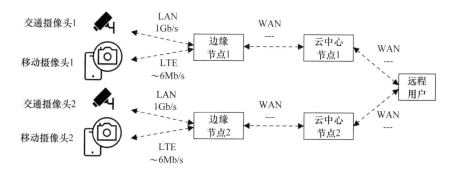

图 8-30
应用层拓扑

- Baseline 中，摄像头将视频直接传至云端进行检测和识别，云端将结果发送至用户。
- Case#1 中，摄像头将视频上传至边缘节点，边缘节点检测与识别车牌，并将结果发送至云端，再由云端转发至用户。
- Case#2 中，摄像头将视频上传至边缘节点，边缘节点检测车牌，并将车牌图片发送至云端，云端识别后将结果发送至用户。
- Case#3 中，摄像头将视频上传至边缘节点，边缘计算转发至云端后，云端检测并识别后将结果发送至用户。

Zhang 等分别在以上四种计算流的模型下，测试不同网络环境（如 LAN 网络，静止情况下的 4G，移动情况下的 4G）下的不同视频分辨率情况下的端到端时延和丢帧率的问题。如图 8-31 所示，是其在不同网络环境和视频分辨率情况下的端到端时延情况。其中，又将时延分为传输时延、视频/图片编解码时延和车牌检测/识别时延。从图中可以看出，Case#1 和 Case#2 可以达到一个较好的结果。

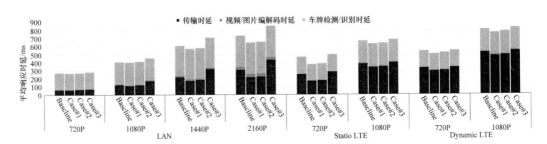

图 8-31
不同网络环境、视频分辨率下的端到端时延

同时，Zhang 等还测量丢帧率的问题。通常来说，在有线网络的情况下，丢包率较低，但在 4G 情况下，丢包率升高，移动情况下的丢包率更高。由于视频编解码技术的限制，视频帧存在关键帧和非关键帧，非关键帧数据的丢失仅仅影响几个视频帧，而当关键帧数据丢失时，会影响数秒内的视频帧。数据包由于使用 UDP 传输，丢一个包会导致丢帧，而反映到影响的数据帧上，效果会被放大。在 LAN 情况下，其丢帧率约为 0.9%，静止情况下 LTE 的丢帧率约为 2.73%，移动环境下 LTE 的丢帧率可以达到 63.71%。

8.5　HydraOne

特定计算领域的实验平台通常为一个完整的计算系统平台，其提供一套完整的软硬件整机系统，包含底层的硬件系统，中间层的系统软件和上层的应用框架。实验平台向上支持目标计算领域的应用层实验，用户可以基于实验平台研发新的应用模式或扩展已有的应用服务；实验平台向下则支持目标计算领域的系统层实验，用户可以基于实验平台研发新的系统组件或优化已有的系统模块。本节主要介绍韦恩州立大学施巍松教授团队推出的一个面向智能汽车/智能机器人应用场景的边缘计算系统实验平台实例——HydraOne，并通过 HydraOne 平台已经部署的多个研究实例验证其对于边缘计算实验的适配性和现场测试能力。

8.5.1　计算系统实验平台概览

边缘计算的出现，向上连接了云计算系统，向下连接了物联网（Internet of Things，IoT）系统，在万物互联时代逐渐形成了云-边缘-IoT 的三层架构[46]。如图 8-32 所示，针对云计算系统和 IoT 系统，工业界和学术界均已有成熟的计算系统实验平台方案，同时关注不同的实验平台设计指标；而对于边缘计算系统实验平台，由于应用场景和系统结构的多样性，目前仍然处于研究发展阶段[47]。

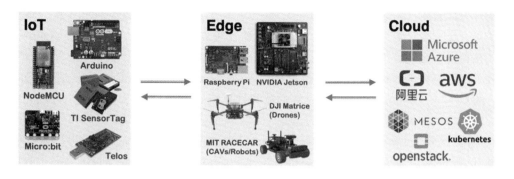

图 8-32
云-边缘-IoT 三层
架构的实验平台
概览

1. 云计算和物联网系统实验平台

云计算系统实验平台关注的系统设计指标通常为系统的处理性能，虚拟化（virtualization）技术[48]和分布式计算（distributed computing）技术[49]的发展和成熟使得研究人员可以从云计算服务提供商处定制任意系统架构和规模的云计算系统实验平台，例如阿里巴巴提供的阿里云服务[50]和 Amazon 提供的 Amazon Web Services（AWS）[51]。同时研究人员也可以基于各类云计算服务软件框架的开源实现，构建私有的云计算系统实验平台，并优化实验平台的计算处理性能。

IoT 系统实验平台关注的系统设计指标通常为系统的外围设备（peripherals）接口资源和无线通信能力。目前业界已经推出了许多用于研究和教育的 IoT 系统实验平台，并逐渐形成了完整且成熟的应用生态系统，例如工业界推出的 Arduino 系列 IoT 系统实验平台[52]，其提供标准的硬件平台，外围设备接口编程库和无线通信编程库，令研究人员可以快速部署物联网系统或应用实验；学术界推出的 Telos 无线传感器网络实验平台[53]，其提供一个超低功耗（ultra-low power）的无线通信硬件平台，令研究人员可以快速部署无线传感器网络系统或应用实验。

2. 面向处理性能的边缘计算系统实验平台

边缘计算系统的实验平台应该关注什么样的系统设计指标，一直是学术界和工业界持续关注的问题[54-61]。目前有一类边缘计算系统实验平台延续云计算系统实验平台的设计指标，关注系统的处理性能，并同时关注系统的处理能效，典型的实验平台实例如表 8-2 所示。

表 8-2 面向处理性能的边缘计算系统实验平台

实验平台	通用处理器	异构加速器
Raspberry Pi 4B[54]	4×ARM Cortex-A72	N/A
NVIDIA Jetson TX2[56]	2×Denver + 4×ARM Cortex-A57	1×Pascal GPU （256 CUDA cores）
Xilinx Ultra96[57]	4×ARM Cortex-A53	1×Zynq UltraScale+ FPGA
Huawei Hikey970[58]	4×ARM Cortex-A73 + 4×ARM Cortex-A53	ARM Mali-G72 MP12 GPU + HiAI NPU
ICT Φ-Stack[61]	ΦPU （RV32IM + RV32I）	

如表 8-2 所示，面向处理性能指标设计的边缘计算系统实验平台以工业界推出的嵌

入式单板计算机（single board computer，SBC）为主。Raspberry Pi 系列的单板计算机[54]是最早一类边缘计算系统实验平台，其主要的处理单元为 ARM CPU，单板集成的设计使其在具备一定的处理性能的同时，具备低功耗和低成本等优势，目前许多边缘计算的研究工作均部署于 Raspberry Pi 实验平台[31,55]。对于万物互联时代涌现的边缘智能任务，单一的 CPU 处理单元具有一定的计算性能和计算能效限制，工业界开始推出集成异构片上系统（System on Chips，SoC）的边缘计算实验平台，例如 NVIDIA Jetson 系列[56]的嵌入式 GPU 实验平台，Ultra96[57]为集成 Xilinx FPGA 的实验平台，Hikey970[58]则为 GPU 和 NPU 混合异构的实验平台。此类集成异构 SoC 的实验平台已经支持了许多边缘计算的研究工作[59,60]。

Φ-Stack[61]是学术界推出的面向智能物联网（smart web of things，SWoT）场景的全栈边缘计算系统实验平台。Φ-Stack 提供了采用了异构多核设计的智能理器ΦPU，用于处理通用计算负载，传感器数据收集和人工智能计算负载。Φ-Stack 同时提供操作系统ΦOS 和开发套件ΦDK，其中ΦOS 包含一套 Web 应用解析器，研究人员可以使用ΦDK 开发的 SWoT 应用并通过 RESTful 的接口部署至边缘计算设备。Φ-Stack 原生地支持了 Web 访问和边缘智能应用，其关注的实验平台设计指标也主要为实验平台的处理性能和处理能效。

3. 面向应用场景的边缘计算系统实验平台

面向处理性能的边缘计算系统实验平台的设计指标未考虑在真实应用场景中，与物理世界和网络中其他设备的交互能力。有一类边缘计算系统实验平台结合云计算系统和 IoT 系统实验平台的设计指标，即关注实验平台的处理性能，也关注外围设备接口资源和无线通信能力，典型的实验平台实例如表 8-3 所示。

表 8-3 面向应用场景的边缘计算系统实验平台

实验平台	平台形态	计算系统	目标场景
CMU's Cadillac SRX[62]	CAV	NVIDIA GPUs Cluster	自动驾驶
MIT RACECAR[63]	自动驾驶微型无人车	NVIDIA Jetson TX1	自动驾驶竞速
USAR UAV[64]	四旋翼 UVA	Intel Atom + ARM Cortex-A8	城市搜寻营救
Pheeno[65]	双轮机器人	ATmega328P + ARM Cortex-A7	机器人集群

如表 8-3 所示，现有的面向应用场景的边缘计算系统实验平台形态以智能网联和 CAV，UAV 和自主移动机器人（autonomous mobile robots，AMR）一类的边缘智能系统为主。

CMU's Cadillac SRX[62]为针对自动驾驶应用场景设计的整车实验平台。其使用一辆真实的汽车作为实验平台载体，部署自动驾驶应用场景所需的视觉传感器，使用一组 NVIDIA GPU 计算集群作为实验平台的计算系统。MIT RACECAR[63]为针对自动驾驶应用场景设计的微型无人车实验平台。其提供开放式的计算平台和完整的自动驾驶视觉传感器，帮助研究人员在真实环境中部署自动驾驶竞速实验。USAR UAV[64]则是针对城市搜寻和营救（urban search and rescue，USAR）应用场景提供的一个四旋翼无人机实验平台。其使用 Intel Atom 作为计算平台，并搭载轻量级视觉传感器和通信系统，同时其提供一套机器视觉及路径规划算法库，帮助开发者使用该实验平台开发 USAR 应用。Pheeno[65]是针对机器人集群应用场景设计的实验平台，为保证低功耗和低成本的设计，其均使用嵌入式微控制器（microcontroller unit，MCU）作为计算系统，同时提供低功耗的传感器，通信模块和执行器，可以帮助研究人员低成本地在真实环境中部署机器人集群实验。

8.5.2　系统架构

已有的面向应用场景的边缘计算系统实验平台通常围绕机器视觉和路径规划等人工智能算法设计，即其主要关注边缘计算使能的算法和应用研究，而缺少对边缘计算系统级实验的支持。HydraOne[66]是一个面向智能汽车/智能机器人应用场景的边缘计算系统实验平台，其支持从上层智能应用到底层系统结构的边缘计算实验部署。通过对 HydraOne实验平台系统架构的介绍，给出一个真实的边缘计算系统平台的构建实例。

1．实验平台概览

HydraOne 实验平台是一套软硬件整机边缘计算系统，其硬件实物概览如图 8-33 所示。其整机尺寸为 53.8cm×45.0cm×47.2cm，可用于室内及室外的自动驾驶等边缘智能场景实验部署。HydraOne 实验平台包含一套有视觉传感器，计算平台和全向移动底盘执行器组成的硬件系统，计算平台上则部署了机器人操作系统（robot operating system，ROS）[67]软件框架。

2．硬件系统

HydraOne 的硬件系统架构如图 8-34 所示。HydraOne 使用 NVIDIA Jetson TX2 作为平台的核心计算单元，Jetson TX2 连接多个视觉传感器，将视觉数据实时输入至边缘计算负载；同时 Jetson TX2 连接一块 Arduino 板卡，将边缘计算负载输出的控制消息转发至电机驱动板以控制 HydraOne 平台的移动。HydraOne 上的硬件模块可以分为传感器（sensors）、计算平台（computing platforms）和执行器（actuators）3 部分，每部分硬件的具体配置如下。

（1）传感器。HydraOne 实验平台目前配备了 2 个高清摄像头和 1 个 3D 激光雷达（light detection and ranging，LiDAR）视觉传感器。摄像头为百度的 Apollo 项目[22]推荐的 Leopard AR023Z，分辨率为 1920×1080@30。3D-LiDAR 型号为 Velodyne VLP-16，具有 16 个激光采集通道，360° 水平视角和 30° 垂直视角，激光射程为 100m。

（2）计算平台。HydraOne 实验平台选择 NVIDIA 嵌入式 GPU 计算平台 Jetson TX2，以保证系统对于边缘智能任务的处理性能和处理能效。Jetson TX2 配有一个 WiFi 无线通信模块，令 HydraOne 上的数据、计算任务和控制信号可以在网络中进行迁移。HydraOne平台配置的 Arduino 板卡可被视为一个实时计算系统，用于处理更多的低速总线任务。

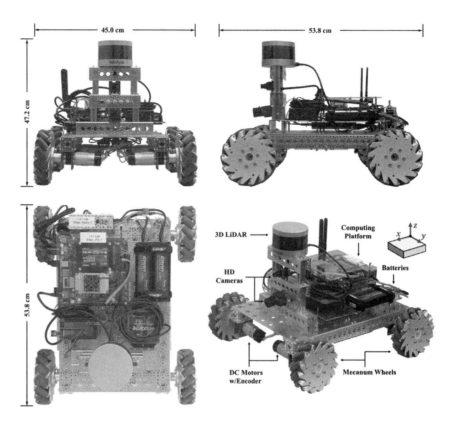

图 8-33
HydraOne 边缘计算系统实验平台概览

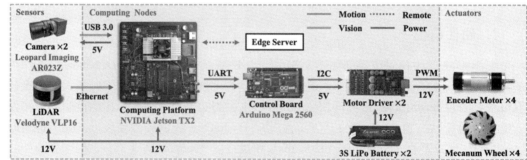

图 8-34
HydraOne 实验平台硬件系统

（3）执行器。HydraOne 配置 1 个四轮驱动底盘，配有 4 个带编码器（encoder）的直流电机和 2 个编码器电机驱动板。驱动板内置类比例积分微分（proportion integration differentiation，PID）控制算法保证对电机转速的精确控制。底盘配有 4 个麦克纳姆轮（Mecanum wheel）实现 HydraOne 平台的全向（omnidirectional）移动。

3. 软件框架

HydraOne 平台上的计算系统 Jetson TX2 在通用操作系统之上，部署了机器人操作系统用于对 HydraOne 上的软硬件资源进行管理。HydraOne 上的软件框架如图 8-35 所示。HydraOne 平台上的传感器和执行器资源，以及边缘计算负载都可以被抽象为 ROS

节点（node），ROS 节点之间使用发布者-订阅者（publisher-subscriber）模式传递消息（message），进而完成一个或多个边缘智能应用。

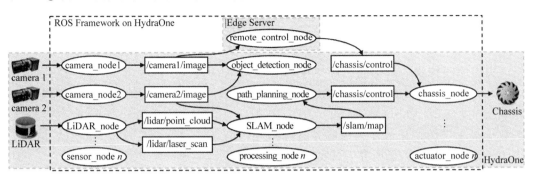

图 8-35
HydraOne 实验
平台软件框架

　　HydraOne 平台上的 ROS 节点根据硬件映射关系和功能可以被分为传感器节点、计算节点和执行器节点 3 类。传感器节点为数据生产者，其关联至硬件传感器，实时收集并发布一种或多种数据。计算节点是边缘计算任务在 HydraOne 平台上的实例化体现，计算节点订阅传感器数据，实时计算产生中间计算结果数据或控制数据。执行器节点为最终的数据消费者，其关联至硬件执行器，根据控制数据做出正确迅速的响应。

　　ROS 软件框架本质提供的是进程间通信（interprocess communication，IPC）框架，用于解耦边缘计算负载在 HydraOne 平台上的执行流程。边缘计算负载的执行过程可以看作是 ROS 节点之间的消息传递和 ROS 节点执行，可以得到如下抽象：①HydraOne 平台上的边缘计算负载可以被抽象为一个或多个消息流；②消息流由消息和节点组成，消息为 ROS 节点的连接边；③消息流从传感器节点开始，从执行器节点结束。消息流的抽象可以用于构建 HydraOne 平台的开发模式。HydraOne 平台上的传感器节点发布标准格式的 ROS 消息，例如 sensor_msgs/PointCloud2 格式的 3D-LiDAR 数据。执行器节点则接收标准格式的 ROS 消息，例如 geometry_msgs/Twist 格式的底盘控制数据。面向边缘智能应用和算法的研究人员可以专注于计算节点的开发，只需订阅和发布标准格式的 ROS 数据，以实现对边缘计算应用和算法原型的快速现场测试。

8.5.3　使用实例

　　HydraOne 实验平台作为一个完整的边缘计算系统平台，其设计方案现已逐步开源至社区：http://thecarlab.org/hydraone/index.html。HydraOne 实验平台已经用于支持边缘计算的研究工作，通过介绍边缘计算应用、算法和系统 3 个研究实验的部署实例，验证 HydraOne 对于边缘计算实验的快速部署和现场测试能力。

1．边缘计算应用实验部署实例

　　基于 HydraOne 实验平台提供的软硬件整机系统，可以实现边缘计算应用实验的部署。以远程地图构建为例，远程控制的消息流如图 8-36 所示，远程边缘服务器上启动远程控制 ROS 计算节点，订阅 HydraOne 平台发布的摄像头 sensor_msgs/Image 消息并在远程实时显示，操作员通过判断 HydraOne 平台运行状态，控制节点发布 geometry_msgs/Twist 消息，实现对 HydraOne 平台的远程控制。

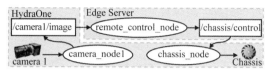

图 8-36
HydraOne 实验平
台远程控制应用

室内地图构建的消息流如图 8-37 所示。HydraOne 平台发布 2D 激光扫描数据 sensor_msgs/LaserScan 和 3D 点云数据 sensor_msgs/PointCloud2，地图构建节点实时订阅该数据并发布 2D 和 3D 地图数据，图 8-37 中展示了使用 HydraOne 实验平台构建的地图数据演示样例。在远程边缘服务器订阅地图消息，则可以实时获取环境数据，令 HydraOne 实验平台帮助研究人员实现陌生环境的远程地图构建应用。

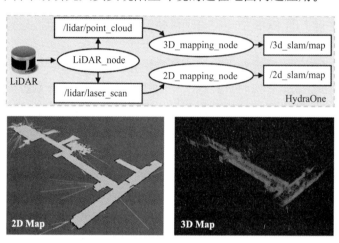

图 8-37
HydraOne 实 验 平
台地图构建应用

2. 边缘计算算法实验部署实例

HydraOne 实验平台提供的软硬件整机系统可以令研究人员完成算法的快速现场部署和测试。以端到端自动驾驶算法为例，算法通过神经网络算法接收摄像头数据，直接输出控制数据，进而可以模拟驾驶员真实的驾驶过程[68]。端到端自动驾驶的消息流如图 8-38 所示。HydraOne 平台上启动 DNN 计算节点，其订阅摄像头 sensor_msgs/Image 消息作为神经网络模型输入，输出则为 HydraOne 平台在 x 轴上的线速度和 z 轴上的角速度，并通过 geometry_msgs/Twist 消息实时发布，进而控制 HydraOne 平台的底盘驱实现端到端自动驾驶算法。DNN 模型的细节均在图 8-38 具体描述。

端到端自动驾驶算法的构建首先要收集训练数据，操作员控制 HydraOne 的运动过程，使用 rosbag 工具记录 geometry_msgs/Twist 控制消息和 sensor_msgs/Image 图片消息。控制消息即为图片数据的训练标签，并使用时间戳对其进行匹配对齐。

3. 边缘计算系统实验部署实例

除了上述对于边缘计算应用和算法方面的实验部署，HydraOne 实验平台提供的软硬件整机系统，也可以支持边缘计算系统方面的实验部署。E2M[69]为一个基于 HydraOne 实验平台开发的支持 AMR 计算机视觉应用的高能效中间件，其主要用于提升 AMR 系统在实际部署中的续航时间。

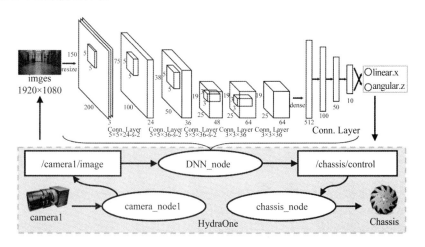

图 8-38
HydraOne 实验平台端到端自动驾驶算法

通过对 HydraOne 实验平台各个部分的功耗分析，得出影响自动驾驶计算系统能效的 3 个主要因素：①有效数据共享的缺失使得数据读取消耗大量能耗；②以安全性为最高优先级，同时保持自由空间检测和目标检测应用的持续运行导致数据读取消耗大量能耗；③多个神经网络应用的并行执行缺乏协调，使得 GPU 难以进入空闲状态，进而带来额外的能耗开销。加改善上述低能效因素，设计了 E2M 高能效中间件架构，如图 8-39 所示，其包含数据缓冲模块、性能分析模块、节能模块和协调模块。

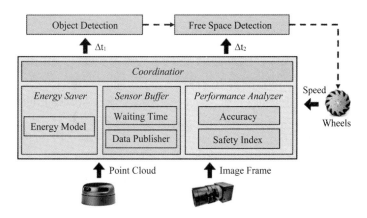

图 8-39
E2M 高能效中间件架构概览

性能分析模块负责建立每个应用的性能参数和等待时间的关系。E2M 对自由空间检测应用定义了安全系数：安全系数和 AMR 离障碍物的最小距离呈正相关。对于物体检测应用，为了衡量等待时间/执行频率的影响，E2M 定义了累积准确率，即一段时间内的最高物体检测准确率之和。节能模块负责建立每个应用能耗节省和等待时间之间的关系，即通过 AMR 功耗分析的结果，预测出不同的等待时间下可以节省的能耗。通过性能分析模块和节能模块，对于每一个应用，可以得到满足性能损失要求并且能耗最低的等待时间，协调模块则负责协调多个应用的等待时间，最大化计算系统（GPU）处于空闲状态的时间。

根据性能评估的结果，在 GPU 内存系数为 0.2 和 0.8 两种情况下，E2M 使计算平台的功耗从 18.5W 降低至了 4.5W（降低至 24%）。性能方面，80%的累积准确率降低了 0.014，占基准的 1.84%；80%的安全系数降低了 0.05，占基准的 7.9%。因此，在性能损失小于 8%的情况下，E2M 能够降低计算平台 24%的功耗。在系统资源的消耗上，E2M 的 CPU 使用平均值比基准平均降低了 10%。在 GPU 使用率的累积分布函数（cumulative distribution function，CDF）中，可以发现 E2M 中 GPU 空闲的状态比基准增加了 60%，并且 80%的 GPU 使用率比基准降低了 42%。GPU 空闲时间的增加和使用率的降低是由 E2M 中等待时间和协调模块带来的。

8.6　边缘计算开源系统

随着边缘计算技术的发展，工业界推出了一些边缘计算开源平台。除开源的便捷性外，这些平台还具有丰富的文档资源以及社区帮助。本节针对现有的边缘计算开源平台作对比研究，可以帮助用户理解和选择合适的边缘计算平台。

根据边缘计算平台的设计目标和部署方式，可将现有的平台分为三类：面向物联网端的边缘计算开源平台、面向边缘云服务的边缘计算开源平台和面向云边融合的边缘计算开源平台。

8.6.1　面向物联网端的边缘计算开源平台

面向物联网端的边缘计算开源平台，致力于解决在开发和部署物联网应用的过程中存在的问题，例如设备接入方式多样性问题等。这些平台部署于网关、路由器和交换机等边缘设备，常见的场景有智能工厂和智能家居等部署有大量物联网设备的场景。代表性的平台是 Linux 基金会发布的 EdgeX Foundry[70]和 Apache 软件基金会的 Apache Edgent[69]。

1．EdgeX Foundry

2017 年 4 月，Linux 基金会发布一个开源物联网边缘计算项目 EdgeX Foundry，以 Dell、AMD 为首，超过 50 家 IoT 企业加入该项目[70]。EdgeX Foundry 通过与相关的开源项目、标准组织和行业联盟进行合作，旨在统一现有的标准和边缘应用，为物联网边缘计算开发一个标准化互操作框架：提供即插即用功能、独立于处理器硬件（如 x86、ARM）、操作系统（如 Linux、Windows、Mac OS）和编程环境（如 Java、JavaScript、Python、C/C++），促进设备、应用程序和云平台之间的连接。下面简要介绍 EdgeX Foundry 的微服务架构（microservices architecture）。

如图 8-40 所示，在 EdgeX Foundry 的架构中，定义"南侧"和"北侧"[70]：

① 南侧　所有的物联网物理设备，以及与这些设备、传感器、执行器或者其他对象直接通信的网络边缘器件，统称为最下方的"南侧"。

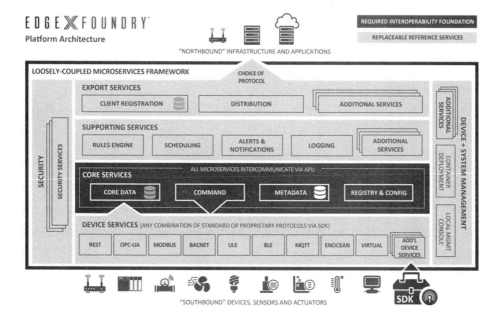

图 8-40
EdgeX Foundry 平台
架构

② 北侧 负责数据汇总、存储、聚合、分析和转换为决策信息的云平台，以及负责与云平台通信的网络部分，统称为"北侧"。

"南侧"是数据产生源，而"北侧"收集来自"南侧"的数据，并对数据进行存储、聚合和分析。EdgeX Foundry 位于"南侧"和"北侧"两者之间，由一系列微服务组成。微服务划分为四个服务层，以及两个底层的增强系统服务对服务层提供支持[46]。微服务之间通过一套通用的 Restful API 进行交互。四个服务层如图 8-40 所示，从下往上依次是：

（1）设备服务层：该层由多个设备服务组成，提供设备接入的功能。每个设备服务是用户根据设备服务软件开发工具包（SDK）编写生成的一个微服务。EdgeX Foundry 使用设备文件去定义一个"南侧"设备的相关信息，包括源数据格式，存储在 EdgeX Foundry 中的数据格式以及对该设备的操作命令等信息。设备服务将来自设备的数据进行格式转换，并发送至核心服务层。EdgeX Foundry 提供了多种接入方式，如消息队列遥测传输协议（MQTT）、ModBus 串行通信协议和低功耗蓝牙协议（BLE）等。

（2）核心服务层：该层包括核心数据、命令、元数据、注册表和配置 4 个微服务。核心数据微服务负责存储和管理来自"南侧"设备的数据，元数据微服务负责存储和管理设备的元数据。命令微服务用于加载定义在设备文件的操作命令，用户可利用这些命令来操纵和监控该设备。注册表和配置微服务负责存储设备服务的相关信息。

（3）支持服务层：该层提供边缘分析和智能服务，以规则引擎微服务为例，允许用户设定一些规则，当检测到数据满足规则要求时，将触发设定的操作。

（4）输出服务层：EdgeX Foundry 可以长时间独立于云平台运行，无须连接到"北侧"系统。当需要把边缘数据和智能分析输送到云平台时，这项工作将在该层执行。该层由客户端注册和分发等微服务组成。前者用于将某个后续处理数据的后端系统注册为客户端，后者将数据从核心服务层导出至指定客户端。

EdgeX Foundry 的两个系统服务，如图 8-40 的左右两侧所示，分别是：

① 安全　EdgeX Foundry 内部和外部的安全部件，保护由 EdgeX Foundry 管理的设备、传感器和其他 IoT 对象的数据和控制命令安全。

② 系统管理　提供安装、升级、启动、停止和监控 EdgeX Foundry 微服务、BIOS 固件、操作系统和其他网关软件等功能。

目前 EdgeX Foundry 正开发应用服务层以供用户自定义数据处理逻辑。在目前版本中，用户需要将边缘应用部署在网络边缘，将该应用注册为导出客户端，进而把来自设备或传感器的数据导出至该边缘应用。EdgeX Foundry 采用微服务架构，并具有硬件和操作系统无关性，用户可以在 Windows 或 Linux 操作系统上部署，但更推荐的是通过容器部署。EdgeX Foundry 中的所有微服务能够以容器的形式运行于多种操作系统，且支持动态增加或减少功能，具有可扩展性。EdgeX Foundry 的主要系统特点是为每个接入的设备提供通用的 Restful API 以操控该设备，便于大规模地监控物联网设备，满足物联网应用的需求。EdgeX Foundry 的应用领域主要在工业物联网，如智能工厂、智能交通等场景，以及其他需要接入多种传感器和设备的场景。

2．Apache Edgent

2016 年 2 月，IBM 公司基于高性能分析平台 IBM Streams[71]，推出一款开源开发工具——Quarks，该工具可以传输大量的实时数据，能够帮助厂商与程序员开发高效的基于物联网传感器数据的应用。IBM 公司申请将 Quarks 加入 Apache 开源项目，并于 2016 年 7 月，Quarks 被重新命名为 Apache Edgent[2]。

正在孵化的开源软件 Apache Edgent 是一个编程模型和微内核运行时（runtime），可以被集成在网关和边缘设备中，在本地对来自各种设备、车辆、系统和传感器的连续数据流进行实时分析，减少上传至云中心服务器的数据，以及存储在本地的数据量。与云中心分析系统相配合，Apache Edgent 力求在整个物联网生态系统中提供从中心到边缘的高时效分析。Edgent 提供 API 和轻量级运行时来分析边缘的流数据。Edgent 可以运行在 IoT 设备上，也可以是从本地设备收集数据的网关设备。用户可以在 Edgent 上编写一个边缘应用程序，并将其连接到云服务（例如，IBM Watson 物联网平台），也可将 Edgent 用于企业数据的收集和分析（例如，日志收集器、应用程序数据和数据中心分析）。

Apache Edgent 针对的问题，是如何高效地开发适用于边缘计算的数据处理应用。为此，Edgent 提供一个抽象的开发模型和一套 API 用于实现数据的整个分析处理流程。

基于 Java 或安卓的开发环境，Edgent 应用的开发模型如图 8-41 所示。

该数据处理模型由以下组件组成。

（1）提供者：一个提供者对象包含了有关 Edgent 应用程序的运行方式和位置信息，并具有创建和执行拓扑的功能。

（2）拓扑：拓扑是一个容器，描述了数据流的来源和如何更改数据流的数据。拓扑用以记录数据的输入、处理和导出至云的过程。

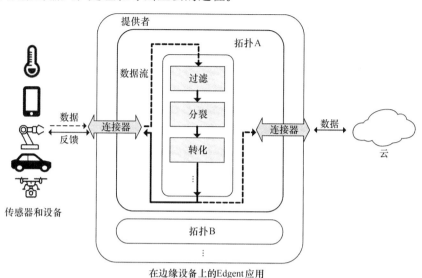

图 8-41
Edgent 应用的开发
模型

在边缘设备上的Edgent应用

（3）数据流：Edgent 提供了多种连接器（connector）以不同方式接入数据源，比如支持消息队列遥测传输协议（message queuing telemetry transport，MQTT）、超文本传输协议（hypertext transfer protocol，HTTP）和串口协议等。此外，用户可通过自定义代码来控制传感器或设备的数据输入。Edgent 的数据不局限于来自真实传感器和设备的数据，还支持文本文件和系统日志等。

（4）数据流的分析处理：Edgent 提供一系列功能性的 API 以实现对数据流的过滤、分裂、变换和聚合等操作。

（5）后端系统：由于边缘设备的计算资源稀缺，Edgent 应用程序无法支撑复杂的分析任务。用户可使用 MQTT 和 Apache Kafka 方式连接至后端系统，或者连接至 IBM Watson IoT 平台进一步对数据做处理。

Edgent 应用可部署于运行 Java 虚拟机的边缘设备中，实时分析来自传感器和设备的数据，减少了上传至后端系统如云数据中心的数据量，并降低了传输成本。Edgent 的主要系统特点是为用户提供了一套完整的数据处理 API，降低边缘数据处理应用的开发难度并加速开发过程。Edgent 的主要应用领域是物联网。此外，Edgent 还可以被用于分析日志、文本等类型的数据，例如嵌入服务器软件中用以实时分析错误的日志。

8.6.2　面向边缘云服务的边缘计算开源平台

网络运营商的网络边缘，如蜂窝网络基站和在网络边缘的小型数据中心等，是用户接入网络的地方，其计算、存储和网络资源非常适合部署边缘计算应用。面向边缘云服务的边缘计算平台着眼于优化或重建网络边缘的基础设施以支持在网络边缘构建数据中心，类似云中心地提供边缘服务。代表性的平台有开放网络基金会（ONF）的 CORD 项目[72]和 Linux 基金会的 Akraino Edge Stack 项目[73]。

1．CORD

CORD（central office re-architected as a datacenter）是为网络运营商推出的开源项目，旨在利用软件定义网络（SDN）、网络功能虚拟化（NFV）和云计算等技术重构现有的网络边缘基础设施，并将其打造成可灵活地提供计算和网络服务的数据中心。目前网络边缘的基础设施使用封闭式专有的软硬件系统构建，不具备可扩展性，无法动态调整基础设备的规模，资源难以充分利用。CORD 致力于利用商用硬件和开源软件打造可扩展的边缘网络基础设施，并将其构建为灵活的服务提供平台。

CORD 的硬件架构图[72]如图 8-42 所示。CORD 利用商用服务器和白盒交换机提供计算、存储和网络资源，并将网络构建为叶脊拓扑架构以支持横向网络的通信带宽需求。此外，专用接入硬件用于将移动、企业和住宅用户接入网络中。

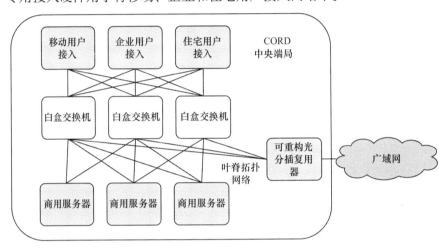

图 8-42
CORD 的硬件架构图

CORD 的软件架构图[72]如图 8-43 所示。CORD 的软件架构分为以下若干部分。在平台（Platform）部分，CORD 为每个底层交换机部署路由交换机操作系统 Stratum，并使用开源网络操作系统（ONOS）作为 SDN 控制器以提供网络控制平面，用于管理网络组件如白盒交换网络结构等，并提供网络通信服务。使用 Kubernetes 来容器化和管理用户服务。在配置（Profile）部分，每个配置文件对应使用微服务和 SDN 控制应用来支持一个特定使用案例。在 CI/CD 工具链部分，使用服务控制平台 XOS 以组装、控制和升级其他部分的配置。

CORD 项目针对用户类型和使用案例，支持多种接入方式，包括移动网络接入，企业网络接入和住宅网络接入。其中移动网络接入主要面向新兴的 5G 网络，对此，CORD 项目使用 NFV 和云计算技术分解和虚拟化蜂窝网络功能，实现网络功能的动态扩展性，以提高资源利用率。进一步地，CORD 项目支持多接入边缘服务，为用户提供自定义边缘服务。在无线移动网络的支持下，CORD 能为手机、无人车和无人机等移动设备的边缘计算应用就近提供强大的计算能力。住宅网络接入方式和企业网络接入方式可以在网络边缘支持住宅用户或企业用户的边缘计算应用，如 VR 和 AR 应用等，以获得更快的响应时间和更好的服务体验。

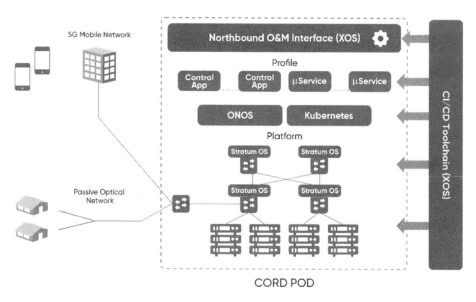

图 8-43
CORD 的软件架构图

对于用户而言，类似云服务模式，CORD 项目能将运营商网络边缘转变成边缘云服务提供平台。普通用户无须自行提供计算资源和搭建计算平台，节省了部分软硬件的部署和管理成本。此外，有线和无线网络的广泛分布使用户提交边缘计算应用不受地理位置的影响。当前，CORD 还处于开发阶段，中国联通发起成立了 CORD 产业联盟，推动CORD 项目的落地。

2. Akraino Edge Stack

2018 年 3 月，Linux 基金会发起了一个开源项目 Akraino Edge Stack，该项目旨在构建开源的网络边缘基础设施，并为边缘计算提供整体解决方案。Akraino Edge Stack 致力于发展一套开源软件栈，用于优化边缘基础设施的网络构建和管理方式，以满足边缘计算云服务的要求，比如高性能、低延迟和可扩展性等。

Akraino Edge Stack 项目涉及的范围从基础设施延伸至边缘计算应用，其范围可以划分为 3 个层面。在最上面的应用层，Akraino Edge Stack 致力于打造边缘计算应用程序的生态系统以促进应用程序的开发。中间层着眼于开发中间件和框架，以支持上层的边缘计算应用：Akraino Edge Stack 将开发 API 和框架以接入现有互补性的开源边缘计算项目，例如前述的面向物联网的互操作性框架 EdgeX Foundry，最大化利用开源社区的现有成果。在最下面的基础设施层，Akraino Edge Stack 将提供一套开源软件栈用于优化基础设施。此外，Akraino Edge Stack 为每种使用案例提供蓝图以构建一个边缘计算平台。每个蓝图是涵盖上述 3 个层次的声明性配置，其中包括对硬件、各层面的支撑软件、管理工具和交付点等的声明。

Akraino Edge Stack 基于使用案例提供边缘云服务，可部署于电信运营商的塔楼、中央端局或线缆中心等。其应用领域包括边缘视频处理、智能城市、智能交通等。

8.6.3 面向云边融合的边缘计算开源平台

随着边缘计算技术的发展，多数云计算服务提供商致力于为云服务添加对边缘计算能力的支持，基于"云边融合"的理念，通过容器等技术将云服务应用部署于网络边缘，既增强物联网设备接入能力，同时缩短边缘服务的响应时延。目前，亚马逊公司推出了AWS Greengrass，微软公司推出了 Azure IoT Edge，并在 2018 年宣布将 Azure IoT Edge 开源。在国内，阿里云公司推出了物联网边缘计算平台[74]，华为公司推出了 KubeEdge[75]。

1．Azure IoT Edge

Azure IoT Edge 用户可以根据自己的业务逻辑自定义创建物联网（IoT）应用，在边缘设备本地完成数据处理任务，同时享受大规模云平台的配置、部署和管理功能。Azure IoT Edge 应用运行于边缘设备上，但具有和云服务上的 Azure IoT 应用相同的编程模型。用户在开发应用时除对计算能力的考量外，可以将大部分云上原有的应用逻辑迁移至边缘设备上运行。即便在离线或间歇性连接状态下，边缘设备也可实现人工智能和高级分析，简化开发并降低物联网解决方案成本。作为一种混合云和边缘设备的物联网解决方案，Azure IoT Edge 将优先应用于需要即时分析和处理的工业物联网应用上，如监测生产线设备故障等。

Azure IoT Edge 的架构[42]如图 8-44 所示，包括边缘模块（IoT edge modules）、边缘运行时（IoT Edge runtime）和云界面（cloud-based interface）等组件。其中，前两个软件组件需要用户自行部署在边缘设备上，后者是一个在 Azure 云上的管理界面，用以创建和管理应用逻辑。

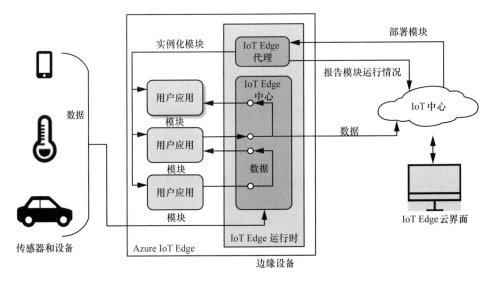

图 8-44
Azure IoT Edge 的架构图

（1）IoT Edge 模块：IoT Edge 模块是用户部署的边缘计算应用程序。每个模块镜像即为一个 Docker 镜像，模块里包含用户的应用代码。对应地，每个模块实例就是一个实例化的 Docker 容器。由于采用相同的编程模型，用户可以结合 Azure 机器学习和 Azure

数据流分析等 Azure 云服务作为 IoT Edge 模块。此特性便于在网络边缘部署复杂的人工智能应用，加快了边缘应用的开发过程。

（2）IoT Edge 运行时：IoT Edge 运行时运行在每一个边缘设备上，并管理边缘模块的部署，包括 IoT Edge 中心和 IoT Edge 代理两个组件。其中，前者负责通信功能，后者负责部署和管理 IoT Edge 模块，并监控模块的运行。IoT 中心是在 Azure 云上的消息管理中心，IoT Edge 中心与 IoT 中心连接并充当其代理。IoT Edge 支持 MQTT、AMQP 和 HTTPS 等协议，IoT Edge 中心通过以上协议连接来自传感器和设备的数据，实现设备接入的功能。同时，IoT Edge 中心作为消息中转站，在各 IoT Edge 模块之间中转通信消息。IoT Edge 代理通过 IoT 中心接收来自云界面的 IoT Edge 模块的部署信息，实例化运行该模块。同时，IoT Edge 代理负责保证各模块的正常运行，重启故障模块，并将各模块的运行状态反馈至 IoT 中心。

（3）IoT 云界面：云界面提供了应用部署和设备管理的功能。通过云界面，用户可以完成添加设备，部署应用和监控各设备和应用等操作。

Azure IoT Edge 的主要系统特点是 Azure 云服务的支持，用户可以使用人工智能和数据分析服务等云服务。Azure IoT Edge 将云服务拓展至物联网，但除了物联网场景，原有在云上运行的应用也可以根据需求迁移至网络边缘上运行。目前 Azure IoT Edge 已提供无人机管理系统、智能工厂和智能灌溉系统等使用案例。

更多关于 IoT Edge 模块、IoT Edge 运行时，以及如何快速部署 Azure IoT Edge 到边缘设备，如何将 Azure 流分析、机器学习和 Azure 函数作为 IoT Edge 模块进行部署等，读者可查阅微软 Azure IoT Edge 官方网站[42]。

2．KubeEdge

以 Kubernetes 为代表的容器编排技术能提供集群管理、资源优化和可伸缩性等关键能力，为开发人员提供一个抽象层，大大方便了用户构建、部署和管理应用程序。这正切合边缘计算中需要管理大量物联网设备和边缘应用的要求。KubeEdge 是一个基于 Kubernetes，能将容器化应用程序编排功能扩展到边缘设备的开源系统。其主要设计特点是在边缘计算平台上使用容器编排技术，能够编排容器化的边缘应用程序、管理边缘设备、监视边缘节点上的应用程序和设备状态。

KubeEdge 的软件架构[51]如图 8-45 所示，除 Kubernetes 本身的软件组件外，KubeEdge 分为云端 CloudCore 和边缘端 EdgeCore 两个部分。

CloudCore 主要由 EdgeController、Deivce Controller 和 CloudHub 等组件组成。EdgeController 是一个扩展的 Kubernetes 控制器，是 Kubernetes API 服务器与 EdgeCore 连接的桥梁，负责两者的事件同步、状态更新等。Deivce Controller 负责设备管理，并同步设备更新信息。CloudHub 是 EdgeController 与 EdgeCore 的通信中介，主要负责维护 WebSocket 并传递信息。

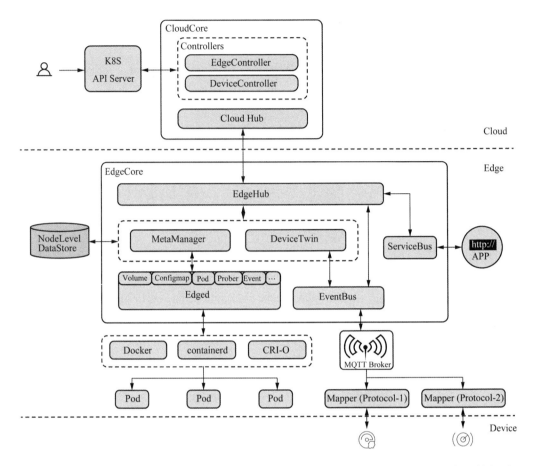

图 8-45
KubeEdge 的软件架
构图

EdgeCore 由 Edged、EventBus、MetaManager、Edgehub 和 DeviceTwin 等组件组成。Edged 负责在边缘端管理容器化程序，用于管理节点上 Pod 的生命周期。EventBus 是一个支持发送或接收 MQTT 主题信息的接口。MetaManager 是在 Edged 和 EdgeHub 之间的消息处理器，并负责在数据库中存取元数据。Edgehub 是与 CloudHub 对应的组件，作为通信中介。DeviceTwin 负责存储设备状态并将其同步至云端。

在对设备的支持上，KubeEdge 使用两种策略。计算能力足够的边缘设备，可以直接安装 KubeEdge 组件，接入 KubeEdge 中。计算能力不足的物联网设备，可以通过 MQTT 协议将待处理数据信息发送至安装 KubeEdge 组件的设备中，由该设备上的应用对数据进行处理。

KubeEdge 主要系统特点是提供容器编排功能，用户无须考虑应用放置和资源利用等细节。作用通用的平台，KubeEdge 支持任意类型的应用，包括机器学习等复杂的应用。

8.6.4　边缘计算开源平台对比与选择

基于上述各边缘计算开源平台的相关介绍，从设计目标、应用领域、目标用户、所采用的虚拟化技术和系统特点等方面讨论各边缘计算开源平台的差异，并总结如表 8-4 所示。

表 8-4 边缘计算开源平台对比研究

对比方面	EdgeX Foundry	Apache Edgent	CORD	Akraino Edge Stack	Azure IoT Edge	KubeEdge
设计目的	物联网设备接入性	加速数据处理分析应用的设计和部署	将运营商网络边缘打造成服务提供平台	为边缘云服务提供软件栈	支持云边协同	将容器编排功能拓展至边缘
应用领域	物联网	物联网	通用	通用	通用	通用
目标用户	普通用户	普通用户	运营商	运营商	普通用户	普通用户
虚拟技术	容器	Java 虚拟机	容器、虚拟机	容器、虚拟机	容器	容器
系统特点	管理设备的通用 API	数据分析 API	移动网络、服务租赁	移动网络、服务租赁	云服务支持	容器编排能力，云边协同
局限性	目前版本还不提供可编程框架	主要限制于数据分析应用	并不能在局域网内离线使用	并不能在局域网内离线使用	云服务需要收费	通用计算平台

1）设计目的

设计目的反映了计算平台主要针对的问题，是选择合适的计算平台以部署边缘应用所考虑的关键因素。EdgeX Foundry 作为互操作性框架，旨在提供接入物联网中任意设备或传感器的能力。Apache Edgent 帮助加速物联网数据分析应用的开发和部署。CORD 旨在将现有的边缘网络基础设施重构为能够提供灵活服务的数据中心。Akraino Edge Stack 为边缘云服务打造基础性的软件栈，并通过蓝图指导边缘云的部署。Azure IoT Edge 提供了一种高效的方法以将云服务迁移到边缘端，并加速了边缘应用的开发。KubeEdge 则将容器编排能力拓展到边缘端。

2）应用领域

EdgeX Foundry 和 Apache Edgent 都面向物联网边缘，其中 EdgeX Foundry 侧重于需要与大量物联网设备或传感器通信的场合，Apache Edgent 则侧重于物联网数据分析场合。CORD 和 Akraino Edge Stack 都致力于打造边缘云服务，其应用领域并没有特殊的侧重点。Azure IoT Edge 可以被认为 Azure 云服务在边缘端的扩展，因此，Azure 提供的高价值服务如人工智能和数据分析等都是具有优势的应用场合。KubeEdge 是一个通用的计算平台，其应用领域没有特殊的侧重点。

3）目标用户

CORD 和 Akraino Edge Stack 两者的目标用户是运营商，旨在网络边缘设施上构建边缘云服务。其他计算平台在目标用户没有特殊限制，普通用户可在本地局域网中利用路由器、服务器等设施自行部署。

4）虚拟技术

虚拟技术被广泛适用于各种计算平台中。虚拟机技术能提供可靠性、可扩展性、更好的应用管理能力和更高的资源利用率。容器技术能以可忽略的开销为服务提供独立性和灵活性。Apache Edgent 使用 Java 虚拟机技术，而 EdgeX Foundry 和 Azure IoT Edge 使用了容器技术。CORD 和 Akraino Edge Stack 两者综合使用了虚拟机技术和容器技术，其中虚拟机技术用于管理计算和存储资源并创建虚拟机，而容器技术用于实例化服务。

KubeEdge 使用了容器技术，并进一步添加了容器编排技术，增加了故障迁移、资源调度和负载均衡等能力。

5）系统特点

系统特点指的是该计算平台独有特征，且该特征有助于用户更好地开发或部署应用。EdgeX Foundry 提供了一套通用的 API 以管理和操控各接入的设备，有助于用户大规模部署应用。Apache Edgent 为数据分析提供一套功能 API，为用户降低了开发边缘数据分析应用的难度。CORD 和 Akraino Edge Stack 两者在网络基础设施上搭建边缘云，用户可在网络连接前提下租用边缘云服务，省去了自行搭建平台的成本。Azure IoT Edge 能为用户提供强大的 Azure 云服务，加速边缘应用的开发。KubeEdge 使用了容器编排技术，用户无须自行处理故障迁移、资源调度和负载均衡等问题。KubeEdge 统一看待云端和边缘端，用户部署应用时不必关心部署细节，但也可以为边缘应用指定边缘节点。

6）局限性

本节从用户部署应用的角度分析各边缘计算平台的局限性。最新的 EdgeX Foundry 没有提供可编程框架，用户需要自行在设备上部署应用，并将数据导出至该应用处理。Apache Edgent 着重于数据分析应用，适用面较窄。CORD 和 Akraino Edge Stack 提供的边缘云服务都需要用户在与运营商网络连通情况下使用，并存在数据的安全隐私问题。Azure IoT Edge 是开源免费的，但相关的 Azure 云服务是收费的。KubeEdge 作为一个通用计算平台，为用户部署边缘应用提供了便利性，但在用户开发边缘应用方面并无帮助。

基于上述各平台的差异，从部署应用的角度讨论在不同的场景下对边缘计算开源平台的可能选择，如图 8-46 所示。

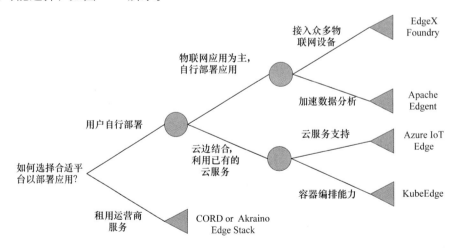

图 8-46
不同场景下边缘
计算开源平台的
选择

场景一，假设用户不想自行部署计算平台，而是租用第三方边缘云服务，建议选择 CORD 或 Akraino Edge Stack。

场景二，假设用户需要在本地局域网中部署计算平台，可以排除 CORD 和 Akraino Edge Stack。进一步地，假如用户需要管理大量物联网设备和传感器，具有强大设备管理能力的 EdgeX Foundry 是一个很好的选择。假如用户需要开发数据分析相关的应用，建议选择 Apache Edgent，因其提供一个数据分析相关的编程模型和 API。假设用户不想关心边缘应用的部署、计算平台的资源管理和设备管理等细节，可以选择 KubeEdge。

场景三，假设用户需要开发具有复杂逻辑的应用如人工智能应用，Azure IoT Edge 是一个很好的选择，Azure 云服务的支持能加速用户的开发过程。

本章小结

边缘计算系统对从云中心至端设备链路上的计算、网络、存储等资源进行统一的控制与管理，屏蔽硬件设备的复杂性及多样性，方便开发者快速设计和部署新兴应用，给用户提供高效易用的边缘设备基础设施。本章介绍目前新兴的多个边缘计算系统，经过综合分析衡量，本节主要讨论一个较成熟的边缘计算系统需要关注的关键方面，包括移动性支持、多用户公平性、隐私保护、开发者友好、多域混合管理、开销模型、兼容性等。

① 移动性支持　移动性支持包含两个方面：用户移动性和资源移动性。用户移动性是指当用户从一个边缘节点覆盖域移动到另一边缘节点覆盖域时，如何自动把当前程序状态和必要数据进行迁移，使服务无缝连接，增强用户体验。资源移动性是指如何发现和管理动态可变资源，主要包括长期资源，如 IoT 传感器设备的增加和撤销，以及当一个传感器损坏后，系统如何快速兼容替换设备和短期资源，如移动车或无人机本身的计算存储服务和其携带的传感设备信息。

② 多用户公平性　对于资源有限的边缘设备来说，当多个程序或多个用户都在使用该资源时，如何保证多用户对共享资源及稀缺资源使用的公平性。例如，智能手机可以作为一个边缘节点，它包含各种传感器和计算资源，可以给其他用户提供服务。但是智能手机的电池资源有限，当它接收多个用户对不同传感器的请求时，如何公平分配使用资源以满足大部分用户需求。

③ 隐私保护　边缘计算可以利用端设备和边缘节点提供相应的资源、服务和数据以满足用户的需求。与云计算不同，边缘设备可以是私人拥有的，例如，智能家居的网关设备。当有其他用户使用这一边缘设备，或从上面获取数据，或控制部分设备的功能时，如何保证用户自己的隐私不受影响，同时，也要保证使用者的隐私不被设备拥有者侵犯。如何设置权限管理、访问控制策略，以应对用户复杂的关系网。

④ 开发者友好　系统最终是给上层应用提供硬件交互和基础服务的，如何设计交互 API、程序模块部署、资源申请与撤销等面向开发者的模块，是系统能否广泛使用的关键因素之一。因此，边缘计算系统需要从应用开发者的角度考虑，以提供高效的开发和部署服务，完善包括基础设施、用户、系统、应用程序、开发者这个整体的生态圈。

⑤ 多域混合管理　边缘计算涉及多类资源，各资源又属于不同的拥有者。例如，用户自己家的智能网关、传感器、局域网，房屋周边的（邻近家或交通部门）的摄像头，不同运营商的网络等资源。如何根据应用程序的需求和用户信息，给出一个可行的优化

资源配比，如何屏蔽硬件的多样性进行统一管理是边缘计算系统需要解决的问题。

⑥ 开销模型 云计算中，可以通过用户请求的资源分配相应的虚拟机，根据资源使用量给出价格模型。边缘计算中，应用程序可能会使用不同拥有者的资源，如何衡量资源使用情况，计算总体开销，给出价格模型。

⑦ 兼容性 目前来说，专门的边缘计算系统应用程序还较少，如何自动透明地转换现有程序以发挥边缘计算系统的优势；在发展过渡阶段，如何对传统的应用进行兼容，在现有架构下，实现其基本功能，使其能正常运行。

参 考 文 献

[1] Amazon AWS Greengrass[EB/OL]. https://aws.amazon.com/cn/greengrass/, 2017-10-02.

[2] Apache Edgent[EB/OL]. https://edgent.apache.org, 2017-10-02.

[3] SATYANARAYANAN M, BAHL P, DAVIES N. The case for VM-based Cloudlets in mobile computing[J]. IEEE Pervasive Computing, 2009, 8(4): 14-23.

[4] Open Edge Computing[EB/OL]. http://openedgecomputing.org/, 2017-10-02.

[5] LI Z, WANG C, XU R. Computation offloading to save energy on handheld devices: A partition scheme[C]// Proceedings of the 2001 International Conference on Compilers, Architecture, and Synthesis for Embedded Systems. ACM, 2001: 238-246.

[6] HA K, PILLAI P, RICHTER W, et al. Just-in-time provisioning for cyber foraging[C]// Proceeding of the International Conference on Mobile Systems, Applications, and Services, 2013: 153-166.

[7] HA K, CHEN Z, HU W, et al. Towards wearable cognitive assistance[C]// International Conference on Mobile Systems. ACM, 2014:68-81.

[8] SATYANARAYANAN M, SIMOENS P, XIAO Y, et al. Edge analytics in the Internet of Things[J]. IEEE Pervasive Computing, 2015, 14(2): 24-31.

[9] SATYANARAYANAN M, LEWIS G, MORRIS E, et al. The role of Cloudlets in hostile environments[J]. IEEE Pervasive Computing, 2013, 12(4): 40-49.

[10] HA K, SATYANARAYANAN M. Openstack++ for Cloudlet deployment[R]. Technical Report CMU-CS-15-123, Computer Science Department, Carnegie Mellon University, 2015.

[11] JANG M, SCHWAN K, BHARDWAJ K, et al. Personal clouds: Sharing and integrating networked resources to enhance end user experiences[C]// IEEE INFOCOM. IEEE, 2014:2220-2228.

[12] JANG M, SCHWAN K. STRATUS: assembling virtual platforms from device clouds[C]// IEEE International Conference on Cloud Computing. IEEE, 2011:476-483.

[13] AL-JAROODI J, MOHAMED N, JAWHAR I, et al. CoTWare: A cloud of things middleware[C]// IEEE International Conference on Distributed Computing Systems Workshops. IEEE, 2017: 214-219.

[14] HABAK K, ZEGURA E W, AMMAR M, et al. Workload management for dynamic mobile device clusters in edge femtoclouds[C]// ACM/IEEE Symposium. ACM, 2017:1-14.

[15] ParaDrop[EB/OL]. https://paradrop.org, 2017-10-02.

[16] LIU P, WILLIS D, Banerjee S. ParaDrop: Enabling lightweight multi-tenancy at the network's extreme edge[C]// Edge Computing (SEC), IEEE/ACM Symposium on. IEEE, 2016: 1-13.

[17] FELTER W, FERREIRA A, RAJAMONY R, et al. An updated performance comparison of virtual machines and linux containers[J]. Lecture Notes in Computer Science, 2014, 1140: 438-453.

[18] DROLIA U, GUO K, TAN J, et al. Cachier: Edge-caching for recognition applications[C]// IEEE, International Conference on Distributed Computing Systems. IEEE, 2017: 276-286.

[19] DROLIA U, GUO K, NARASIMHAN P. Precog: Prefetching for image recognition applications at the edge[C]// In Proceedings of the Second ACM/IEEE Symposium on Edge Computing. ACM, 2017: 1-13.

[20] AMENTO B, BALASUBRAMANIAN B, HALL R J, et al. FocusStack: Orchestrating edge clouds using location-based focus

of attention[C]// Edge Computing (SEC), IEEE/ACM Symposium on. IEEE, 2016: 179-191.

[21] HALL R J. A geocast-based algorithm for a field common operating picture[C]// Military Communications Conference, 2012-Milcom. IEEE, 2012: 1-6.

[22] HALL R J, AUZINS J, CHAPIN J, et al. Scaling up a geographic addressing system[C]// Military Communications Conference, MILCOM 2013-2013 IEEE. IEEE, 2013: 143-149.

[23] Apache Flink[EB/OL]. https://flink.apache.org/, 2017-10-02.

[24] JAIN S, KUMAR A, MANDAL S, et al. B4: Experience with a globally-deployed software defined wan[C]// Conference on SIGCOMM. ACM, 2013: 3-14.

[25] SAJJAD H P, DANNISWARA K, AL-SHISHTAWY A, et al. SpanEdge: Towards unifying stream processing over central and near-the-edge data centers[C]// Edge Computing (SEC), IEEE/ACM Symposium on IEEE, 2016: 168-178.

[26] TALEB T. Toward carrier cloud: Potential, challenges, and solutions[J]. IEEE Wireless Communications, 2014, 21(3): 80-91.

[27] BONOMI F, MILITO R, ZHU J, et al. Fog computing and its role in the Internet of Things[C]// Proceedings of the first edition of the MCC workshop on Mobile cloud computing. ACM, 2012: 13-16.

[28] GREENBERG A, HAMILTON J, MALTZ D A, et al. The cost of a cloud: Research problems in data center networks[J]. ACM SIGCOMM computer communication review, 2008, 39(1): 68-73.

[29] BAHREINI T, GROSU D. Efficient placement of multi-component applications in edge computing systems[C]// In Proceedings of the Second ACM/IEEE Symposium on Edge Computing. ACM, 2017: 1-11.

[30] NASTIC S, TRUONG H L, DUSTDAR S. A middleware infrastructure for utility-based provisioning of IoT cloud systems[C]// Edge Computing (SEC), IEEE/ACM Symposium on. IEEE, 2016: 28-40.

[31] YI S, HAO Z, ZHANG Q, et al. LAVEA: Latency-aware video analytics on edge computing platform[C]// In Proceedings of the Second ACM/IEEE Symposium on Edge Computing. ACM, 2017.

[32] CUERVO E, BALASUBRAMANIAN A, CHO D, et al. MAUI: Making smartphones last longer with code offload[C]// Proceedings of the 8th International Conference on Mobile Systems, Applications, and Services. ACM, 2010: 49-62.

[33] BHARDWAJ K, AGARWAL P, GAVRILOVSKA A, et al. Appflux: Taming mobile app delivery via streaming[C]// Conference on Timely Results in Operating Systems (TRIOS 15)(Monterey, CA, USA, 2015), USENIX Association.

[34] BHARDWAJ K, SHIH M W, AGARWAL P, et al. Fast, scalable and secure onloading of edge functions using AirBox[C]// Edge Computing (SEC), IEEE/ACM Symposium on. IEEE, 2016: 14-27.

[35] MCKEEN F, ALEXANDROVICH I, BERENZON A, et al. Innovative instructions and software model for isolated execution[C]// International Workshop on Hardware and Architectural Support for Security and Privacy. ACM, 2013: 1.

[36] Docker trusted registry service[EB/OL]. https://blog.docker.com/tag/docker-trusted-registry/, 2017-10-02.

[37] MORTAZAVI S H, SALEHE M, GOMES C S, et al. CloudPath: A multi-tier cloud computing framework[C]// In Proceedings of the Second ACM/IEEE Symposium on Edge Computing. ACM, 2017: 1-13.

[38] ZHANG Q, ZHANG X, ZHANG Q, et al. Firework: Big data sharing and processing in collaborative edge environment[C]// Hot Topics in Web Systems and Technologies. IEEE, 2016: 20-25.

[39] JIANG M H. Urbanization meets informatization: A great opportunity for China's development[J]. Informatization Construction, 2010, 6: 8-9.

[40] 孙凝晖，徐志伟，李国杰. 海计算：物联网的新型计算模型[J]. 中国计算机学会通信，2010，2：39-43.

[41] XU Z W. Cloud-sea computing systems: Towards thousand-fold improvement in performance per watt for the coming zettabyte era[J]. Journal of Computer Science and Technology, 2014, 29(2): 177.

[42] Azure IoT Edge[EB/OL]. https://azure.microsoft.com/en-ca/services/iot-edge/, 2020-7-31.

[43] VERBELEN T, SIMOENS P, DE TURCK F, et al. Adaptive deployment and configuration for mobile augmented reality in the Cloudlet[J]. Journal of Network and Computer Applications, 2014, 41: 206-216.

[44] Wamp: The web application messaging protocol[EB/OL]. http://wamp-proto.org/, 2017-10-02.

[45] Snappy Ubuntu[EB/OL]. https://developer.ubuntu.com/en/snappy/, 2016-12-30.

[46] SHI W, PALLIS G, XU Z. Edge computing [scanning the issue][J]. Proceedings of the IEEE, 2019, 107(8): 1474-1481.

[47] 王一帆. 边缘计算系统的性能量化分析及优化研究[D]. 北京：中国科学院大学，2020.

[48] NURMI D, WOLSKI R, GRZEGORCZYK C, et al. The eucalyptus open-source cloud-computing system[C]// Proceedings of the 9th IEEE/ACM International Symposium on Cluster Computing and the Grid. IEEE, 2009: 124-131.

[49] DEAN J, GHEMAWAT S. MapReduce: Simplified data processing on large clusters[J]. Communications of the ACM, 2008, 51(1): 107-113.

[50] 阿里云[EB/OL]. https://www.aliyun.com, 2020-05-04.

[51] DECANDIA G, HASTORUN D, JAMPANI M, et al. Dynamo: Amazon's highly available key-value store[J]. ACM SIGOPS operating systems review, 2007, 41(6): 205-220.

[52] BANZI M, SHILOH M. Getting started with Arduino: The open source electronics prototyping platform[M]. CA: Maker Media, Inc., 2014.

[53] POLASTRE J, SZEWCZYK R, CULLER D. Telos: Enabling ultra-low power wireless research[C]// Proceedings of the 4th International Symposium on Information Processing in Sensor Networks. IEEE, 2005: 48.

[54] Raspberry Pi Foundation. Raspberry Pi[EB/OL]. https://www.raspberrypi.org/.

[55] ZHOU Q, YE F. APEX: Automatic precondition execution with isolation and atomicity in Internet of Things[C]// Proceedings of the International Conference on Internet of Things Design and Implementation. New York: ACM, 2019: 25-36.

[56] NVIDIA Jetson Platform[EB/OL]. https://www.nvidia.com/en-us/autonomous-machines/embedded-systems/jetson-tx2/, 2020-05-04.

[57] Avnet Ultra96[EB/OL]. https://www.xilinx.com/products/boards-and-kits/1-vad4rl.html, 2020-05-04.

[58] HiSilicon HiKey970[EB/OL]. https://www.96boards.org/product/hikey970/, 2020-05-04.

[59] ZHANG D, MA Y, ZHENG C, et al. Cooperative-competitive task allocation in edge computing for delay-sensitive social sensing[C]// Proceedings of the 3rd IEEE/ACM Symposium on Edge Computing. Piscataway, NJ: IEEE, 2018: 243-259.

[60] RAUSCH T, AVASALCAI C, DUSTDAR S. Portable energy-aware cluster-based edge computers[C]// Proceedings of the 3rd IEEE/ACM Symposium on Edge Computing. Piscataway, NJ: IEEE, 2018: 260-272.

[61] XU Z, PENG X, ZHANG L, et al. The Φ-Stack for smart web of things[C]// Proceedings of the Workshop on Smart Internet of Things. New York: ACM, 2017: 1-10.

[62] WEI J, SNIDER J M, KIM J, et al. Towards a viable autonomous driving research platform[C]// IEEE Intelligent Vehicles Symposium. IEEE, 2013: 763-770.

[63] KARAMAN S, ANDERS A, BOULET M, et al. Project-based, collaborative, algorithmic robotics for high school students: Programming self-driving race cars at MIT[C]// IEEE Integrated STEM Education Conference. IEEE, 2017: 195-203.

[64] TOMIC T, SCHMID K, LUTZ P, et al. Toward a fully autonomous UAV: Research platform for indoor and outdoor urban search and rescue[J]. IEEE Robotics and Automation Magazine, 2012, 19(3): 46-56.

[65] WILSON S, GAMEROS R, SHEELY M, et al. Pheeno, a versatile swarm robotic research and education platform[J]. IEEE Robotics and Automation Letters, 2016, 1(2): 884-891.

[66] WANG Y, LIU L, XINGZHOU Z, et al. HydraOne: An indoor experiential research and education platform for CAVs[C]// Proceedings of the 2nd USENIX Workshop on Hot Topics in Edge Computing. Berkeley, CA: USENIX, 2019.

[67] QUIGLEY M, CONLEY K, GERKEY B, et al. ROS: An open-source robot operating system[C]// ICRA Workshop on Open Source Software. Kobe, Japan, 2009: 5.

[68] BOJARSKI M, DEL TESTA D, DWORAKOWSKI D, et al. End to end learning for self-driving cars[J]. arXiv Preprint arXiv: 1604.07316, 2016.

[69] LIU L, CHEN J, BROCANELLI M, et al. E2M: An energy-efficient middleware for computer vision applications on autonomous mobile robots[C]// Proceedings of the 4th ACM/IEEE Symposium on Edge Computing. IEEE, 2019: 59-73.

[70] EdgeX Foundry[EB/OL]. https://www.edgexfoundry.org, 2017-10-02.

[71] IBM Streams[EB/OL]. https://www.ibm.com/cn-zh/marketplace/stream-computing, 2017-10-02.

[72] Open Network Foundation. CORD[EB/OL]. https://www.opennetworking.org/cord, 2020-5-15.

[73] Linux Foundation. Akraino Edge Stack[EB/OL]. https://lfedge.org/projects/akraino, 2020-5-4.

[74] 阿里云物联网边缘计算[EB/OL]. https://www.aliyun.com/product/iotedge, 2020-05-04.

[75] KubeEdge——一个使能边缘计算的开放平台[EB/OL]. https://kubeedge.io/zh, 2020-05-04.

第9章 边缘计算安全与隐私保护

边缘计算开创了一种新的计算模式,为解决时延和网络带宽负载问题带来极大的便利。但随着本地边缘设备的智能化,边缘计算的安全与隐私保护面临着新的挑战。本章从边缘计算特点入手,分析边缘计算本身面临的安全威胁和挑战,介绍边缘计算中可能用到的安全技术和研究进展,阐述边缘计算新模式对现有物联网安全带来的机遇,最后列举几个边缘计算安全有关实例。

9.1 安全概述、基础和目标

边缘计算作为万物互联时代新型的计算模型,将原有云计算中心的部分或全部计算任务迁移到数据源的附近执行,提高数据传输性能,保证处理的实时性,同时降低云计算中心的计算负载,为解决目前云计算中存在的问题带来极大的便利。但与此同时,边缘计算作为一种新兴事物,面临着许多的挑战,特别是安全和隐私保护方面。例如,在家庭内部部署万物互联系统,大量的隐私信息被传感器捕获,如何在隐私保护下提供服务;在工业自动化领域,边缘计算设备承担部分计算及控制,如何有效抵抗恶意用户攻击;边缘计算设备之间需要进行敏感数据交互,而不需要云计算中心的参与,如何防止信息泄露和滥用等。

安全是指达到抵抗某种安全威胁或安全攻击的能力,横跨云计算和边缘计算,需要实施端到端的防护。作为信息系统的一种计算模式,边缘计算存在信息系统普遍存在的共性安全问题,包括:

① 应用安全 拒绝服务攻击、越权访问、软件漏洞、权限滥用、身份假冒等。
② 网络安全 恶意代码入侵、缓冲区溢出、窃取、篡改、删除、伪造数据等。
③ 信息安全 数据丢失或泄露、数据库破解、备份失效、隐私失密等。
④ 系统安全 计算机硬件损坏、操作系统漏洞、恶意内部人员等。

同时,作为一种新的计算模式,边缘计算在上述安全问题上具有自己的特殊性,将会产生新的安全问题。

- 边缘计算是一种分布式架构（图 9-1），很多数据由各处的计算资源共同处理，中间还有一些数据需要通过网络传输，由于边缘设备更靠近万物互联的终端设备，网络环境更加复杂，并且边缘设备对于终端具有较高的控制权限，因此更容易受到恶意软件感染和安全漏洞攻击，受到攻击时的损失就越大。这些问题使得网络边缘侧的访问控制与威胁防护的广度和难度大幅提升。

- 边缘计算采用广泛的技术，包括无线传感器网络、移动数据采集、点对点特设网络、网格计算、移动边缘计算、分布式数据存储和检索等，在这种异构多域网络环境下，需要设计统一的用户接入、身份认证、权限管理方案，并在不同安全域之间实现安全策略的一致性转换和执行。

- 物联网中实时性应用可以依赖边缘计算的实现，如自动驾驶、工业控制等，这些应用对时延性要求很高，在对数据安全保护的同时不可避免地将引入一些延时，如何在保证高效传输处理的同时保证数据安全和隐私也是边缘计算面临的特殊性问题。

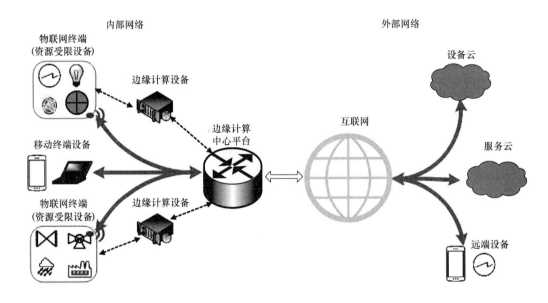

图 9-1
边缘计算分布式架构

2017 年 6 月 1 日正式生效的《中华人民共和国网络安全法》特别强调关键信息基础设施的运行安全，而能源、交通、制造等关键基础设施的工业控制环境无疑将是安全建设的重中之重。据 2016 年中国信息通信研究院云计算白皮书指出，公有云服务提供商向用户提供大量一致化的基础软件（如操作系统、数据库等）资源，这些基础软件的漏洞将造成大范围的安全问题与服务隐患[1]。2016 年阿里云安全调查报告指出，90%的企业都关心公有云的安全问题，主要包括资源未授权访问和数据隐私[2]。另外，在智慧城市、车联网、智能家居、智能楼宇、植入式医疗设备、摄像头等物联网应用和产品中安全问题更加突出。安全已经成为阻碍云计算和物联网发展的最大因素。边缘计算是物联网的延伸和云计算的扩展，三者的有机结合将为万物互联时代的信息处理提供较为完美的软硬件支撑平台，为能源、交通、制造等行业带来飞跃式发展。但将类似云计算的功能带到网络的边缘，同样会带来一些安全问题，如异构边缘数据中心之间的协作安全，本地与全球范围内的服务迁移安全等。

边缘计算是行业数字化转型的重要抓手，它与云计算的协同互动，将改变行业信息化的未来。在边缘计算安全研究方面，可以参考现有的一些研究基础。例如，同样作为数据中心，边缘计算安全和云计算安全存在相似的地方，现有针对云计算安全提出的解决方案可以为研究边缘计算安全方案提供一定指导。另外，各种密码技术如安全加密，数字签名、杂凑函数等技术趋于成熟，也为未来边缘计算安全研究提供技术和工具支撑。

面对攻击时，保证边缘计算系统提供服务的安全性和系统自身的安全性，是边缘计算系统需要达到的安全目标。边缘计算设备是一个集连接、计算、存储和应用的开放平台，作为一个小型数据中心，需要达成类似云计算数据中心的数据安全和访问控制。边缘计算设备贴近数据源侧，使得资源受限设备的一些安全问题迁移到边缘设备上，需要在物联网终端设备和边缘中心之间实现有效的身份认证和信任管理。越来越多的企业和个人在选择计算服务时，更加注重安全的保护，因此边缘计算安全与隐私保护问题将是影响未来边缘计算发展的一个关键因素，需要引起大家的广泛重视。

9.2　安全威胁及挑战

边缘计算模式下，设备不仅是数据的消费者，也是数据的生产者[3]。边缘设备不仅可以从云端请求服务和数据，还可以执行来自物联网终端和云端的计算任务。边缘可以执行计算卸载、数据存储、缓存和处理，以及将云的请求和服务传递给物联网用户。边缘计算本质是物联网的延伸和云计算的扩展，为现有计算模式带来便利的同时，也不可避免地会引入一些安全威胁。

表 9-1 为边缘计算与云计算的对比，目前云计算面临多种类型的安全威胁，如网络攻击、渗透等传统网络安全威胁，资源虚拟化技术引入的越权访问、反向控制、内存泄漏等基础设施安全威胁，由于云的公共服务特性，拒绝服务攻击是恶意用户对云计算网络安全方面的主要攻击类型。

相较于云计算，首先，边缘计算一般位于室内，也可位于户外，分布相对分散，是一种分布式计算，更贴近网络边缘侧，环境更加复杂，并且更多使用无线技术进行传输，不仅会面临上述威胁，而且会带来新的问题，如边缘设备相互协作时的数据安全如何保证，分布式环境下统一的身份管理等。其次，云计算中隐私泄露突出表现为数据泄露和滥用、用户喜好行为分析；而在边缘计算中，边缘设备可以提供终端位置信息，导致在使用服务的过程中很容易暴露用户的位置隐私信息。最后，云计算具有大量的存储和计算资源，在面临一些传统的网络攻击时，如拒绝服务攻击、网络端口扫描等可以通过部署防火墙，入侵检测和防御设备来应对；边缘计算中心计算资源、存储能力有限，部分适用于云计算的防御措施无法直接部署在边缘设备上，使得边缘计算中的安全防御具有更高的挑战性。

表 9-1　边缘计算与云计算对比

参数	云计算	边缘计算
服务节点位置	互联网内	本地网络边缘
终端和服务器的距离	多跳	单跳/多跳
时延	高	低
位置信息	不提供	可提供
地理分布	中心化	分布式、密集
服务器节点数量	很少	很多
最后一公里连接	专线/无线	主要是无线
移动性	有限的支持	支持
工作环境	室内	户外/室内
部署	中心化	中心化或者分布在需要的区域
硬件	大量的存储空间、计算资源	有限的存储、计算、无线接口

边缘计算安全威胁分析如图 9-2 所示，按照边缘计算参考架构，主要分为物理安全、网络安全、数据安全和应用安全。物理安全主要考虑自然灾害和设备运行过程中面临的安全问题。网络域主要完成设备的海量和实时连接，很容易受到拒绝服务攻击，来自虚假中心、恶意节点的威胁。数据域主要完成数据聚合和数据分析，并为应用域提供数据计算结果，如何实现数据的安全与隐私保护是边缘计算安全需要重点关注的内容。应用域支持行业应用本地化入驻，支持边缘业务高效运营与可视化管理，随着越来越多的应用从云计算迁移到边缘中心，对边缘中心的身份管理和访问控制带来一定的安全威胁。

本节接下来从物理安全、网络安全、数据安全、应用安全等方面对边缘计算面临的安全威胁和挑战进行详细阐述。

9.2.1　物理安全

由于边缘计算设备不再像云计算中心那样，在具备安全措施的固定场所中运行，而是大多在对外开放且不受控制的环境中运行（如地铁、隧道、工厂等），物理设备位置不安全，并且相对于物联网终端设备，边缘计算设备数据具有更高的价值，因此，基础设施更容易受到攻击。在边缘计算环境的物理安全中，根据威胁种类分为自然灾害和运行威胁。

1. 自然灾害

自然灾害带来的威胁主要是指自然界中的不可抗力所造成的设备损毁、链路故障等使边缘计算服务部分或完全中断的情况。例如，某些地方会遭到地震、龙卷风、泥石流等灾难性事件。自然灾害的显著特点是会给边缘计算基础设施带来重大损坏，伴随着用

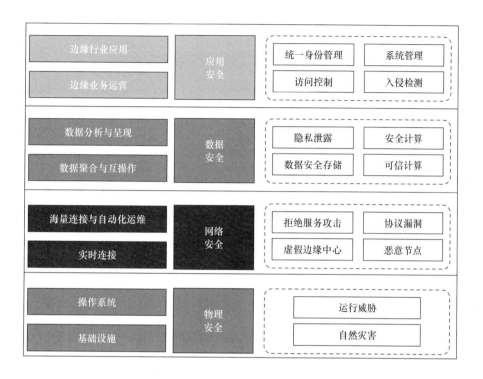

图 9-2
边缘计算安全
威胁分析

户数据、配置文件的丢失，应用系统在相当长时间内难以恢复正常运行。边缘计算由于靠近数据源，所处环境复杂多样，因此更加容易受到自然灾害的威胁。但可以通过一些手段尽量避免或减弱其影响，比如将边缘计算设备放置在位置较高、地质条件好的地方，在公共场合的边缘设备可以为其添加坚固的外壳，防止被人为恶意破坏等。

2．运行威胁

运行威胁主要是指在边缘计算设备运行过程中，由间接或自身原因导致的安全问题，如能源供应、冷却除尘、设备损耗等。运行威胁尽管没有自然灾害造成的破坏性严重，但如果缺乏良好的应对手段，仍会产生灾难性后果，使得边缘计算性能下降，应用中断和数据丢失。因此，边缘计算在实施前必须考虑运行风险并施加相应的防护措施，在基础设施层面确保边缘计算所需的各类资源安全，为上层应用的可靠运行提供底层保障。

边缘计算基础设施的能源必须得到保障，其中最重要的是电力。电力是所有电子设备运行的必备条件。一旦边缘设备的能源受到威胁，会导致服务中断、数据丢失等后果。边缘计算设备可以由多种实体提供，如电信运营商、云服务商、用户等，需要根据设备的运行特点配备相应的紧急电源和不间断电源系统，保证在意外断电情况下边缘计算设备的正常运行。

在任何信息系统的运行中都必须考虑设备的损耗，构成边缘计算基础设施的硬件均有一定的使用年限，并且在年限到期前就可能发生故障。长期处于高负荷运行状态下的磁盘阵列一般比内存和 CPU 更容易损坏，因此需要经常对磁盘等存储介质进行分布式冗余处理，使损坏的磁盘不超过一定比例，从而保持完整的数据恢复能力。其他基础设施硬件也需要有常用备件，紧急场合下可以直接替换，将业务中断造成的影响降到最低。

9.2.2 网络安全

网络安全一直是网络技术的重要组成部分，加密、认证、防火墙、入侵检测、物理隔离等是网络安全保障的主要手段，现在常用的网络安全系统一般综合使用上述多种安全技术。边缘计算模型作为大数据处理时代的新型模型，部分终端设备通过网络层实现与边缘设备的数据交互传输，边缘设备通过网络层实现更加广泛的互联功能，通过各种网络接入设备与移动通信网和互联网相连接，能够快速、可靠、安全地传输数据。传统互联网主要面向桌面计算机，目前的移动互联网面向个人随身携带的智能终端，而边缘计算面临的不光是计算机、个人智能终端，而是面向世间万物，其联网设备的数量极其庞大。边缘计算模式下，边缘设备具有对数据分析处理的能力，并且位于开放的环境中，不确定因素大大增加，已有的固定网络和移动网络远远不能满足需要，网络的吞吐量、普适性等都将出现质的变化。因此，网络的规模和数据量的增加，将给网络安全带来新的挑战，网络将面临新的安全需求，下面介绍两种比较典型的攻击。

1．分布式拒绝服务攻击

分布式拒绝服务（distributed denial of service，DDos）攻击是指故意攻击网络协议的缺陷或直接通过野蛮手段残忍地耗尽被攻击对象的资源，目的是让目标计算机或网络无法提供正常的服务或资源访问，使目标系统服务系统停止响应甚至崩溃，在此攻击中并不包括侵入目标服务器或目标网络设备。这些服务资源包括网络带宽，文件系统空间容量，开放的进程或者允许的连接。这种攻击会导致资源的匮乏，无论计算机的处理速度多快、内存容量多大、网络带宽的速度多快都无法避免这种攻击带来的后果。

DDos 攻击原理大致分为以下三种。

（1）通过发送大的数据包阻塞服务器带宽造成服务器线路瘫痪。

（2）通过发送特殊的数据包造成服务器 TCP/IP 模块耗费 CPU 内存资源最终瘫痪。

（3）通过标准的连接建立起连接后发送特殊格式的数据包，造成服务器运行的网络服务软件耗费 CPU 内存最终瘫痪。

目前常见的 DDos 攻击目标主要是服务器和数据中心。因为服务器和数据中心用户、信息资源高度集中，攻击这些平台可以造成大面积的网络瘫痪。2016 年 10 月，黑客通过互联网控制美国大量的网络摄像头和相关的 DVR 录像机，然后操纵这些“肉鸡”攻击美国多个知名网站，包括 Twitter、Paypal、Spotify 在内的网站被迫中断服务，此次攻击影响大半个美国互联网。针对云计算中存在的 DDos 攻击，已经提出一些解决办法。Somani 等[4]详细研究 DDos 攻击的特征、预防、检测和缓解机制，并提出一个全面解决方案对 DDos 攻击进行分类，并对重要指标提供全面的讨论。Wang 等[5]针对云计算和 SDN 融合带来的 DDos 攻击问题，提出一个 DDos 攻击缓解架构，其集成一个高度可编程的网络监控，实行攻击检测和灵活的控制结构，从而实现快速、具体的攻击反应。

边缘计算网络下的 DDos 攻击有两种形式：一种是针对边缘数据中心，一种是针对终端。针对数据中心的攻击和云计算类似，但相较于云计算数据中心位于专有机房、由企业部署并有专人维护、边缘设备中心数量多、地理分布密集、本地部署等特点，导致这种模式下的 DDos 攻击更容易，更有效率。由于边缘计算设备计算资源有限，现有针对云计算环境下抵抗 DDos 网络攻击的方法不适用于边缘计算模式，故需要设计新的适用于边缘计算网络的安全机制。

终端设备将数据发送到边缘数据中心进行处理，边缘计算中心计算能力有限，当大量数据同时发送时可能会导致边缘中心的延迟，终端可以将计算任务卸载到对等具有空闲资源的设备上，这就可能导致另一种攻击形式，针对终端的攻击形式，攻击过程如图 9-3 所示。在这种攻击中，当具有空闲资源的终端充当边缘计算设备时，恶意攻击者可以对包含计算卸载任务的数据包进行修改，使得设备收到的任务工作负载数据中可能包含恶意代码或病毒，导致无法提供计算服务，该用户会将计算请求发送给其他设备，间接成为新的攻击源，从而导致整个网络的瘫痪[6]。

图 9-3
边缘计算中针对终端的 DDos 攻击

2．虚假边缘中心

边缘计算中的"边缘"是相对的概念，指从数据源到云计算中心数据路径之间的任意计算资源和网络资源。边缘计算服务可以部署在本地智能终端设备上，也可以部署在服务集群、PC、路由器和基站上。将服务部署在移动基站上也可以称为移动边缘计算（mobile edge computing，MEC），图 9-4 为移动边缘计算的网络架构图。移动边缘计算通过在网络边缘部署服务和缓存，中心网络不仅可以减少拥堵，还能高效地响应用户请求。攻击者可以对承载边缘服务的基础设施进行攻击，伪造边缘数据中心，欺骗终端用户，非法获取用户隐私并尝试控制终端设备，对终端用户造成极大的威胁。本小节主要结合伪基站、伪边缘中心讲述虚假边缘中心带来的安全威胁。

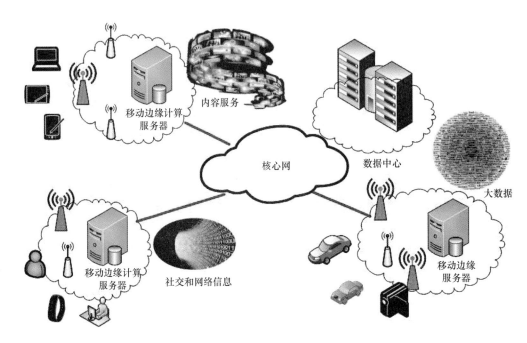

图 9-4
移动边缘计算的
网络架构图

基站构成当今蜂窝网络的基础设施，通过转发语音流，短信息服务（short messaging service，SMS）消息，IP 数据分组将终端用户蜂窝设备接入互联网。目前，全球数以百万计的基站为数十亿移动设备提供服务，蜂窝网络将是互联网在不久将来主要的访问方式。但是，全球移动通信系统（global system for mobile communication，GSM）网络协议中的漏洞使得攻击者可以创建未被网络运营商授权的假基站（FBS）。具体来说，GSM 标准不要求设备认证 BS，此外，典型的蜂窝设备支持 2G、3G 和 4G 网络，并在存在多个可用网络的情况下，倾向选择具有最高信号强度的网络，这允许未经授权的第三方建立自己的高信号强度 2G 伪基站，附近的客户可能会附加到伪基站上，攻击者通过伪基站向用户发送短信，可能包含垃圾邮件广告、网络钓鱼链接和高收费优惠等虚假信息[7]。移动边缘计算将无线网络和互联网两者有效地融合在一起，并在无线网络侧增加计算、存储、处理等功能，构建开放式平台以植入应用，并通过无线 API 开放无线网络与业务服务器之间的信息交互，对无线网络和业务进行融合，将传统的无线基站升级为智能基站。一旦攻击者诱骗终端用户连入伪基站，攻击者则可以控制终端设备执行一定的操作，导致不被信任的第三方代码来任意控制用户的设备，带来比现有伪基站更大的威胁，如可以控制智能门的自动打开、机器的自动运行等。

9.2.3 数据安全

数据安全的基本目标是要确保数据的安全属性，即机密性、完整性和可用性，同时还需要对数据的安全生命周期进行保护。数据的安全生命周期从数据生存的时间轴来阐述数据安全[8]。整个生命周期包含六个阶段，如图 9-5 所示。

① 创建　数据的产生过程，数据库的更新也包含在此步骤中。
② 存储　把数据保存到存储介质的过程，通常和创建同时发生。
③ 使用　数据在应用程序中被浏览、处理或进行其他形式的操作。
④ 共享　数据在拥有者、使用者、合作者之间的交换过程。
⑤ 存档　将极少使用的数据转入长期的存储状态。
⑥ 销毁　将不再使用的数据彻底删除，并擦除其所占用的物理存储空间。

图 9-5
数据安全生命周期

六个阶段的循环不一定是一个完整的、每个步骤都齐全的过程，某些步骤可能在特定的场景中被跳过，也有可能会出现某些步骤的局部循环。在每个阶段中，数据都有可能在不同的环境之间迁移，贯彻数据安全的关键就是识别出这些数据的移动，然后在适当的安全边界采取相应的安全控制手段。

在边缘计算环境下，除了需要关注传统信息系统的数据加密存储和传输问题，还需要解决由边缘计算自身特点所带来的数据安全风险。本小节主要从存储和计算安全、隐私泄露方面介绍边缘计算在数据安全方面面临的威胁。

1. 存储和计算安全

万物互联技术发展，将使云计算中心的部分应用服务程序迁移到网络边缘设备，边缘设备兼顾数据消费者和生产者，具备足够的计算能力来实现源数据的本地处理，并将结果发送给云计算中心。用户将数据上传到边缘设备进行分析处理，边缘设备需要对部分数据进行存储，数据存储从统一的云端分散到各个终端。边缘计算设备部署的应用属于不同的应用服务商，接入网络属于不同的运营商，导致边缘计算中多安全域共存，多种格式数据并存。在这种环境下，数据的安全存储和处理成为影响边缘计算安全的重要问题。首先，用户数据被外包，用户对数据的控制权交给边缘设备，数据源在物理上不再拥有数据，一些传统的密码学算法也不适用于边缘计算，因为这些算法都需要对本地数据的一个拷贝进行完整性校验。其次，由于数据在传输或存储过程中可能被偶然或蓄意删除、修改、伪造等，如果用户自己下载数据并检查其完整性，则数据的传输成本会非常高，而且会受到用户带宽的限制。如果在边缘设备上对数据完整性进行校验，则在完整性校验过程中，恶意攻击者很可能会非法获取用户数据所存放的物理设备、物理位置等敏感信息。而且，边缘中数据的存储是动态变化的，使得传统的数据完整性校验方法并不能完全适用于边缘计算环境。最后，边缘设备上需要存储多用户数据，由于目前混合存储及数据隔离技术不是很成熟，攻击者仍然可以通过程序漏洞实现一定程度上的非授权访问。

虽然现有研究在云计算背景下提出一些可审计的数据存储服务来保护数据，如 Cao 等[9]提出使用同态加密和可搜索加密技术组合来保障云存储系统的完整性和服务的连贯性，但由于边缘计算设备计算能力有限，节点数量较多，地理分布密集，需要支持实时交互，因此上述方案不能很好地应用于边缘计算，设计适用于边缘计算系统的低时延、动态操作的安全存储系统存在新的挑战。

边缘计算系统是一个分布式系统范例，在具体实现过程中需要将其落地到一个计算单元平台上，各个边缘平台之间需要相互协作提高效率。当一个边缘设备同一时间处理大量计算的时候，边缘设备可以将部分计算外包给其他边缘设备，以实现资源的最大利用率。为了实现安全的外包并保持可靠的结果，Puthal 等[10]将边缘节点认证与负载均衡策略进行融合，在保证任务执行效率的同时确保了参与外包计算边缘节点的可验证性及可靠性。Shao 和 Wei[11]则是考虑将复杂的密码相关运算（如 pairing computation）进行外包，使得传统的密码算法在轻量级的边缘设备上也能良好运行。但是，这也对结合具体的安全方案设计最优的外包计算策略，并以此来兼容现有边缘计算相关平台、系统、接口，提出了更高要求。此外，分布式环境下的轻量级安全通信及可验证计算也是进一步保障边缘计算存储和计算安全亟须解决的问题。

2．隐私泄露

2017 年上半年，数据泄露问题加剧，邓白氏公司的一个大约 52GB 的数据库发生泄露，该数据库汇集公司及其员工的信息，这些信息被售卖给营销人员或者其他企业用于有针对性的销售活动。堪萨斯州商务部的数据库遭遇黑客入侵，有超过 550 万人的个人信息发生泄露。America's Job Link 有大约 480 万个账户遭遇黑客入侵影响，求职者的信息发生泄露，这些隐私泄露事件进一步加剧用户尤其是企业客户对网络安全及隐私泄露的担忧。除此之外，越来越严格的隐私保护法规，如欧盟《通用数据保护条例》（General Data Protection Regulation，GDPR）[12]及正在公开征求意见的《中华人民共和国数据安全法（草案)》[13]，严禁任何企业在未能获得用户许可的前提下收集、存储或使用个人信息。因此，如何解决隐私保护成为边缘计算这一新兴服务极为重要而紧迫的任务。

边缘计算设备位于靠近数据源的网络边缘侧，相对于位于核心网络中的云计算数据中心可以收集更多用户高价值的敏感信息，包括位置信息、生活习惯、社交关系等，边缘计算是否会成为商业公司收集用户数据的平台？物联网设备的计算资源难以执行复杂的隐私保护算法，边缘式大数据分析中如何在数据共享时保证用户的隐私？这些问题都将成为边缘计算发展的重要阻碍。

在边缘计算网络中，数据隐私保护算法可以在边缘设备和云之间进行，而这些算法通常在资源受限的终端设备上无法执行，边缘节点会收集传感器和终端设备产生的敏感数据。Lu 等[14]提出可以利用同态加密技术在本地进行隐私保护聚合而不需要使用解密操作。McSherry 等[15]证明差分隐私可以用于确保在统计查询情况下不泄露数据任意单个条目的隐私。随着边缘设备及用户终端性能的提升，安全多方计算技术在保护数据隐私方面得到了越来越多的关注。Mohassel 等[16]基于安全多方计算技术提出了 SecureML，解决了多个边缘节点共同学习分类模型时的隐私保护问题。另外一个隐私问题是边缘计算可能会泄露用户的行为隐私。例如，在智能电网中，智能电表的读数将会揭示一些家庭的大量信息，家里什么时候没有人，什么时候开启电视等，这些信息泄露对于家庭安全造成极大威胁。虽然在智能计量中提出隐私保护机制，但由于缺乏可靠的第三方，它们不能直接应用于边缘计算。一种可能的解决方案是在终端设备创建虚拟任务并将它们卸载到多个边缘节点上，将真实任务隐藏在虚拟任务中，然而这种方式会增加终端节点的资源和能耗。另一个解决方案是设计一种分割应用程序的智能方式，以确保所使用的资源用途不会泄露隐私信息。

位置隐私主要是指边缘计算下终端设备的位置隐私。由于终端通常将其任务卸载或者将数据上传到附近的边缘设备上，任务所对应的边缘节点就可以推断出终端和其他节点的大致位置。此外，如果终端在多个位置使用多个边缘设备的服务时，假设边缘节点之间相互串通，就可以获取该终端的路径轨迹，只要这样的终端附着在一个人或者重要的物品身上，则人或物品的位置隐私就处于危险之中。如果一个终端严格选择距离最近的边缘设备作为计算资源，边缘设备可以明确地知道使用其服务的终端位于附近。保持位置隐私的唯一方法是通过身份混淆，即使边缘设备知道在其附近存在终端，它也不能识别出终端身份。针对身份混淆技术，学术界已经有一些研究，例如，Wei 等[17]使用可信第三方为每个终端生成假 ID。实际上，终端并不一定选择最近的边缘节点，而可以根据一些标准去选择一个可达的边缘设备，如延迟、信任、负载均衡等。在这种情况下，边缘计算设备只能知道终端的大概位置，但不能知道具体位置。然而当一个终端使用来自一个区域内多个边缘设备的计算资源时，其位置可以划定为一个小区域，因为它的位置必须位于多个边缘设备之间，Gao 等[18]提出如何在这种情况下保持位置隐私的方法。

9.2.4　应用安全

边缘式大数据处理时代，通过将越来越多的应用服务从云计算中心迁移到网络边缘设备端，能保证应用较短的响应时间和较高的可靠性，同时大大节省传输带宽和设备端电能的消耗。但是，部署在边缘设备上的应用来自不同的应用服务商，SaaS 模式使用户可以使用服务商提供在云基础设施之上的应用，服务商需要最大限度地为用户提供应用程序和组件安全。在多种安全域和接入网络共存的情况下，如何对用户身份进行管理和实现资源的授权访问非常重要。本小节主要从身份管理和访问控制两方面讲述边缘计算对应用安全带来的威胁和挑战。

1．身份管理

身份管理（IDM）是一个综合的概念，其基本定义为：在相关法律法规的指导下，按照一定的业务模式，为降低管理用户身份、访问权限的成本，提高管理用户身份效率和安全性，保护用户的隐私，方便信息共享，提高工作效率和安全性能，采用各种新技术开发的集身份认证、授权管理、责任认定于一体的基础设施框架。具体来讲，身份管理系统的功能包括信息存储、身份认证和授权、用户注册和登录、认证信息的管理、责任认定、用户自助服务、集中和代理管理。

IDM 应具备两方面的功能：一方面，IDM 系统应能够在分布式异构网络环境下，使用相关的协议、规范以及技术将分散的身份信息进行集中管理，实现单点登录，也可以方便地扩充跨身份标识域的访问等功能；另一方面，IDM 应提供友好的体验环境，保护用户隐私，有效地对用户的行为进行审计。

身份认证是物联网设备安全的基本要求，许多 IoT 设备没有足够的内存和 CPU 功率来执行认证协议所需的加密操作。这些资源有限的设备可以将昂贵的计算和存储外包给将执行认证协议的边缘设备，与此同时也会带来一定的问题。

（1）用户和边缘计算服务器之间必须进行互认证，多安全域共存的情况下安全凭证从何而来。

（2）如何在大量分布式边缘设备和云计算中心之间实现统一的身份认证和密钥管理机制。

（3）物联网中存在大量的资源受限设备，无法利用传统的 PKI 体制对边缘计算设备或服务进行认证。

（4）边缘计算环境下终端具有很强的移动性，如何实现用户在不同边缘设备切换时的高效切换认证具有很大挑战。

2．访问控制

访问控制是基于预定模型和策略对资源的访问过程进行实时控制的技术。访问控制的任务是在满足用户最大限度资源共享需求的基础上，实现对用户访问权限的管理，防止信息被非授权篡改和滥用。访问控制为经过身份认证后的合法用户提供所需的、经过授权的服务，并拒绝用户的越权服务请求，保证用户系统在安全策略下有序地工作。访问控制除了负责对资源访问控制外，还要对访问策略的执行过程进行追踪审计。在传统的计算环境中，用户的基本信息和用户访问的服务都在企业的可信边界内，所以访问控制相对容易。在边缘计算环境下，访问控制则变得有些艰难，主要原因在于：首先，用户要求边缘计算服务提供商能够在多租户环境下提供访问控制功能；其次，访问控制应支持用户基本信息和策略信息的远程提供，还应支持访问控制信息的定期更新；最后，对于高分布式数据的访问本身就是一个重要的挑战。

Jia 等[19]以 SmartThings 平台为例，指出许多存在于 IoT 应用中的访问控制缺陷，造成大多数的 App 存在"过度的权限"问题，从而允许攻击者危害智能家居用户的安全。在如图 9-6 所示的智能家居场景下，视频、音频、温度等各种传感器和 IoT 设备相互协作，进行信息交互，进而达到家庭智能化。例如，当视频传感器和温度传感器检测到家里无人时，可以控制智能家居中门窗的关闭，这种高度协作的 IoT 应用很容易导致权限泄露，如恶意节点可以伪装成监控电池电量的 IoT 应用去盗取智能门锁的密码等。

智能家居
自动化

图 9-6
智能家居

9.3　主要安全技术

9.3.1　身份认证

1．基于口令的认证

基于口令的认证是最简单也是最常用的身份认证方法，它是基于"what you know"的验证手段[20]。每个用户的密码是由用户自己设定的，只有他自己才知道，因此只要能够正确输入密码，计算机就认为输入密码者就是用户本人。然而实际上，由于许多用户为了防止忘记密码，经常采用诸如自己或家人的生日、电话号码等容易被他人猜测到的有意义的字符串作为密码，或者把密码抄在一个自己认为安全的地方，这都存在着许多安全隐患，极易造成密码泄露。即使能保证用户密码不被泄露，由于密码是静态的数据，并且在验证过程中需要在计算机内存中存储和网络中传输，而每次验证过程使用的验证信息都是相同的，很容易被驻留在计算机内存中的木马程序或网络中的监听设备截获，因此这种技术安全性较低。

2．IC 卡认证技术

IC 卡是一种内置集成电路的卡片，卡片中存有与用户身份相关的数据，IC 卡由专门的厂商通过专门的设备生产，可以认为是不可复制的硬件。IC 卡由合法用户随身携带，登录时必须将 IC 卡插入专用的读卡器读取其中的信息，以验证用户的身份。IC 卡认证是基于"what you have"的手段，通过 IC 卡硬件不可复制来保证用户身份不会被仿冒。然而由于每次从 IC 卡中读取的数据还是静态的，通过内存扫描或网络监听等技术还是很容易截取到用户的身份验证信息。因此，这种静态验证的方式还是存在着安全隐患。

3．动态口令认证技术

动态口令技术是一种让用户的密码按照时间或使用次数不断动态变化，每个密码只使用一次的技术。它采用一种称之为动态令牌的专用硬件，内置电源、密码生成芯片和显示屏，密码生成芯片运行专门的密码算法，根据当前时间或使用次数生成当前密码并显示在显示屏上。认证服务器采用相同的算法计算当前的有效密码。用户使用时只需要将动态令牌上显示的当前密码输入客户端计算机，即可实现身份的确认。由于每次使用的密码必须由动态令牌来产生，只有合法用户才持有该硬件，所以只要密码验证通过就可以认为该用户的身份是可靠的。用户每次使用的密码都不相同，即使黑客截获一次密码，也无法利用这个密码来仿冒合法用户的身份。

动态口令技术采用一次一密的方法，有效地保证用户身份的安全性。但是，如果客户端硬件与服务器端程序的时间或次数不能保持良好的同步，就可能发生合法用户无法登录的问题，并且用户每次登录时还需要通过键盘输入一长串无规律的密码，一旦看错或输错就需要重新来过。

4．生物特征认证

生物特征认证是指采用每个人独一无二的生物特征来验证用户身份的技术。常见的有指纹识别、虹膜识别等。从理论上说，生物特征认证是最可靠的身份认证方式，因为它直接使用人的物理特征表示每一个人的数字身份，不同的人具有相同生物特征的可能性可以忽略不计，因此几乎不可能被仿冒。

生物特征认证基于生物特征识别技术，受到现在的生物特征识别技术成熟度的影响，采用生物特征认证还具有较大的局限性。首先，生物特征识别的准确性和稳定性还有待提高，特别是如果用户身体受到伤病或污渍的影响，往往导致无法正常识别，造成合法用户无法登录的情况。其次，由于研发投入较大和产量较小的原因，生物特征认证系统的成本非常高，目前只适合于一些安全性要求非常高的场合（如银行、部队等）使用，还无法做到大范围推广。

5．USB Key 认证

基于 USB Key 的身份认证方式是近几年发展起来的一种方便、安全、经济的身份认证技术，它采用软硬件相结合，一次一密的强双因子认证模式，能很好地解决安全性与易用性之间的矛盾。USB Key 是一种 USB 接口的硬件设备，它内置单片机或智能卡芯片，可以存储用户的密钥或数字证书，利用 USB Key 内置的密码学算法实现对用户身份的认证。基于 USB Key 身份认证系统主要有两种应用模式：一是基于冲击/响应的认证模式，二是基于 PKI 体系的认证模式。

冲击响应模式可以保证用户身份不被仿冒，却无法保护用户数据在网络传输过程中的安全。基于 PKI（公钥基础设施）构架的数字证书认证方式可以有效保证用户的身份安全和数据安全。数字证书是由可信任的第三方认证机构颁发的一组包含用户身份信息的数据结构，PKI 体系通过采用密码学算法构建一套完善的流程和保证只有数字证书持有人的身份和数据安全。然而，数字证书本身也是一种数字身份，还是存在被复制的危险，于是，USB Key 作为数字证书存储介质成为实现 PKI 体系安全的保障。使用 USB Key 可以保证用户数字证书无法被复制，所有密钥运算由 USB Key 实现，用户密钥不在计算机内存出现也不在网络中传播，只有 USB Key 的持有人才能够对数字证书进行操作。USB Key 具有安全可靠、便于携带、使用方便、成本低廉的优点，加上 PKI 体系完善的数据保护机制，使用 USB Key 存储数字证书的认证方式已经越来越受到大众的认可。

由于将现有身份认证协议直接应用于边缘计算环境下存在一些问题，研究人员正在寻求解决的办法。Donald 和 Arockiam[21]为 MEC 定义集中式基础设施，其中单个可信第三方用作认证服务器。然而，这种方法要求认证服务器始终可访问，因此它们的适用性受到限制。Ibrahim[22]针对雾计算开发一个用户认证系统，允许任何雾用户和雾节点相互验证，但这种方法迫使所有雾节点存储信任域的所有用户的某些凭证信息。针对边缘设备未连入互联网的情况下，如何实现终端的身份认证，Echeverría 等[23]提出一种基于安全密钥生成和交换的可信身份解决方案。由于边缘数据中心位于最终用户附近，部分研究人员提出利用位置特定信息的各种认证方案,这种认证方式在其他领域，例如物联网、无线传感器网络已经进行研究，并提供可适用于边缘计算的安全机制。Bouzefrane 等[24]利用近场通信来验证移动设备正在将任务卸载到授权的边缘中心。对于用户移动性，Yang 等[25]尝试在 MEC 方案中实现安全和有效的切换认证，但这些协议通常需要访问集中式云基础设施中的认证服务器，在边缘计算场景下，当认证服务器不可访问时，如何实现用户高效快速的认证方案还需要进行更多的研究。

9.3.2　访问控制

访问控制可以限制用户对应用和关键资源的访问，防止非法用户进入系统及合法用户对系统资源的非法使用。在传统的访问控制中，一般采用自主访问控制（discretionary access control，DAC）、强制访问控制（mandatory access control，MAC）和基于角色的权限访问控制（role-based access control，RBAC）技术，随着分布式应用环境的出现，又发展出基于属性的访问控制（attribute-based access control，ABBC）、基于任务的访问控制（task-based access control，TBAC）、基于对象的访问控制（object-based access control，OBAC）等多种访问控制技术。

1．基于角色的访问控制

基于角色的访问控制模型中，权限和角色相关，角色是实现访问控制策略的基本语义实体。用户（user）被当作相应角色（role）的成员而获得角色的权限（permission）。

基于角色访问控制的核心思想是将权限同角色关联起来，而用户的授权则通过赋予相应的角色来完成，用户所能访问的权限就由该用户所拥有的所有角色的权限集合的并集决定。角色之间可以有继承、限制等逻辑关系，并通过这些关系影响用户和权限的实际对应。

整个访问控制过程分为两个部分，即访问权限与角色相关联、角色再与用户关联，从而实现用户与访问权限的逻辑分离，角色可以看成是一个表达访问控制策略的语义结构，它可以表示承担特定工作的资格。

2. 基于属性的访问控制

面向服务的体系结构和网络环境的出现打破传统封闭式的信息系统，使得平台独立的系统之间以耦合的接口实现互联。在这种环境下，要求能够基于访问的上下文建立访问控制策略，处理主体和客体的异构性和变化性。传统的基于用户角色的访问控制模型已不适用于这样的环境。基于属性的访问控制不直接在主体和客体之间定义授权，而是利用它们关联的属性作为授权决策的基础，利用属性表达式描述访问策略。它能够根据相关实体属性的动态变化，适时更新访问控制决策，从而提供一种更细粒度、更加灵活的访问控制方法。

3. 基于任务的访问控制

基于任务的访问控制是一种以任务为中心的，并采用动态授权的主动安全模型。在授权用户访问权限时，不仅依赖主体、客体，还依赖主体当前执行的任务、任务的状态。当任务处于活动状态时，主体就拥有访问权限；一旦任务被挂起，主体拥有的访问权限就被冻结；如果任务恢复执行，主体将重新拥有访问权限；任务处于终止状态时，主体拥有的权限马上就被撤销。基于任务的访问控制从任务的角度，对权限进行动态管理，适合分布式计算环境和多点访问控制信息处理控制，但这种技术的模型比较复杂。

4. 基于对象的访问控制

基于对象的访问控制将访问控制列表与受控对象相关联，并将访问控制选项设计为用户、组或角色及其对应权限的集合；同时允许策略和规则进行重用、继承和派生操作。这对于信息量大、信息更新变化频繁的应用系统非常有用，可以减轻由于信息资源的派生、演化和重组带来的分配、设定角色权限等的工作量。

目前针对边缘计算背景下的访问控制机制，部分研究已经展开，如文献[26]中提出一种 OPENi 框架，授权基于 OAuth2.0，云端的所有者通过在 NoSQL 数据库中创建和存储访问控制列表来定义每个资源的访问权限，这种方法更适用于私有云。在策略执行组件的部署和安全策略管理方面，Dsouza 等[27]设计了一种雾计算政策管理框架，在此框架中，雾架构的编排层由策略管理模块支持，策略管理模块定义了各种组件，包括规则库，属性数据库和会话管理，该策略可以在边缘数据中心、IoT 设备上执行。对于分布式访问控制框架，Almutairi 等[28]设计的基于角色的访问控制策略，为多云环境开发一种分布式访问控制框架，也提供域间角色映射和约束验证，此方法可用于连接属于不同信任域的各种实体。

9.3.3　入侵检测

入侵检测通常包括检测、分析、响应和协同等一系列功能，能够发现系统内未授权的网络行为或异常现象，收集违反安全策略的行为并进行统计汇总，从而支持审计分析和统一安全管理决策。传统网络中的入侵检测设备是以并联的方式连接到企业交换机的镜像端口，对交换机转发的镜像流量进行检测和分析。如果检测到异常事件，则通过入侵检测设备与防火墙的联动机制可以实现 动态策略配置，实施攻击行为的实时封堵等积极响应行为。入侵检测技术根据检测方法可以分为误用检测技术和异常检测技术。

1．误用检测技术

误用检测技术也称为基于知识的检测技术或者模式匹配检测技术。它是假设所有的网络攻击行为和方法都具有一定的模式或特征，如果把以往发现的所有网络攻击的特征总结出来，并建立一个入侵信息库，那么 IDS（入侵检测系统）可以将当前捕获到的网络行为特征与入侵规则库中的特征信息进行比较，如果匹配，则当前行为就被认定为入侵行为。这个比较过程可以很简单（如通过字符串匹配以寻找一个简单的条目或指令），也可以很复杂（如利用正规的数学表达式来表达安全状态的变化）。

2．异常检测技术

异常检测技术也称为基于行为的检测技术，是指根据用户的行为和系统资源的使用状况来判断是否存在网络攻击。异常检测技术首先假设网络攻击行为是异常的，区别于所有的正常行为。如果能够为用户和系统的所有正常行为总结活动规律并建立行为模型，那么入侵检测系统可以将当前捕获到的网络行为与行为模型相对比，若入侵行为偏离正常的行为轨迹，就可以被检测出来。异常检测技术先定义一组系统正常活动的阈值，如 CPU 利用率、内存利用率、文件检验和等，然后将系统运行时的数值与所定义的"正常"情况比较，得出是否有被攻击的迹象。这种检测方式的核心在于如何分析系统运行情况。

目前，入侵检测大部分侧重于云计算，但由于边缘数据中心的主要任务是为用户提供云计算的功能，因此边缘中心侧的入侵检测可以参考云计算中心。Gai 等[29]提出一个框架，其中使用 5G 网络的移动设备可以将入侵检测任务委派给位于云中的集中式服务，虽然这项研究适用于集中式云服务，但后续可以将此框架扩展，将 IDS 服务部署在位于边缘的数据中心，以便适用于分布式的边缘计算环境。Shi 等[30]提出部署在云端网状架构中的分布式 IDS，在这种体系结构中，云端成员可以与外部实体进行协作，以便检测恶意软件、恶意攻击等，这种类型的协作 IDS 也可能被边缘数据中心用于监视特定地理位置的流量。

9.3.4　隐私保护

隐私保护技术大体可以分为基于数据失真、基于数据加密和基于限制发布的三类技术。作为新兴的研究热点，隐私保护技术不论在理论研究还是实际应用方面，都具有非常重要的价值。目前，关于隐私保护技术的研究主要集中于基于数据失真或数据加密技术方面的研究，如基于隐私保护分类挖掘算法、关联规则挖掘、分布式数据的隐私保持协同过滤推荐、网格访问控制。

1. 基于数据失真的技术

数据失真技术通过扰动（perturbation）原始数据来实现隐私保护。它要使扰动后的数据同时满足：①攻击者不能发现真实的原始数据。也就是说，攻击者通过发布的失真数据不能重构出真实的原始数据。②失真后的数据仍然保持某些性质不变，即利用失真数据得出的某些信息等同于从原始数据上得出的信息。这就保证基于失真数据的某些应用的可行性。

基于数据失真的技术通过添加噪声等方法，使敏感数据失真但同时保持某些数据或数据属性不变，仍然可以保持某些统计方面的性质。第一种是随机化，即对原始数据加入随机噪声，然后发布扰动后数据的方法；第二种是阻塞与凝聚，阻塞是指不发布某些特定数据的方法，凝聚是指原始数据记录分组存储统计信息的方法；第三种是差分隐私保护。一般地，当进行分类器构建和关联规则挖掘，而数据所有者又不希望发布真实数据时，可以预先对原始数据进行扰动后再发布。

2. 基于数据加密的技术

基于数据加密的技术采用加密技术在数据挖掘过程中隐藏敏感数据的方法，多用于分布式应用环境中，如分布式数据挖掘、分布式安全查询、几何计算、科学计算等。在分布式应用环境下，具体应用通常会依赖于数据的存储模式和站点的可信度及其行为。

在现有安全云存储中，对加密数据的搜索是一个基本功能，典型的具备隐私保护功能的密文关键词搜索系统如图 9-7 所示，其包括数据所有者、数据使用者和云服务商三

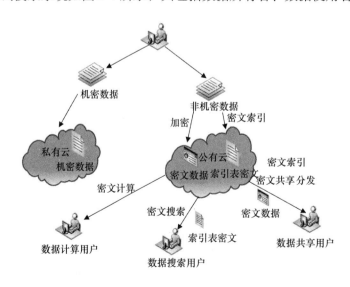

图 9-7
支持数据分割机
制的新型混合云
存储框架

个参与者。数据所有者将加密数据和安全索引上传给云服务商，数据一般使用诸如 AES 之类的密码算法进行加密，而安全索引则使用特定的可搜索加密机制生成。可搜索加密机制可分为非对称密钥可搜索加密和对称密钥可搜索加密。当用户想要搜索云服务器中的加密数据时，数据使用者会产生陷门（采用非对称可搜索加密时）或者向数据所有者请求陷门（采用对称可搜索加密时），然后将陷门发送给云服务商。云服务商执行搜索算法，向数据使用者返回搜索的结果。搜索可以基于一定的排序准则，将最匹配的前 n 个相关的结果返回。

3．基于限制发布的技术

限制发布即有选择地发布原始数据、不发布或者发布精度较低的敏感数据，以实现隐私保护。当前此类技术的研究集中于"数据匿名化"，即在隐私披露风险和数据精度间进行折中，有选择地发布敏感数据及可能披露敏感数据的信息，但保证对敏感数据及隐私的披露风险在可容许范围内。数据匿名化研究主要集中在两方面：一方面是研究设计更好的匿名化原则，使遵循此原则发布的数据既能很好地保护隐私，又具有较大的利用价值；另一方面是针对特定匿名化原则设计更"高效"的匿名化算法。随着数据匿名化研究的逐渐深入，如何实现匿名化技术的实际应用，成为当前研究者关注的焦点。例如，如何采用匿名化技术，实现对数据库的安全查询，以保证敏感信息无泄漏等。

针对边缘计算中的隐私保护问题，Ravichandran 等[31]提出一种隐私保护机制，解决在相互协作的移动设备之间迁移代码和数据时执行隐私策略的问题，并通过建立对等方式隐藏位于同一地理区域的客户端位置。通过观察 MEC 之间的服务迁移，窃听者可以将用户定位到一个相当小的 MEC 覆盖范围。He 等[32]基于模仿用户移动性的启发式策略和设计的最优化策略，提出一种谷壳控制策略，使得窃听者的跟踪精度最小化，有效保护用户的位置隐私信息。边缘计算本身实际上可以用来加强某些服务的隐私特征，目前的隐私保护方案大多数不需要集中的基础设施，只需要可信平台模块，因此可以在边缘计算平台实现。一些特定的隐私机制，如数据加密、安全数据共享，可能不需要较高的计算要求，可以在与边缘中心交互的用户设备中实现。这些研究为未来设计边缘数据中心的隐私机制提供一些基础。

9.3.5　可信执行

可信执行环境是指在不可信的设备上一个独立于不可信操作系统而存在的可信的、隔离的、独立的执行环境[33]。它的安全性通常通过硬件相关的机制来保障，为不可信环境中的隐私数据和敏感计算提供一个安全而机密的空间。在边缘节点上应用这一技术可以有效地提高节点的安全性和隐私性。目前，工业界的各大厂商针对此技术在不同的层面进行尝试和研究，在各自的软硬件上对可信执行环境的实现提供各种不同的技术支持。

1．基于内存加密的 ring-3 可信执行环境

基于内存加密实现的可信执行环境，一般采用直接在应用层进行隔离，它的权限级

别为 ring−3，主要支持两种硬件技术，即 Intel 软件防护扩展和 AMD 内存加密技术。

Intel 软件防护扩展是将一系列扩展指令和内存访问机制新加入 Intel 架构处理器中。在这一扩展的支持下，应用程序可以在内存中创建一个受保护的执行区域，又称围圈。每一个围圈都可以被视作为一个单独的可信执行环境，它们的机密性和完整性由加密的内存来保护。即使基本输入/输出系统、固件、管理程序、操作系统都被恶意修改，软件防护扩展技术依然能保障围圈内执行环境的安全，这一技术也被很多研究学者们认为是英特尔公司可信执行技术的接班人。英特尔公司将软件防护扩展用于支持最新一代的可信计算，并且将在所有后续的 Intel 处理器上集成这一技术，来为应用程序提供可信执行环境，以解决各种安全问题。

AMD 内存加密技术主要指安全内存加密和安全加密虚拟化，其中安全内存加密定义一种新的主内存加密方式，而安全加密虚拟化则与现有的 AMD-V 虚拟化架构集成来支持加密的虚拟机。这些特性使得选择性地加密部分或者全部系统内存成为可能，并且可以不依赖于管理程序运行加密虚拟机。总体而言，与 Intel 软件防护扩展相比，AMD 的安全内存加密技术也是一项非常有竞争力的技术，它不仅利用内存加密提供 ring−3 权限的可信执行环境，也可以提供其他权限级别的可信执行环境（如管理程序级别、ring−1 权限）。同样地，安全加密虚拟化技术能够加密虚拟机，使得运行在虚拟机内的操作系统成为一个可信执行环境。

2. 基于限制内存访问的 ring−2 可信执行环境

Intel 系统管理模式和 ARM TrustZone 技术都采用限制内存访问的方式来创建可信执行环境。具体来说，它们使用硬件来辅助建立内存区域的访问权限，使得系统中不可信区域的软件和程序无法访问可信区域中的内存。以这种形式创建的可信执行环境中运行的程序，通常与不可信区域中的软件和程序以时间片的形式来共享同一个 CPU。

Intel 系统管理模式是 x86 平台上类似于实模式和保护模式的另一种运行模式，这种运行模式为 x86 平台特有的一些系统控制功能提供隔离的运行环境[34]。其初始化由基本输入输出系统完成，并通过触发一个系统管理中断来进入，中断触发后，CPU 会将其状态信息保存在一段名为系统管理 RAM 的特殊内存区域中，这一段特殊的内存区域无法被其他执行模式下运行的程序进行寻址，这一特性使得系统管理 RAM 可以被用来当作安全存储设备。系统管理中断处理程序是由 BIOS 在系统启动时加载到系统管理 RAM 中，该处理程序可以不受限制地访问物理内存空间，且可以执行特权指令，因此，系统管理模式也通常被认为拥有 ring−2 权限级别。

ARM TrustZone 技术是 ARM 公司在 2002 年前后基于 ARMv6 架构提出的一种硬件新特性，它通过特殊的 CPU 模式提供一个独立的运行环境。与其他硬件隔离技术类似，TrustZone 将整个系统的运行环境划分为可信执行环境和富运行环境（rich execution environment，REE）两部分，并通过硬件的安全扩展来确保两个运行环境在处理器、内存和外设上的完全隔离。

3．通过协处理器实现的 ring-3 可信执行环境

协处理器是指嵌入在主处理器中的专有处理器，一般具有独立的 CPU、内存甚至电源。典型的通过协处理器实现可信执行环境的技术包括 Intel 管理引擎和 AMD 平台安全处理器。

Intel 管理引擎[35]是一个嵌入在最新发布的 Intel 处理器内的小型计算机，它存在于 Intel 的服务器、工作站、个人电脑、平板电脑以及手机设备中。管理引擎的指令在其处理器上执行，而内部静态随机存取存储器则用来保存固件代码和实时数据。管理引擎的处理器也同时拥有代码缓存和数据缓存，可以减少对内部静态随机存取存储器的访问次数。管理引擎中处理器暂时不用的代码和数据内存页会被从静态随机存取存储器中移除，并换出到主机内存的（dynamic random-access memory，DRAM）中。要注意的是，这一段动态随机存取存储器区域在系统启动时就由 BIOS 保留下来专门给管理引擎使用，主机的操作系统无法访问到这一区域。

与 Intel 管理引擎类似，AMD 平台安全处理器[36]也是一个嵌入在 AMD 主处理器内的专用处理器。这个专用处理器利用 ARM 的 TrustZone 技术和 ring-2 级别的可信执行环境来运行可信的第三方应用程序。通过平台安全处理器，AMD 保障从 BIOS 到可信执行环境的安全启动，而受保护的可信第三方应用程序则可以利用工业级别的 API 来使用可信执行环境。

9.3.6　安全多方计算

安全多方计算的主要目的是解决一组互不信任的参与方之间保护隐私的协同计算问题。其中，要求确保输入的独立性及计算的正确性，同时各输入值不能泄露给参与计算的其他成员。安全多方计算起源于姚期智在 STOC 1986 上提出来的"百万富翁问题"，随后，Goldreich 等在 STOC 1987 上全面定义安全多方计算。姚期智因为在相关领域的杰出贡献，于 2000 年获得计算机界的"诺贝尔奖"——图灵奖。

"百万富翁问题"定义如下：有两个百万富翁想比较两人谁的钱更多，但是又不想让对方知道自己钱的具体数目，也不想让第三方知道两人财富的具体数目。以这个问题为起点，人们在寻求其解决办法的过程中衍生并发展出现代密码学中重要的研究方向——安全多方计算。

安全多方计算主要有以下不同的场景：是自适应性还是非自适应性，是半诚实模型还是恶意模型，敌手的计算能力是否无限。随场景的不同，安全多方计算协议的种类也不同。但这些协议的安全性需求均是一致的，即敌手攻击显示模型的成功机会，不多于攻击理想安全模型的成功机会。不同场景下的安全多方计算可借助不同的手段来实现：半诚实模型下的安全多方计算可以借助于不经意传输（OT）技术来实现，恶意的安全多方计算可以借助于零知识证明、可验证的秘密共享方案等技术实现。目前，安全多方计算的研究主要集中在普适安全性、公平性、效率以及量子构造等几方面。安全多方计算的特性使其可以运用在边缘计算环境中保护用户数据安全和个人隐私。

9.3.7 区块链

区块链的概念最先由中本聪提出，其作为比特币等虚拟数字货币的底层技术，为数字货币系统提供了一种去中心化的、无须信任积累的信用建立范式[37]。区块链本质上是一个去中心化的分布式账本数据库，并不集中存储于某台服务器，而是在系统中的每个客户端节点都有一份实时同步的备份。这样设置的一个优点是系统整体具有更好的健壮性，即当且仅当攻击者入侵超过系统50%的节点，才能够更改系统中的区块链数据。

如图9-8所示，区块链由按顺序相连的区块构成，其中每个区块由前导区块的Hash值、当前区块的Nonce值和数据构成。由于每个区块都包含了前导区块的Hash值，每个区块按照先后顺序被链接起来，这一设置带来的好处是如果对某一个区块的数据进行修改，就需要对后续的每个区块进行修改，这显然是非常困难的，由此保证了区块链上数据的不可篡改性。

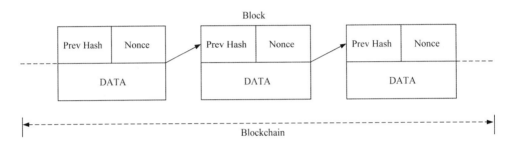

每个区块的Nonce值为某个数学问题的解，能够算出正确Nonce值的节点被选为当前中心节点（即矿工），其能够将数据写入新的区块并在网络中进行广播，当其他节点验证所收到新区块中的数据合法后，添加到自己维护的区块链上。当网络中绝大多数节点将此广播的区块添加到自己的区块链上时，此区块便被整个网络的节点接受。这种基于算力寻找nonce值的机制称为工作量证明（proof of work，PoW）。

图9-8
区块链示意图

考虑到具体的边缘计算场景，数据一般存储在靠近用户侧的边缘节点中，通过多个边缘节点的协作来进行特定的任务。在该过程中，为了克服传统架构带来的"安全瓶颈"及多方协作下的数据泄露问题，可以引入区块链技术，设计去中心化的安全方案。目前，已经出现了基于区块链的密钥管理[38]、去中心化数据存储[39]及分布式可信认证系统[40]用于增强边缘计算安全。但是，如何提高边缘计算场景下区块链共识机制的效率及结合智能合约设计能够自动执行的安全协作策略，是未来研究的重点问题。

9.4 边缘计算为物联网安全带来的机遇

9.4.1 隐私保护

物联网在给人们的生活带来便利的同时，也会将个人隐私暴露在网络环境中。隐私保护对物联网的推广具有重要的意义。首先，对个体而言，无论是物联网哪种类型的隐私泄漏，都可能涉及用户位置、个人兴趣爱好甚至社会关系等敏感信息，一旦此类数据被恶意监听或篡改，使用户个人隐私暴露于公众，都可能造成无法挽回的损失。其次，对于物联网业务的发展，隐私保护问题的解决与否直接影响物联网业务的推广和民众是否愿意使用物联网业务，如果能够有效地保护网络通信中数据的安全性，将更好地推动技术的发展，有利于更好地实现数据的价值。

物联网的快速发展带来边缘数据的爆炸式增长，但并非所有的数据都是有价值的，例如在温度异常监测系统中，其实并不需要把所有采集的温度信息上传，只需将异常数据上传就可达到目的；又如人脸视频识别场景，并不需要将所有人脸图像数据上传到数据中心，只需提供人脸图像特征值即可。通过边缘数据中心或者边缘计算中心的部署，用户可以将数据保存到本地的可控设备上进行分析处理，并将结果发送给云计算中心，有效减少传输到云端的数据量。这种方式不仅可降低数据传输带宽，同时能较好地保护隐私数据，降低终端敏感数据隐私泄漏的风险。

针对现有物联网中存在的隐私保护问题，业界研究了很多的隐私保护算法，如基于隐私保护分类挖掘算法、关联规则挖掘、分布式数据的隐私保持协同过滤推荐、网格访问控制等。传统计算模式下，由于物联网设备计算资源、存储能力有限，在其上部署安全软件或者高复杂度的加解密算法都会大大增加终端运行负担，导致其难以执行必要的隐私保护算法。通过引入边缘计算，物联网设备可以将数据保存在本地边缘计算设备上，边缘计算设备具备充足的资源执行隐私保护算法，有效保护传递给云端的数据隐私。

9.4.2　态势感知

网络安全态势感知研究是近几年发展起来的一个热门研究领域。它融合所有可获取的信息实时评估网络的安全态势，为网络安全管理员的决策分析提供依据，将不安全因素带来的风险和损失降到最低。网络安全态势感知在提高网络的监控能力、应急响应能力和预测网络安全的发展趋势等方面都具有重要的意义。在万物互联时代背景下，越来越多的 IoT 设备接入网络中，由于大多数物联网设备计算资源、存储资源有限，导致传统的安全防御技术如防火墙、IDS 等技术存在很大局限，难以有效部署。

在边缘计算模式下，借助边缘计算中心的平台，通过网络内设备的日志、警报等进行分析，可以对整个局域网的安全状况进行分析和评估。甚至边缘计算中心之间可以互相协作，建立分布式的网络感知平台，提高系统检测和响应分析能力，如图 9-9 所示。可以说，在边缘大数据处理时代，网络态势感知将对安全起到巨大的作用。

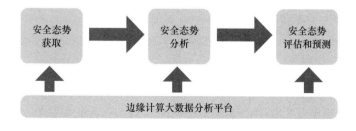

图 9-9
边缘计算安全态势感知

9.4.3 设备更新

物联网是一个迅速变化和发展的市场，新的需求和应用不断产生。一方面，由于物联网设备数量众多，并且 IoT 设备生命周期较长，在增加新功能时直接更换设备硬件显然不可取，可以采用软件功能更新和网络协议更新的方式；另一方面，针对物联网设备，不可能设计出完全安全的系统，新的攻击将不断出现，而安全补丁是抵抗攻击的有效手段。这些说明物联网中的设备更新是保障物联网系统安全必不可缺的一个组成部分，但低功耗操作和受限的软件支持意味着频繁的固件更新代价太高甚至不可能实现。这也使很多的用户很少更新他们的物联网设备，从而产生许多物联网安全漏洞。借助边缘计算中心的计算能力，有望解决 IoT 设备的更新问题。

边缘设备可以主动更新软件（高级防火墙）以保护嵌入式设备免受攻击。同时，边缘设备可以与云端进行交互，预先获得物联网设备的更新固件，并在用户需要时实现对设备的 OTA 升级，保证在没有互联网的情况下用户也能快速稳定地进行设备升级，及时安装安全补丁。边缘设备还可以定期对内网设备状态进行检测，并将检测结果上传到云端进行分析，及时发现可能存在的安全漏洞和威胁。

物联网是一种典型的分布式网络，设备数量和种类众多，资源受限，多种接入网络并存，为设备更新带来极大的挑战。在边缘计算网络架构下，可以通过在边缘计算平台上设计通用的设备固件升级接口，实现对种类各异设备的安全更新。照明系统管理者可以在统一的平台上监控多个系统。平台提供邮件提醒、故障预警及操作记录分析，帮助管理者更好地了解系统表现，在整个生命周期内追踪其运行状况。如此，可及时发现可能存在的安全漏洞和威胁。

9.4.4 安全协议

协议是指两个或两个以上参与者为完成某项特定的任务而采取的一系列步骤。通常把具有安全性功能的协议称为安全协议，其目的是在网络环境中提供各种安全服务，在不安全的公共网络上实现安全的通信。图 9-10 所示为常见的互联网安全协议。

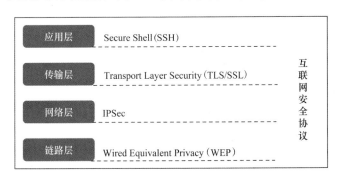

图 9-10
常见的互联网安全协议

要确保物联网的安全，除了采用密码技术，还需要针对物联网的使用要求和特点设计专门的安全协议。现有的网络安全机制无法应用于本领域。例如，互联网中的安全协议 IPSec、TLS 等涉及大量的公钥运算，这些计算在资源受限的物联网设备中难以执行，通过引入边缘计算，可以使用协议代理、证书托管的方式，协助物联网中的资源受限设备执行安全协议。此外，针对物联网中密钥材料分发的困难，边缘计算设备可以通过物理层安全机制和物联网设备进行密钥预分发，从而保证后续安全机制的可靠进行。

万物互联时代已经到来，随着智能硬件的兴起，大量智能家居和可穿戴设备的出现，为人们的生活带来极大的便利。但是由于安全标准滞后，以及智能设备制造商缺乏安全意识和投入，为物联网安全埋下了极大隐患，是个人隐私、企业信息安全甚至国家关键基础设施的头号安全威胁。物联网安全比互联网安全更重要，影响更大，物联网是与物理世界打交道的，无论是自动驾驶、智能电网还是桥梁检测、灾害监测，一旦出现问题就会涉及生命财产的损失。边缘计算的引入为物联网安全的发展带来巨大的机遇，例如，通过边缘数据中心的部署，可以为终端执行隐私保护算法提供充足的资源，有效保护终端和云之间的数据隐私；物联网中设备资源有限，无法执行完整的安全协议，可以借助边缘中心进行协议代理，实现数据的端到端安全传输等。未来边缘计算将在隐私保护、态势感知、设备更新以及安全协议等方面发挥重要的作用，为物联网发展带来新的保障与动力。

9.5 边缘计算安全实例

随着万物互联时代的到来，越来越多的终端设备加入网络当中。这些海量的设备产生巨大的数据量，这些数据在带来价值的同时，也带来巨大的挑战。这也使得边缘计算的安全性问题越来越引起人们的重视。目前已经存在一些针对边缘计算设备的攻击实例，另外，边缘计算的新特性也使得学术界提出较多针对边缘计算架构的安全模型。本节将通过相关的边缘计算安全案例进行具体描述。

9.5.1 边缘计算的数据保护模型

边缘计算已经应用在网络边缘侧来提供额外的计算和资源，这些计算资源可用于处理用户的一些敏感隐私数据。由于边缘设备分布更加分散，所处环境更加复杂，因此数据更容易受到威胁。在多用户边缘计算环境中，用户需要根据其分配的角色来访问他们的数据，因此，需要设计针对边缘计算的数据保护模型。

Dang 和 Hoang[41]针对边缘计算中的数据保护和性能问题：①提出一个基于区域的信任感（RBTA）模型，用于区域边缘节点之间的信任转换；②引入基于边缘的隐私感知角色访问控制（FPRBAC），用于边缘节点的访问控制；③开发移动管理服务，以处理用户和边缘设备位置的变化。该方案中提出的框架具有可行性和较高的效率。

图 9-11 描述该模型及其三个核心组件：①基于区域的信任感知组件；②基于边缘的隐私感知角色访问控制；③移动性管理部分。

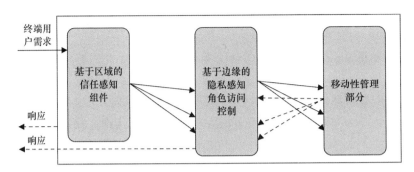

图 9-11
边缘计算的数据保
护模型

当代理边缘节点收到来自边缘设备的加入请求时，它将验证和分析获取 ID 和区域的请求。因此，基于这些信息，可以在当前区域与边缘装置的家庭区域之间正确验证信任关系。加入过程完成后，位置注册数据库（location register database，LRD）将在两个地区更新。当边缘设备要离开该地区时，通知边缘节点更新 LRD。

RBAC 模型缺乏环境信息来满足复杂的情况。在模型中，主体是访问相关对象的实体，它可以是用户、边缘节点或边缘设备，其属性用于确定特定的角色。对象表示与所标识的主体有关的任何计算资源或数据，如边缘设备或智能设备。角色是与区域内的具体权力和责任相关联的智能实体。例如，在智能交通应用中，联网车辆可以根据预计到达时间请求并接收到达目的地的最佳路线，但紧急联网车辆可以基于其当前位置访问和更新其他车辆的新路线。

边缘设备是高度动态的，经常在不同地区之间切换。在处理位置请求（如更新和查询）的地区提供移动服务至关重要。移动性管理组件包括移动性服务（MS）和 LRD。MS 负责创建边缘节点向 LRD 提交的查询。当边缘设备在新区域被授予权限时，MS 更新关于 LRD 中雾的信息。此外，它还支持验证参与该地区的新边缘设备。

9.5.2 海豚攻击：听不见的声音命令

诸如 Siri 或 Google Now 之类的语音识别（SR）系统已经成为日益流行的人机交互方法，并且已经将各种系统变成语音可控系统（VCS）。这种语音平台作为边缘计算平台的一种，为人们的生活带来极大的便利。但事实上这种语音平台存在很大的安全隐患。先前攻击 VCS 的工作表明：人们无法理解隐藏的声音命令可以控制系统。隐藏的声音命令虽然"隐藏"了，但设备仍然可以听到。这项工作设计了一个完全听不见的攻击——海豚攻击，在超声波载波（如 $f > 20\text{kHz}$）上调制语音命令以实现无声。

越来越多的研究工作者致力于研究语音可控系统的安全性。Zhang 等[42]通过利用超声波传声器的非线性来对现代智能手机注入语音命令。通过利用麦克风电路的非线性，调制的低频音频命令可以被语音识别系统成功地解调、恢复，并且更重要的是被解释。通过流行的语音识别系统验证海豚攻击，其中包括 Siri、Google Now、Samsung S Voice、华为 HiVoice、Cortana 和 Alexa。通过注入一系列听不见的语音命令，展示一些概念验证攻击，其中包括激活 iPhone 上的 Siri 以启动 FaceTime 调用，激活 Google Now 将手机切换到飞行模式，甚至操纵奥迪汽车里的导航系统。

　　针对该种类型的攻击，本方案提出硬件和软件防御解决方案，通过使用 SVM 对音频进行分类来验证海豚攻击的检测是可行的，并建议重新设计语音可控系统，使其能够响应无声的语音命令攻击。

1．基于硬件的防御

　　两种基于硬件的防御策略：话筒增强和基带消除；听不见声音，命令取消。基于传统麦克风，可以在 LPF 之前添加一个模块来检测已调制的语音命令，并用已调制的语音命令取消基带。特别地，可以在超声波频率范围内检测出具有 AM 调制特性的信号，并解调这些信号来获得基带。

2．基于软件的防御

　　基于软件的防御功能可以查看与真实命令区别开的调制语音命令的独特功能。如图 9-12 所示，恢复的（解调的）攻击信号在 500～1000Hz 的高频范围内显示原始信号和记录信号的差异。原始信号由 Google TTS 引擎产生，调制的载波频率为 25kHz。因此，可以通过分析频率范围从 500～1000Hz 的信号来检测 Dolphin Attack。

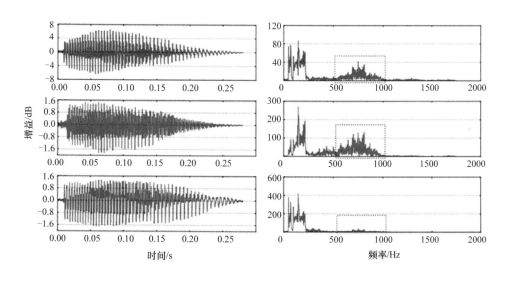

图 9-12
原始信号和记录
信号的差异

9.5.3　ContexIoT：基于边缘计算的权限访问系统

　　物联网已经迅速发展到一个新的应用时代，第三方开发人员可以使用编程框架为物联网平台编写应用程序。与其他应用平台（如智能手机）一样，权限系统在平台安全中扮演着重要角色。目前已出现许多由于物联网平台权限管理缺陷导致的重大危害。为了解决这些问题，需要设计新的访问控制模型。Jia 等[43]提出一种基于边缘计算的权限访问系统——ContexIoT，在本地边缘计算平台上，通过支持敏感操作的细粒度上下文识别提供上下文完整性，帮助用户执行有效的访问控制，抵抗现有常见的恶意软件攻击，提高边缘计算平台的安全性。下面详细描述基于该系统的一个示例。

如图 9-13 所示，在一个原始的 IoT 应用中存在两种行为：正常的行为是当检测到温度大于一定数值时打开窗户；恶意的行为是当发现用户进入睡眠状态时打开窗户。在原有的 App 逻辑中,因为 App 被给予控制窗户的权限,这两种行为都是被允许的。ContexIoT 会基于对应用程序静态分析的结果进行安全补丁的方式来为程序加入安全执行的逻辑。被 ContexIoT 进行过补丁的应用逻辑，当要执行到"开窗"这一敏感行为时会将当前开窗行为所在的 context 报告给 ContexIoT 的一个负责进行访问控制的远程服务，该服务会根据不同的 context 来做出访问控制的决定：当该敏感行为发生的 context 和用户之前允许过的一种 context 相符时，该行为被允许；当某种 context 第一次出现时，将它显示给用户，让用户做出决定。

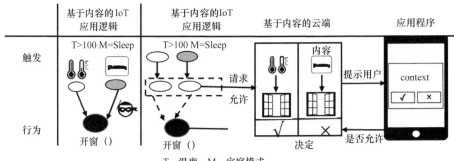

图 9-13
基于边缘计算的
权限访问

T：温度；M：家庭模式

在这个例子中，正常行为的 context 描述该开窗行为是被温度的改变而触发的，而恶意行为的 context 可以告诉用户该开窗行为是由用户进入睡眠而触发的,用户可以由此做出细粒度的基于 context 的访问控制决定。通过对现有的和潜在的针对物联网平台的攻击的广泛调查，证明 ContexIoT 可以有效区分针对应用程序中的多种类型攻击。通过该案例，可以为设计适用于边缘计算的访问控制系统提供一定参考。

9.5.4　Octopus：基于边缘计算的物联网安全认证

在过去的十年，云计算为企业提供一系列的计算服务，使得企业摆脱存储资源、计算限制和网络通信成本等诸多细节的限制。但是这种计算模式使得延迟成为一个很大的问题，当物联网技术和设备越来越涉足人们的生活，数百万这样的设备获得服务时，当前的云计算架构难以满足移动性支持、位置感知和低延迟。另外，众多的物联网节点终端在云端完成认证，对于云数据中心造成的压力很大。边缘计算高效、及时、安全地处理分散数据的特性正好满足这一需求，可以将部分云端的认证工作转移到边缘设备上。如何在这种新型计算模式下实现安全高效的认证是一个重要且具有挑战性的问题。

Octopus 是基于边缘计算的物联网安全认证方案[44]，是第一个在用户−边缘−云体系架构下，实现边缘网络中终端和边缘服务器之间的安全相互认证。该方案中，每个终端用户（edge user，EU）需要保存一个长期的主密钥（具有足够长的比特长度），主要包括三个阶段。

① 初始化阶段　RA（registration authority）保存自己的公私钥对，边缘服务器（edge server，ES）保存自己的公私钥对，RA 存储每个边缘服务器的公钥，RA 为每个 EU 分配一个身份标识 ID（identity）号，并使用 RA 的签名密钥对身份进行签名发送。

② 注册阶段　每个 EU 需要从 RA 中获取主密钥并进行存储，RA 为 EU 和 ES 计算认证密钥并安全的传输给 ES，ES 为每个 EU 存储一个 ID-key 的对应表。

③ 认证阶段　主要是终端和边缘服务器之间的认证，如图 9-14 所示。

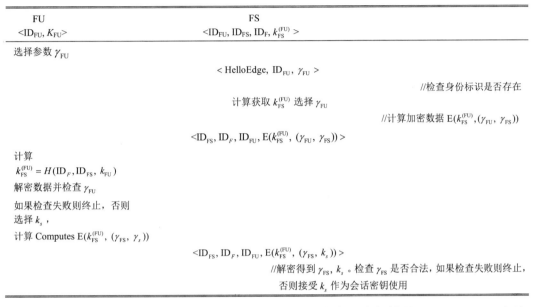

图 9-14
终端和边缘设备
之间的相互认证

一方面，由于物联网设备众多，在网络边缘侧很难实现大规模的 PKI。Octopus 允许任何终端用户在云服务提供者授权的情况下，与边缘计算网络中任意的边缘服务器进行相互认证，能有效抵抗重放、中间人等多种类型攻击。该方案不需要将终端纳入任何 PKI 体系中，只需要在注册阶段存储一次主密钥。另一方面，针对一个或多个服务器受到攻击时的情况提供一种应对策略，可以保证即使所有边缘服务器被破坏的情况下，依然可以保证主密钥的安全，而不需要进行重新初始化或重新注册主密钥。该方案能够有效实现在边缘计算架构下物联网设备的安全接入认证，并且在认证过程中采用对称密钥加密/解密，完全适用于资源受限的设备，为研究边缘计算中的安全认证提供很好的范例。

9.5.5　区块链+边缘计算：去中心化的 IoT 认证方案

如前所述，物联网中设备数量和种类众多，资源受限，多种接入网络并存，如何保证物联网设备进行快速的相互认证对于物联网安全显得至关重要。传统的认证方案往往依赖于第三方可信中心，当该中心被入侵时，整个网络的安全性便无法得到保证。近年来兴起的区块链技术为物联网中的去中心化认证方案设计提供了解决思路。然而，区块链的去中心化特性主要由复杂的共识机制来保证，因此无法直接应用于终端资源受限的物联网。边缘计算作为一种全新的计算模式，通过部署具有一定计算与存储能力的边缘节点接收来自终端设备的计算卸载请求，以减轻终端设备的计算负担。为此，Guo 等[45]将区块链与边缘计算结合，面向物联网场景提出了全新的去中心化认证方案。

如图 9-15 所示，该方案的系统模型由物理网络层、区块链边缘层和区块链网络层组成。其中，区块链网络层通过引入经过优化的实用拜占庭容错（PBFT）共识算法来存储身份验证数据和日志。该去中心化的认证机制基于椭圆曲线密码算法设计，其流程如下。

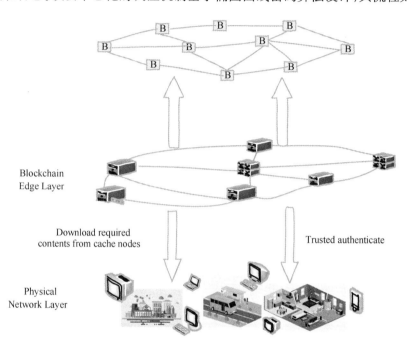

图 9-15
去中心化 IoT 认证
方案系统模型

（1）初始化：设定一个安全参数 k，一个边缘节点选择素数阶为 q 的群 G_1 和 G_2，选择随机数 $s \in Z_q^*$ 为私钥，计算主公钥为 $PK_{BE}=s \cdot P$。选择两个 Hash 函数：$H_1: \{0,1\}^* \times G_1 \to Z_q^*$，$H_2: \{0,1\}^* \times G_1 \times G_1 \to Z_q^*$。

（2）用户身份生成：根据智能合约，区块链为终端 V_j 分配唯一的 ID id_j，V_j 可以认证附近的缓存节点 $B_{c,n}$，$B_{c,n}$ 会选择一个随机数 $r_j \in Z_q^*$，并计算：

$$R_j = r_j \cdot P$$
$$h_j = H_1(id_j \| R_j \| PK_{BE})$$
$$\delta_{j1} = (r_j + (h_j \cdot s) \bmod q)^{-1} \cdot P$$

其中，公共参数 $\{G_1, G_2, q, P, PK_{BE}, H_1, H_2, e(P,P)\}$ 和上述 R_j, h_j, δ_{j1} 在节点中进行广播。结合非对称加密，区块链可以保证广播中数据的完整性和安全性。V_j 可以从 $B_{c,n}$ 获得 (R_j, δ_{j1})，检查是否存在 $e(\delta_{j1}, R_j + h_j, PK_{BE}) = e(P,P)$，若等式满足，$V_j$ 可以验证收到信息的可靠性。

（3）签名：当 V_j 移动到 $B_{c,i}$ 的覆盖范围，分布式域名系统可以解析它的 IP 地址并改变认证节点。V_j 提交数字签名之前需要进行身份识别。其选择随机数 $x_j \in Z_q^*$ 为密钥，V_j 计算相应的公钥 $PK_j = x_j \cdot P$。给定信息 m 和公共参数，可以得到

$$X_j = H_2(id_j \| PK_j \| R_j \| PK_{BE} \| m)$$

$$\delta_{j2} = (X_j \cdot (r_j + h_j \cdot s \bmod q) + x_j)^{-1} \cdot P$$

（4）验证：V_j 发送签名 (X_j, δ_{j2}) 给 $B_{c,i}$。$B_{c,i}$ 一旦接收到数据，通过判断等式 $e(\delta_{j2}, X_j \cdot (R_j + h_j \cdot PK_{BE}) + PK_j) = e(P,P)$ 是否成立来验证终端身份。如果认证通过，经过共识算法生成链上的一个区块。

上述去中心化 IoT 认证方案将区块链与边缘计算进行有效融合，实现了物联网中设备间的快速安全认证。

本章小结

边缘计算开创了一种新的计算模式，在靠近物或数据源头的网络边缘侧，融合网络、计算、存储、应用核心能力的开放平台，就近提供边缘智能服务。由于更靠近网络边缘侧，网络环境更加复杂，并且边缘设备对于终端具有较高的控制权限，导致其在提高万物互联网络中数据传输和处理效率的同时，不可避免地带来一些安全与隐私威胁。如物理安全、网络安全、数据安全、应用安全等，具体包括数据存储安全、隐私泄露、网络攻击、身份认证和访问控制等。本章分析边缘计算安全有关概述，说明边缘计算安全的重要性和现有基础，之后对比现有云计算模式，结合边缘计算的特点，分析边缘计算本身面临的安全威胁和挑战，主要包括数据存储、隐私泄露、网络攻击、身份认证和访问控制等方面。然后介绍边缘计算安全过程中可能用到的主要安全技术和相关研究进展。边缘计算是物联网真正落地的前提，因此从隐私保护、态势感知、设备更新、安全协议方面阐述边缘计算新模式可能为物联网安全带来的机遇。最后列举有关边缘计算安全的实例，对于研究边缘计算安全提供一定的指导。

边缘计算安全与隐私保护对于边缘计算的发展极其重要，未来会有越来越多基于边缘计算的场景，包括智能制造、电力、城市照明、医疗、自动驾驶等领域。在享受边缘计算带来便利的同时，保证边缘计算系统提供服务的安全性和系统自身的安全性，是需要达到的目标。为此，需要清晰地认识边缘计算安全框架和业务流程，设计安全的边缘计算架构。另外，在提出相关技术的基础上，对边缘计算进行全方位的安全防护。通过本章的阅读，希望读者能对边缘计算安全与隐私保护具有整体的了解和认识。

参 考 文 献

[1] 中国信息通信研究院. 云计算白皮书[EB/OL]. http://www.cac.gov.cn/files/pdf/baipishu/cloudcomputing2016.pdf, 2017-10-02.
[2] 2016 年云安全调查报告[EB/OL]. https://yq.aliyun.com/articles/57568, 2017-10-02.
[3] SHI W, CAO J, ZHANG Q, et al. Edge computing: Vision and challenges[J]. IEEE Internet of Things Journal, 2016, 3(5): 637-646.
[4] SOMANI G, GAUR M S, SANGHI D, et al. DDoS attacks in cloud computing: Issues, taxonomy, and future directions[J]. Computer Communications, 2015, 107(10): 30-48.

[5] WANG B, ZHENG Y, LOU W, et al. DDoS attack protection in the era of cloud computing and software-defined networking[J]. Computer Networks, 2015, 81(C): 308-319.

[6] XU J, CHEN L, LIU K, et al. Less is more: Participation incentives in D2D-enhanced mobile edge computing under infectious DDoS attacks[J]. arXiv Preprint arXiv:1611.03841, 2016.

[7] LI Z, WANG W, WILSON C, et al. FBS-radar: Uncovering fake base stations at scale in the wild[C]// Network and Distributed System Security Symposium. 2017: 1-15.

[8] 卿昱. 云计算安全技术[M]. 北京：国防工业出版社，2016.

[9] CAO N, YU S, YANG Z, et al. LT codes-based secure and reliable cloud storage service[C]// INFOCOM, 2012 Proceedings IEEE. IEEE, 2012: 693-701.

[10] PUTHAL D, OBAIDAT M S, NANDA P, et al. Secure and sustainable load balancing of edge data centers in fog computing[J]. IEEE Communications Magazine, 2018, 56(5): 60-65.

[11] SHAO J, WEI G. Secure outsourced computation in connected vehicular cloud computing[J]. IEEE Network, 2018, 32(3): 36-41.

[12] Intersoft Consulting[EB/OL]. https://gdpr-info.eu/.

[13] 国家行政学院. 如何理解《数据安全法》，有哪些需要完善之处[EB/OL]. (2020-07-15) https://www.sohu.com/a/407714579_260616?_trans_=000014_bdss_dkgyxqsP3p:CP=.

[14] LU R, LIANG X, LI X, et al. EPPA: An efficient and privacy-preserving aggregation scheme for secure smart grid communications[J]. IEEE Transactions on Parallel and Distributed Systems, 2012, 23(9): 1621-1631.

[15] MCSHERRY F TALWAR K. Mechanism design via differential privacy[J]. Foundations of Computer Science Annual Symposium on, 2016: 94-103.

[16] MOHASSEL P , ZHANG Y . SecureML: A system for scalable privacy-preserving machine learning[C]// Security and Privacy. IEEE, 2017: 19-38.

[17] WEI W, XU F, LI Q. MobiShare: Flexible privacy-preserving location sharing in mobile online social networks[C]// IProceedings IEEE. IEEE, 2012: 2616-2620.

[18] GAO Z, ZHU H, LIU Y, et al. Location privacy in database-driven cognitive radio networks: Attacks and countermeasures[C]// Proceedings IEEE. IEEE, 2013: 2751-2759.

[19] JIA Y J, CHEN Q A, WANG S, et al. ContexIoT: Towards providing contextual integrity to appified IoT platforms[C]// Network and Distributed System Security Symposium. 2017: 1-15.

[20] 雷吉成. 物联网安全技术[M]. 电子工业出版社，2012.

[21] DONALD A C, AROCKIAM L. A secure authentication scheme for mobile cloud[C]// International Conference on Computer Communication and Informatics. IEEE, 2015: 1-6.

[22] IBRAHIM M H. Octopus: An edge-fog mutual authentication scheme[J]. International Journal of Network Security, 2016, 18(6): 1089-1101.

[23] ECHEVERRÍA S, KLINEDINST D, WILLIAMS K, et al. Establishing trusted identities in disconnected edge environments[C]// Edge Computing (SEC), IEEE/ACM Symposium on. IEEE, 2016: 51-63.

[24] BOUZEFRANE S, MOSTEFA A F B, HOUACINE F, et al. Cloudlets authentication in NFC-based mobile computing[C]// IEEE International Conference on Mobile Cloud Computing, Services, and Engineering. IEEE Computer Society, 2014: 267-272.

[25] YANG X, HUANG X, LIU J K. Efficient handover authentication with user anonymity and untraceability for Mobile Cloud Computing[J]. Future Generation Computer Systems, 2016, 62(C): 190-195.

[26] MCCARTHY D, MICHALAREAS T, KASTRINOGIANNIS T, et al. Personal Cloudlets: Implementing a user-centric datastore with privacy aware access control for cloud-based data platforms[C]// IEEE/ACM, International Workshop on Technical and Legal Aspects of Data Privacy and Security. IEEE Computer Society, 2015: 38-43.

[27] DSOUZA C, AHN G J, TAGUINOD M. Policy-driven security management for fog computing: Preliminary framework and a case study[C]// IEEE, International Conference on Information Reuse and Integration. IEEE, 2014: 16-23.

[28] ALMUTAIRI A, SARFRAZ M, BASALAMAH S, et al. A distributed access control architecture for cloud computing[J]. IEEE

Software, 2012, 29(2): 36-44.

[29] GAI K, QIU M, TAO L, et al. Intrusion detection techniques for mobile cloud computing in heterogeneous 5G[J]. Security and Communication Networks, 2016, 9(16): 3049-3058.

[30] SHI Y, ABHILASH S, KAI H. Cloudlet mesh for securing mobile clouds from intrusions and network attacks[C]// IEEE International Conference on Mobile Cloud Computing, Services, and Engineering. IEEE, 2015: 109-118.

[31] RAVICHANDRAN K, GAVRILOVSKA A, PANDE S. PiMiCo: Privacy preservation via migration in collaborative mobile clouds[C]// Hawaii International Conference on System Sciences. IEEE, 2015: 5341-5351.

[32] HE T, CIFTCIOGLU E N, WANG S, et al. Location privacy in mobile edge clouds[C]// IEEE, International Conference on Distributed Computing Systems. IEEE, 2017: 2264-2269.

[33] NING Z, ZHANG F, SHI W, et al. Position paper: Challenges towards securing hardware-assisted execution environments[C]// Hardware and Architectural Support for Security and Privacy (HASP), in Conjunction with ISCA. ACM, 2017: 6.

[34] INTEL. Intel® 64 and IA-32 architectures software developer manuals [EB/OL]. https://software.intel.com/en-us/articles/ intel-sdm, 2017-10-02.

[35] RUAN X. Platform embedded security technology revealed: safeguarding the future of computing with Intel embedded security and management engine[M]. Berkeley: Apress, 2014.

[36] AMD. AMD Secure Technology [EB/OL]. http://www.amd.com/en-us/innovations/software-technologies/security, 2017-10-02.

[37] NAKAMOTO S. Bitcoin: A peer-to-peer electronic cash system[J/OL].http://www.bitcoin,org.

[38] TIAN Y , WANG Z , XIONG J , et al. A blockchain-based secure key management scheme with trustworthiness in DWSNs[J]. IEEE Transactions on Industrial Informatics, 2020, 16(9): 6193-6202.

[39] RUINIAN L, TIANYI S, BO M, et al. Blockchain for large-scale Internet of Things data storage and protection[J]. IEEE Transactions on Services Computing, 2018: 1.

[40] LIU H , ZHANG P , PU G , et al. Blockchain empowered cooperative authentication with data traceability in vehicular edge computing[J]. IEEE Transactions on Vehicular Technology, 2020, 69(4): 4221-4232.

[41] DANG T D, HOANG D. A data protection model for fog computing[C]// Second International Conference on Fog and Mobile Edge Computing. IEEE, 2017: 32-38.

[42] ZHANG G, YAN C, JI X, et al. Dolphinatack: Inaudible voice commands[J]. ACM Conference on Computer and Communications Security. Dallas, 2017, 3(30): 1-15.

[43] JIA Y J, CHEN Q A, WANG S, et al. ContexIoT: Towards providing contextual integrity to appified IoT platforms[C]// Network and Distributed System Security Symposium. California: Internet Society, 2017: 1-15.

[44] IBRAHIM M H. Octopus: An edge-fog mutual authentication scheme[J]. International Journal of Network Security, 2016, 18(6): 1089-1101.

[45] GUO SH Y, HU X, GUO S, et al. Blockchain meets edge computing: A distributed and trusted authentication system[J]. IEEE Transaction on Industrial Informatics, 2020,16(3): 1972-1983.

结 束 语

　　万物互联应用服务快速发展催生了边缘计算，其是万物互联背景下边缘式大数据处理时代的软硬件关键支撑平台。万物互联时代下，边缘设备的数据量较大，数据的实时性处理要求较高，在现有云计算架构下，数据处理给传输带宽、计算负载、数据隐私保护等方面提出新的挑战。边缘计算架构的提出，弥补了云计算的不足，边缘计算中新型数据处理模式不仅可以保证较短的响应时间和较高的可靠性，同时，利用特征感知技术，实现越来越多的应用服务从云计算中心迁移到网络边缘设备端。如果大部分数据能在边缘设备上被处理而不用上传到云计算中心，这样就大大节省了传输带宽、数据传输的电能消耗、减缓云中心负载、提高数据的隐私保护等。

　　本书分别从边缘计算的需求与意义、边缘计算基础、边缘智能、基于边缘计算的典型应用、边缘计算系统平台、边缘计算存在的挑战、边缘计算资源调度、边缘计算系统实例以及面向边缘计算的安全与隐私保护等多个方面，对边缘计算进行了阐述。边缘计算与云计算并不是非此即彼的关系，而边缘计算模型仍支持传统的云计算模型，而且还可连接远程计算资源，实现数据的共享和协作。在万物互联背景下，基于边缘计算的应用实例化可以更准确地表述边缘计算发展中遇到的各种挑战和机遇；随着人工智能的快速发展，边缘计算技术和人工智能场景有机结合，催生出边缘智能；边缘计算系统平台为基于边缘计算的应用提供了一种降低延迟、提高数据处理实时性等架构和软件栈支撑。边缘计算应用的推广很大程度上取决于边缘计算平台的可行性和可靠性。实现边缘计算的推广和应用，结合研究成果，提出当前边缘计算研究中可能遇到的、迫切需要解决的几个关键问题（可编程性、程序自动划分、命名规则、数据抽象、调度策略、服务管理、数据隐私保护及安全、理论基础以及商业模式、与垂直行业紧密结合以及边缘节点的落地问题等）；边缘任务计算需求在逐渐增加，这对现有边缘计算网络中的资源调度方法造成了极大的挑战，无论是从用户角度还是边缘服务提供商角度，合理的边缘计算资源调度是任务处理性能需求和利益最大化的保障。边缘计算系统实例的阐述中也验证了在一些关键技术和挑战方面，现有边缘计算系统所提出的各自有特色的解决方案，为进一步完善边缘计算系统的研究提供可借鉴的系统原型；如同任何一种信息技术一样，是否能够被产业界接受，首先要保证的就是新技术的安全可靠，同样，边缘计算的安全也是学术界和产业界关注的问题。边缘计算是否可以有效应用到智慧城市、智能交通、智能家居、智能制造或是协同平台等领域，首先需要解决的问题就是安全及隐私保护的问题，针对此，本书也给出了一些解决思路和方法，希望能对边缘计算领域安全问题的解决抛砖引玉，推动边缘计算在相关信息领域的发展和完善。

希望通过本书能够引起产业界和学术界对边缘计算的关注，吸引更多的计算机科技与工程领域的工作者来研究这个方向。当前，边缘计算是一个新的研究方向，可以在愿景方面做些工作，结合当前信息技术的积累，提出未来在边缘计算领域研究存在的科学和工程问题。然而，要实现边缘计算框架及模型这一愿景，除了计算机系统、通信、网络和应用程序等技术领域的研究人员参加之外，还需要与这些信息技术相关的其他行业和领域的工作者及研究机构加入，如环境和公共卫生、执法、消防，以及公共服务等，广泛开展计算机科技工作者和其他行业专家之间的深入合作，解决实际问题并寻找新的计算机科学方向。边缘计算是一种融合多种资源的协同计算新模式，这是一个在计算机发展史前所未有的机会。

近年来，边缘计算愿景得到了广泛实现和落地，如 2015 年 10 月，雾计算的支持者组成开放雾联盟（www.openfogconsortium.org）。该联盟旨在通过汇集公司、高校科研机构、研究者个人等资源，加快雾计算技术的部署，促进雾计算生态系统的快速形成。美国联邦政府，包括国家科学基金会、美国国家标准局，在 2016 年分别把边缘计算列入了项目申请指南。此外，边缘计算领域的相关国际会议已经开始兴起，如 2016 年 10 月在美国华盛顿特区举办的第一届 IEEE/ACM Symposium on Edge Computing（SEC），2017 年 10 月举办的边缘计算和雾计算世界联合大会等。2016 年 11 月 30 日，华为与中国信息通信研究院和沈阳自动化研究所，以及 Intel、ARM 和软通动力等多家公司一起，联合推动成立了边缘计算产业联盟（Edge Computing Consortium，ECC）（http://www.ecconsortium.net/），旨在定义边缘计算的架构和标准，搭建边缘计算产业合作平台，推动运行技术（operation technology，OT）和信息与通信技术（information and communications technologies，ICT）产业开放协作，特别是公共安全、智能制造、智能电网、智能家庭、智能驾驶等领域，引领边缘计算产业蓬勃发展，深化行业数字化转型，培育和发展物联网生态。

2017 年，很多传统产业和领域的公司已经开始将边缘计算作为发展的主要战略目标，例如，亚马逊、微软、IBM 等公司都把边缘计算定义为下一个战略方向；中国移动、AT&T、Vodanfance、Telefornica 等公司把面向低延迟新型无线网构架 5G 网络和边缘计算相融合，以满足实时性较强的海量数据型边缘应用需求。此外，国家电网、Schneider Electric、智能制造等产业和领域也都积极推进边缘计算在传统应用领域的推广。

国内边缘计算的发展速度几乎与世界同步，特别是从智能制造的角度。2016 成立 ECC，致力于推动"政产学研用"各方产业资源合作，引领边缘计算产业的健康可持续发展。2017 年 5 月，首届中国边缘计算技术研讨会在合肥开幕，同年 8 月，中国自动化学会边缘计算专委会成立，标志着边缘计算的发展已经得到了专业学会的认可和推动。2018 年 1 月，全球首部边缘计算专业书籍《边缘计算》出版，它从边缘计算的需求与意义、系统、应用、平台等多个角度对边缘计算进行了阐述。

从第一版出版至今，已三年有余，作者更加相信，下一个三年，将是边缘计算、边缘智能强劲发展阶段。在国家新基建背景下，5G、人工智能、万物互联的发展将推动边缘计算向下一个辉煌发展，未来，边缘计算将为人类信息技术发展谱写新的篇章。